JN151521

軍港都市史研究

Ⅰ

舞鶴編

増補版

坂根嘉弘編

清文堂

刊行の辞

軍港都市史研究シリーズでは、軍港都市をめぐる様々な問題を、軍港を支えた地域社会の視点から、学際的に研究することを目的としている。その意味では、本シリーズは、いわゆる軍事史研究を目的とするものではなく、軍事的視点を踏まえつつも、より幅広い視点から、軍港都市を総合的に研究することを目的としている。軍港都市史研究は、従来の軍事史研究や近代都市史研究では、本格的に取り上げられなかった分野である。近年、「軍隊と地域」をめぐっては、陸軍の軍都に関する研究が先行しているが、本シリーズではかかる研究状況に対して、海軍の軍都（鎮守府・要港部が置かれた港湾地域）の本格的研究をすすめていくことをめざしている。加えて、本シリーズにおける様々な研究の積み重ねにより、軍港都市という近代都市・現代都市の一つの類型が浮き彫りになることを念じている。

本シリーズの研究対象地域は、鎮守府が置かれた横須賀、呉、佐世保、舞鶴の四軍港を中心に、要港部が置かれた大湊、竹敷などの諸地域である。これらの地域は、明治以来、鎮守府・要港部の設置により、短期間に急激な変化をこうむった地域であり、戦後は海上自衛隊地方隊やその関連施設が置かれている地域である。これらの地域は、共通の問題をもっていると同時に、各地域独特の問題も抱え込んでいる。本シリーズでは、それぞれの軍港都市の分析とともに、軍港都市間の比較分析も課題としている。それらの課題を達成するため、軍港別の巻と課題別の巻という構成をとった。

本シリーズは、軍港都市史研究会の研究成果として刊行される。本シリーズの完結に向け、皆様のご支援・ご鞭撻を賜れば幸甚である。

軍港都市史研究会

軍港都市史研究Ⅰ
舞鶴編　増補版

目次

序章

軍港都市と地域社会

舞鶴鎮守府　　提供：舞鶴市教育委員会

坂根嘉弘

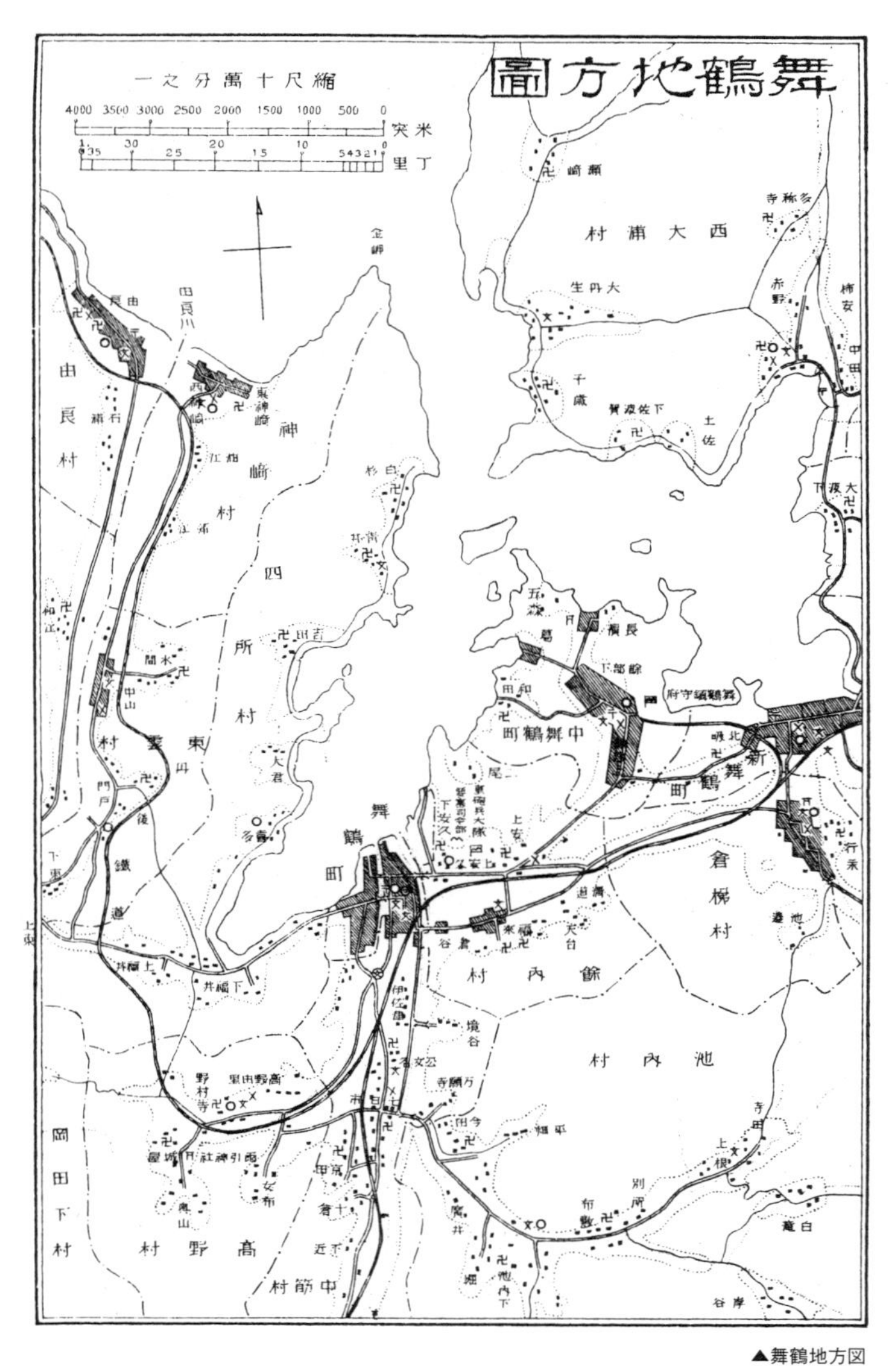

▲舞鶴地方図

出典：『舞鶴案内』舞鶴町役場、1923年

はじめに

序章では、社会経済史研究の視点からみた軍港都市と地域社会をめぐるいくつかの問題を、舞鶴軍港のみではなく他の軍港都市の状況も踏まえて論じておきたい。社会経済史的視点からみた場合、海軍軍港と陸軍の師団や旅団・連隊が駐屯した軍都（軍郷）との大きな違いは、軍港では鎮守府とともに海軍工廠が併設された点にあった。海軍工廠が置かれたことにより、軍港は単に海軍官衙や部隊が置かれたことにとどまらず、多分に重工業都市としての性格を付与されることになったのである。このため、陸軍の軍都とくらべると、軍港ではヒト・モノ・カネのはるかに大きな流れが形成されることになった。加えて、陸軍の師団や旅団・連隊は伝統的な都市（代表的には旧城下町）におかれることが多かったのに対して、軍港は例外なくうら寂しい寒村（農漁村）におかれたため、その後の軍港地域社会の変革を陸軍の軍都よりも一層大きなものにしたのである。したがって、軍港都市では、軍港であるがゆえの特徴的な社会経済問題が生じたのであるが、この序章ではそのうち、人口問題（人口急増、人口移動）と財政問題を中心に論じておきたい。また、最後に、本書所収の論文の概要を紹介するなかで、舞鶴軍港の特徴点について言及しておきたい。なお、以下、叙述上厳密に区別しがたいところもあるので、海軍の職工と工員並びに下士兵卒と下士官兵の区別については、職工、下士官兵と表記する。

最初に軍港都市史研究をめぐる研究史を振り返っておこう。本書にかかわる先行研究は、大きくは、軍事史研究における軍港都市史研究と近代都市史研究における軍港都市史研究に分けることができるであろう。まずは、この二つの研究領域について研究状況をみておきたい。

(一) 軍事史研究と軍港都市

軍事史とは、おそらく軍隊史、戦争史、作戦戦闘史の三つから構成されるのであろうから、[1]歴史分野で軍事史といっているのは、多くの場合が、政治史や経済史、あるいは社会史の一環としての学際的な領域を指しているということになろう。それは軍部研究であったり、国民統合や軍事動員あるいは軍器生産の研究などであったのであるが、歴史分野にとってはむしろそれらのほうが馴染みのある存在であった。歴史分野の軍事史研究は戦後かなり分厚く積み重ねられてきているが、特に近年の研究動向で注目を集めているのが、軍隊と地域社会という分析視角である。[2]それは荒川章二『軍隊と地域』、上山和雄編『帝都と軍隊　地域と民衆の視点から』以来、[3]一つの有力な研究潮流をなしてきた観がある。軍隊と地域社会に関する研究は、軍隊が地域社会に与える作用と反作用を焦点としたが故に、何を素材として、どのような視点からその課題に迫るのかが様々でありえたため、当然ながら、それらの研究も兵営誘致・地域振興から軍事演習や軍事援護、災害救護、慰霊や埋葬などまことに多様であった。それらの研究上の問題点は、本書の課題との関連でいうと、それらがほとんどは陸軍についてのものであり、海軍と地域社会に関する研究がみられなかったのではないのか、という点にある。[4]陸軍が海軍よりも巨大な存在であり、かつ師団・旅団・連隊や陸軍工廠・陸軍病院あるいは在郷軍人会といった形で多くの面で地域社会と関係をもちうる存在であったため、陸軍についての研究が先行することは当然であったのではあるが、しかしながら軍港都市についても研究が進まないと画龍点睛を欠くということにもなろう。本書で軍港都市を取上げるのは、このような研究状況を踏まえてのことである。

さて、軍港都市についての先行研究という点からみると、上記のような研究状況であったため、軍事史研究において軍港都市の先行研究を見出すのはなかなか難しいといわざるを得ない。むしろ、軍港都市と地域社会という研究課題にとって重要な基礎となるのは、旧軍港市の自治体史であると思われる。ここでは、この旧軍港市の自治体史刊行状況を紹介しておきたい。

現在刊行されている旧軍港市の自治体史（戦後の刊行で近現代を対象としている巻に限る）は、以下のようになっている。

横須賀では、『横須賀市史』（一九五七年）、『横須賀市史』上巻・下巻・別巻（一九八八年）がすでに刊行されている。これに加えて、一九九九年度より三度目の新横須賀市史の編さん事業が始まり、現在まで、『占領下の横須賀　連合国軍の上陸とその時代』（二〇〇五年）、『新横須賀市史』資料編近現代一（二〇〇六年）、『新横須賀市史』資料編近現代二（二〇〇九年）が刊行された。この編さん事業では、『市史研究横須賀』（二〇〇二年～）が刊行され、研究論文も掲載されている。このような市史編さん事業とは別に、『横須賀百年史』（一九六五年）も刊行されている。呉では、息の長い編さん事業が取り組まれており、現在までに、『呉市史』第三巻（一九六四年）、第四巻（一九七六年）、第五巻（一九八七年）、第六巻（一九八八年）、第七巻（一九九三年）、第八巻（一九九五年）、『呉の歴史』（二〇〇二年）が刊行されている。佐世保では、戦後すぐに編さん事業が始まり、『佐世保市史』教育編（一九五三年）、総説編（一九五五年）、産業経済編（一九五六年）、政治行政編（一九五七年）が刊行され、続いて二度目の編さん事業が取り組まれ、『佐世保の歴史』（二〇〇二年）、『佐世保年表』（二〇〇二年）、『佐世保事典』（二〇〇二年）、『佐世保市史』通史編下巻（二〇〇三年）、軍港史編上巻、軍港史編下巻（二〇〇三年）が公刊された。舞鶴では、『舞鶴市史』各説編（一九七五年）、通史編（中）（一九七八年）、通史編（下）（一九八二年）、現代編（一九八八年）、年表編（一九九四年）が刊行され、市史編さん事業は終了している。

当然ながら、いずれの市史も例外なく海軍軍港についての記述にかなりのスペースを割いている。多くは編年的な市史の叙述のなかで軍港にふれる形をとっているが、二度目の佐世保市史では、軍港史編上巻、下巻という形で、軍港関係だけを別巻扱いにしているし、新横須賀市史も軍事を別編扱いで独立させている。このように最近の市史ほど、軍港史を市史のなかで明確に位置付け、重視している傾向がみられる。

軍港都市史研究にとり、先行文献として参照すべきは、以上の旧軍港市の自治体史であろうと思われる。

(二) 近代都市史研究と軍港都市

従来から指摘されてきているように、近代都市史研究においては、地理学や社会学などの研究が先行している。従来、日本近代史研究や日本経済史研究では、都市史以外の研究分野の研究蓄積に比べても、都市史研究は必ずしも研究蓄積が多くなかったが、近年、都市計画、都市財政、都市社会政策、都市政治史、都市開発、工場立地、植民地都市研究などで研究が増加しつつある[5]。

では、近代都市史研究において軍港都市はどのように位置付けられてきたのであろうか。先行研究のなかで軍港都市そのものを対象にした研究は、管見の限りみられない。先行研究で軍港都市が登場するのは、全国的に都市が検討される中で軍港都市に言及されるという形でであった。その際、通常、軍港都市が取上げられるのは、①人口が急増した点、②重工業都市(海軍工廠の存在)である点、③軍港としての軍事的側面、の三視点からであった。①の人口急増の点については、たとえば、黒崎千晴氏の研究がある[6]。黒崎氏は、一九二〇年(大正九)センサスと一九二〇年(大正九)現在の行政区画と同じ範囲の一八九〇年(明治二三)末の現住人口とを比較し、その間の人口増減を検討している。その結果、近世後期・明治前期から都市的性格の強かった旧城下町や港町などは人口成長率が低かったが、八幡市(現、北九州市)の四四倍を筆頭に横須賀・呉・佐世保・東舞鶴(新舞鶴・中舞鶴)は軒並み高い人口成長率を示しており(そのなかでも横須賀はやや低い)、加えて軽工業よりも鉱山・重工業のほうが、陸軍部隊駐屯地（衛戍地）よりも海軍軍港のほうが、人口成長率が高いことを指摘している。ちなみに、後者の陸軍部隊駐屯地よりも軍港が人口成長率が高いのは、黒崎氏は指摘していないが、鎮守府に海軍工廠が併設されたことによる。

②の重工業都市の視点からの指摘は、たとえば、島崎稔氏によりなされている。[7] 島崎氏は、全工業就業者率・部門別工業就業者率により都市を分類し、一九二〇年（大正九）・一九三〇年（昭和五）とも機械・金属・化学工業就業者率二〇％以上の都市として室蘭・八幡とともに呉をあげている。軍港都市は、重工業都市としての特徴を強く持っていたのである。

③の軍事拠点としての指摘は数多くあるが、特に明示的には、金沢史男氏や町村敬志氏が、都市類型化の一要因並びにその動態的把握の一重要変数として、師団とともに軍港を位置付けている。[8] 金沢氏は、都市化の指標として、市制施行年、人口、市域拡張実施年、水道電気事業の開始や拠点性の付与（県庁所在地、師団・鎮守府、帝国大学・旧制高校）を採用し、工業生産額などとクロスさせることにより類型化を試みている。[9] 町村氏は、都市人口順位変動を被説明変数に、歴史的要因、経済的要因、政治的要因、交通要因、立地要因とともに軍事的要因を説明変数とし、明治前期から高度経済成長期までの動態的把握を行っている。その分析によると、軍事的要因については、明治後期において師団や軍港が上昇要因として強く表れており、大正期にははやくもそれが下降要因に転じているのが本章との関連では問題になろう（明示的説明はないが、大正軍縮が効いているのであろう）。この分析は都市変動を人口で把握し、それを被説明変数とし、それの説明要因を変数でとらえ数量化したものであり、この種の分析の一局地を示しているといえる。ただし、計量化手法の場合、常に問題となるのは、変数の取り方である。

この他、要港部都市についてふれた研究は少ないが、鎮海については若干存在する。[10]

第一節　人口動態

研究史でみたように、軍港都市の特徴は何といっても海軍鎮守府・海軍工廠設置に伴う人口の急増であった。ここでは、まず、人口動態について軍港都市ではどのような特徴がみられたのかを検討しておきたい。人口増減は、出生数と死亡数の増減である自然増加数と、人口流出入の増減である社会増加数との和として求められる。本節では、最初に四軍港の明治初年から敗戦後までの人口動態を確認し、次いで、コーホート分析により社会増加を年齢別に検討してみたい。

(一)　人口の急増と急減

四軍港のうち、一八七四年（明治七）刊行の『日本地誌提要』に「名邑」として戸数・人口が掲載されているのは、横須賀と舞鶴のみである。『日本地誌提要』では、地方の中心地として、町場化したところが「名邑」として掲載されている。舞鶴は牧野家三万五千石の城下町であり、商業都市（城下町）としての性格に加え、北前船（きたまえぶね）の寄港地（由良湊、田辺湊、市場湊）として港湾都市の性格も持っていた（本書第二章参照）。横須賀は幕末以降製鉄・造船業の町として発展しつつあった。一八六五年（慶応元）建設開始の横須賀製鉄所は一八七一年（明治四）には横須賀造船所へと発展し、工員数も一八七三年（明治六）には千人を超えるまでになっていた。舞鶴は旧城下町として、横須賀は近代的造船町として町場を形成していたのである[11]。一方、明治初年の呉・佐世保は、いまだ鎮守府とは何の関係もない存在であり、ともにどこにでもみられる農漁村であった。『日本地誌提要』により一八七三年（明治六）の人口をみると（表序-1）、舞鶴が九一〇〇人、横須賀が二八〇〇

表序-1　明治前期の人口(横須賀、舞鶴)

	『日本地誌提要』1873年		『都府名邑戸口表』1884年	
	戸数	人口	戸数	人口
横須賀町	1,067	2,810	3,897	7,765
舞鶴町	2,288	9,073	2,250	9,822

（出典）『日本地誌提要』（1874年12月）。『都府名邑戸口表』（1884年）。

（備考）横須賀村は1876年（明治9）に町制施行。

〇人であった。鎮守府が置かれる前の明治初年の段階では、四軍港のうち唯一の城下町であった舞鶴が、戸数・人口ともに他を圧倒していたことがわかる。

次に、『都府名邑戸口表』により一八八四年（明治一七）の戸数・人口をみると（表序-1）、舞鶴の戸数・人口はほぼ同じであるが、横須賀は人口七八〇〇人へ、三倍近く増加していた。横須賀にはこの一八八四年（明治一七）に鎮守府が置かれ、その結果、五年後の一八八九年（明治二二）の人口は二万四三六六人となり、この五年間に約三倍に増加する。[12]明治前期における人口急増の新興五都市のうち四都市は北海道（函館、札幌、江差、小樽）にあったが、残る一都市が横須賀であった。明治前期は、都市人口は停滞乃至減少したが、そのなかで横須賀は異例な存在であった。[13]造船所と鎮守府の設置が人口急増をもたらした主要因であったことは間違いない。横須賀は城下町舞鶴を一気に抜き去っていくのである。

次に、明治中期（市制町村制）から大正期（国勢調査開始前）までの時期をみておきたい。この時期の都市人口については、寄留人口の過大誤差問題と市町村の境域変更の問題という統計上の難問がある。ここでは、伊藤繁氏による、市町村境域（一九二〇年の境域に固定）を調整した都市人口推計を使用する（表序-2）。[14]全国都市人口と軍港都市人口の増加を比べると、一八八九年（明治二二）から一九一八年（大正七）までの三〇年間で、全国の約二倍に対して、横須賀約三倍、呉約七倍、佐世保約一六倍となる。横須賀は造船所や鎮守府の設置が早かったため、一八八九年（明治二二）までにかなりの人口増加をみていたが、呉と佐世保は鎮守府が置かれた一八八九年（明治二二）からの二〇年間に、特に大きな人口増加をみせていることが分かる。[15]佐世保では、一九〇二年（明治三五）四月に村制から一気に市制を施行し、「二階級特進」となった。[16]

表序-2　軍港都市人口推移　　単位：万人

		1889年	1898年	1908年	1918年
横須賀（A）		3.2	3.8	7.1	8.9
呉（B）		2.3	4.8	10.7	16.3
佐世保（C）		0.8	3.7	9.5	12.6
全国都市人口（D）		510.9	631.6	854.9	1182.5
増加率	（A）		19%	87%	25%
	（B）		109%	123%	52%
	（C）		363%	157%	33%
	（D）		24%	35%	38%

（出典）梅村又次・高松信清・伊藤繁『長期経済統計13　地域経済統計』（東洋経済新報社、1983年）、第28表。伊藤繁「明治大正期日本の都市成長」（安場保吉・斎藤修編『数量経済史論集3　プロト工業化期の経済と社会』日本経済新聞社、1983年）、309頁。
（備考）1920年（大正9）の境域に調整した人口。ただし、呉と佐世保は行政区域内の一部編入域があるが、その行政区域人口がすべて合算されているため、実数はその分過大になっている（前掲『長期経済統計13　地域経済統計』58～59頁）。

一九二〇年（大正九）から戦時期まではどうであろうか（表序-3）。この時期は国勢調査のデータが使える。表序-3の上段が国勢調査時点の行政区域人口、下段が一九四二年（昭和一七）一〇月一日現在の市域の人口である。市域を固定した下段をみると、一九二〇年代の人口増加はそれまでより、かなり抑制されたものとなっている。言うまでもなく、大正軍縮の影響（鎮守府軍人軍属・工廠職工の削減）であるが、それに要港部・工作部への格下げが加わった東舞鶴はマイナス一九%となっており（海兵団廃止が大きい）、軍縮の影響の大きさを物語っている。たとえば、鎮守府・工廠所在の中舞鶴町は一九二〇年（大正九）から一九二五年（大正一四）にかけて六五三八人（うち男子五五〇八人）、一三%の人口減少をみている。新舞鶴町も九五一人減で、周辺の倉梯村・与保呂村・志楽村・朝来村・東大浦村・西大浦村も軒並み人口が減少した(17)。逆に、一九三〇年代は、ロンドン軍縮があるものの、人口は比較的高い割合で増加している。特に、大正軍縮の影響が大きかった分、東舞鶴の人口増加割合が最も高く出ている(18)。

以上のように、舞鶴を除いた三軍港は、鎮守府設置以降、急速な人口成長を遂げ、第一次大戦後には六大都市の次に位置付けられる大都市へと成長した。一九四〇年（昭和一五）には、横須賀、呉、佐世保はともに二〇万都市となり、都市人口ランキングで、呉九位、佐世保一六位、横須賀一七位となった(19)。新舞鶴・中舞鶴も軍縮の曲折はあったが、一九三八年（昭和一三）に近隣三村と合併して東舞鶴市となり、一九四三年（昭和一

表序-3　人口推移(国勢調査報告)

	国勢調査報告			増加率			人口密度 1 km²当
	1920年	1930年	1940年	1920→30年	1930→40年	1920→40年	
横須賀	89,879	110,301	193,358	23%	75%	115%	9,336
呉	130,362	190,282	238,195	46%	25%	83%	3,912
佐世保	87,022	133,174	205,989	53%	55%	137%	2,622
東舞鶴			49,810				
舞鶴	10,385	12,285	29,903	18%	143%	188%	
横須賀	117,999	147,151	193,358	25%	31%	64%	4,625
呉	177,986	212,350	276,085	19%	30%	55%	3,022
佐世保	127,138	165,377	233,984	30%	41%	84%	1,695
東舞鶴	47,696	38,866	56,154	-19%	44%	18%	398
舞鶴	21,499	24,799	29,903	15%	21%	39%	327

(出典)　『国勢調査報告』。河野信子「内地都市の推計人口」(『都市問題』第35巻第5号、1942年)。

(備考)
1)　上段が国勢調査時点の行政区域の人口、下段が1942年(昭和17)10月1日現在市域により調整済の人口。
2)　人口密度は上段は1930年(昭和5)、下段は1940年(昭和15)。

表序-4　軍港都市の人口変遷

	1944年2月22日	1945年11月1日	1946年4月26日	1948年8月1日	1950年10月1日
横須賀	298,132	202,038	249,702	268,587	286,441
呉	293,632	152,184	170,285	188,949	187,775
佐世保	241,239	147,617	163,521	178,878	194,453
舞鶴	103,698	80,407	85,286	87,955	91,914
六大都市合計	13,637,569	6,348,223	7,519,545	9,705,030	11,190,320

(出典)　総理府統計局『昭和23年常住人口調査報告』(1949年)。総理府統計局『昭和25年国勢調査報告』第1巻(1950年)。総理府統計局『昭和19年人口調査集計結果摘要』(1977年)。総理府統計局『昭和20年人口調査集計結果摘要』(1977年)。総理府統計局『昭和21年人口調査集計結果摘要』(1977年)。

(備考)　国勢調査を除き、調査対象は、いずれも「調査時に調査の地域内に現在するもの」であるが、以下は除かれている。1944年(昭和19):「陸海軍の部隊又は艦船にある者」。1945年(昭和20):「陸海軍の部隊及び艦船にある者及び外国人(韓国・朝鮮、台湾の国籍を有する者を除く。)」。1946年(昭和21):「外国人(韓国・朝鮮、台湾の国籍を有する者を除く。以下同じ。)及び外国人の世帯に現在する者並びに韓国・朝鮮、台湾及び沖縄県への帰還を希望する者」。なお、1950年(昭和25)の横須賀は逗子町を含む(1950年7月1日に逗子町が分離)。

表序－5－1　舞鶴市世帯人口の変遷

	世帯	人口		
		総数	男	女
1943年5月27日	19,016	86,051		
1944年2月22日	22,890	103,698	52,888	50,810
1945年6月1日	21,724	85,493		
1945年9月20日	19,345	79,796		
1945年11月1日	18,579	80,186	39,071	41,115
1946年1月1日	19,223	83,859		
1946年4月26日	18,903	85,270	42,968	42,302
1947年10月1日	19,932	91,864		
1948年8月1日	20,033	87,955	43,385	44,570

（出典）『昭和19年2月22日人口調査結果表』（舞鶴市）。『昭和20年人口調査一件』（舞鶴市）。『昭和20年11月1日人口調査結果表』（舞鶴市）。『昭和21年4月26日人口調査結果表』（舞鶴市）。『昭和23年8月1日常住人口調査結果表』（舞鶴市）。『昭和23年7月舞鶴港要覧』（舞鶴市）、5頁。舞鶴市史編さん委員会編『舞鶴市史』現代編（舞鶴市役所、1988年）、6頁。

（備考）1944年（昭和19）2月22日人口調査には、陸海軍の部隊又は艦船にある者は調査の対象から除かれている。1945年（昭和20）11月1日、1946年（昭和21）4月26日、1948年（昭和23）8月1日には「水面」、援護局などの戸数人口を含む。1945年（昭和20）6月1日、1945年（昭和20）9月20日は「飯場関係ヲ除ク」、1945年（昭和20）11月1日は「飯場関係ヲ含ム」。1945年（昭和20）11月1日の人口総数が80162人（『昭和20年11月1日人口調査結果表』）となっていたが、80186人に修正した。

表序－5－2　舞鶴市地域別世帯人口の変遷

	東区域				西区域			
	世帯	人口			世帯	人口		
		総数	男	女		総数	男	女
1944年2月22日		69,855	36,633	33,222		33,843	16,255	17,588
1945年11月1日	11,809	49,045	23,749	25,296	6,738	29,986	14,167	15,819
1946年4月26日	12,076	51,807	25,813	25,994	6,827	33,463	17,155	16,308
1948年8月1日	12,670	53,828	26,394	27,434	7,363	34,127	16,992	17,135

（出典）『昭和19年人口調査一件』（舞鶴市）。『昭和19年2月22日人口調査結果表』（舞鶴市）。『昭和20年11月1日人口調査結果表』（舞鶴市）。『昭和21年4月26日人口調査結果表』（舞鶴市）。『昭和23年8月1日常住人口調査結果表』（舞鶴市）。

（備考）1946年（昭和21）4月26日、1948年（昭和23）8月1日には「水面」、援護局などの戸数人口を含む。1945年（昭和20）11月1日には地域別の男女別人口が不明であるため含んでいない。

八）には舞鶴市と合併し、人口八万六〇〇〇人の舞鶴市（「大舞鶴市」の誕生）となった。

最後に、戦時から戦後への戸数・人口変遷をみておこう（表序-4）。戦時から戦後へは四軍港都市とも同じ動きを示している。つまり、敗戦直後に人口が急減し、それが翌一九四六年（昭和二一）には増加に転じ、その後人口が回復していくが、一九五〇年（昭和二五）に至っても一九四四年（昭和一九）時点の人口にまで回復しえていないという状況である。この動向は、六大都市でも同様であった。敗戦後の人口減少は六大都市が最も激しく、五割以上（五三％）の減少をみていた。軍港都市では、呉が四八％と落ち込みが大きく、つづいて佐世保三九％、横須賀三二％、舞鶴二一％となる。舞鶴は東地区だけをみると三〇％でほぼ横須賀並みとなる。都市部での人口減少は明治初年以来の出来事であった。敗戦の都市部に与えた打撃の大きさと深さを物語っている。[20]

この時期の舞鶴市をみておくと（表序-5-1）、一九四三年（昭和一八）五月二七日の戸数・人口が、舞鶴市・東舞鶴市の合併時の人口である。[21] 戸数一万九〇〇〇戸・人口八万六〇〇〇人であった。それが翌一九四四年（昭和一九）二月二二日の人口調査では、二万三〇〇〇戸、一〇万四〇〇〇人となり、統計が得られる調査時点のなかでは戦前期最大の戸数・人口となる。調査対象は、「調査時に調査の地域内に現住するもの」であり、動員学徒、徴用工員、女子挺身隊員などを含んでいたはずである。ただし、陸海軍の部隊や艦船にある者は調査対象から除かれている。[22] その後、一九四五年（昭和二〇）六月には八万五〇〇〇人へとかなり減少しており、敗戦後の一九四五年（昭和二〇）九月には八万人を若干下回り、最低となっている。敗戦により徴用や動員が解除され、動員学徒、徴用工員などが舞鶴を去っていったためと思われる。しかし、その後は、一九四五年（昭和二〇）九月をボトムに増加傾向に転じ、一九四八年（昭和二三）八月頃には、一九四三年（昭和一八）五月の舞鶴合併時の戸数・人口まで回復してきている。これを西地区と東地区に分けてみると、敗戦による人口減少は東地区で激しく、軍港があった東地区では一九四四年（昭和一九）二月から一九四五年（昭和二〇）一一月にかけて三割（男子三五％、女子二四％）の人口減少であり、西地区の一割を大きく上回っていた（表序-5-2）。西地区にも軍工廠は存在しており（倉谷の第二造兵部など）、ともに敗戦による軍需生産の停止による人口減少が主な要因であった。

(二) 人口構成の特徴

ここでは、主にコーホート分析による年齢別社会移動の分析を行い、合わせて軍港都市人口構成の特徴と思われる点を幾つか指摘したい。以下では、軍港都市の特徴を明確にするために、しばしば全国平均と比較するとともに八幡市との比較を行う。八幡は、軍港都市と同じように、一寒村から短期間に大都市へと変身した重工業大都市であり、都市的基盤がないところからスタートした点、重工業大都市である点、製鉄所・工廠ともに官営である点など軍港都市と多くの類似点をもっていた。また、「製鉄所自身が八幡市を、製鉄所庶務課の分室程度としかみていなかった」といわれるように、八幡市にとって製鉄所は圧倒的に重い存在であり、軍港都市における海軍と市町村との関係とよく似た構造をもっていた。[23] 八幡を比較都市とするのは、軍港都市の重工業都市としての側面を測りたいためである。

ア 年齢別社会移動の検討

ここでは、コーホート分析により年齢別の社会移動の検討を行ってみたい。コーホート分析は、歴史分野ではそれほど一般的な分析手法ではない。ましてや従来の軍都研究や軍事史研究では年齢別人口移動への関心自体が高くはなく、コーホート分析も行われていない。コーホート分析では、男女別の年齢集団ごとに社会移動が明確に把握できる利点がある。軍港都市のように、重工業大都市としての労働力移動と軍人（特に徴兵）の移動がみられる地域では、男女別年齢別の人口動態を確認する手段として有効と思われる。

コーホート分析には、各年の年齢別男女別死亡数が必要である。年齢別男女別死亡数がとれれば、一九二〇年以降の国勢調査で市町村別に年齢別男女別人口がとれるので、年齢別男女別の社会移動を算出することができる。年齢別男女別死亡数は『日本帝国人口動態統計』に掲載されているが、すべての都市が掲載されているわけではない。また、周辺町村の軍港都市への合併があると被合併町村の年齢別男女別死亡数が通常は把握できないので、合併がある期間は算出できない。以上の制約条件があるため、軍港都市で算出が可能であったのは、呉の一九二一年（大正一〇）～一九二五年（大正一四）と、呉と佐世保の一九三一年（昭和六）～一九三五年（昭和一〇）のみであった[24]。表序-6に算出結果を掲示したが、比較都市として八幡市をあわせて掲げた。八幡も同様の事情から一九三一年（昭和六）～一九三五年（昭和一〇）しか算出できない。

以上のように、一九二一年（大正一〇）～一九二五年（大正一四）と一九三一年（昭和六）～一九三五年（昭和一〇）の二期間を検討することができるのであるが、一九二一年（大正一〇）～一九二五年（大正一四）は大正の大軍縮期を含んでおり、軍港都市の人口動態にとっては異常な時期であった。一九三一年（昭和六）～一九三五年（昭和一〇）もロンドン軍縮を含んではいるが、軍縮の規模は大正期と比べるとかなり小さく、一九三二年（昭和七）、一九三三年（昭和八）ごろからは工廠職工も増加に転じ、海軍兵員もこの時期一貫して増加することから[25]、一九三一年（昭和六）～一九三五年（昭和一〇）のほうが常態に近い状況を示していると思われる。

①一九三一年（昭和六）～一九三五年（昭和一〇）の人口動態

まずは、通常の軍港都市の人口動態により近いと思われる呉・佐世保の一九三一年（昭和六）～一九三五年

表序－6　軍港都市の年齢別社会移動

期首年齢	呉・男子		佐世保・男子	八幡・男子	期首年齢	呉・女子		佐世保・女子	八幡・女子
	社会移動 流入－流出	社会移動 流入－流出	社会移動 流入－流出	社会移動 流入－流出		社会移動 流入－流出	社会移動 流入－流出	社会移動 流入－流出	社会移動 流入－流出
	1921年⇒1925年	1931年⇒1935年	1931年⇒1935年	1931年⇒1935年		1921年⇒1925年	1931年⇒1935年	1931年⇒1935年	1931年⇒1935年
0歳～4歳	-399	689	898	599	0歳～4歳	-372	589	817	380
5歳～9歳	-472	401	1,111	667	5歳～9歳	-386	385	1,022	562
10歳	47	421	642	596	10歳	76	354	525	371
11歳	128	498	780	641	11歳	70	364	529	495
12歳	496	1,355	1,592	820	12歳	48	457	607	540
13歳	949	2,095	2,174	945	13歳	198	564	606	539
14歳	908	2,174	2,195	973	14歳	285	578	636	626
15歳	1,136	2,583	2,521	811	15歳	366	776	540	600
16歳	2,381	4,605	4,313	549	16歳	427	835	619	710
17歳	1,992	3,830	4,051	666	17歳	475	917	663	721
18歳	845	3,355	2,934	969	18歳	368	859	599	777
19歳	53	939	817	847	19歳	200	686	505	736
20歳	-293	-32	-36	923	20歳	22	451	433	528
21歳	-1,135	-2,424	-2,706	895	21歳	26	251	323	563
22歳	-1,035	-2,540	-2,541	585	22歳	-69	182	283	201
23歳	-730	-1,809	-1,661	240	23歳	-101	135	157	241
24歳	-434	-113	-169	166	24歳	-121	87	127	162
25歳	-329	-82	-156	-8	25歳	-97	70	38	80
26歳	-435	-109	-210	44	26歳	-101	97	41	78
27歳	-368	-188	-141	-15	27歳	-121	57	59	19
28歳	-333	-174	-234	7	28歳	-136	43	73	3
29歳	-239	-154	-216	78	29歳	-84	48	88	12
30歳～34歳	-700	24	84	-100	30歳～34歳	-366	117	364	88
35歳～39歳	-535	180	426	38	35歳～39歳	-332	47	333	55
40歳～49歳	-817	-111	433	-75	40歳～49歳	-426	67	564	296
50歳～59歳	-404	-257	247	35	50歳～59歳	-86	270	484	534
60歳～	19	182	202	239	60歳～	-27	234	310	357
計	296	15,338	17,350	12,135	計	-264	9,520	11,345	10,274

（出典）『国勢調査報告』、『日本帝国人口動態統計』。

（昭和一〇）をみると、呉・佐世保では男女とも、類似の動きを示していることが分かる。男子では、流入は、九歳・一〇歳（期首年齢、以下同様）から増加し始め、一六歳でピークに達し、二〇歳で流出に転じ、二一～二三歳で流出のピークに達し、以後急減するが、二〇歳代は流出が続いている。八幡でも九歳・一〇歳から流入人口が多くなっており、軍港都市と同様の傾向を示すが、しかし、流入数は軍港都市よりもはるかに小さく、ピークも一八歳とやや遅い。最大の相違は、八幡では高い流入数を維持している二〇歳～二二歳に、軍港都市では流出のピークをむかえているという点であった。ここに軍港都市特有の人口移動がみられたのであるが、それはどのような事情によるのであろうか。

一〇歳代の人口流入は、主に次の三つの要因が考えられる。第一は、軍港都市特有の軍人（主に下士官兵）や海軍諸学校による流出入（特に前者）である。第二は海軍工廠職工の流出入、さらに第三は中等学校など就学による流出入、である。この三つを量的に分離して捉えることは難しいが、中等学校が呉、佐世保、八幡ともに存在することは確認でき[26]、かつ、工廠職工の流入が八幡と類似するとすれば[27]、概して呉と佐世保の特有の動きは、軍人の流出入に大きな原因があったということになろう。海軍では、徴兵の場合、満二〇歳になる年に徴兵検査をうけ、二〇歳（あるいは二一歳）で海兵団へ入団、新兵教育・現役三年ののち、二三歳（あるいは二四歳）で除隊が通常であった。別に海軍志願兵制度があるので、その場合には一七歳（一九二九年以降は一五歳）から二〇歳の間に入隊した（現役五年）[28]。海軍では志願兵の割合は平均三割から四割と言われている[29]。兵のなかには海軍に残って下士官となり、数年後に除隊するものもいた。一六歳前後の流入の大きなピークと二一歳から二三歳までの流出の大きなピーク、並びに二〇歳代の小さな流出は、多くの部分をこの軍人の入除隊で説明できると考えられる。ここに軍港都市特有の人口流出入がみられたのである。

次に女子についてであるが、呉・佐世保ともに流入人口のピークは期首年齢一七歳である。男子よりははなだらかではあるが、一〇歳あたりから流入が増え始め、一七歳でピークを迎え、その後徐々に減少していく。女子はすべての年齢層で流入となっているが、特に一〇歳代での流入が圧倒的に多い。この動向は、流入ピークが一八歳と一年遅いのを除くと八幡でもほぼ同様であった。

ここで注意しておきたいことは、期首年齢〇（ゼロ）歳代の初等教育期男女がともに比較的大きな流入を示している点である。工場法では一二歳未満の幼少年労働力は就業禁止であったから、この〇歳代男女は、子連れの若夫婦の流入に伴うものであったと考えられる。後述するように、この幼少年期男女の大量流入が、軍港都市財政を圧迫する基本的要因となる。

このように、軍港都市では、軍人のかなり激しい人口流出入がみられたのであるが、加えるに海軍職工の流動性も高かった[30]。彼らが家族を形成している場合には、男子の移動に連動して女子の流動性も高まったであろう。軍港都市における人口の流動性の高さは、全国の大都市の中でも際立っていたと思われる。

②一九二一年（大正一〇）～一九二五年（大正一四）の人口動態

次に、ワシントン軍縮を含む一九二〇年代前半期の人口動態である。ワシントン軍縮では、海軍工廠の職工が大量に解雇されるとともに、准士官以上・下士官兵も減員され、軍属も減員されたから、彼らと彼らの家族も軍港都市を離れていくことになった[31]。海軍関係者のみではなく、景気の悪さから商人・労働者・雑業就業者とその家族なども軍港都市をあとにしたと思われる[32]。このため軍港都市は軒並み深刻な不景気に見舞われることになった。前述の事情から、この時期（一九二一年～一九二五年）のコーホート分析ができるのは呉の男女のみであった。そのため、平年では流入人口が一貫して多数を占めた軍港都市もこの時期だけは、流出入人口がほぼ均衡することになった。全年齢階層を合計すると、男子はやや流入が、女子はやや流出が多いという結果となっている。

一九二一年（大正一〇）～一九二五年（大正一四）における人口動態の特徴は、次の三点にある。第一は、男子における九歳・一〇歳からの流入増加開始、一六歳の流入ピーク、二〇歳での流出への転換、二一～二三歳での流出ピーク、以後急減、並びに女子の一七歳をピークになだらかな山を形成するという点は、一九三一年（昭和六）～一九三五年（昭和一〇）と同じ形を描いていたということである。とともに、その山がかなり低くなっているという特徴をもっていた。第二は、男女とも、全体として一〇歳代の流入が小さいのに対して、男子では二〇歳代での流出が大きく、女子では通常は流入人口が大きい二〇歳代が軒並み流出に転じている点（二二歳以降流出超過）である。第三は、子連れの若夫婦の流出がみられたためと思われるが、〇歳代の男女がともに流出をみているという点である。このように軍縮期には、一〇歳代（女子は二一歳まで）を除き全年齢階層で流出に転じるという、通常とはかなり違った人口動態をみせていたのである。これが軍港都市における深刻な不景気の背景であった。

イ　自然増加か、社会増加か

これまで述べてきたように、一九二〇年代前半の軍縮期は別にして、人口増加の多くの部分は人口流入で説明できるように思われるが、最後に、この点を確認しておきたい。一定期間の人口増加を自然増加と社会増加とに分けて把握することは、全国的にはデータの点から難しいが、これまでの研究のなかで推計値が存在する。表序-8-1が一九二〇年（大正九）から五年ごとの人口規模別市町村の人口増減を、自然増加と社会増加に分けて推計したものである。これによると、①主に一万人以下の町村から都市への人口移動がみられたこと、②おおよそ二万人以上の都市では、人口規模が大きくなるとともに順次社会増加の割合が高くなっていること、③年次別には、どの規模の都市でも順次自然増加の割合が高まっていくこと、が読み取れる。呉と佐世

表序-8-1　人口規模別市町村の人口動態

単位：%

	1920～25年		1925～30年		1930～35年	
	自然増加	社会増加	自然増加	社会増加	自然増加	社会増加
6大都市	27	73	33	67	35	65
10万以上	31	69	43	57	43	57
4～10万	39	61	51	49	55	45
2～4万	52	48	65	35	65	35
1～2万	111	-11	87	13	91	9
1万以下	372	-272	247	-147	306	-206

（出典）　高木尚文「戦前戦後における農村人口の都市集中に関する統計的観察」（東畑精一編『農業における潜在失業』日本評論新社、1956年）、251頁。

表序-8-2　軍港都市における自市町村生まれの割合

単位：%

		横須賀	呉	佐世保	中舞鶴	新舞鶴	舞鶴	八幡	全国
男子	1920年	21	31	22	12	26	55	17	67
	1930年	25	41	29	30	34	52	29	65
女子	1920年	35	38	30	29	26	57	21	60
	1930年	39	50	39	38	34	54	32	59

（出典）『国勢調査報告』（1920年、1930年）。

保の社会増加の割合を算出してみると、一九三一年（昭和六）～一九三五年（昭和一〇）の呉で六一％、佐世保で七二％となる。だいたい六大都市（六五％）を前後する社会増加率となる。一〇万人以上都市では五七％が社会増加で説明できたから、呉や佐世保の軍港都市は同クラスの都市のなかでは社会増加の割合が高い都市であったといえる。

では、年次別にはどうであろうか。呉の一九二一年（大正九）～一九二五年（大正一四）のデータがあるが（表序-6）、この期間は大軍縮期を含むため、一九三一年（昭和六）～一九三五年（昭和一〇）との比較は適当ではない。ここでは軍港都市における自市町村生まれの人口割合を検討し、おおよその傾向を確認しておきたい（表序-8-2）。まず、男女別にみると、軍港都市では、総じて女子のほうが自市町村生まれの割合が高い。この点は全国と逆である。次に、自市町村生まれの割合を都市別に全国と比較すると、舞鶴町を除き全国よりはるかに小さくなっている。たとえば、一九二〇年（大正九）の男子では、全国が六七％であるのに対して、中舞鶴の一二％から呉の三一％と全国の三分の一から五分の一の低率となっている。八幡も一七％とかなり低い。女子も全体的に全国の半分ほどの割合でしかない。一九二〇年（大正九）の段階では、軍港都市住民のかなり多くの人々が他地域からの流入者であったことを示している。ところが、一九三〇年（昭和五）になると、八幡も含めどの軍港都市でも自市町村生まれの割合を高めている。最も低率であった中舞鶴は、男子三〇％、女子三八％と大きく割合を高めた。呉でも、男子四一％、女子五〇％と高まっている。他の軍港都市も一〇％前後割合を高めていた。このように軍港都市でも、この時期に、自然増加人口を確実に高めていたと思われるのである。[33]

ウ　出生地別割合

では、この流入人口は何処からきたのであろうか。表序-9が一九二〇年（大正九）の横須賀、呉、佐世保における出身府県別一覧表（上位一〇府県）である。上位府県への集中度が最も高いのは佐世保である。佐世保では佐賀のみで四三％と隣県佐賀からの流入が極端に多い。[34]続いて、福岡、熊本、鹿児島と続き、九州からの流入で全体の八割余り（八一％）を占めている。呉も上位県への集中度が比較的高い。愛媛、山口、岡山の上位三県で四七％を占めている。いずれも広島の隣県である。上位一〇府県のうち東日本は東京だけであり、他は西日本からであった。横須賀は上位の三府県（千葉、静岡、東京）でも三三％しかなく、全体に比較的ばらついている。それでも東日本からの流入が圧倒的に多かった。

舞鶴は『国勢調査報告』の「出生地別人口」には掲載されていないため、それを補う意味で、一九二四年（大正一三）五月の海軍工廠解雇者の本籍別一覧表を作成した（表序-10）。府県別解雇者が府県別出身者と同じ傾向をもっていたとすると、[35]舞鶴の場合も、隣県の福井、兵庫からが多いことが分かる。全体としては近畿・中国・中部とともに、秋田、山形、新潟、富山、石川、鳥取、島根など日本海側からが多くなっている。舞鶴鎮守府管轄の第四海軍区（山形～島根）と重なっているともいえよう。

都市人口の出生地別構成については、以前より人口移動の距離的制約（つまり距離が遠いほど移動が少なくなる）や人口移動の距離法則が指摘されているが[36]、軍港都市の場合にもそれが当てはまるといえよう[37]。

表序－9　軍港都市における出身県別割合（上位10府県、1920年）

単位：％

横須賀		呉		佐世保	
千葉	11	愛媛	20	佐賀	43
静岡	11	山口	15	福岡	13
東京	11	岡山	12	熊本	11
宮城	8	兵庫	5	鹿児島	8
茨城	6	香川	5	大分	3
福島	6	大阪	4	宮崎	3
愛知	6	島根	4	広島	2
埼玉	4	三重	4	愛媛	2
山梨	4	和歌山	3	山口	1
岩手	3	東京	2	香川	1
その他	30	その他	26	その他	13
総計	100	総計	100	総計	100

（出典）『国勢調査報告』（1920年）。

表序－10　第3回（1924年5月）海軍工廠解雇者の本籍別一覧表（上位20府県）

横須賀		舞鶴	
神奈川	964	京　都	436
静　岡	158	福　井	95
千　葉	86	兵　庫	60
宮　城	72	新　潟	37
福　島	70	広　島	33
山　梨	51	石　川	29
東　京	43	島　根	28
岩　手	27	鳥　取	27
埼　玉	27	大　阪	23
茨　城	20	三　重	21
群　馬	20	神奈川	20
新　潟	19	岐　阜	20
長　野	18	富　山	19
三　重	18	滋　賀	18
栃　木	17	秋　田	17
愛　知	17	山　形	15
北海道	12	朝　鮮	14
山　形	9	静　岡	13
石　川	8	岡　山	12
広　島	5	山　口	9
その他	45	その他	91
計	1,706	計	1,037
解雇人員	1,695	解雇人員	1,036

（出典）協調会情報課『海軍職工解雇問題』（1924年）。

第二節　軍港都市財政の特徴―重工業大都市との共通性と特殊性―

(一)　軍港都市の構造的財政問題

軍港都市の特徴をさぐる素材として、ここでは最初に、第七五回帝国議会衆議院（一九四〇年三月）における軍港都市の行財政問題建議案（政友会・民政党の共同提案、「軍港要港所在地各市町村ノ財政税制行政調査特別委員会設置ニ関スル建議案」）を紹介しておきたい。(38) これまで海軍助成金問題は市史類を中心にある程度論じられてきたが、この建議案は先行研究はもちろん、市史類でも取り上げられたことはなかった。(39) 本章では、この建議案を紹介するなかで、軍港都市が如何なる財政問題を抱えていたのかを、最初に確認しておきたい。(40)

この建議案は軍港都市（軍港要港所在地の市町村）の財政窮乏化問題についての調査特別委員会の設置を要請したものである。建議案を共同提出するに際して、民政党・政友会両党の議員たちは手分けして軍港都市すべてに調査に赴き、実情を調査している。この建議案はその調査に基づいた提案の形をとっており、かなり具体的にその必要性を開陳している。その内容の詳細は紙数の関係でここでは紹介できないが、この建議案では軍港都市への財政上の特別処置を要求する論拠としてだいたい以下の点をあげていた。

第一に、軍事関連施設の土地や建物は官有官営であり、課税できない。海軍共済組合やその購買所、あるいは産業組合法による購買組合にも課税することが出来ない。それゆえ、軍港都市の財政基盤が基本的に脆弱にならざるを得ないということ。第二に、軍港都市に展開する海軍共済組合購買所は事業規模がかなり大きく、それに圧迫され、消費人口の割に商業活動が不振である。つまり、人口集中が激しい割に一般市中における商業者の成長が弱く、その結果、その商業者から取るべき税金が少ないこと。第三に、軍港都市には海軍工廠が所在し、膨大な軍需資材が搬入されるわけだが、その軍需資材移入に携わる会社や商人はその営業所を当該軍港都市に置いていない場合が多く、これらの営業者に課税することが出来ないこと。第四に、軍港ゆえに船舶の出入に制限があり、商業活動に大きな制約となっているのに加え、軍機保護法などにより民間会社の誘致にも大きな制約がある。つまり、民間企業の誘致・発展に大きな制約となっており、その結果、民間企業活動からの税収が少ないこと。第五に、官業の従業員は担税力がかなり弱いにもかかわらず学齢期の児童が多いため、教育費支出が多くなっていること。第六に、軍港ゆえに、防空の設備、官業従業員の住宅、伝染病予防などの上水道設備、国防上の道路建設、思想善導のための施設建設など、通常の都市以上に種々の支出が必要となること。

このように、教育費や社会事業費、上水道や住宅問題、道路・交通整備など種々の都市事業が必要であるけれども、それを賄う財政収入が軍港都市であるが故に制限せられているというのである。つまり、軍港都市であるが故に、財源の基礎が薄弱にならざるを得ないわけであるが、逆にこれまた軍港都市であるが故に、教育費・衛生費やインフラ整備に支出がかさむ、というのが軍港都市の構造的財政問題である、という主張である。一九二三年(大正一二)からは海軍助成金の交付を受けていたが、とても充分なものではない。したがって、軍港都市への特別な財政支援を考慮してもらいたいというのが、この建議案の最終的な要求であった[41]。

このような論拠による軍港都市への特別な財政支援の要求は、この建議が初めてではなかった。一九二一年(大正一〇)の呉・佐世保両市の特別税新設申請にみられる財政支援要求への動きは、あとで検討する海軍助成金の交付で決着をみたが、その際の論拠はほぼ上記の建議案と同内容であった。以下では、海軍助成金問題についての議論も踏まえ、この建議案を素材に軍港都市が抱える社会経済問題を考えてみたい。従来の軍港都市をめぐる議論は、軍港都市であることの特殊性をことさら強調するものが多かったが（もともと上記の建議案や海軍助成金をめぐる議論は、軍港都市への特別助成を求めるものであったので、この傾向が顕著であった）、本章では同じ重工業大都市である八幡市との比較を行いつつ、重工業大都市との共通性とそれに加えるに軍港都市ゆえの特殊性がどこにあったのかという視点から検討を加えてみたい。

(二) 財政基盤の基本的脆弱さ

軍港都市の税収における基本的な問題点は、広大な面積を占める軍事施設の土地や建物並びに重工業の大事業体である海軍工廠に課税できなかったことである。軍港都市の財政にとって、この点は決定的に重大であった。

表序-11 旧軍所有地・施設建物面積

	旧軍用地面積（坪）	旧軍施設建物面積(坪)	旧軍用地の市域面積に占める割合
横須賀	2,616,170	681,162	8％
呉	754,146	196,768	3％
佐世保	300,944	87,479	1％
舞鶴	2,630,626	121,699	4％

（出典） 細川竹雄『「軍転法」の生れる迄』（旧軍港市転換連絡事務局、1954年）、89頁、92頁。
（備考）
1）「両院事務局より審議資料として各委員会に提出された旧軍港市転換法案資料」より作成。調査時点は、1949年（昭和24）。
2） もっとも、確定的な軍用地面積をえるのは難しいようである。たとえば、呉の場合、呉市史編纂委員会編『呉の歴史』（呉市役所、2002年、243頁）での軍用地面積と食い違っている。「確定した数値がえられない」ともしている。

そもそも軍用地や軍施設建物面積がどれぐらい存在し、それがどの程度の比重を軍港都市で占めていたのであろうか。軍用地並びに軍施設建物面積を四軍港別にみてみると（表序-11）、軍用地では、横須賀と舞鶴が二六〇万坪と極めて多く、呉や佐世保をはるかにしのいでいるのが分かる。軍施設建物面積でも横須賀が六八万坪と他を圧倒している。次に軍用地が各市域面積のうちどれぐらいを占めたのかをみると（表序-11）、横須賀八％、呉三％、佐世保一％、舞鶴四％となっている。これは、戦後一九四九年（昭和二四）の調査であるが、敗戦から一九四九年（昭和二四）まで、四軍港とも市町村合併・分離はなかっ

表序-12　海軍工廠を民営事業と仮定した収入見込額（1921年度）　　単位：円

	収入見込額（A）	歳入額（B）	うち税収額（C）	海軍助成金（D）	割合（%）		
					A/B	A/C	D/A
横須賀	777,018	1,099,032	411,972	45,000	71	189	6
呉	703,037	1,833,020	580,284	122,000	38	121	17
佐世保	647,626	1,088,218	658,424	103,000	60	98	16
新舞鶴・中舞鶴	171,037	222,820	115,244	34,000	77	148	20

（出典）　内務省地方局『地方財政概要』（1921年度）。京都府内務部『府市町村財政要覧』（1923年度）。『横須賀百年史』（1965年）、132頁。坂本忠次「海軍工廠都市における国庫補助金の成立」（『岡山大学経済学会雑誌』第12巻第２号、1980年）、153頁。

（備考）　収入見込額の算出は1921年（大正10）と思われるため、1921年度（大正10）の歳入額を基準とした。ただし、新舞鶴・中舞鶴は1921年度（大正10）の歳入額がとれないので、1923年度（大正12）を使用。歳入額は何れも予算。海軍助成金は1923年（大正12）分。なお、佐世保の見込額については497,465円の概算もある（佐世保市史編さん委員会編『佐世保市史』軍港史編下巻、佐世保市、2003年、283頁）。

た。一九四九年（昭和二四）時点でも、横須賀を筆頭に軍用地並びに軍施設建物がかなり広大に拡がっていたことが理解できよう。(42)

軍港都市では、海軍助成金を獲得する際に、その論拠とするため、海軍工廠を民間事業と仮定した場合の税収見込額を算出している。たとえば、横須賀では、海軍工廠を民間事業と仮定した場合に課税できる種目を所得税・営業税・地租の各付加税、私法人建物税とし、国税・県税徴収交付金とあわせて、その総税額を七七万七〇一八円（一九二一年）と算出している。(43)同様の概算を他の軍港都市でも行っており、その一覧を示したのが表序-12である。この見込額が各軍港都市の歳入額のどれぐらいを占めるのかをみると、舞鶴では八割近く、横須賀七割、佐世保六割、呉四割となっている。税収額との関係では、税収額と同等（佐世保）、税収額の二倍（横須賀）、舞鶴・呉はその中間、となっている。この見込額はおそらく取りうるであろう最高の見込額を示していると思われるが、(44)何れにしても民営事業であれば本来徴収出来たはずの税金が、歳入額との関係でかなりの額にのぼっていたことは間違いないといえよう。

この点で注目されるのが、八幡市の場合である。八幡も、製鉄所に対して、官業であるが故に課税できないという、軍港都市と同様の問題を抱えていたのであるが、その状況が一変するのが一九三四年（昭和九）

一月の日鉄合同であった。製鉄所は日鉄合同により営利法人となり、製鉄所への一部市税賦課が可能となった。かつ製鉄業奨励法による免租部分が一定割合で納付金という形で市財政へ繰り込まれることになり、賦課が可能となった市税部分と合わせて毎年一〇〇万円ほどの市税収入が製鉄所から得られることになったのである。それまで毎年五〇万円の国庫助成金を得ていたのであるが（一九二一年度から三〇万円、一九三〇年度からは五〇万円に増額、日鉄合同で廃止）、それをはるかに超える税収が得られることになったのである。[45]このことは、官業重工業事業体への非課税がその所在都市財政にとり死命を制するほどの意味をもち、ひるがえって軍港都市が厳しい現実におかれていることを如実に示すことになった。[46]

以上のように、軍事施設の土地や建物並びに海軍工廠に課税できなかったことが、まずもって軍港都市財政にとり根本的問題であったのである。

(三) 軍港都市住民の担税力の脆弱さ

さて、上記の建議案や海軍助成金の陳情文書で常に強調されているのは、軍港都市住民の担税力が非常に弱いという点であった。つまり、①海軍の軍人軍属や海軍工廠の職工は資力薄弱で担税力が弱いこと、②にもかかわらず、彼らの子弟は多くが学齢期にあり、教育費や衛生費がかさむこと、③海軍共済組合購買所が海軍関係者への日用品や食料品を廉価で供給するため、地場の商人が育たず、それらの商人から徴収できる税金が少ないこと、であった。ここではこれらの点を軍港都市の構造的財政問題として検討しておきたい。

海軍の軍人軍属や海軍工廠の職工が資力薄弱で担税力が弱いことについては、たとえば、陳情書などでは、「職工労役者及海軍軍人軍属ノ多数ハ概ネ勤労所得ニ依リ生計ヲ維持スル者ナルカ故ニ資力薄弱ニシテ其ノ負担スル所甚タ少額」「住民ノ多数ハ海軍職工ノ如キ給料生活者ニシテ担税力極メテ薄弱ニテ其ノ負担スル所甚シク少額ナル」[47]とされていた。しかし、陳情書や従来の研究では、何故に海軍職工や軍人軍属の担税力が低いことになるのかについて具体的に説明されたことはなかった。以下では、所得税法を検討する中でこの点を確認しておきたい。

ここでは海軍助成金が新設された時期の所得税法（一九二〇年大改正）についてみておきたい。[48]所得税には三つの区分があり、第一種が会社に対する所得税、第二種が個人に対する所得税で、第三種は会社・個人を問わず、公社債や預金利子などに課税される所得税である。ここで問題になるのは、軍人軍属や職工など海軍関係者個人に課税される第三種所得税である。当時の免税点は八〇〇円であった。つまり、同居する家族全員の所得を合わせて年額八〇〇円未満であれば、所得税はかからない。海軍関係者の給与所得者は、一月〜一二月までの収入金額を見積もり、かつその金額からの下記の三種類の控除をした残りの所得が八〇〇円以上の場合に課税された（申告はその年の四月に行い、たとえば八〇〇円の税率は〇・五％で税額四円。累進税率）。第一の控除は勤労所得の控除で、総額六〇〇〇円以下では二割が控除された。海軍関係者で年間六〇〇〇円以上の俸給を受けているのはごくごく一部の高給取りで（各鎮守府でも数えるほどしかいなかったはずである）、ほぼすべての海軍関係者は六〇〇〇円以下であったから、この二割控除が受けられた（ちなみに六〇〇〇円以上の場合は一割控除）。第二の控除は家族扶養費の控除で、一八歳未満・六〇歳以上の家族あるいは障害者が同居している場合には一人につき一〇〇円（所得一〇〇〇円以下）、七〇円（所得一〇〇〇円〜二〇〇〇円）、五〇円（所得二〇〇〇円〜三〇〇〇円）の控除が受けられた。海軍関係者には学齢期の子女が多かったから、この控除を受けた者は多かったはずである。第三の控除は生命保険料控除である。生命保険契約をして保険料を払い込んでいる場合、払い込んだ保険料額のうち最高二〇〇円を控除するという制度である。[49]以上より、勤労所得控除があるので、少なくとも年間諸給与が一〇〇〇円未満であれば、間違いなく第三種所得税がかからなかったことにな

表序-13　軍港都市における市税と教育費

	児童総数に占める海軍関係者児童割合(%)	一人当市税徴収額(円)			歳出に占める教育費割合(%)			1学級当児童数(人)		
		1921年度	1930年度	1939年度	1923年度	1930年度	1939年度	1921年度	1930年度	1940年度
横須賀	42	4.6	4.8	5.7	30	12	21	65	59	58
呉	57	4.5	5.0	6.1	37	47	23	60	57	60
佐世保	44	7.5	5.2	5.5	42	28	22	62	53	55
中舞鶴	64	4.4		6.2	40		37	60		51
新舞鶴	42	8.1			35			56		
舞鶴		8.0		7.7	34		22			47
八幡	67	4.2	4.9	5.4	49	40	31		59	63
全国平均		8.1	9.7	9.0	15	12	15		54	54

（出典）　坂本忠次「海軍工廠都市における国庫助成金の成立―呉市の海軍助成金に関する書類をめぐって―」（『岡山大学経済学会雑誌』第12巻第2号、1980年）。『八幡製鉄所五十年誌』（1950年）、379頁、382頁。内務省地方局『地方財政概要』（1923年度、1930年度、1939年度）。京都府内務部『府市町村財政要覧』（1923年度）。『日本都市年鑑』（1931年度版、1941年度版）。

（備考）　1学級当児童数は1921年（大正10）現在で、坂本忠次論文（原資料は呉市行政文書『海軍助成金ニ関スル書類』）による。1939年度（昭和14）は東舞鶴市（1938年に中舞鶴町と新舞鶴町等が合併）。1921年度（大正10）中舞鶴・新舞鶴・舞鶴の一人当市税徴収額の人口は1920年（大正9）の国勢調査。1921年度（大正10）の新舞鶴・舞鶴は決算、それ以外は予算。八幡の海軍（製鉄所）関係者児童割合は1950年ごろ。

る。加えて、家族扶養費控除や生命保険料控除があったので、年間一二〇〇円か一三〇〇円ぐらいまで所得税がかからなかった職工などが結構いたと思われる[50]。軍人軍属でも、将校などの士官と一部の将校待遇の軍属を除き、免税点以下が多かったはずである[51]。以上は所得税（国税）の場合であるが、県税や市町村税は所得税（国税）に付加税をかけたので、国税が賦課されなければその付加税はかけられないということになる。建議案や海軍助成金の陳情文書が、海軍職工や軍人軍属の担税力が薄弱であるとしていたのは、以上のような税制上の事情からであった[52]。

もっとも、以上は所得税付加税の場合であって、戸数割などは所得税免税点以下の海軍関係者にも賦課されたが[53]、以下にみるように総じてその額は多くはなかった。海軍助成金陳情に際して、海軍関係者とその他市町村民との市町村税負担の著しい相違が強調されたが、たとえば、横須賀では一戸当税額（一九二一年）は海軍関係者の平均が二円余であるのに対して、他の市民は一九円余とされていたし、広海軍工廠があった広村の場合（一九四一年に呉市に合併）、一戸当村税負担額は海軍関係者一二円、その他の村民三三円（一九三六年）であった。呉については、海軍工員の市税負担額一戸平均一二円に対して、その他四〇円となっていた（一九三九年）[54]。著しい格差が生じていた。このあたりの事情は、一人当市税徴収額をみると明らかとなる（表序-13）。軍港都市の一人当市税徴収額は、軍港所在地ではない舞鶴町（市）を除いて、軒並み全国都市平均よりもかなり小さくなっているのである。このことは、軍港都市では、まったく市税を納めないか少額しか納めていない海軍関係者が多数いることを示唆している。ちなみに、同様の状況は製鉄所職工が多数を占める八幡市でもみられた（表序-13）。

軍港都市では、海軍関係者の税負担が少ないにもかかわらず、学齢期児童が比較的多いため教育費や衛生費などがかさむという点を、軍港都市の構造的財政問題として強調していた。次にこの点を検討しておきたい（表序-13）。軍港都市における海軍関係者児童の児童総数に占める割合は四割から六割余にまで達していた。これらの軍港都市の歳出に占める教育費の割合をみると、確かに全国都市平均よりも二倍から三倍とかなり高くなっている。教育費がかさんでいることは間違いないといえよう[55]。また、一学級当児童数をみても、全国都市平均よりはだいたいの場合多くなっている。この点は建議案や海軍助成金陳情書のとおりであったのであるが、ただ八幡市も同様に教育費の割合が高く、一学級当児童数も多くなっている点に注意すべきであろう。むしろ、一学級当児童数をみると軍港都市より深刻な事態を招いていたとも考えられる。つまり、軍港都市が財政上の構造的問題を訴えていたのであるが、それに類する状況は八幡市などの重工業大都市にもみられたということである。したがって、この問題は軍港都市も含めた重工業大都市の問題ともいえよう。

もっとも、この財政上の構造的問題は、明治中期から大都市でみられたものであった。一九〇二年（明治三五）鶴原定吉（つるはらさだきち）大阪市長は市会で「戸数人口の膨脹甚しきに伴ひ市費も亦逐年増加すべし。而も増加する住民は多く他国より流寓する下層労働者にして市費負担に堪ふるもの頗る稀なり。即ち市費増加に伴ふ負担者の増加なく従て従来の負担者の負担額は益々其額を増すのみなれば市税以外に収入の途を計らずんば遂に其疲弊を免れざるべし」と報償契約に関連して述べている。[56]この財政上の構造的問題から逃れるために、大都市では、この後収益主義的な市営事業へ舵を切ることになるが[57]、担税力の弱い労働者の大量流入・それに対する支出の増大というこの構造的問題は、多かれ少なかれ成長過程にある都市における共通の問題であった。軍港都市の場合には、もともと人口稀薄なうら寂しい寒村から急速に成長を遂げざるをえなかったので、社会資本の整備には伝統的な都市よりも一層多額の支出を強いられ、その結果、この問題がより増幅した形で表れることになったと考えられる。ここに軍港都市がその特殊性を主張する根拠があったのであるが、八幡市も同様の事情を抱えていたことを考えると、この問題を軍港都市のみに顕著にみられたとするのは妥当ではないであろう。[58]

(四) 海軍共済組合購買所と商業の不振

海軍助成金の陳情書（一九二五年）は「職工労役者等俸給者ノ費用ノ大部分ヲ占ムル生活必需品ハ市内商人ノ手ニ依ラス海軍側ノ購買所ニ於テ直接原産地ヨリ購入シ之ヲ供給セラルルカ故ニ市内商人ハ之カ為多大ノ打撃ヲ被リ其ノ結果引テ担税力ニモ影響ヲ及ホスコト不尠[59]」と指摘していた。次に検討しておきたいのは、この海軍共済組合購買所と商業の不振との関係である。

軍港敷地内あるいは軍港敷地外にも、軍人軍属や工廠職工のために日用品や食糧品の販売所が設けられていた。設立経緯や設立主体など様々であったが、たとえば呉軍港の場合には、呉海軍下士官兵集会所による日用品・娯楽品・呉服物などの販売、海軍共済組合購買所による米など食糧・日用品の販売、廠友館（工廠従業員のクラブ）による日用品の販売、呉海工会（官業労働組合）による購買活動、呉工友信用購買組合（産業組合に

表序-14　海軍共済組合購買所配給品額及び安価歩合一覧表（1932年度）　　単位：円

	米					合計（米とその他品目）				平均組合員数	組合員1人当配給額
	数量(kg)	金額	地方市価	差額	安価歩合	金額	地方市価	差額	安価歩合		
横須賀	1,924,290	318,220	350,500	32,280	9.2%	869,015	1,009,839	140,824	13.9%	11,382	76
呉	7,415,146	1,140,926	1,279,732	138,806	10.8%	2,297,688	2,575,856	278,168	10.8%	21,927	105
佐世保	3,002,302	488,152	573,215	85,063	14.8%	1,215,875	1,523,325	307,450	20.2%	7,627	159
舞鶴	1,434,437	235,618	248,113	12,496	5.0%	552,377	613,372	60,995	9.9%	4,151	133
計	16,767,745	2,623,223	2,932,024	308,801	10.5%	6,070,193	7,021,717	951,524	13.6%	50,745	120

（出典）　海軍艦政本部『昭和７年度海軍共済組合事業成績』、102～105頁。
（備考）　計には、四軍港以外の広、平塚、徳山、東京、大湊、馬公、鎮海、平壌を含む。

よる信購組合、呉海工会から経営を委譲されたもの）による購買活動などがみられた。[60] このうち最大の規模を誇ったのが、海軍共済組合購買所（以下、購買所とする）であった。以下では、この購買所を中心に、これらの購買活動と軍港都市の小売商人との関係を検討しておきたい。

　海軍共済組合は、一九一二年（明治四五）に創設された組合員の相互救済・福祉増進を目的とした組織で、共済給付と健康保険給付を中心事業としていた。[61] 組合員は、職工・傭人・雇人で、「臨時使用者、無給者、外国人」は無資格者であった。ここで問題にする購買所は、病院とともに付属事業に位置付けられており、購買所は「組合員及家族ノ生計ニ必要ナル物品ノ共同購買加工及配給」を目的としていた。[62] 購買所の店舗は、たとえば呉の場合（一九三二年）、海軍敷地内の酒保が四か所、海軍敷地外の購買所が八か所設けられ、米穀の配達も行われていた。購買品目は多種に及んでおり、スーパーマーケットに類する規模であったという。[63] 購買所の事業実績をみると（表序-14）、米を中心に全体で約六〇〇万円余の実績となっている。四軍港の内訳は、呉四割、佐世保二割、横須賀一割五分、舞鶴一割である。特に、呉は巨大な市場であった。購買所では、地方市価と比べると、一割から二割ほどの割安価格で物品を供給しており、それが購買事業を活発にした基本的な要因であった。たとえば、舞鶴海軍工廠職工に支払われた給料総額は一九二九年（昭和四）に二九五万円であり、[64] 一九三二年（昭和七）の購買所実績が五五万円であった。年度が違うが単純に計算すると、六分の一ほどが購

表序-15　米消費と人口（1932年度）

	数量(kg)	白米石換算（A）	1930年人口（B）	A/B
横須賀	1,924,290	13,504	110,301	12%
呉	7,415,146	52,036	190,282	27%
佐世保	3,002,302	21,069	133,174	16%
東舞鶴①	1,434,437	10,066	26,721	38%
東舞鶴②	1,434,437	10,066	38,866	26%
八幡	6,664,560	46,769	168,217	28%

（出典）　海軍艦政本部『昭和七年度海軍共済組合事業成績』、102～105頁。製鉄所労務部『昭和七年度製鉄所共済組合事業成績』、81頁。『国勢調査報告』（1930年）。

（備考）　白米１石を142.5kgとして換算。人口は1930年（昭和５）の国勢調査。東舞鶴①は新舞鶴町＋中舞鶴町。東舞鶴②は大浦地区を合併した1942年以降の東舞鶴市市域。

買所で消費されたことになる（一九三二年は恐慌期であるため実質的にはもう少し高い割合となろう）。呉工廠の場合には、一九三二年（昭和七）の給料総額一八七九万円[65]、購買所実績二三〇万円であり、一割余りとなる。呉の場合、上述したように購買所のほかにも幾つかの海軍関係購買施設があったので、海軍関係購買施設で消費された割合はもっと大きくなるはずである。いずれにしても、工廠職工の消費活動の中で、購買所の役割が大きかったことが理解できよう。

　ではこの購買所の事業が、それぞれの地域市場のなかでどれぐらいの位置をしめたのかを確認しておきたい。取扱商品別に配給額をみると、米がだいたい四割から五割と圧倒的な割合をしめていたので、ここでは、購買所で配給した米が、それぞれの地域で消費されたであろう米穀量のなかで、どれくらいを占めていたのかを推計してみたい（表序-15）。四軍港の各購買所で配給された米穀量(kg)を白米換算（石）し、それが各都市の人口を基礎にした米穀消費量（推計値[66]）にしめる割合を算出すると、横須賀一二%、呉二七%、佐世保一六%、東舞鶴三八%となる。東舞鶴の場合、大浦地区まで含めた一九四二年（昭和一七）時点の市域で計算すると、二六%となる。いずれにしてもかなり高い割合（特に呉と東舞鶴）と言わざるを得ない。

　このような購買所の軍港都市小売市場における大きな存在は、軍港都市における小売商人との摩擦を生み出した。たとえば、呉では、呉商工会議所や米穀組合などにより何度も購買所の縮小を求める運動が行われている。一九二六年（大正一五）の呉商工会議所による要求は、購買所の施設拡充により「市内の各商工業者は之が為め甚だしい脅威をうけてゐる」「市の商工業者が多大の脅威を受ける許りではなく之が為めに納税義務に至大の悪影響を及ほして軈ては自治体としての呉市の前途に暗影を投ずるに至る」として、ある程度の施設の縮小と配給品に呉市生産品を用いるように要請していた(67)。海軍側はこのような要請をすべて拒否していたが、このような商業組織と購買所との対立は、購買所が圧倒的なシェアを持っていたが故に他の軍港都市でもみられたはずである。

この問題に関して重要なのは、購買所が官営共済組合の配給所ということで課税が免除されていた点である。所得税、営業税、営業収益税、資本利子税、家屋税などすべて非課税であった。大量仕入・大量販売による流通コスト削減と課税免除により廉売が可能であったのである。この点は、軍港都市の側からすると、市税が取れない点と購買所の圧迫により小売商人からの市税も取れないという両側面から問題であった。呉市土木部長の長崎敏音は「購買所は市中目抜の枢要の各所に、而かも大規模に設置し、日用物品食料品を海軍関係者たる軍港地都市構成人口の大部分のものに販売し、且つ湯屋理髪業写真業迄も営み、以て多額の収益を挙ぐるにも拘らず、官営事業の美名の下に脱税の形態を為してをることは如何なる方面より見るも穏当ならざることであると思ふ」と厳しく批判している(68)。同様のことは、軍港都市に設置された、産業組合法による購買組合にも言えることであった。恐慌期の反産運動で全日本商権擁護聯盟によって批判されたように、産業組合は非課税であった(69)。

このような官業や大企業の購買所の存在が地元小売商人を圧迫し対立を招く、あるいは人口が集中し日用品・食糧品市場が拡大した割には地元商業が不振であるという事態は、なにも軍港都市に特徴的にみられる現象ではなかった。たとえば、八幡市でも製鉄所の購買部の存在が圧倒的に大きく、商権を奪われた形となった地元商人との対立的状況が生じていた(70)。八幡では、購買部の扱う米穀は消費量の約三割に達しており（表序-

15）、日用品消費額全体では約四割に達していた。[71]このような官業や大企業の購買所や配給所が独自に大量に日用品・食糧品を供給するために、人口増加と比例しては商店街や商業の発展がみられなかったことは、幾つかの工業都市を事例に以前から指摘されてきていることである。[72]ただ、ここで注目しておきたいことは、特に軍港都市や八幡のように、近世以来の伝統的な商人層や商業組織・取引慣行をもたないところから急速に大都市へと成長した地域では、商業組織や流通組織が未成熟で小売市場もそれほど整備されておらず、そのため官業の購買所等のはたす役割が、特にその当初においては、かなり大きかったのではなかろうか、ということである。[73]

(五) 海軍助成金

上述したように、軍港都市による特別な助成の要求に対して、最終的には一九二三年度（大正一二）から海軍助成金が交付されることになったが（一九二三年四月一日「市町村助成金交付規則」公布）、ここではこの海軍助成金が、どの程度軍港都市財政を潤すものであったのかをみておきたい。[74]海軍助成金は、一九二三年度（大正一二）から始まり一九四五年度（昭和二〇）まで続いたが、交付されたのは四軍港都市だけではなく、台湾馬公街・朝鮮鎮海面を含む海軍施設のあった町村・団体（隣接町村を含む）で、多い時には二二市町村・団体（一九二六年度）にのぼった。[75]助成金増額の要求は「市町村助成金交付規則」公布以降も続けられていた。以下では、この海軍助成金についてみていくが、すべての市町村を検討対象とすることは資料的に不可能なので、四軍港都市を中心にみておきたい。

表序-16が海軍助成金の交付額を示している。現段階では、原資料のある横須賀と呉を除いては、すべての年度を把握することはできない。特に、中舞鶴町のデータが不足している。まず、助成金額を絶対額でみる

表序-16　海軍助成金の推移

単位：円、%

	海軍助成金総額	横須賀	呉	佐世保	新舞鶴（東舞鶴）	中舞鶴	歳入額に対する海軍助成金の割合				
							横須賀	呉	佐世保	新舞鶴（東舞鶴）	中舞鶴
1923年	332,000	45,000	122,000	103,000	17,000	17,000	1.1	6.3	10.2	13.5	17.5
1924年	332,000	45,000	122,000	100,000	17,000	17,000	1.3	5.6	8.5		
1925年	282,200	45,000	103,700	75,280	12,350	12,350	1.3	4.9	6.8		
1926年	282,200	46,000	103,700	74,000	12,150	12,150	1.7	6.0	7.1		
1927年	312,200	51,530	116,230		13,200		2.6	7.0		7.6	
1928年	312,200	51,530	125,850		13,200		2.4	6.3		8.5	
1929年	312,200	51,530	125,850		13,200	13,200	3.2	6.1		7.9	15.7
1930年	312,200	51,530	125,850	81,550	13,200	16,706	2.7	5.9	4.9	8.4	11.5
1931年	312,200	51,530	125,850		13,200		2.9	5.5		8.9	
1932年	312,200	51,530	125,850		13,200		2.4	5.4		7.3	
1933年	412,200	85,845	171,830		16,110		4.0	5.6		6.6	
1934年	412,200	85,845	171,830	97,370	16,110		3.1	7.8	2.9	7.2	
1935年	412,200	86,600	171,830	96,615	16,110		4.2	6.6	1.8	7.6	
1936年	412,200	89,045	171,000	95,000	16,110	18,042	2.5	4.8	2.2	10.1	18.1
1937年	412,200	89,045	171,000	94,000			3.2	5.7	2.4		
1938年	412,200	90,045	171,000		35,613		4.8	5.1		8.9	
1939年	412,200	90,505	169,000		34,612		4.3	4.3		8.1	
1940年	612,200	151,530	239,000		37,894		7.6	5.7		7.4	
1941年	812,200	210,530	315,900				7.5	5.9			
1942年		560,000	350,000		124,720		11.5	4.4		6.1	
1943年		300,000	350,000	250,000			2.8				
1944年		250,000	320,000	200,000			1.4	1.8			
1945年		270,000	320,000	220,000			1.4	1.8			

（出典）『横須賀百年史』（1965年）、133頁。『呉市史』第4巻（1976年）、178頁。『呉市史』第5巻（1987年）、177頁。『呉市史』第6巻（1988年）、696頁。『佐世保市史』軍港史編下巻（2003年）、292頁。内務省地方局『地方財政概要』各年度。京都府内務部『府市町村財政要覧』（1923年度）。京都府総務部『町村財政要覧』（1940年度）。『舞鶴市史』各説編（1975年）、792頁。『昭和四年度京都府加佐郡中舞鶴町歳入歳出予算書』（布川家文書）。「海軍の助成金　近く地方に交付」（『報知新聞』1936年8月23日、神戸大学付属図書館デジタルアーカイブ）。『昭和11年新舞鶴町町治紛糾役場事務視察』（京都府庁文書昭11-41、京都府立総合資料館蔵）。『京都府統計書』第5編（1928年～1937度）。『舞鶴市史』現代編（1988年）、831頁。坂本忠次「海軍工廠都市における国庫補助金の成立」（『岡山大学経済学会雑誌』第12巻第2号、1980年）、153頁。

（備考）海軍助成金については、総額は『呉市史』第6巻（696頁）、横須賀は『横須賀百年史』第9表（133頁）、呉は『呉市史』第6巻（696頁）、『佐世保市史』軍港史編下巻（292頁）、佐世保は『佐世保市史』軍港史編下巻（292頁）、東舞鶴・中舞鶴は坂本忠次論文（153頁）、『昭和11年新舞鶴町町治紛糾役場事務視察』所収の「新舞鶴市街地図」、『舞鶴市史』各説編（792頁）、『昭和四年度京都府加佐郡中舞鶴町歳入歳出予算書』、『京都府統計書』（1933年、112頁）による。1930年（昭和5）は『京都府統計書』（1933年、112頁）の「海軍助成金」による（新舞鶴と中舞鶴の合算されたものとみなし新舞鶴の海軍助成金から差し引いて算出したが、倉梯村など他村分が含まれている可能性が高い）。1936年度（昭和11）は『報知新聞』（1936年8月23日）の「海軍の助成金　近く地方に交付」の記事。横須賀の割合は、『横須賀百年史』第9表（133頁）。算出の根拠となっている歳入額は明記がないが決算額と思われる。1943年（昭和18）・1945年（昭和20）については、特別助成金を除いた数値を推計。呉の歳入額は『呉市史』第4巻（178頁）、第5巻（177頁）（ともに決算額）。佐世保の歳入額は『地方財政概要』。予算額であるため、全体に割合は高くでている。東舞鶴（新舞鶴）・中舞鶴の歳入額は、1923年度（大正12）は『府市町村財政要覧』、1939年度（昭和14）は『地方財政概要』、1940年度（昭和15）は『町村財政要覧』、1942年度（昭和17）は『舞鶴市史』現代編。以上は予算額。1938年度（昭和13）は『町村財政要覧』で決算額、1927年度（昭和2）～1936年度（昭和11）は『京都府統計書』第5編で決算額。1929年（昭和4）の中舞鶴は『昭和四年度京都府加佐郡中舞鶴町歳入歳出予算書』で予算額。

と、呉が最も多く、次いで佐世保、横須賀、東舞鶴、中舞鶴の順となる。この順位は一九三〇年代後半まで変わらなかったが、戦時期に入ると横須賀が佐世保と肩を並べ、佐世保を越えるようになったと思われる。各軍港都市のシェアをみると、呉が約四割で最も大きく、佐世保が当初は三割であったのが次第に比重を落とし二割強となり、横須賀は当初の一五%ほどから順次比重を高め一九四〇年（昭和一五）ごろには二五%前後までに拡大している。舞鶴は両町あわせて一割ほどであった。海軍からの助成金を軍港都市間で如何に配分するかは各都市の利害がからみ紆余曲折の末に決まるという経過をたどったが、この経緯はやや複雑である。たとえば、初年度（一九二三年度）の配分に際しては、戸数割平均超過賦課額、戸数均分額、学齢児童均分額を基準に分配し、さらに関係市町村協議会で更正し決定されている。[76]この配分額決定の経緯には不分明なところもあるが、全体としては、小学校経費を重視している印象が強い。

さて、海軍助成金の財政規模に対する割合をみておこう（表序-16）。四軍港都市を比較すると、総じて横須賀が財政規模の割に助成金が少なかったことは間違いない。一九二〇年代では一%～二%であり、きわめて少額であった。しかし、その後増大し、一九三〇年代後半以降は五%～七%ぐらいまで上昇している。呉はだいたい五%～六%程度、佐世保では一九二〇年代中ごろまでは七%～一〇%と比較的高かったが、一九三〇年代には二%前後へと低くなっている。新舞鶴や中舞鶴では一〇%前後であったと思われ、四軍港都市では財政規模の割に助成金が多かった。このように、海軍助成金の歳入額に占める割合は、横須賀の一%程度から中舞鶴の一八%程度までかなり格差が生じていた。したがって、従来の海軍助成金の評価も、『呉市史』では一九二三年度（大正一二）の「市税（決算額）の約一五・四%にもおよぶものであった」と肯定的であるが、『佐世保市史』では横須賀を事例に「予算額の一・五～二・〇パーセント程度にしかならない実情では、苦しい台所事情はいっこうに改善されなかった」と否定的である。[77]このように歳入額に占める割合の相違が軍港都市により大きかったので、その評価は軍港都市ごとに分かれるが、総じて言えば、助成金が歳入額に占めた割合はさほど高いとは言えず、加えて工廠を民間企業とみなした場合の税収見込額と比べても一割から二割程度でしかなく（表序-12）、助成金の財政補塡的な役割は必ずしも大きなものではなかったといわざるを得ないであろう。[78]

第三節　舞鶴軍港の特徴と本書の概要

本節では、海軍鎮守府における舞鶴鎮守府の位置並びに海軍工廠における舞鶴海軍工廠の位置を確認するとともに、社会経済史からみた場合、舞鶴軍港が他の軍港都市と比べ、如何なる特徴をもっていたのかをみておきたい。その中で、本書の各章の概要を紹介しておきたい。

(一)　「二流軍港」の舞鶴

舞鶴軍港の特徴の第一は、横須賀、呉、佐世保に次ぐ第四番目の軍港として、四軍港では最も低い位置付けであり、四軍港では唯一、軍港廃止（要港部への格下げ）を経験した軍港であったことである。そのため、「二流軍港」や「裏口鎮守府」「田舎鎮守府」と揶揄（やゆ）されたりした。[79]舞鶴への鎮守府設置は、一八八九年（明治二二）五月に正式決定されたが、その後は海軍用地買収が行われたのみで、軍港建設にはまったく着手されず、開庁はようやく日露戦争を前にした一九〇一年（明治三四）一〇月であった。遅れた要因として、当面の仮想敵国が清国であったことや帝国議会での民党の抵抗が予想外に大きかったことが指摘されているが、[80]舞鶴より三年前に正式決定された呉・佐世保両鎮守府と比べると、一二年も遅れた開庁であった（表序-17参照）。舞鶴軍港のあと設置された鎮守府は旅順のみであり（一九〇五年一月開庁）、後にともに要港部へと格下げ（軍港廃

表序-17　日本海軍の軍港略歴

（A）横須賀

1865年（慶応元）	横須賀製鉄所の建設開始
1868年（明治元）	新政府が横須賀製鉄所を公収（1871年横須賀造船所に改称）
1884年（明治17）	横須賀鎮守府の設置（横浜の東海鎮守府が移転）、横須賀造船所（1886年海軍造船所）を管轄
1886年（明治19）	横須賀鎮守府（相模国三浦郡横須賀）が第一海軍区を所管
1889年（明治22）	海軍造船所が鎮守府造船部。横須賀線（横須賀・大船間）開通
1897年（明治30）	鎮守府造船部が海軍造船廠
1900年（明治33）	海軍兵器部が海軍兵器廠
1903年（明治36）	海軍造船廠、兵器廠、需品庫を統合して横須賀海軍工廠
1907年（明治40）	横須賀市制施行
1932年（昭和７）	海軍航空廠設置

（B）呉

1886年（明治19）	第二海軍区鎮守府を安芸国安芸郡呉に設置する事を正式決定
1889年（明治22）	７月１日呉鎮守府開庁。造船部設置
1890年（明治23）	呉鎮守府造船部小野浜分工場設置（1893年呉鎮守府造船支部、1895年廃止）
1897年（明治30）	仮呉兵器製造所（1895年設置）を主体に造兵廠を設置。造船部を主体に造船廠を設置
1902年（明治35）	呉市制施行
1903年（明治36）	呉海軍工廠の発足（造兵廠と造船廠の統合）。呉線（呉・広島間）開通
1921年（大正10）	呉海軍工廠広支廠の開庁
1923年（大正12）	呉海軍工廠広支廠分離独立し広海軍工廠
1941年（昭和16）	広海軍工廠航空機部独立し第11海軍航空廠
1945年（昭和20）	第11海軍航空廠が広海軍工廠を吸収合併

（C）佐世保

1886年（明治19）	第三海軍区鎮守府を肥前国東彼杵郡佐世保に設置する事を正式決定
1889年（明治22）	７月１日佐世保鎮守府開庁。造船部設置（1890年）
1897年（明治30）	造船部を廃し造船廠設置
1898年（明治31）	佐世保駅まで鉄道開通（九州鉄道）、門司・早岐・長崎間全通
1902年（明治35）	佐世保市制施行
1903年（明治36）	佐世保海軍工廠の発足

（D）舞鶴

1889年（明治22）　第四海軍区鎮守府を丹後国加佐郡舞鶴に設置する事を正式決定
1896年（明治29）　臨時海軍建築部支部の設置により舞鶴鎮守府建設の開始
1901年（明治34）　10月1日舞鶴鎮守府の開庁。造船廠の発足
1902年（明治35）　余部町設置（1919年中舞鶴町に改称）
1903年（明治36）　舞鶴海軍工廠の発足
1904年（明治37）　舞鶴線（福知山・新舞鶴間）の開通により大阪・新舞鶴間全通
1906年（明治39）　新舞鶴町設置
1923年（大正12）　鎮守府閉庁。要港部・同工作部の発足
1936年（昭和11）　要港部工作部が海軍工廠に昇格
1938年（昭和13）　舞鶴市・東舞鶴市の発足
1939年（昭和14）　舞鶴鎮守府の復活
1943年（昭和18）　舞鶴市・東舞鶴市の合併により舞鶴市（「大舞鶴市」）の発足

（E）旅順

1905年（明治38）　1月7日旅順口鎮守府開庁。旅順口工作廠設置。
1906年（明治39）　旅順鎮守府と改称。旅順口工作廠が旅順工作部
1914年（大正3）　鎮守府閉庁。要港部の発足
1922年（大正11）　要港部廃止
1933年（昭和8）　旅順要港部の復活
1941年（昭和16）　旅順警備府（1942年1月実質的廃止）

（出典）　横須賀市編集『横須賀市史』別巻（横須賀市、1988年）。呉市史編纂委員会『呉の歴史』（呉市役所、2002年）。佐世保市史編さん委員会編『佐世保年表』（佐世保市、2002年）。舞鶴市史編さん委員会編『舞鶴市史』年表編（舞鶴市役所、1994年）。『旅順要覧』（旅順民政署、1928年）。『日本陸海軍の制度・組織・人事』（東京大学出版会、1971年）。佐世保市史編さん委員会編『佐世保市史』軍港史編上巻（佐世保市、2002年）。

（備考）　海軍工廠の廃止は1945年（昭和20）10月、鎮守府の廃止は同年11月。

止）になったが（旅順一九一四年三月、舞鶴一九二三年三月）、開庁の遅れや軍港廃止も舞鶴軍港の「二流軍港」としての色合いをますます濃くすることになった。大正期と昭和戦時期の二度にわたり舞鶴鎮守府に勤務したことのある高木惣吉は、横須賀鎮守府長官が海軍大臣への登竜門であったのと比べると、舞鶴鎮守府長官の地位は退職前の海軍中将に最後に司令長官の肩書きを与えるためだけのもので、横須賀とは雲泥の差があり、そのため、舞鶴鎮守府長官には若干の例外を除いて、海軍部内では二流の人物しか就任しなかった、としている[81]。開庁から敗戦までの歴代長官のなかで、のちに海軍の軍政・軍令のトップの地位についた人物がどれぐらいいたのかを、横須賀と舞鶴についてみてみると、横須賀鎮守府長官四六人中、のちに海軍大臣に就任したもの六人、海軍軍令部長（軍令部総長）に就任したもの六人であるのに対して、舞鶴鎮守府長官（要港部司令官を含む。以下同じ）三五人中、のちに海軍大臣になったもの二人（八代六郎、財部彪）、海軍軍令部長に就任したもの一人（東郷平八郎）で（三人とも大正前期までに舞鎮長官就任）、舞鶴鎮守府長官で現役を終えたものは一六人にのぼっていた。横須賀と舞鶴では歴然とした格差が存在していたのである。また、舞鶴鎮守府長官はすべて海軍中将（就任時）であったが、横須賀では一四人、呉では五人（三二人中）、佐世保では二人（四〇人中）が海軍大将であった[82]。舞鶴軍港は、確かに軍港各部署の定員表においては「他の三鎮守府に劣らない陣容を備え、日本海軍の四分の一の任務を負担する大軍港[83]」の容貌をみせていたのであるが、海軍内部の序列では、明らかに佐世保に次ぐ第四番目の軍港として「二流軍港」とみられており、「とかく軽視されがち」な軍港であったのである。

　次に、海軍工廠における舞鶴工廠の位置を確認しておきたい。基礎的なデータとして、『日本帝国統計年鑑』、『海軍省年報』所載の舞鶴工廠の原動機・職工・給料などを示したのが表序-18である。舞鶴には、一九〇一年（明治三四）一〇月の開庁とともに、舞鶴造船廠がおかれ、その後、一九〇三年（明治三六）には海軍

年度給料総額(円)		職工一日平均一人ノ給料(円)		就業日数		平均一日就業時間		石炭消費高(噸)
職工								
男	女	男	女	男	女	男	女	
1,361		0.66						
33,588		0.64						
135,464		0.57						919
963,057		0.76						16,249
836,080	768	0.76	0.25					7,754
807,339	1,270	0.77	0.26					8,445
879,981	1,692	0.74	0.25					10,157
1,116,676	9,809	0.76	0.28					22,059
973,581	13,644	0.76	0.28	321	311	10	9	14,300
986,019	11,939	0.78	0.28	334	312	10	9	20,124
1,071,793	12,135	0.31	0.28	343	328	10	9	12,315
1,023,978	10,121	0.79	0.27	325	295	10	8	10,788
1,372,349	10,452	0.86	0.31	342	297	10	8	14,097
1,716,986	13,803	0.98	0.35	343	295	10	8	17,724
2,493,466	29,147	1.70	0.48	338	302	10	8	23,116
2,616,796	84,033	2.01	0.75	336	302	10	8	22,589
4,764,337	141,699	2.42	1.27	328	298	10	8	28,165

実際支給額		1年間ノ操業日数	1年平均1日ノ操業時間
職工・使用人			
男	女		
3,794,164	77,704	299	9.2
3,815,916	62,942	297	9.1
3,077,771	32,611	296	9.1
2,784,721	45,035	294	8.6

（大正10）は3月31日現在、1922年（大正11）～1925年（大正14）は12月31日現在。

（大正14）までである。

表序-18　舞鶴海軍工廠の概要

	原動機		役員	職工				一箇
				人員		一箇年度延人員		役員
	台数	馬力		男	女	男	女	
1901年			8			2,053		1,584
1902年	5	246	14			52,256		6,559
1903年	6	611	23	774		238,388		11,724
1906年	14	1,338	39	4,402		1,266,351		28,331
1908年	25	2,283	53	5,164	21	1,102,077	3,015	37,762
1909年	25	2,283	62	3,772	21	1,045,899	4,909	33,265
1910年	51	2,285	60	4,103	25	1,194,442	6,652	57,656
1911年	52	3,041	67	4,595	213	1,470,202	35,646	59,682
1912年	254	6,600	66	4,005	179	1,282,652	49,209	59,900
1913年	271	12,578	62	3,650	151	1,245,542	42,346	56,715
1915年	286	13,486	69	3,641	156	1,333,535	44,071	58,810
1916年	294	14,289	72	4,064	140	1,292,106	38,442	65,077
1917年	303	14,465	61	4,425	124	1,594,875	35,044	60,196
1918年	281	13,878	54	4,958	188	1,380,818	39,261	62,519
1919年	298	13,460	67	5,294	230	1,462,569	60,868	64,684
1920年	314	13,493	79	5,871	502	1,750,734	111,805	80,752
1921年	325	17,345	85	6,963	513	1,949,189	111,803	114,179

	原動機		職員	職工・使用人				職員俸給給料年額（円）
				人員		一箇年度延人員		
	台数	馬力		男	女	男	女	
1922年	395	24,574	277	5,153	256	1,619,886	154,623	324,317
1923年	397	21,003	50	4,281	93	1,598,947	49,377	86,720
1924年	417	17,111	76	3,638	128	1,145,655	31,376	144,064
1925年	396	15,030	77	3,546	133	1,032,675	38,488	138,491

（出典）『日本帝国統計年鑑』。『海軍省年報』。
（備考）
1）1901年（明治34）10月1日に開庁。1912年（明治45）は1912年（明治45）末、1913年（大正2）～1921年
2）1922年（大正11）以降の「職工」には、「其他ノ使用人」を含む。
3）「実際支給額」には、「賃金」のほか「手当賞与等」を含む。
4）1912年（明治45）～1921年（大正10）には、「工場数」が3とある。
5）1925年（大正14）は『海軍省年報』による。
6）欠けている年度は『日本帝国統計年鑑』に掲載がない。
7）『日本帝国統計年鑑』に掲載があるのは1924年（大正13）まで、『海軍省年報』に掲載があるのは1925年

表序-19　海軍工廠（馬力数・職工数）

	横須賀		呉		佐世保		舞鶴		海軍省合計	
	原動機馬力数	職工数	原動機馬力数	職工数	原動機馬力数	職工数	原動機馬力数	職工数	原動機馬力数	職工数
1903年	714	6,551	9,557	12,847	937	4,288	611		12,295	26,581
1906年	2,978	14,780	26,273	22,909	1,481	7,127	1,338		32,656	51,659
1908年	6,194	11,937	27,990	21,505	1,445	6,856	2,283	5,185	38,498	47,841
1909年	6,124	11,438	10,138	19,420	2,923	5,750	2,283	3,793	22,064	42,226
1910年	5,290	11,697	37,352	23,140	6,232	5,880	2,285	4,128	54,061	47,455
1911年	9,052	11,224	13,818	23,874	6,232	5,880	3,041	4,808	35,202	48,372
1912年	4,369	8,686	53,284	20,782	5,713	5,396	6,600	4,184	73,536	41,520
1913年	19,879	10,094	75,807	19,672	11,281	4,903	12,578	3,801	126,895	44,015
1915年	20,016	10,781	83,764	19,130	15,041	5,687	13,486	3,797	139,454	45,755
1916年	24,528	10,607	79,554	19,821	18,799	5,747	14,289	4,204	146,237	47,634
1917年	28,998	11,304	81,452	21,137	21,823	6,341	14,465	4,549	155,756	51,443
1918年	25,768	11,891	72,537	22,765	7,103	7,891	13,878	5,146	126,884	56,706
1919年	17,051	13,855	83,743	26,247	7,103	8,696	13,460	5,524	129,334	63,245
1920年	20,277	11,727	85,052	28,076	5,138	9,261	13,493	6,373	135,935	66,342
1921年	20,277	11,727	77,485	32,783	5,785	11,591	17,345	7,476	120,312	75,262
1922年	34,839	16,570	319,077	24,666	30,655	10,745	24,574	5,409	423,877	63,991
1923年	34,842	13,334	96,097	22,372	29,676	8,178	21,003	4,373	207,887	55,433
1924年	36,229	11,126	116,589	21,412	29,037	8,002	17,111	3,641	218,804	49,500
1925年	47,906	10,243	99,431	20,544	19,494	7,869	15,030	3,543	202,300	47,216

（出典）『日本帝国統計年鑑』。『海軍省年報』。
（備考）
1） 1922年（大正11）以降の「職工」には、「其他ノ使用人」を含まない。
2） その他、表序-18を参照。
3） 合計には４軍港の他の海軍諸施設が含まれるため、４軍港の合計とは一致しない。

工廠となる。職工数では一九二一年（大正一〇）が、馬力数では一九二二年（大正一一）がピークとなっている。しかし、一九二三年（大正一二）には海軍工廠は要港部工作部となり、その後も軍縮で急速に縮小していった(84)。この間、呉海軍工廠広支廠が広海軍工廠となったため、舞鶴工作部の序列は一つ下がることになった（表序-17参照）。

横須賀、呉、佐世保の各工廠と馬力数や職工数で比較したのが表序-19である。舞鶴工廠は馬力数でも職工数でも、だいたい海軍省全体の一割程度を占めていた。横須賀が二割から二割五分、佐世保が一割五分ほどであったが、呉は抜きん出た大工廠で、職工数で海軍省全体の四割から五割を、馬力数では五割から六割を占めていた。横須賀と並び呉が、日本海軍軍港の東西横綱格であった所以である。艦艇建造の役割分担では、呉・横須賀が戦艦・大型巡洋艦・航空母艦の大型艦艇と潜水艦の建造をになったのに対して、舞鶴では駆逐艦・水雷艇の小型艦艇が建造された。新型駆逐艦の第一号艦は舞鶴で建造され、舞鶴は駆逐艦建造においては指導的立場にあった。[85]このように舞鶴は駆逐艦建造に特徴をもっていたのであるが、大艦巨砲主義のもとで、舞鶴工廠の序列・位置付けははっきりしていた。

以上のように四軍港のなかでは、海軍内序列が低く、工廠の規模も最小で開庁も遅く、あげく軍縮に際しては要港部や工作部への格下げを経験し、そのため市制施行も一九三八年（昭和一三）と他軍港より三〇年余り遅れた「二流軍港」舞鶴であったが（表序-17参照）、それでも舞鶴軍港設置が地域社会経済に及ぼした影響は絶大なるものがあった。この点を実証的に検証したのが、**坂根嘉弘「第二章　舞鶴軍港と地域経済の変容」**である。坂根論文は、従来の研究では陸海軍の軍事施設が地域経済に及ぼした影響が十分に実証的に検討されていないことを研究史上の問題点として指摘した上で、軍港設置による地域経済の変容として、資産家の構造変化、銀行の設立状況、米穀流通の構造変化、の三点にわたり検討を加えている。特に、資産家の構造変化では、所得金額を、一八八七年（明治二〇）、一八九九年（明治三二）、一九〇八年（明治四一）、一九二五年（大正一四）の四時点にわたって個人別に把握し、その変遷を軍港所在地とそれ以外の地域の動向に注目しつつ検討を加えている。論文概要は以下である。まず、資産家の構造変化については、一八八七年（明治二〇）頃までは近世的な所得分布の構造が色濃く残っていたが、軍港建設途上の一八九九年（明治三二）ころから徐々に変化を見せ始め、その後一九〇八年（明治四一）までの間に劇的な構造変化が起こった。つまり、軍港所在地の資産家が急成長し、近世期に繁栄した地域が相対的に衰退していったのである。その後の一九二五年（大正一四）までの資産家の地域別構造はそれほど変化をみせていない。次に、銀行の設立については、地元本店銀行が不在であったことと、他地域に本店がある銀行の支店が多数設立されたところに特徴があった。このように舞鶴では地元本店銀行が振るわず、加えて民間諸事業も貧弱であったのであるが、その要因としては、高額所得者・地方名望家の層としての薄さと軍港設置の遅れ（日清戦後の第二次企業勃興期の終期にようやく軍港建設が始まり、企業勃興のタイミングを逸したこと）やこの地方独特の、進取の気象の乏しさや新規事業への消極性があった。最後に、軍港設置にともなう流通構造の変化については、米穀流通を検討している。軍港設置により巨大な消費市場が登場したが、加佐郡や近隣地域からの米穀流入だけではそれに到底対応できず、山陰や北陸から、最初は海路で、後には鉄路で大量の米穀が流入することになった。鉄道の開通は、江戸時代に繁栄した由良川舟運や山陰地域からの海路による米穀輸送をともに短期間に衰退に導いており、鉄道がもつ物流変化への圧倒的影響の好事例となっている。米穀以外の食糧・日用品や軍需物資なども大量に移入されており、軍港設置は地域物流構造を大きく変えていったのである。舞鶴軍港は四軍港のなかでは最も小さかったのであるが、それでも、軍港設置による地域経済の変容は劇的ともいえる変化をみせたのである。従来の研究では陸海軍の軍事施設が地域経済に及ぼした影響を実証的に明らかにできていなかったのであるが、本章ではより具体的に軍事施設設置による地域経済変容の姿を示すことが出来たのではなかろうか。

(二) 商港としての舞鶴

近代日本の経済発展を根底から支えたものの一つが、地主や商人、資産家など地方名望家の地域振興への熱い思いや他所には遅れまいとする地域振興活動（地域間競争）であったことは間違いなかろう。鉄道誘致運動はそれを端的に示す事例であるが、軍事施設の誘致も当時の有力な地域振興策であった。明治政府の近代化政策の偏りもあり、日露戦争頃までには人口流出地で社会資本整備や経済発展に取残された「裏日本」が形成されたとされるが[86]、日本海側の諸地域にとって、この「裏日本」化の進行をいかに食止めるのかが地域振興策の最大の課題であった。[87] その意味では、舞鶴は日本海側で唯一の軍港という格好のカンフル剤を手にしたのであり、「裏日本」化に苦しむ他の日本海側諸地域を尻目に、大きなアドバンテージを獲得していたといえよう。もし軍港設置がなければ、舞鶴は、小規模な商港以外に何の取得もない「裏日本」の小都邑として、「裏日本」化のなかに埋没したと思われる。

このように軍港設置により「裏日本」化阻止への大きなアドバンテージを手にしたのではあるが、同時にそのことにより土木建築や漁業、工業、商業などの経済活動に大きな制約を受けることになった。舞鶴軍港境域に指定された舞鶴軍港とその周辺地域では、軍港要港規則により、軍港近辺の船舶の出入が大きく制限され、波止場築造、海面埋立、架橋・道路設置や森林伐採などさまざまな点に規制が加えられることになったのである。[88] それに加えるに、陸海軍の存在（舞鶴鎮守府・舞鶴要塞）は、軍港所在地における最大のプレイヤとして軍港所在地の政治・経済に深くかかわってくることになる。それが時には地元にとっては大きな負担となった。もともと舞鶴は、四軍港では唯一の城下町であり、近世から北前船寄港地として栄えていた（本書第二章参照）。他の軍港と比べた場合の、舞鶴軍港の特徴の一つは、この商港機能にあった。軍港そのものは山塊を隔てた舞鶴東湾（東地区）にあったため、舞鶴西湾は軍港第三区（普通船舶の通航・碇泊自由）で、近世以来の港町である舞鶴港（西地区）は商港として活動ができ、商港として発展することが可能であったのである。商港（特に開港による対外貿易）としての発展の道を歩もうとしていた舞鶴港・舞鶴町の行く手に大きく立ちはだかることになるのが、この陸海軍であった。

飯塚一幸「第一章　日露戦後の舞鶴鎮守府と舞鶴港」は、この舞鶴開港問題に焦点をあわせつつ、舞鶴という一地域の政治過程に、陸海軍が如何にかかわってくるのかという視角から地域政治過程の分析を試みている。舞鶴町や京都府は、早くから、舞鶴港の開港（対外貿易）によって地域振興を図るという構想をもっていたが、軍港所在地の東地区の急速な発展のなかで西地区（舞鶴町）の相対的地位の低下が目立ち始めると、舞鶴開港による地域振興策を模索し始めた。日露戦後の一九〇六年（明治三九）には京都・大阪財界の舞鶴開港の建議・請願が行われ、一九〇九年（明治四二）には京都府選出の衆議院議員による建議が行われたが、ともに陸軍や海軍の反対のために実を結ばなかった。軍港要港規則と要塞地帯法により開港には陸海軍の許可が必要であったのである。その間、大森鍾一（しょういち）知事による舞鶴港第一期修築工事が始まり（一九〇八年度から五年間）、それをうけ一九〇九年（明治四二）から一九一〇年（明治四三）にかけて朝鮮半島東岸諸港と舞鶴港との日本海横断航路の要求が行われたが、結局はこれも実現しなかった。一九一七年（大正六）には舞鶴町会の議決という形をとった舞鶴開港の請願がなされたが、陸軍はまたもや拒否した。このように舞鶴開港問題の帰趨を決したのはつねに陸海軍であったのである。さらに、ワシントン軍縮による軍港廃止への補償策としての新舞鶴港（東地区）開港問題には、海軍省や鎮守府当局が重要な政治主体として地域政治過程に登場するようになり、軍港特有の政治構造がみられるようになったのである。以上が本章の概要であるが、舞鶴地域の政治史研究はこれまでまったく進んでおらず、その意味で本章は重要な意味をもつ。ここで取り上げられた舞鶴開港問題は従来から知られてはいたが、地域政治構造のなかでそれを系統的に分析したのは本章が初めてであろう。

さて、突然の軍港廃止により苦境に立たされた舞鶴が、軍港廃止後の生き残り策としたのが国内交易と対岸貿易（日本海貿易）の振興であった。軍港廃止への補償の意味もあり、①新舞鶴港（東地区）の開港、②舞鶴港（西地区）の第二種重要港湾指定が認められた。新舞鶴港を商港とすることは、もともと舞鶴東湾が軍港第一区（普通船舶の通航禁止）・第二区（普通船舶の通航自由・碇泊禁止）であったため難しかったが、一九二三年（大正一二）四月の要港境域から舞鶴東湾の一部（新川尻）が第三区に編入されることになり、新舞鶴港を商港として開港することが可能になったのである。開港にあわせ、新舞鶴駅を改築し、新舞鶴駅からの引込線を敷設、新舞鶴桟橋倉庫株式会社も設立し、商港機能の充実を図った[89]。一方、舞鶴港は、一九二八年（昭和三）八月に第二種重要港湾に指定された[90]。四軍港のなかで、重要港湾に指定されたのは舞鶴港だけである[91]。舞鶴港が指定された当時、日本海側の重要港湾は、第一種重要港湾の敦賀（福井県）、第二種重要港湾の船川（土崎を含む。秋田県）、新潟、伏木（富山県）、境（鳥取県）があるのみであり[92]、軍港廃止への見返りとして舞鶴への特別な配慮があったと推測される。第二種重要港湾の指定により、舞鶴港は、明治期以来、京都府（あるいは京阪神）の北の玄関口として競争関係にあった宮津港（指定港湾）を完全に抜き去ることになった[93]。

昭和に入り、日本海側諸港に「裏日本」からの脱出の期待を抱かせたのが、吉会線開通とその終端港問題であった。「満洲」と日本との交通路は、満鉄の大連から大阪・神戸に至る「大連ルート」、朝鮮半島を鉄道で縦断し釜山から下関にはいる「朝鮮ルート」があったが、これに「北鮮三港」（清津・雄基・羅津）から日本海を経て日本海側諸港にいたる「日本海ルート」が加わることになった。吉会線が開通すれば、新京―吉林―図們―「北鮮三港」が鉄道で結ばれ、海路日本海側諸港につながることになるのである。物流の大動脈形成への期待が高まった。日本海側諸港は「北鮮三港」との航路を求め、日本海側拠点港湾の指定を受けるべく、色めき立った[94]。「裏日本」からの脱出策として、地域振興の好機と受け止められたのである[95]。舞鶴港についても、「本港ハ対岸近ク北鮮、西比利亜地方ニ臨ミ後方我国経済ノ中心地タル京阪神地方ヲ控ヘ之カ門口タルノ地位ヲ占ムル即チ両地方生産物貨ニシテ本港ノ呑吐スルモノ頗ル多ク近ク朝鮮吉会線ノ開通ヲ控ヘ満支方面ヨリ物貨亦輻輳スルニ至ルヘキハ想像ニ難カラサル所ニシテ之カ経済上ノ地位タル弥々重要性ヲ加ヘントシツヽアル[96]」と対岸貿易への期待が膨らんでいった。

しかし、この「日本海ルート」は、舞鶴や京都府の関係者が期待したほどの結果を生まなかった。一つは、一九三八年（昭和一三）に日本海側の拠点港が新潟港に閣議決定され、二つはそもそも「日本海ルート」の物流シェア自体が全体の数%の実績に過ぎず、期待されたほどの物流の大動脈とはならなかったためである[97]。それでも、昭和戦前期の舞鶴と朝鮮半島諸港との交易の拡大は、この時期を特徴付けるものであったことは間違いない。

(三) 遅れたインフラ整備

軍港都市は、総じて伝統的都市基盤を持たない農漁村から出発せざるを得なかったため、人口急増や商工業発展に対応したインフラ整備は、緊急の大きな課題であり続けた。都市計画の策定から始まり、道路、橋梁、鉄道、港湾、学校、住宅地、上下水道、電気・ガス、病院、公園、社会事業施設、ゴミ・屎尿処理問題、娯楽施設など課題は山積みの状況であった。軍港都市におけるこれらの諸問題の検討は今後の研究課題となるが、ここでは、上水道・ガスの普及状況を一瞥(いちべつ)し、軍港都市におけるインフラ整備の一端を垣間みておきたい。とりわけ上水道事業は、生活必需の施設であるとともに、有効な伝染病予防策でもあり、都市衛生上からも重要な意味を持った。

表序-20 上水道・ガスの普及率(1940年)　単位:%

	ガス需要戸数割合	水道給水戸数割合
横須賀	18	65
呉	20	57
佐世保	11	74
東舞鶴	12	1
舞鶴	−	0
六大都市	64	77
20万以上都市	19	63

(出典) 『日本都市年鑑』12(1943年度版)。『国勢調査報告』(1940年)。
(備考) 20万以上都市は、人口20万以上の15都市から川崎と呉・佐世保を除いた12都市。川崎はガス需要戸数の記載がないので除外。横須賀は20万人に達していない。

表序-20が、一九四〇年(昭和一五)の軍港都市と六大都市、人口二〇万人以上都市における上水道・ガスの普及状況をしめしている。上水道普及率は、六大都市が八割、二〇万都市が六割であり、軍港都市も舞鶴市・東舞鶴市を除き、だいたい六割から七割となっている。ガス普及率は、六大都市が六割とかなり高く、それに対し二〇万都市は二割であり、格差はかなり大きい。軍港都市は、舞鶴市・東舞鶴市を除き、ほぼ二〇万都市と同程度の普及率であった。それに対し、舞鶴市・東舞鶴市は、上水道・ガスともに、かなり遅れていたことは明瞭である。

まず上水道であるが、舞鶴市・東舞鶴市とも一％あるいはそれ未満の普及率であり、上水道の普及は皆無に近い状況であった。舞鶴市では、舞鶴市と日出紡織会社（一九三六年に舞鶴町が喜多に誘致、一九四一年に大和紡績となる）が共同で上水道事業をすすめていたが（一九四一年一一月給水開始、舞鶴市営水道の誕生）、鎮守府復活（一九三九年一二月）で浄水需要が増大することになった舞鶴鎮守府は、舞鶴市長と日出紡織社長に水道水の分与を要求し、あげく水道施設を舞鶴市・大和紡績から買収してしまったのである。[98]もともと質の良い淡水の安定的供給は軍港の必須条件であり、軍港建設の最重要項目であったため、どの軍港でも、当初より鎮守府が独自に上水道を建設し海軍施設への給水を行っていた。[99]舞鶴以外の軍港都市の場合には、軍用水道の貸与・払下げないし軍用水道からの分水により、順次市営水道が拡大していったのであるが、舞鶴ではついにそれがみられなかった。舞鶴でも、鎮守府は軍港建設と同時に与保呂水源地からの軍用水道を建設し、その後拡充してきたのであるが、[100]その軍用水道からの分水という事態にはついに進展せず、逆に鎮守府が市営水道施設を買収するという異例の事態をたどったのである。

次にガス普及率であるが、ガスの普及率もそれほど高くはない。東舞鶴市では一九三六年（昭和一一）四月から丹後瓦斯が営業をはじめており、一九三八年（昭和一三）三月には丹後瓦斯と報償契約を結んでいる。その結果、東舞鶴市のガス普及率は一割ほどの実績となっている。一方、舞鶴市ではガス供給事業はまったく未着手で、市制施行の都市のなかでガス事業のない二七都市の一つとなっている。[101]

「二流軍港」に対応するかのように、舞鶴市・東舞鶴市における上水道・ガス普及は、他の軍港都市よりもかなり遅れていた。このように軍港所在地とはいえ、上水道など地方が担うべき市民生活向けのインフラ整備はかなり遅れていたのであるが、軍事的要請の強い道路や鉄道は国家的施策として取り組まれ、軍港舞鶴もそれほど遅れをとったわけではなかった。東京と府県庁所在地、師団・鎮守府、重要港湾を結ぶ道路建設は重要視され(102)、舞鶴鎮守府への幹線道路となる鎮守府西街道（東京・京都から山陰街道・由良川左岸の宮津街道を北進し鎮守府）や鎮守府東街道（鎮守府から第九師団金沢市）は一九〇二年（明治三五）に完成しているし(103)、軍港舞鶴への鉄道は一九〇四年（明治三七）に開通しており、他の軍港都市（呉一九〇三年、佐世保一八九八年）と比べても（表序-17参照）、それほど遅れをとったわけではなかったのである。もっとも、近年のインフラ整備をめぐる研究は、軍の直接的影響を強調する従来の研究に反省をせまるものが多くなっており、当時の政治状況や経済的合理性をふまえた評価を要請している。次に紹介する本書第三章の松下孝昭論文もその流れをくむ研究である。

松下孝昭「第三章　軍事拠点と鉄道ネットワーク―舞鶴線の敷設を中心として―」は、日本全国の陸海軍の軍事的拠点を鉄道ネットワークが結んでいく過程を概観し、そのなかに舞鶴への鉄道敷設を位置付けつつ、軍事的拠点とそれを結ぶ鉄道ネットワーク形成過程を当該期の政治状況をからませつつ実証的かつ段階的に分析している。陸軍が鉄道政策への介入を強め始めるのは一八八〇年代後半であった。そのなかで陸軍の軍事拠点とともに海軍の軍事拠点（舞鶴）も構想に織り込まれるようになる。一八九二年（明治二五）の鉄道敷設法は、当時の軍事的拠点をすべて網羅するものとして成立したが、それは軍部の強い介入の結果ではないのであって、法案審議過程での議員らの意向が集約された結果であることに注意する必要がある。鉄道ネットワークの形成と軍事拠点との関係を検討してみると、一八九二年（明治二五）時点の軍事的拠点でありながら、日清戦後でも鉄道が未開通であったのが、舞鶴・呉・新発田の三地点であった。舞鶴との共通点は、鉄道敷設法で第一期線であったが比較線を含んでいたこと、私鉄にいったん認可されるがそれが頓挫し遅延をまねいたという点であった。要港部大湊には一九二一年（大正一〇）に軽便鉄道が開通し、日本各地の軍事的拠点には、大正中期にほぼ鉄道ネットワークが構築されることになったのである。以上が本章の概要である。本章掲載諸表は、全国の陸海軍の軍事的拠点と鉄道敷設との関係を鉄道敷設法時点、日清戦争後、日露戦争後の三時点にわたって明示しており、それぞれの鉄道敷設事情とともに、軍事拠点と鉄道敷設との関係を段階的に把握できる意義は大きい。

(四)「引揚のまち」舞鶴

敗戦後、軍港都市は、兵士を送り出す側から一転して、引揚者を受け入れる側に回ることになった。一九四五年（昭和二〇）一一月、厚生省は初めて一〇の引揚援護局・出張所をおいたが、舞鶴、佐世保、呉と浦賀（横須賀市）にも引揚援護局が設置された[104]。各軍港都市の旧海軍施設が引揚援護活動に活用されたが、特に舞鶴の旧平(たいら)海兵団、佐世保の旧針尾(はりお)海兵団（現ハウステンボス）、広島の旧大竹海兵団には引揚援護局がおかれ、引揚業務の主要舞台となった。全国の引揚者総数は六三〇万人で、うち舞鶴への引揚者が六六万人であった[105]。当時の人口は七〇〇〇万強であったから、人口のほぼ一割が引揚げ体験者であったことになるし、その引揚者のほぼ一割を舞鶴が受け入れたことになる。舞鶴引揚援護局の特徴は、引揚業務の活動期間が他と比べ飛び抜けて長かったことである。一九五八年（昭和三三）一一月が閉局であるから、一三年間という長きにわたって援護活動が続けられたことになる[106]。これが舞鶴を「引揚のまち」としてイメージ付けた第一の要因であったが、加えるにより大きな要因として歌謡曲「岸壁の母」の大ヒットがあったことは間違いない。

引揚げに関する文献類はかなり豊富である[107]。特に、加藤聖文編『海外引揚関係史料集成　国内編』（ゆまに書房、二〇〇一年）、加藤聖文編『海外引揚関係史料集成　国外編・補遺編』（ゆまに書房、二〇〇二年）により、厚生省の『引揚援護の記録』（三冊）をはじめ、各地の引揚援護局史やその関係文献が復刻されたことが大きい。また、援護史を編さんした地方自治体もあったし、引揚者援護団体の刊行した団体史も多く刊行されている(108)。加えて引揚げ体験記も多く出されている。それらを踏まえ、研究文献も多くはないがそれなりに存在するというのが、引揚げをめぐる研究状況であろう(109)。しかし、それらはほとんどが引揚業務の制度や実績など援護活動に関するものか、引揚者のサイドからした言説的研究であったことは否定できないのではなかろうか。

このような研究状況のなかで、**上杉和央「第四章「引揚のまち」の記憶」**は、受け入れ側の地域社会の視点からみた引揚問題を扱っている点に特徴がある。上杉和央論文では、受け入れ側の舞鶴における、引揚げに関する記念碑の建立やそれに伴う記念・顕彰行為を通して、受け入れ側の地域社会が、引揚げを引揚終了後にどこでどのように記憶しようとし、記録してきたのかを追究している。一九六〇年前後、市外からの引揚げについての感謝状や記念品贈与を契機に引揚記念塔の建設計画が浮上してきたのが最初の動きであった。設置場所を五老岳（ごろう）とし、五老岳の都市計画公園整備のなかに含めていたが、結局、他の要因との関係のなかで頓挫（とんざ）してしまっている。引揚記念公園という記憶の場は、旧引揚援護局庁舎の撤去を契機に、旧引揚援護局跡地を見下ろすことができる場所に、一九七〇年（昭和四五）に造られた。そこには「平和の群像」の建立や「あゝ母なる国」碑の移転再建も行われており、また「岸壁の母」歌碑などの碑も立てられ、引揚げの記念・顕彰行為の場として確固たるものとなったが、それらの行為は必ずしも舞鶴市民の大きな運動のなかで実現したものではなかった。その後、舞鶴市民や引揚者たちのより大きな支持のなかで、舞鶴引揚記念館の建設（一九八五年）や平桟橋の復元（一九九四年）がすすみ、近年では「舞鶴・引揚語りの会」が戦後世代を中心に活動を始めており、新しい段階を迎えつつある(110)。本章は引揚を受け入れた地域社会の視点から引揚問題を論じたところに特徴があり、加えて近年の新たな担い手による動きを視野に入れて論じており、示唆されるところが多い論考である。

㈤　戦前から戦後へ

いる。

第一節で検討している。次に紹介する第五章の山神達也論文は、舞鶴地域内の人口動態と就業構造を分析している。

㈠　人口動態と就業構造

人口動態は、地域社会を映す鏡である。地域社会の盛衰は人口増減にはっきりとあらわれる。戦前の軍港所在地が海軍工廠の併設もあり、人口急増地であったことについては、舞鶴も含め四軍港について、すでに本章第一節で検討している。

山神達也「第五章　近代以降の舞鶴の人口」は、一八九八年（明治三一）から二〇〇五年（平成一七）までの舞鶴地区の地区別人口動態並びに就業構造を検討したものである。一八九八年（明治三一）から一九一八年（大正七）の人口の動向は、『日本帝国人口統計』『日本帝国人口静態統計』により、本籍人口と現住人口とから検討されている。この時期には寄留整理問題という難問があるが、本章では一九一八年（大正七）に寄留整理が行われたことを前提に検討している。舞鶴地区の人口は、一八九八年（明治三一）以降の鎮守府建設、開庁、新市街地の建設が大きく作用し、中舞鶴地区、新舞鶴地区、及びそれらに隣接する地区では大量の人口流入（特に男子）がみられたが、一方、舞鶴地域縁辺の農業集落的性格の強い地区では、人口が流出する傾向がみられた。これは、全国的な産業化の中での向都離村のこの地区におけるあらわれでもあった。一九二〇年（大正九）以降は国勢調査報告が使える。舞鶴地区の中では特異な人口構成・動向を示す地域が二か所あった。一つは中舞鶴地区で、公務自由業・青壮年人口・他市町村出生者の多さ、性比の高さ、軍縮による急激な人口減少がみられた。いま一つは中筋村で、青年期女子人口・他市町村出生者の多さという他町村にはない動きがみられた。前者は軍港の存在によるものであり、後者は郡是製糸（現、グンゼ）舞鶴工場によるものであった。

戦後の人口は、一九四七年（昭和二二）から一九五五年（昭和三〇）までは一〇万人台を維持、その後一九七〇年（昭和四五）には九万六〇〇〇人と減少した。産業別には、一九七〇年代ごろまでは公務、建設業、製造業の就業者が相対的に多かったが、それには旧軍港や海上自衛隊の存在が陰に陽に影響を与えていた。その後、全国的な経済のサービス化が進んだが、舞鶴地区では卸売・小売業などの縮小がみられ、中心市街地の空洞化や地域全体の過疎化が進展しつつある。以上が本章の概要であるが、舞鶴地区の人口動態を明治期から現在に至るまで地域別に検討したのは本章が初めてであろう。そこにみられたのは、総じていうと、軍港や海上自衛隊の所在地であったが故の特徴的な人口動態と全国に共通してみられる経済の発展・成熟に伴う地方社会の人口動態とが絡み合った姿であった。なお、著者には別途、一九九五年（平成七）以降の舞鶴市における人口動態を分析した論考がある。[111]あわせて参照いただきたい。

さて、第五章の山神達也論文は、舞鶴の戦時期の就業構造について、一九四〇年（昭和一五）国勢調査の産業大分類別就業者を用い（表5-5）、全国と比べて工業割合が高いこと、農業割合が低いことを指摘しているが、この就業構造は戦争の深まりとともにどのように変化していったのであろうか。以下では、一九四四年（昭和一九）二月二二日人口調査を用いて、この点を補足しておきたい。

この一九四四年（昭和一九）の人口調査による人口数は、序章でも第五章でも利用しているが、もともとの調査項目は、年齢、従業産業、従業上の地位、兵役など広範囲に及んでいた。[112]この調査の統計データは、一九七七年（昭和五二）に総理府統計局より『昭和一九年人口調査集計結果摘要』として公表されたが、年齢別、産業（第一次分類）別及び男女別有業者数については、全国レベルでしか公表されておらず、府県レベルあるいは市町村レベルのより狭い地域の分析や地域間の比較には使用しづらい状況となっている。したがって、従来の戦時期地域経済に関する研究では、使用されたことがなかったと思われる。[113]しかし、幸いなことに、戦前期の舞鶴市行政文書（舞鶴市郷土資料館蔵）の中に、『昭和一九年二月二二日人口調査結果表』として、この人口調査を舞鶴市で集計した冊子が保存されていたのである。[114] 以下では、この『昭和一九年二月二二日人口調査結果表』を検討していくが、この舞鶴市人口調査の分析は、一九四四年（昭和一九）という戦争がかなり深まった段階での就業構造の検討であるという点と、舞鶴という軍港で海軍工廠が所在する地域の就業構造の分析であるという点で、大きな意義を有するであろう。以下では、この調査から年齢別男女別産業別の有業者人口を取り出して、一九四四年（昭和一九）二月段階における戦時期の就業構造を検討してみたい。

まず、概要をみておくと、舞鶴市の有業人口は、一二歳から五九歳までで、男子二万六八五一人、女子一万二五三八人であった（産業別人口は一二歳から五九歳の年齢層しか調査されていない）。有業人口総数に対する男女別割合は、全国では男子五八％、女子四二％、舞鶴では男子六八％、女子三二％となっており、舞鶴では男子労働力割合が一〇％全国よりも高い。[115] 産業別には、男女ともに、鋼船製造業・発火物製造業・土木建築業が高い（表序-21）。鋼船製造業・発火物製造業が高いのは、舞鶴海軍工廠の造船部や第三火薬廠（舞鶴市朝来）[116]の特徴を示していると思われ、土木建築業が高いのは、平海兵団（一九四四年八月竣工）など海軍関係土木建築事業が多かったためと思われる。

ここで特に注目したいのは、農業就業者が男子五％、女子三七％と全国の構成比に比べ極端に小さい点である（表序-21）。つまり、全国男子では総数の四分の一が農業だが、舞鶴男子では二〇分の一にすぎないし、全国女子では半分強が農業だが、舞鶴では三分の一に過ぎないという点である。たとえば、一九三〇年（昭和五）の『国勢調査報告』における舞鶴（一九四四年当時の舞鶴市域）の農業就業者割合は、男子二〇・三％、女子五四・一％であるから、男女ともにかなり縮小しているのが分かる。実数でみても、男子は四〇五八人（一九三〇年）から一三四九人（一九四四年）へと三分の一に極端に減少しているし、女子でも五一六五人（一九三

表序-21　1944年(昭和19)２月人口調査産業項目別結果表(割合)　　単位：%

男子	農業	林業	水産業	其ノ他ノ金属工業	原動機類製造業	鋼船製造業	其ノ他ノ船舶製造業	航空機及航空機部分品製造業	銃砲弾丸兵器類製造業	発火物製造業	紡織工業	製材及木製品工業	食料品工業
全国	25.3	1.9	2.0	1.2	0.6	2.7	0.4	9.3	2.3	0.1	1.4	1.7	1.2
舞鶴市	5.0	0.6	1.4	0.6	0.7	37.2	0.4	1.3	1.2	5.7	0.5	1.2	0.8

男子	土木建築業	其ノ他ノ工業	物品販売業	接客業	鉄道軌道業	自動車運輸業	船舶運輸業	其ノ他ノ運輸業	郵便電信電話業	公務	医療衛生	其ノ他ノ自由業	総計	総計(実数)
全国	5.7	1.6	3.9	0.7	2.5	0.8	1.0	2.5	1.1	5.3	1.1	1.8	100.0	16,690,625
舞鶴市	22.3	0.5	2.6	0.4	1.2	0.7	1.3	3.6	0.8	4.1	0.8	0.4	100.0	26,851

女子	農業	鋼船製造業	航空機及航空機部分品製造業	発火物製造業	紡織工業	食料品工業	土木建築業	物品販売業	接客業	郵便電信電話業	公務	医療衛生	家事業	総計	総計(実数)
全国	54.4	0.3	3.4	0.1	4.6	1.1	0.4	4.8	3.4	1.0	2.0	2.4	3.2	100.0	12,267,695
舞鶴市	36.8	8.0	2.3	3.0	8.1	1.4	4.4	7.7	6.7	1.7	7.7	2.3	2.9	100.0	12,538

(出典)『昭和19年２月22日人口調査結果表』(舞鶴市)。総理府統計局『昭和19年人口調査集計結果摘要』(1977年)。

(備考)

1）各項目とも、事務者・技術者・作業者の合計。12歳～59歳までの就業者。男女とも、舞鶴市の産業項目別人口が100人を超える項目を掲げた。

2）海軍施設と産業項目との対応関係は以下である。海軍工廠＝26 鋼船製造業、衣糧廠＝66 紡織工業、軍療品廠＝39 製薬業、航空廠＝29 航空機製造業、燃料廠＝47 鉱物油製造業、火薬廠＝45 発火物製造業、軍需部（鉄砲関係）＝36 鉄砲弾丸製造業、施設部＝70 土木建築業、其ノ他＝82 公務。『人口調査一件』（京都府庁文書昭19-73、京都府立総合資料館蔵）所載「舞鶴海軍工廠々報」第30号の２月16日通牒（写）による。

〇年）から四六一七人（一九四四年）へと約一割減少している。加えて、農業有業者の男女別比率をみると、全国では六一%が女子だが、舞鶴では七七%が女子となっている。つまり舞鶴では、農業就業者のうち四人に三人が女子であったことになる。舞鶴では全国以上に農業の女子労働力化が進行していたのである。

次に、年齢別にはどうであろうか（表序-22）。まず、鋼船製造業・発火物製造業をみると、舞鶴では、男女ともに、全国よりも一九歳以下年齢層の割合が低く、青壮年層の割合が高くなっているのが分かる。舞鶴では中堅労働力が軍需産業に重点

表序-22　主要産業別男女・年齢階級別有業者割合（舞鶴市・全国）

（1）男子　　　　　　　　　　　　　　　　　　　　　　　　　　　　単位：%

年齢（満年齢）	農業		鋼船製造業		発火物製造業		土木建築業		1930年農業
	舞鶴市	全国	舞鶴市	全国	舞鶴市	全国	舞鶴市	全国	
19歳以下	8	15	21	37	18	28	11	9	13
20-24	3	4	13	12	11	11	13	11	11
25-29	4	7	20	15	27	17	17	12	11
30-39	15	21	29	24	30	27	31	28	21
40-49	27	27	12	9	12	12	21	25	21
50-59	43	25	5	4	2	5	8	14	22
計	100	100	100	100	100	100	100	100	100

（2）女子

年齢（満年齢）	農業		鋼船製造業		発火物製造業		土木建築業		1930年農業
	舞鶴市	全国	舞鶴市	全国	舞鶴市	全国	舞鶴市	全国	
19歳以下	9	15	36	55	36	47	34	36	9
20-24	13	13	26	25	27	23	24	22	12
25-29	12	12	11	7	9	7	15	10	13
30-39	23	23	15	8	17	10	14	15	24
40-49	22	21	10	5	9	8	7	12	23
50-59	22	16	3	1	2	5	6	5	19
計	100	100	100	100	100	100	100	100	100

（出典）『昭和19年2月22日人口調査結果表』（舞鶴市）。総理府統計局『昭和19年人口調査集計結果摘要』（1977年）。『国勢調査報告』（1930年）。

（備考）

1）60歳以上の産業別有業者数は不明であるが、全国については、梅村又次他編『長期経済統計2　労働力』（東洋経済新報社、1988年、270～275頁）に推計がある。

2）舞鶴市での有業者数が多い産業項目を掲げている。

3）原資料では年齢は数え年で示されているが、調査月が2月であるため、前掲『長期経済統計2　労働力』（145頁）にならい、2歳差し引いた年齢で示してある。

4）1930年（昭和5）農業は京都府の数値。

的に投入されているのを物語っている。特徴的なのは農業である。男子では全国と比べ三〇歳代以下では軒並み割合が低く、逆に五〇歳代では全国二五%に対して四三%と非常な高率を示している。この傾向は男子ほどではないが女子でも共通である。舞鶴では全国よりはるかに農業労働力の高齢化が進んでいることを示している。これを一九三〇年の農業有業人口の年齢別構成と比較してみると（舞鶴市域での年齢別構成が算出できないので京都府で示している）、女子では五〇歳代がやや高い程度であるが、男子では青壮年層の割合が薄く、明らかに中高年が厚くなっていることを確認できよう。一般的に戦時期には農業労働力の女子労働力化・高齢化が進行するが[117]、軍港都市舞鶴では全国よりもはるかに強い度合いで農業の女子労働力化・高齢化が進行していたのである。農外部門への労働力移動や徴兵・徴用により、軍港都市の農業部門の労働力構成は極めて弱体化していたと言わざるを得ない[118]。他の軍需工業都市でも類似の事態が生じていたのではあるまいか[119]。

(イ) 戦後舞鶴市財政と海上自衛隊

鎮守府や海上自衛隊が所在する地域では、その地域経済の、鎮守府や海上自衛隊への経済的依存度が高いであろうことは、従来からそのように考えられてきた。しかしながら、それを地域経済の視点から具体的データで検証することは簡単なことではなかった。したがって、それらについての先行研究もほとんど存在しなかった。戦前の鎮守府についていえば、そもそも海軍助成金の市町村別金額の推移さえも十分に明らかにすることができないし（表序-16参照）、海軍や鎮守府軍需部の契約実績もなかなか明らかにすることはできなかった[120]。もっとも、戦後になるとやや事情は異なり、自衛隊に関する国からの交付金・補助金も含め市町村の財政については明らかにできるが、それでも地方総監部の契約実績など地域経済とのかかわりの点となると公表されている資料ではなかなか追究することは難しかった。このような状況の中で、この隘路(あいろ)を突破し、自衛隊の地域経済への関わりを明らかにしようとしたのが、第六章の筒井一伸論文である。

筒井一伸「第六章　舞鶴の財政・地域経済と海上自衛隊」は、海上自衛隊の存在が地域社会と経済面でいかに関わるのかという点を、舞鶴市財政における国からの財政的な助成・補助制度を通して、また海上自衛隊の予算規模や契約実績の空間的広がりを通して分析している。自衛隊基地所在の地方自治体に対する国の財政的な助成・補助制度については、基地交付金と周辺整備法による各種補助事業がある。まず、自衛隊所在都市ににおける基地交付金と特定防衛施設交付金（基地周辺対策経費の中でも自治体の裁量度の最も高いもの）の歳入総額に対する割合をみると、舞鶴市は、特定防衛施設交付金の割合が最も高く、基地交付金も在日アメリカ海軍が所在しない都市では最も高い。近年の特徴としては、舞鶴市に対する基地交付金並びに特定防衛施設交付金がともに増加しているが、これは雁又（かりまた）地区のヘリコプター基地によるものである。次に、舞鶴地方総監部の歳出額は、呉の三分の一、大湊の四分の三程度であったが、市財政とほぼ同規模であり、また地方総監部の契約相手を空間的に検討すると、契約金額では七割ほどが舞鶴市内の業者であり、その地域経済への波及効果は大きい。もとより、舞鶴市の産業別従業員割合では国家公務員が一割と高い割合を占めており、自衛隊関係者の消費生活も含め、海上自衛隊の地域経済への寄与度は大きいと言わざるを得ない。以上が本章の内容であるが、本章の地方総監部の契約実績については、著者による防衛省への行政文書開示請求により得られたデータをもとにしたものであり、貴重なものであることを指摘しておきたい。地方総監部の契約実績は自衛隊の経済効果をはかる基礎的な資料であり、その点が明らかにされたことには大きな意義がある。

（1）田中宏巳『東郷平八郎』（ちくま新書、一九九九年）、六六頁。
（2）研究動向については、吉田裕「戦争と軍隊―日本近代軍事史研究の現在」（『歴史評論』第六三〇号、二〇〇二年）、中野良「「軍隊と地域」研究の成果と展望」（『季刊戦争責任研究』第四五号、二〇〇四年）などを参照。
（3）荒川章二『軍隊と地域』（青木書店、二〇〇一年）、上山和雄編『帝都と軍隊　地域と民衆の視点から』（日本経済評論社、二〇〇二年）。その他の研究文献については、吉田裕前掲論文、中野良前掲論文を参照いただきたい。なお、軍工廠や軍工廠の労使関係についての経済史研究は多いが、とりあえず長谷部宏一「明治期陸海軍工廠研究とその問題点」（北海道大学『経済学研究』第三五巻第一号、一九八五年）、佐藤昌一郎『陸軍工廠の研究』（八朔社、一九九九年）の「序章　軍工廠研究の課題」や近年の奈倉文二・横井勝彦編『日英兵器産業史』（日本経済評論社、二〇〇五年）の

「序章　武器移転と国際経済史」などを参照いただきたい。本書あるいは本書のシリーズでは、軍港都市と地域社会が課題であるため、軍器生産そのものについては取上げていない。

（4）中野良前掲論文（四二頁）にも、その旨の指摘がある。

（5）個別の研究論文並びに研究動向については、以下の論稿を参照いただきたい。川瀬光義「近代日本都市政策研究の現状と課題」（『財政学研究』第一〇号、一九八五年）。横井敏郎「日本近代都市史研究の展開」（『ヒストリア』第一三〇号、一九九一年）。成田龍一「近代日本都市史研究の現在」（『比較都市史研究』第四巻第一号、一九八五年）。成田龍一「近代日本都市史研究のセカンド・ステージ」（『歴史評論』第五〇〇号、一九九一年）。原田敬一「補論　都市問題論から近代社会論へ―近代都市史の研究成果をめぐって―」（原田敬一『日本近代都市史研究』思文閣出版、一九九七年）。金沢史男「序章　課題と方法」（大石嘉一郎・金沢史男編『近代日本都市史研究』日本経済評論社、二〇〇三年）。粕谷誠「序章　不動産業の史的研究」（橘川武郎・粕谷誠編『日本不動産業史』名古屋大学出版会、二〇〇七年）。地理学分野については、山田誠「都市研究と地理学」（『日本史研究』第二〇〇号、一九七九年）、水内俊雄「近代都市史研究と地理学」（『経済地理学年報』第四〇巻第一号、一九九四年）を、植民地都市研究については三木理史「移住型植民地樺太と豊原の市街地形成」（『人文地理』第五一巻第三号、一九九九年）を参照いただきたい。上記の研究史整理のなかで、本書にかかわる近代都市史研究の問題点として、明示的に次の二点が指摘されている。一つは従来の近代都市史研究が東京・大阪・京都・横浜・神戸といった六大都市へ集中してきたという点、二つは政治史分野の研究が先行し、経済史研究との乖離傾向がみられるという点である（金沢史男前掲論文、五頁、一三～一四頁）。このような指摘のなかで、最近、金沢市を対象にした橋本哲也編『近代日本の地方都市―金沢/城下町から近代都市へ―』（日本経済評論社、二〇〇六年）が出されている。

（6）黒崎千晴「近代化・都市化の一側面」（『社会科学討究』第三一号、一九六六年）。

（7）島崎稔「戦後日本の都市と農村」（島崎稔編『現代資本主義叢書七　現代日本の都市と農村』大月書店、一九七八年）。ちなみに、阿部武司「戦前・戦後の日本における大企業の変遷」（『社会科学研究』第五〇巻第四号、一九九九年）の従業者数企業ランキングをみると、海軍造船廠（一九〇三年以降工廠）はいずれも上位に位置する。たとえば、一九〇二年（明治三五）では、呉六位、横須賀一三位、佐世保一八位、舞鶴八八位となる。

（8）金沢史男前掲論文。町村敬志「近代日本における都市変動の類型と要因」（高橋勇悦編『現代都市の社会構造』学文社、一九九〇年）。

（9）河西英通「地域の中の軍隊」（『岩波講座アジア・太平洋戦争』六、岩波書店、二〇〇六年）は、金沢史男前掲論文を踏まえ、軍都、学都、政治拠点の組み合わせで都市を類別している。なお、金沢史男前掲論文（三四頁）も河西英通前掲論文（六頁）も橋本哲也編前掲書（三〇七頁）も、呉・佐世保の鎮守府開設を一八八六年（明治一九）としているが（一八八六年は設置の決定）、一八八九年（明治二二）（開庁）の間違いではなかろうか（表序-17参照）。

（10）渋谷鎮明「都市計画の実験場としての植民地　朝鮮半島鎮海・扶余の事例」（荒山正彦・大城直樹編『空間から場所へ—地理学的想像力の探求』古今書院、一九九八年）、竹国友康『ある日韓歴史の旅　鎮海の桜』（朝日新聞社、一九九九年）がある。

（11）舞鶴市史編さん委員会編『舞鶴市史』通史編（上）（舞鶴市役所、一九七三年）、一〇三八〜一〇六五頁。横須賀百年史編さん委員会編『横須賀百年史』（横須賀市役所、一九六五年）、三一〜五八頁。

（12）統計局編纂『日本帝国統計年鑑』第一〇回（一八九一年刊）。四軍港のうち、鎮守府設置より前に工廠（造船所）があったのは横須賀のみである。横須賀では鎮守府設置の時点で、かなりの人口集中をみせていた。なお、横須賀では、造船所に事実上の軍港業務の指揮権が与えられており、この点後発の鎮守府との違いがあり、それが周辺地域の発展を分析する場合に異なった視点を必要とするという指摘がある（田中宏巳「横須賀海軍工廠の発展と海軍水道の建設」上山和雄編前掲書、一六四頁）。

（13）浮田典良「明治期の旧城下町」（矢守一彦編『日本城郭史研究叢書一二　城下町の地域構造』名著出版、一九八七年）。明治初期の都市人口の停滞乃至減少については、坂根嘉弘「帝国日本の発展と都市・農村」（藤井譲治・伊藤之雄編『日本の歴史』近世・近現代編、ミネルヴァ書房、近刊）を参照。

（14）梅村又次・高松信清・伊藤繁『長期経済統計一三　地域経済統計』（東洋経済新報社、一九八三年）、第二八表。軍港都市には寄留整理が行われたところはないので、その調整は行われていない。都市における寄留人口誤差問題については、伊藤繁「都市人口」（前掲『長期経済統計一三　地域経済統計』）、伊藤繁「明治大正期日本の都市成長」（安場保吉・斎藤修編『数量経済史論集三　プロト工業化期の経済と社会』日本経済新聞社、一九八三年）を参照。この推計における都市基準は、①人口二万人以上　②総有業人口に対する農業有業人口が三〇％未満、である。ちなみに、都市人口の成長を検討するのに、境域調整をせずにそれぞれの年次の市域で検討した方が（つまり周辺町村の合併による人口増加を中心都市の人口成長に加えた方が）、都市の成長をリアルに捉えることができるという見方もあることは承知しているが（たとえば、岡田知弘「重化学工業化と都市の膨脹」成田龍一編『近代日本の軌跡九　都市と民衆』吉川弘文館、一九九三年、一九七頁）、しかしこの方法をとると、都市の成長がかなり過大にでることになり、適当ではないであろう。なお、寄留人口誤差問題と境域調整問題については、本書第五章でも論じており、参照していただきたい。

(15) 明治期の都市人口成長の分析については、黒崎千晴氏の一連の研究がある（黒崎千晴前掲論文。黒崎千晴「明治前期の都市について」『社会経済史学』第三九巻第六号、一九七四年。黒崎千晴「明治前期の日本の都市」梅村又次・新保博・西川俊作・速水融編『数量経済史論集一　日本経済の発展』日本経済新聞社、一九七六年）。

(16) 本田三郎「村から市への二階級特進」（佐世保史談会『談林』第一四号、一九七二年）。村制から一気に市制をひいた都市に、長野県岡谷市（一九三六年に平野村から市制）、山口県宇部市（一九二一年に宇部村から市制）など一〇例がある（太田孝編著『幕末以降市町村名変遷系統図総覧』東洋書林、一九九五年参照）。

(17) 『国勢調査報告』一九二〇年（大正九）、一九二五年（大正一四）。なお、舞鶴軍港の兵員数については、一九二〇年（大正九）七三七二人から一九三〇年（昭和五）一九九六人と急減する（本書の坂根嘉弘「コラム　舞鶴要塞と舞鶴要塞司令官」を参照）。

(18) 『京都府国勢調査結果概要』（京都府、一九三五年、一三頁）は、東舞鶴の人口拡大を、海軍工作部並びに海軍爆薬部の拡張が原因としている。ちなみに、一九三〇年代後半の人口増加率の高い都市として東舞鶴があげられる場合が多いが（たとえば、河野信子「内地都市の推計人口」『都市問題』第三五巻第五号、一九四二年、六九五頁。岡田知弘『日本資本主義と農村開発』法律文化社、一九八九年、二〇五頁）、一九二〇年代前半の軍縮により人口が大幅に減少したことが一九三〇年代の人口増加率を高めた側面が強い。

(19) 『日本都市年鑑』一〇（東京市政調査会、一九四一年）。

(20) 農村部では、一九四五年（昭和二〇）敗戦による大幅な人口増加、翌一九四六年（昭和二一）にかけて減少、その後増加して行くという推移をたどる（総理府統計局『昭和二三年常住人口調査報告』一九四九年。総理府統計局『昭和一九年人口調査集計結果摘要』一九七七年。総理府統計局『昭和二〇年人口調査集計結果摘要』一九七七年。総理府統計局『昭和二一年人口調査集計結果摘要』一九七七年）。都市部における戦時から戦後にかけての人口移動については、本格的な研究はないようであるが、農村部の人口移動については、谷本雅之「農村における人口移動：一九四五‐四九年　―福島県耶麻郡慶徳村の事例―」（原朗編『復興期の日本経済』東京大学出版会、二〇〇二年）が最新の研究である。先行文献も谷本雅之前掲論文を参照いただきたい。

(21) 舞鶴市史編さん委員会編『舞鶴市史』通史編（下）（舞鶴市役所、一九八二年、七五一頁）に、合併時の戸数二万七

四八八戸、人口一五万四九五三人とあるのは、過大ではないかと思われる。

(22) 前掲『昭和一九年人口調査集計結果摘要』の「I　昭和一九年人口調査の概要」。戸祭武「太平洋戦争下の舞鶴鎮守府(中)」(『舞鶴工業高等専門学校紀要』第一八号、一九八三年、一四八頁)には、一九四一年(昭和一六)一二月から一九四五年(昭和二〇)四月までの「舞鶴鎮守府麾下兵員表」(月別)が掲載されており、戦時期人口の貴重なデータとなっている。項目は士官、特務士官(下士官より昇進した士官)、准士官、下士官、兵並びに高等文官、同上待遇(徴用)、判任文官、同上待遇(徴用)、雇員(徴用)、傭人(徴用)、その他工員となっている。統計上は、ちょうど一九四四年(昭和一九)二月の人口調査が行われたところに大きな不連続がみられる。総数で示すと、一九四四年(昭和一九)二月の六万三〇〇〇人から三月の一三万四〇〇〇人へと、一気に二倍以上増加する。原因は軍人(士官、特務士官、准士官、下士官、兵)の不連続で、工員や徴用人員は連続している。ちなみに、舞鶴鎮守府麾下の人員は、一九四五年(昭和二〇)四月で、軍人一五万四〇〇〇人、その他軍属・工員・徴用で六万一〇〇〇人(合計二一万五〇〇〇人)となっている。

(23) 八幡市については、八幡市役所編纂『八幡市史』(八幡市役所、一九三六年)、八幡市史編纂委員会編『八幡市史　続編』(八幡市役所、一九五九年)、土屋敦夫「工業都市八幡の都市形成」(『歴史公論』第九巻第五号、一九八三年)、土屋敦夫「工業都市・八幡の形成その一」(『金沢工業大学研究紀要A』二〇、一九八三年)、土屋敦夫「工業都市・八幡の形成その二」(『金沢工業大学研究紀要A』二一、一九八四年)、土屋敦夫「工業都市・八幡の形成その三」(『金沢工業大学研究紀要A』二二、一九八五年)、土屋敦夫「工業都市・八幡の形成その四」(『金沢工業大学研究紀要A』二三、一九八五年)を参照。引用は、土屋敦夫前掲「工業都市八幡の都市形成」、五五頁。

(24) 一九二〇年(大正九)以降で『日本帝国人口動態統計』に年齢別男女別死亡数の掲載がある都市は、一九二〇年(大正九)～一九二二年(大正一一)人口五万人以上の都市、一九二三年(大正一二)～一九三四年(昭和九)人口一〇万人以上の都市、一九三五年(昭和一〇)以降六大都市のみ、となっている。これを軍港都市でみると、呉の一九二〇年(大正九)～一九三四年(昭和九)、横須賀・佐世保の一九二〇年(大正九)～一九二二年(大正一一)と一九三一年(昭和六)～一九三四年(昭和九)は死亡数がとれる(舞鶴は人口規模が小さいので、問題外である)。このうち、呉では一九二八年(昭和三)に、横須賀では一九三三年(昭和八)にそれぞれ合併があるので、この期間は算出できない。また、一九三五年(昭和一〇)の死亡数については、一九三〇年(昭和五)～一九三四年(昭和九)の年齢別男女別死亡数を平均した死亡数を用いた。したがって、一九三一年(昭和六)～一九三五年(昭和一〇)については推計値を含んでいる。

(25) 表示は略すが、東洋経済新報社編『昭和国勢総覧』下巻（東洋経済新報社、一九八〇年、五〇七頁）、呉市史編纂委員会編『呉市史』第六巻（呉市役所、一九八八年、九頁、二八四頁）、佐世保市史編さん委員会編『佐世保市史』通史編下巻（佐世保市、二〇〇三年、二一三頁）などを参照。

(26) 呉、佐世保、八幡ともに尋常小学校卒業後の中等学校などの教育機関が所在していた（呉市史編纂委員会編『呉市史』第四巻、呉市役所、一九七六年、五三三〜五四六頁。佐世保市市長室調査課編『佐世保市史』教育編、佐世保市役所、一九五三年、二六〇〜二九三頁。前掲『八幡市史』、三四九〜三五六頁）。なお、中等学校生徒数（市立・官立・私立合計）は、呉五五二二人（二・二二％）、八幡二八五二人（一・二四％）である（梶山浅次郎「都市経費の基準算定に就て」全国都市問題会議編輯『全国都市問題会議会報特別号第六回総会文献三研究報告　都市の経費問題』全国都市問題会議事務局、一九三八年、一一八頁。括弧内は市人口に対する割合。調査年次は記されていないが一九三〇年代中頃と思われる）。このうちの市外からの流出入生徒数は不明。

(27) 重工業における労働者の年齢構成には共通した一般的傾向があるとされるが（佐藤昌一郎前掲書、九八頁）、たとえば、一九二〇年代前半の重工業労働者の企業別年齢構成をみると（西成田豊『近代日本労資関係史の研究』東京大学出版会、一九八八年、五一頁）、八幡製鉄所と海軍工廠とはかなり類似した年齢構成を示している。もっとも、厳密にはより詳細なデータを集める必要がある。念のため従業員規模を示しておくと、八幡製鉄所二・四万人（一九三一年）〜三・六万人（一九三五年）、呉海軍工廠二・一万人（一九三一年）〜三・五万人（一九三六年）、佐世保海軍工廠〇・八万人（一九三一年）〜一・四万人（一九三六年）であった（八幡製鉄株式会社八幡製鉄所編『八幡製鉄所五十年誌』八幡製鉄株式会社八幡製鉄所、一九五〇年。前掲『呉市史』第六巻、二八四頁。前掲『佐世保市史』通史編下巻、二一三

表序-7　海軍共済組合組合員の年齢別人数（1932年末現在）

12歳	1
13歳	4
14歳	11
15歳	327
16歳	444
17歳	545
18歳	1,057
19歳	1,193
20歳	800
21歳	765
22歳	933
23歳	1,247
24歳	1,373
25歳	1,494
26歳	1,464
27歳	1,254
28歳	1,234
29歳	1,441
30歳〜34歳	7,940
35歳〜39歳	7,681
40歳〜49歳	10,628
50歳〜59歳	2,701
60歳〜	4

（出典）海軍艦政本部『昭和七年度海軍共済組合事業成績』、25〜35頁。

頁）。表序-7が海軍共済組合組合員の年齢別員数であるが、一五歳から多くなるのが分かる。期首年齢一〇歳以降で流入が多くなることと符合している。二〇歳～二三歳で員数が減少するのは徴兵のためである。なお、工員数と共済組合員数との関係であるが、たとえば、一九三二年（昭和七）の横須賀海軍工廠でみると、工員数一万七〇九人（横須賀市『横須賀市史』上巻、横須賀市、一九八八年、四八八頁）に対して、共済組合員数一万五四〇人（海軍艦政本部『昭和七年度海軍共済組合事業成績』の「昭和七年度末組合員現況図表」）となり、共済組合員数の年齢別構成で工員の年齢構成を推測しても大過はないであろう。

(28) 徴兵の場合は、前の年の一二月一日からその年の一一月三〇日までの間に満二〇歳に達する者が、その年の四月～七月に徴兵検査を受ける。その者の中から陸海軍の服役者を決めるが、海軍の場合は、徴集年の翌年一月一〇日か六月三〇日が入営（入団）日であった（実際は一月一〇日が多かったようである）。したがって、海兵団入団時点の年齢は二〇歳か二一歳であったと思われる。志願兵は、毎年一月～四月の間に多数の志願者の中から検査の上選抜され六月一日に入団する。志願兵の入団時点での年齢は一七歳（一五歳）から二〇歳までばらついたが、全体的にはより若年が多かったのではなかろうか。以上、軍事普及会編『徴兵問答』（前川文栄閣、一九〇七年）、桜井忠温編修『国防大事典』（中外産業調査会、一九三二年）、加瀬和俊「兵役と失業（一）」（『社会科学研究』第四四巻第三号、一九九二年）などを参照。

(29) 百瀬孝『事典昭和戦前期の日本　制度と実態』（吉川弘文館、二〇〇〇年）、三六一頁。

(30) 職工の流動性の高さは、従来から指摘されている点である。兵藤釗『日本における労資関係の展開』（東京大学出版会、一九七一年）、西成田豊前掲書などを参照。なお、東洋工業（現マツダ）の創始者である松田重次郎（一八七五年生）は、一八九三年（明治二六）から一九〇六年（明治三九）の一三年間に、呉海軍工廠（造船部）→大阪砲兵工廠→三菱長崎造船所→佐世保海軍工廠→呉海軍工廠（造機部）→大阪砲兵工廠を短期間に渡り歩いた職工であった（『東洋工業と松田重次郎』東洋工業株式会社、一九五八年。梶山季之『松田重次郎』時事通信社、一九六六年）。流動性の高い海軍工廠職工の典型例である。西成田豊前掲書（一〇一頁、一〇三頁）には、長崎三菱造船所の新規雇用者の「前在職場所」調査がある。海軍工廠も含めて職工が大量に移動していることがうかがえる。

(31) 前掲『舞鶴市史』通史編（下）（一三頁）によると、軍人の減員は、准士官以上一七〇〇人、下士官兵五八〇〇人が整理され、除隊したとされている。ただし、『海軍省年報』の現役軍人人員数（前掲『呉市史』第六巻、九頁）から算出した減員数とは必ずしも一致していない。また、海軍工廠の整理人員は、一九二二年（大正一一）一〇月第一次整理から一九二五年（大正一四）四月第四次整理までに、横須賀四四八四人、呉六六八二人、佐世保四二〇三人、舞鶴二一六七人であった（前掲『横須賀市史』上巻、四三〇頁。前掲『呉市史』第四巻、一四四頁。前掲『佐世保市史』通史編下巻、二一三頁。前掲『舞鶴市史』通史編（下）、三八〜四二頁）。ただし、呉と佐世保については、整理人員がとれなかったので、年次別の工廠工員数から算出している。したがって、整理人員以外の移動も含まれている。

(32) 軍縮に加えて、一九二〇年代の重工業大企業では、未（低）熟練の若年労働力と熟練の摩滅が進む高年労働力の双方で過剰労働力の整理が進み、熟練工の中核をなす壮年労働力が基本的に温存された。この動向は、八幡製鉄所をはじめ、海軍工廠にもみられた、といわれる（西成田豊前掲書、四九〜五二頁）。この指摘を前提とするなら、一九二〇年代前半期の呉で、流入が抑制されているのはこの点もかかわっていたと思われる。

(33) たとえば、一九二〇年代の八幡の人口動態を分析した奥須磨子「戦前期の工業都市における住民構成に関する一考察」（『社会経済史学』第四八巻第二号、一九八二年）は、一九二〇年代の自市町村生まれ人口比率の上昇などを総合して、一九二〇年代以降の流入人口の定着・家族形成の進展を指摘している。なお、舞鶴地域の地区別他市町村出生者比率については、本書第五章を参照いただきたい。

(34) 佐世保への流入人口のなかで佐賀からが多いということは、従来から指摘されている。たとえば、江口礼四郎「市制七十年と歴代市長」（『談林』第一五号、一九七三年）、一頁。

(35) ちなみに、横須賀における府県別出身者（表序-9）と府県別解雇者（表序-10）の相関係数を算出すると、〇・八六とかなり高い相関を示す。だいたい同様の傾向をもっているとみていいのではなかろうか。

(36) 館稔・上田正夫「人口都市集中の地理的形態に関する一つの資料」（『人口問題研究』第一巻第九号、一九四〇年）、三〇頁。伊藤繁「都市人口と都市システム」（今井勝人・馬場哲編『都市化の比較史』日本経済評論社、二〇〇四年）、四八頁。なお、館稔・上田正夫前掲論文（三四頁）は、より遠方から吸引する力の強い吸引圏の大きい都市として、六大都市、工業都市、港湾都市、軍港都市をあげ、軍港都市については、横須賀・呉はともに吸引圏が大きいが、佐世保は例外で、吸引圏がかなり小さいことを指摘している。佐世保の吸引圏が小さくでるのは、隣県佐賀県の割合が圧倒的に大きいからである。

(37) 表示は略すが、軍港都市は圧倒的に男子人口が多い。一般に重工業都市は男子人口が多くなるが、軍港都市の場合にはそれをはるかに超えて男子比率が高くなる。海軍軍人の存在による。たとえば、一九二〇年で示しておくと（女子人口＝一〇〇）、横須賀一六五、呉一三〇、佐世保一三八、中舞鶴二四五、八幡一一九である（『国勢調査報告』一九二〇年）。舞鶴地域の地区別の性比については、本書第五章を参照いただきたい。

(38)「第七十五回帝国議会衆議院建議委員会議録（速記）第七回」（一九四〇年三月一九日。『帝国議会衆議院委員会議録　昭和篇一一八』東京大学出版会、一九九七年、三七八～三八三頁）。「肥田琢司君外十七名提出」となっているが、速記録から確認できる提案議員は次のとおりである。肥田琢司（広島二区、政友会）、山道襄一（広島二区、民政党）、庄司一郎（宮城一区、政友会）、沖島鎌三（島根二区、政友会）、川崎末五郎（京都二区、民政党）、木暮武太夫（群馬二区、政友会）、山川頼三郎（兵庫二区、政友会）。政友会・民政党の共同建議案である。

(39) この建議案を紹介しているのは、管見の限りでは、長崎敏音「特異性都市の研究―軍港都呉市に就いて―」（全国都市問題会議編輯『全国都市問題会議会報特別号第七回総会文献二　本邦都市発達の動向と其の諸問題』下、全国都市問題会議事務局、一九四〇年）のみである。長崎敏音は、本稿執筆当時、呉市土木部長であった。長崎の経歴は十分に明らかではないが、豊橋市顧問なども務めたことがあり、都市土木の専門技術者であった。著書に、鈴木昌太郎・長崎敏音『實用土木工師便覧　正』（大倉書店、一九〇七年）、鈴木昌太郎・長崎敏音『實用土木工師便覧　続』（大倉書店、一九〇九年）がある。呉市史編纂委員会編『呉市史』第五巻（呉市役所、一九八七年、一九一頁）には、一九三九年（昭和一四）一一月二日の政友会・民政党調査団の写真（呉市役所調査）が掲載されている。なお、長崎には、長崎敏音「軍港地都市の自治機構の検討」（『都市公論』第二三巻第六号、一九四〇年）もあるが、論旨は長崎敏音前掲「特異性都市の研究―軍港都呉市に就いて―」と同じである。

(40) 軍港都市の「財政赤字」については、これまでから指摘されてきている。たとえば、舞鶴では戸祭武「大正軍縮と舞鶴（上）」（『舞鶴工業高等専門学校紀要』第二〇号、一九八五年、一三八頁）、横須賀では前掲『横須賀市史』上巻（四七〇頁）など。なお、最初に誤解なきように断っておきたいのであるが、ここで問題にしているのは軍港都市が抱える構造的な財政問題であり、軍港設置の経済的波及効果が小さいこと（たとえば、軍港都市では商業的発展が小さかったことなどということ）を主張しているのではまったくない。本書第二章でも実証的に確認するように、軍港設置の地域経済への影響は絶大なるものがあった。ここでの議論は、軍港設置により軍港都市内総生産が飛躍的に拡大していることを前提とした上で、軍港都市にいかなる財政的な問題が生じていたのかを問題にしている。

(41) この建議案の財政税制行政調査特別委員会設置の要求は実らなかったが、戦時期の海軍助成金の増額には寄与したかもしれない。ただし、一九三九年（昭和一四）には軍港都市の財政状況についての海軍省・大蔵省・内務省の三省連合調査も実施されている（佐世保市史編さん委員会編『佐世保市史』軍港史編下巻、佐世保市、二〇〇三年、二九五頁）。

これらの結果、一九四〇年度（昭和一五）から一九四二年度（昭和一七）にかけて海軍助成金が大幅に引上げられ、かつ特別助成金も交付されている（表序-16、横須賀百年史編さん委員会編『横須賀百年史』横須賀市役所、一九六五年、一三三頁など）。なお、建議委員会の審議では、財政窮乏化により如何に衛生施設・教育施設が貧弱であるか悲惨な情況に陥っているのかが提案議員から具体的に述べられている。たとえば、横須賀市の教育については、海軍関係者が多い浦郷小学校では児童過多により二部授業をしいられていること、久里浜小学校では物置小屋を教室とせざるをえないこと、市全体では小学校児童数の四七％が海軍関係であり、そのため教育費をはじめ市債が巨額にのぼっていること、伝染病患者が全国一流であること、内務大臣の特別の許可を受けて賦課する制限外課税が大きくならざるを得ないことなどを訴えている。また、呉市については、全国一六八市の中で伝染病患者が最高率であること、財源がなく伝染病予防のための下水道整備が難しく、市民の担税力が弱いこと（八〇〇〇戸も税金が取れない戸数がある）、教育では、海軍関係者の児童は全体の四八％を占めているが、市内の総学級数のうち八八学級で文部大臣が制限している制限外の七〇名・八〇名以上の生徒を違法に収容していること、講堂を割いて教室として利用している学校もあること、などの実情を説明している。

(42) 試みに、舞鶴の宅地面積と比べてみると、舞鶴市の宅地は九九万坪（『京都府統計書』一九三七年から戦後市域の宅地面積を算出）であるが、旧軍用地面積は二六三万坪であり、はるかに旧軍用地面積が大きい。参考までに『日本都市年鑑』のデータによる市域面積に占める官有地比率を示しておくと（一九四〇年一月現在）、横須賀二一％、呉一三％、佐世保〇・三％、東舞鶴六五％、舞鶴五％となる（前掲『日本都市年鑑』一〇、三二九～三三一頁）。東舞鶴が極端に大きくなっている。各軍港都市とも戦後直後の時点よりもかなり大きい割合を示している。なお、一九四〇年（昭和一五）以降四軍港都市とも町村合併を行っている。ちなみに、師団司令部所在都市の軍用地をみると、大きい順に東京一二八万坪、旭川九九万坪、広島六四万坪で、最少は善通寺一五万坪であった（松山薫「近代日本における軍事施設の立地に関する考察」『東北公益文科大学総合研究論集』創刊号、二〇〇一年、一六四頁）。軍港都市は、陸軍師団軍用地と比べても広大な軍用地を占めていたことが分かる。

(43) 前掲『横須賀百年史』一二七頁。

(44) 営業税は比較的外形標準的であるが（本書第二章参照）、所得税の算出にはかなり幅が生じたと思われる。したがって、この見込額は課税できたであろう最高額の概算であったとみるべきであろう。なお、同様のことは戦後についても言われている。たとえば、呉の場合、一九九六年度（平成八）の呉市の試算によると、呉市への基地交付金は約一億八〇〇〇万円、それに対し、仮に呉市内の自衛隊、米軍のすべての施設を民間が使用したとした場合の固定資産税は約七億三〇〇〇万円ほどという。この限りでみると、五億円以上の開きが生じることになる（中国新聞呉支社「呉と海上自衛隊」取材班編『呉と海上自衛隊』中国新聞社、一九九八年、一三二頁）。戦後の基地交付金については、本書第六章を参照いただきたい。

(45) 以上、『昭和八年度福岡県八幡市歳入出決算書』（八幡市役所）、『昭和九年度福岡県八幡市歳入出決算書』（八幡市役所）、前掲『八幡市史』（一九七四年、二七九～二八〇頁）、前掲『八幡市史』続編（一八三～一八四頁）、前掲『八幡製鉄所五十年誌』（三七四～三八二頁）を参照。

(46) この点は、長崎敏音前掲「特異性都市の研究―軍港都呉市に就いて―」（一九四頁）が的確に指摘している。長崎によると、決算額で一九三四年度（昭和九）五四万円、一九三五年度（昭和一〇）六四万円、一九三六年度（昭和一一）八八万円、一九三七年度（昭和一二）七六万円、一九三八年度（昭和一三）一九七万円が製鉄事業からの税収である。この時期の八幡の財政規模は、三〇〇万円～五五〇万円ほどである（内務省地方局『地方財政概要』一九三四年度～一九三八年度。内務大臣官房文書課『大日本帝国内務省統計報告』第四十八回〔一九三四年〕～第五十回〔一九三六年〕）。少なくない部分が製鉄所からの税収である。

(47) 前掲『呉市史』第六巻、六九二頁。前掲『佐世保市史』軍港史編下巻、二八九頁。

(48) 東京税務監督局編纂『個人所得税便覧』（東京財務協会、一九二五年）、大蔵省主税局調査課・国税庁直税部所得税課『所得税発展の記録』（一九五七年）などによる。

(49) 生命保険料控除は一九二三年（大正一二）改正から導入された。

(50) たとえば、『大正十四年度所得金高調査書』（布川家文書、舞鶴市郷土資料館蔵）によると、新舞鶴町居住の職工で所得調査額が免税点（八〇〇円）を超えていたのは、八一人に過ぎなかった（『大正十四年度所得金高調査書』では調査額しか記載されていない場合がほとんどであるため、ここでは調査額を基準にしている。以下で所得としているのは所得調査額である）。うち、工廠勤務の所得で免税点を超えたのは四一人のみで、残り四〇人は家族分を合算して免税点を超えていた。一九二五年（大正一四）の舞鶴工廠職工数は三五四三人であったから（前掲『舞鶴市史』通史編（下）、四三頁）、新舞鶴町居住の職工で工廠からの所得のみで免税点を超えていたのは全職工の一％強にすぎないことになる。一九二四年（大正一三）五月時点で新舞鶴町居住職工数は全職工の三一％であったから（前掲『舞鶴市史』通史編（下）、四二頁）、中舞鶴町など他地域居住の職工を加えても、免税点以上の職工は三～四％程度であったろう。ちなみに、佐世保村長からの聞き取りによると、一八九九年（明治三二）頃の佐世保では、職工で所得税を納めていたものは二〇人ほど（佐世保村所得税納税者は二二五人）であったという（『舞鶴軍港並新市街一件』京都府庁文書明三二―九四、京都府立総合資料館所蔵）。一八九九年（明治三二）の職工数は三二六八人であり（佐世保市史編さん委員会編『佐世保市史』軍港史編上巻、佐世保市、二〇〇二年、四五二頁）、〇・六％にすぎなかった。加えて、職工の移動の激しさは徴税の困難をもたらすことになった。第一節でみたように、職工に限らず軍港都市の人口流動性は極めて高かったと思われ、それが税徴収の困難さをもたらしたであろうことは間違いない。たとえば呉については、①一八九九年（明治三二）の栗原安芸郡長からの聞き取りでは、税徴収について、職工はいいが、「人夫ニ至ツテ朝居ルモノモ夕ニハ居ラヌト云フ有様ニテ始末ガツカヌ」と述べており、流動性の極めて高い人夫からの徴税の困難さを語っている（前掲『舞鶴軍港並新市街一件』）。②一九二五年（大正一四）では広島県下の総滞納額三万数千円のうち二万余円は呉市が占めたとされ、「中国一の滞納都市」と称されたという（前掲『呉市史』第五巻、二〇二頁）。なお、舞鶴軍港建設にあたり、先輩格の呉・佐世保両軍港の実地調査（聞取など）が行われており、前掲『舞鶴軍港並新市街一件』には、その調査記録と思われる資料が綴じられている。

(51) 俸給額から概算すると、鎮守府・工廠の少なくとも尉官（大尉と特務士官を除く）・准士官と判任官では、相当数が所得税非課税になっていたと思われる（『海軍省年報』一九二三年）。なお、所得税の納税地は、住所地（生活の本拠地）であり、何もしなければ納税地は住所地となったが、申し出れば他地でも可能であった（前掲『個人所得税便覧』、二七～二八頁）。

(52) 基本的に、土地所有がなければ地租は賦課されず、何らかの営業活動を行っていなければ営業税（国税）や営業税・雑種税（府県税）も賦課されない。本文でみたように、所得税も免税点以下の場合には賦課されないので、結局、このような人々に課されるのは戸数割・家屋税（府県税）とその付加税（市町村税）のみということになる。家屋税は建物坪数などを基準にした外形標準課税であったから、多数を占めたであろう借家職工・労働者には家屋税は賦課されない。したがって、現住戸別に賦課した戸数割を廃止して家屋税に変更した市町村では、間接税と市町村で別途定める特別税は別にして、上記の税金を全く払わない住民が多数存在したことになる（もっとも、家屋税が家賃に転嫁されてはいたが）。なお、税金（「重税」）と都市住民の居住地の因果関係を論じた研究に、中川理『重税都市』（住まいの図書館出版局、一九九〇年）がある。

(53) したがって、戸数割課税の大小は、海軍工廠の職工にとって大問題であった。一九〇七年（明治四〇）三月、新舞鶴町に居住する職工は町税（戸数割）が重いということで町当局に大挙押し寄せ、抗議している。戸数割重課を逃れるために、余部町や舞鶴町へ転居するものも多いと報じている（『日出新聞』一九〇七年三月一九日）。もっとも、市町村税もまったく賦課できない層がかなり存在していたことも軍港都市の財政上の問題点であった。たとえば、中舞鶴地区の場合、一九〇六年（明治三九）末調査では、戸数約二〇九〇戸のうち、公課を負担するのは約一二〇〇戸、公課免除者は約九〇〇戸に達しており、その多くは「日給少額の労働者」であったという（戸祭武「舞鶴における近代都市の形成」『舞鶴工業高等専門学校紀要』第一四号、一九七九年、一四五頁）。新舞鶴町では、一九二一年（大正一〇）一〇月一日調によると、現住戸数四一四七戸のうち、課税戸数は三七九八戸であり、約一割ほどの戸数は課税されていない（『新舞鶴案内』新舞鶴町役場、一九二三年）。

(54) 前掲『横須賀百年史』一二七頁。前掲『呉市史』第六巻、一〇六一頁。前掲長崎敏音「特異性都市の研究―軍港都呉市に就いて―」、一九六頁。なお、舞鶴市史編さんのために作成された『丹州時報（抜すい）戦時下の市民生活』（一九七五年、舞鶴市郷土資料館蔵）というスクラップブックに、一九三九年（昭和一四）七月二〇日付『丹州時報』に「舞鶴要港部は部内の軍人、軍属に対し、寄付形式によって地方税を納めるよう指示した」との記載がある。『丹州時報』の原本が所在不明で確認できないが、おそらく上述してきた市税を納めない軍人軍属の多さと関連していると思われる。

(55) 梶山浅次郎前掲「都市経費の基準算定に就て」によれば、都市財政（教育費）の経常部について算出すると、小学校児童一人当り経常費（教育費）は年間二〇円内外になるという。経常費には教員俸給、小学校維持修繕費、校長給、その他を含んでいる。この他に臨時部として小学校拡張費があるので、実際の経費は二〇円を上回ることになる（調査年次は記されていないが、一九三〇年代中頃と思われる）。表序-13の一人当市税徴収額（五円から七円ほど）からみても、学齢期児童をともなった青壮年層の大量流入が軍港都市財政を圧迫していたことが理解できよう。

(56) 青田龍世・竹中龍雄「我公益企業分野に於ける報償契約の起源と其背景」（『都市公論』第二一巻第六号、一九三八年、八九頁）よりの再引用。この論稿は、報償契約の魁となった大阪市と大阪巡航合資会社、大阪瓦斯株式会社、大阪電燈株式会社について論じたもので興味深い。大阪瓦斯と大阪市との報償契約問題については、原田敬一「都市経営と市営事業」（原田敬一前掲書）がある。

(57) 都市の収益主義的経営への転換については、持田信樹『都市財政の研究』（東京大学出版会、一九九三年）、第四章を参照。

(58) このような財政問題や行政機構の未整備から、企業城下町的な新興都市では、企業が公的な諸施設を設立することがよくみられる。武田晴人氏は、足尾銅山によって急激な人口増加をみた足尾町において、本来行政が整備すべき小学校や病院を鉱業所が設置したことに関して、行政機関の立ち遅れによる「公共性の不在」を鉱業所が代位したものであると評している（武田晴人「非鉄金属鉱業の発展と地域社会」武田晴人編『地域の社会経済史』有斐閣、二〇〇三年、二四八頁）。足尾ほどではないにしても、軍港都市や八幡でも、「公共性の不在」を海軍や製鉄所が代位した側面を否定できないかもしれない。

(59) 前掲『呉市史』第六巻、六九三頁。

(60) 前掲『呉市史』第六巻、六四一～六七八頁。

(61) 以下、海軍共済組合については、鉄道大臣官房保健課『官営共済組合比較表』（一九二五年）、海軍艦政本部『昭和七年度海軍共済組合事業成績』（一九三二年）、協調会『我国共済組合の現状』（一九三三年）による。

(62) 前掲『昭和七年度海軍共済組合事業成績』、一～五頁。引用は五頁。ちなみに、一九三二年度（昭和七）末の組合員総数は四万四五四一人（職工三万八六八六人、傭人三四九〇人、雇人二三六五人）、四軍港の組合員数は、横須賀一万五四〇人、呉一万七七三〇人、佐世保六八六八人、舞鶴三三六六人であった。なお、陸軍共済組合は付属事業を行っていない（陸軍省整備局『昭和十年度陸軍共済組合事業成績』一九三六年など）。付属事業を行っている共済組合は全共済組合の三分の一程度であった（前掲『我国共済組合の現状』、九一頁）。

(63) 前掲『呉市史』第六巻、六五六～六五七頁。ちなみに舞鶴海軍工廠酒保は、二か所（余部町西大門（おおもん）通、新舞鶴町二条）あった（『京都府加佐郡商工人名録』余部実業協会、一九一二年、三四頁）。購買所では、購買帳ひとつ（代金は給料引き）ですべての商品を購入できた（萩原勉『海軍のまち―舞鶴の回想―』関西書院、一九八五年、四九頁）。

(64) 前掲『舞鶴市史』通史編（下）、四三頁。

(65) 前掲『呉市史』第六巻、二八四頁。

(66) 一人が一年間に消費する米穀量を一石と概算（一食一合とし、一日三合で、その三六五倍で一〇九五合となる）。この推計は、別途、米穀消費量（収穫量＋輸移入量）と人口から推計された、大正期から昭和戦前期の一年間一人当米消費量（全国平均）の玄米一四〇kg台（ほぼ一石）と一致する（大豆生田稔「米穀消費の拡大と雑穀」木村茂光編『雑穀Ⅱ』青木書店、二〇〇六年、一三八～一三九頁）。

(67) 前掲『呉市史』第六巻、六五八～六六一頁など。引用は六五七～六五八頁。もう一つ大きな問題は、海軍関係施設へ物品を納入する商人が、必ずしも地元商人ではなかった点である。たとえば、呉海軍軍需部があたる消費物資の発注については指名競争入札であったが、必ずしも呉の地元商人ではなかった。また、購買所については、その仕入先は具体的に分からないが、ある程度固定しており、必ずしも地元商人ではなかったと思われる。呉の購買所では、直接原産地から購入している(注(59)を参照)。地元商人からの納入割合を増やして欲しいというのも、呉市や呉商工会議所の要求であった(前掲『呉市史』第六巻、七〇七~七一一頁)。

(68) 長崎敏音前掲「特異性都市の研究—軍港都呉市に就いて—」、一九六頁。もっとも、日鉄合同後の八幡の場合、製鉄所共済組合への課税額は九〇〇〇円ほどで、それほど大きなものではなかった(長崎敏音前掲「特異性都市の研究—軍港都呉市に就いて—」、一九六頁)。ちなみに、舞鶴では、舞鶴工作部職工の慰安休養のために中舞鶴労働会館に浴場を新設しようとしたところ、中舞鶴町の湯屋業者が猛烈に反対し、浴場新設を撤回させている(『京都日出新聞』一九二八年一月二一日)。

(69) 石見尚監修『産業組合運動資料集』第一巻(日本経済評論社、一九八七年)所収の全日本商権擁護聯盟『商権擁護運動に関する資料』を参照。軍港都市の個別の産業組合(購買組合)の存在を確認するのはそれほど容易ではないが、以下を確認することができる。呉：宮原購買組合(一九一六年設立)、呉工友信購組合(一九二四年設立)、吉浦町信購利組合(一九二四年設立)、鍋購買利用組合(一九二四年設立)、呉産業販購利組合(設立年不明)。以上、広島県内務部『産業組合要覧』一九二九年度。佐世保：佐世保共済会信用購買組合(一九〇五年設立。「佐世保購買組合の経営談」『産業組合』第一三号、一九〇六年。副島千八「長崎県産業組合視察記」『産業組合』第四四号、一九〇九年)、佐世保軍港購買組合(一九二三年設立、『長崎県の産業組合』産業組合中央会長崎県支会、一九二九年)。舞鶴：海軍購買組合共同会(一九〇八年設立、一九一〇年解散)、舞鶴軍港購買組合(一九二一年設立、一九二二年軍港廃止にともない解散)。以上、『京都府産業組合史』(京都府産業組合史編纂部、一九四四年)、一三五頁、一三八頁。なお、門司では、露店行商人が多く、露天商もほとんど税金を支払っていなかった。たとえば、『門司新報』(一九〇六年一二月一〇日)の記事に、露天商は「別に露店に対する家賃も地代も又家屋税も戸数割も賦課さるることなく、僅かに露店行商に対する税金を負担するに過ぎず。彼の市街地に一戸を構え堂々店を張り、数多の家族或は雇人を使役し、多くの税金を負担する中等以下の果物商に比すれば、此の露店行商人は遥か利益も多く心配も少なからん」と報じている(遠城明雄「露天商・行商と都市社会—福岡県の事例—」『市場史研究』第二一号、二〇〇一年、四七頁よりの再引用)。この問題に関しては、露天行商人の動向も視野に入れておく必要がある。

(70) 八幡の製鉄所購買部及び小売商人との対立状況については、製鉄所労務部『昭和七年度製鉄所共済組合事業成績』（一九三三年、一一頁）、前掲『八幡製鉄所五十年誌』（二七一～二七五頁、二八六～二八七頁）、土屋敦夫前掲「工業都市・八幡の形成その三」、時里奉明「日露戦後における官営製鉄所と地域社会」（『九州史学』第一一五号、一九九六年）、時里奉明「官営製鉄所の日用品供給事業」（『市場史研究』第二一号、二〇〇一年）、時里奉明「戦間期の地方都市における消費構造」（有馬学編『近代日本の企業家と政治』吉川弘文館、二〇〇九年）を参照。製鉄所購買部も海軍共済組合購買所と同様、製鉄所共済組合の付属事業であり（前掲『官営共済組合比較表』、前掲『八幡製鉄所五十年誌』）、非課税であった。

(71) 時里奉明前掲「日露戦後における官営製鉄所と地域社会」、四六頁。原資料は、八幡市役所経済部編『八幡市勢要覧』一九二七年版（八幡市役所、一一四頁）。

(72) 太田勇・高橋伸夫・山本茂「日本の工業化段階と工業都市形成（上）」（『経済地理学年報』第一六巻第一号、一九七〇年）が岡谷、四日市、八幡、室蘭、川崎、日立、延岡、新居浜、清水、富士を事例に総括している。近年では、筒井正夫「工場の出現と地域社会(二)」（『滋賀大学経済学部研究年報』第五号、一九九八年）が富士紡績の進出した静岡県駿東郡小山町（社内購買会）を事例に、遠城明雄「都市における消費問題と社会政策」（『九州文化史研究所紀要』第三九号、一九九四年）が八幡（製鉄購買会）・大牟田（三井購買組合）を事例に、武田晴人前掲論文が足尾銅山（貸下品制度）を事例に、竹野学「戦前期樺太における商工業者の実像」（蘭信三編『日本帝国をめぐる人口移動の国際社会学』不二出版、二〇〇八年）が樺太・豊原（消費組合）を事例に、それぞれ具体的に述べている。

(73) 廣田誠氏は、八幡市の日用品流通機構を分析するなかで、掛売の常態化と高物価、小売市場の未整備という状況を、製鉄所購買部がその取引の近代化（現金売買の一般化・小売市場形態の普及）へと牽引していったと指摘している（廣田誠「戦前期の地方工業都市における日用品流通機構」『神戸学院経済学論集』第二六巻第四号、一九九五年）。ちなみに、軍港都市では物価が高かったことはよく指摘される。たとえば、舞鶴では、鎮守府開庁直後（一九〇二年）の商業の実情として「……物価は相変らず高く先づ雑貨類は大阪京都等より二割高、飲食店は場合に依りては三割乃至四割の高値を見る事あり」としている（戸祭武前掲「舞鶴における近代都市の形成」、一四二頁。原資料は『京都日出新聞』一九〇二年一一月二六日）。同様の事態は佐世保でも生じていた（佐世保市市長室調査課編『佐世保市史』総説篇、佐世保市役所、一九五五年、二五四～二五五頁）。

(74) 海軍助成金問題については、以下の文献がある。前掲『横須賀百年史』、一二四～一三三頁。前掲『横須賀市史』上巻、四一三～四一九頁。前掲『呉市史』第四巻、一八七～一九〇頁。前掲『呉市史』第六巻、六九二～六九六頁。前掲『佐世保市史』軍港史編下巻、二七九～二九八頁。前掲『舞鶴市史』各説編、七九二～七九三頁。横須賀市編『新横須賀市史』資料編近現代Ⅱ（横須賀市、二〇〇九年）、七四三～七六〇頁。論文としては、坂本忠次「海軍工廠都市における国庫助成金の成立―呉市の海軍助成金に関する書類をめぐって―」（『岡山大学経済学会雑誌』第一二巻第二号、一九八〇年）がある。これらのうち、前掲『佐世保市史』軍港史編下巻の「海軍助成金」（田中宏巳稿）が最新のもので包括的である。ただし、この論稿も従来の軍港都市の特殊性を軍港都市のサイドから強調するという視角をとっており、本稿とは分析視角を異にしている。ちなみに、戦後の旧軍港市転換法要求（一九四九年～一九五〇年）に際しても、かつて軍港が所在したために商工業が不振であることや旧海軍所有地の土地・建物への課税が出来ないことなど、建議案や海軍助成金問題と同様の論拠がみられる（たとえば、細川竹雄『「軍転法」の生れる迄』旧軍港市転換連絡事務局、一九五四年、七二～七七頁）。

(75) 坂本忠次前掲論文、一五三頁。ちなみに、舞鶴町は交付を受けていない。

(76) 前掲『横須賀百年史』（一一九～一三二頁）、前掲『佐世保市史』軍港史編下巻（二八四～二八八頁）などを参照。

(77) 前掲『呉市史』第四巻、一九〇頁。前掲『佐世保市史』軍港史編下巻、二八八～二八九頁。

(78) 海軍助成金は歳入出決算書などでは義務教育費国庫下渡金（こっこさげわたしきん）などとともに国庫下渡金の科目にはいっていた。したがって、舞鶴市史編さん委員会編『舞鶴市史』現代編（舞鶴市役所、一九八八年、八二四頁）が国庫下渡金を海軍助成金とみなして、歳入決算額に占める割合を三四％と極めて高く算出しているのは間違いである。ちなみに、この種の財政補塡金は他都市にも交付されていた。海軍助成金の新設やその増額要求に際して、よく引き合いに出されたのが八幡市の国庫助成金であった。たとえば、一九二六年（大正一五）七月の関係省庁への「海軍助成金増額ニ関スル陳情」では、八幡市の国庫助成金が製鉄所職工一人当約一八円余であるのに対して、海軍助成金は海軍職工一人当約六円五〇銭に過ぎない点を強調している（坂本忠次前掲論文、一五五頁）。

最後に、本章では取上げなかったが、軍港都市の死亡率について付加しておきたい。長崎敏音前掲「特異性都市の研究―軍港都呉市に就いて―」（一八五頁）は、呉の死亡率が高い旨のことを強調している。軍港都市の財政窮乏化が都市基盤整備の遅れを生み、それが伝染病伝播の基盤となり、高い死亡率の原因となったことを強調するためである。しかしながら、都市別の死亡率を検討してみると、他の日本の大都市と比べて軍港都市の死亡率が特に高いわけではないことが分かる。紙数の関係で表示は略すが、たとえば、一九二五年（大正一四）や一九三五年（昭和一〇）の普通死亡率・標準化死亡率（一九三五年は舘稔・上田正夫「昭和一〇年内地一二七市標準化出生率、死亡率及自然増加率（予報）」『人口問題研究』第一巻第五号、一九四〇年。一九二五年は厚生省人口問題研究所『昭和二十七年度事業報告書別冊』一九五三年。後者は国立社会保障・人口問題研究所蔵）をみても、軍港都市はまったく高くない。一九三五年度（昭和一〇）の都市別小学児童発育概評統計表をみても、呉・横須賀の小学児童の発育状況はむしろ良好な部類にはいっている（内務省都市計画課「都市と児童の健康に関する統計的調査」『都市公論』第二〇巻第五号、一九三七年）。

(79) 高木惣吉は、舞鶴鎮守府を「裏口鎮守府」「田舎鎮守府」などと表現している（高木惣吉『自伝的日本海軍始末記』光人社、一九七一年、二一一頁、二二〇頁）。「二流軍港」という表現は、宮垣盛男「舞鶴と私」（『神戸水交　神戸水交会二〇周年記念誌』一九八八年、四三頁。宮垣盛男氏は海兵七六期）などの回想記や戸祭武「大正軍縮と舞鶴（上）」（『舞鶴工業高等専門学校紀要』第二一号、一九八六年、一四〇頁）による。その他、類似の表現としては、「とかく軽視されがちの舞鶴軍港」（戸祭武前掲「大正軍縮と舞鶴（上）」、一四〇頁）や「副次的な軍港」（戸祭武「太平洋戦争下の舞鶴鎮守府（下）」『舞鶴工業高等専門学校紀要』第一九号、一九八四年、一〇六頁）、他軍港に比べて「予備港的な性格」（舞鶴市史編さん委員会編『舞鶴市史』通史編（中）、舞鶴市役所、五五八頁）などがある。

(80) 以上、前掲『舞鶴市史』通史編（中）、三九〇〜三九八頁。

(81) 戸祭武「舞鶴時代の東郷平八郎」（『舞鶴工業高等専門学校紀要』第一五号、一九八〇年、一二五頁）よりの再引用。もと資料は、高木惣吉前掲書。高木惣吉は別の箇所で、自らの戦時期舞鶴赴任を「一年半田舎落ち」と表現している（高木惣吉『高木海軍少将覚え書』毎日新聞社、一九七九年、二頁）。舞鶴鎮守府初代長官東郷平八郎は、舞鶴鎮守府長官二年間を生涯の恥辱としたとみられている（戸祭武前掲「舞鶴時代の東郷平八郎」を参照）。ちなみに、高木惣吉は、高木惣吉前掲書（二一二〜二一九頁）で、舞鎮参謀長時代に自らが由良川改修と東西舞鶴市の合併を手がけたとしているが、このあたりは地元資料に基づき再検討する必要がある（三川譲二「高木惣吉と舞鶴」二〇〇八年一〇月一一日舞鶴近現代史研究会報告レジメ参照）。

(82) 以上、福川秀樹『日本海軍将官辞典』（芙蓉書房出版、二〇〇〇年）、秦郁彦編『日本陸海軍総合事典［第二版］』（東京大学出版会、二〇〇五年）などを参照。

(83) 前掲『舞鶴市史』通史編（中）、五三七頁。

(84) 一九二五年（大正一四）以降の海軍工廠のデータは政府統計としては公表されていない。ただ、紙数の関係で表示は略したが、自治体史ではある程度言及されている。以下、参考までに紹介しておきたい（軍港名：表示項目、年度、出

典、原資料の順）。横須賀：工員数、一九二一年（大正一〇）～一九三二年（昭和七）、前掲『横須賀市史』上巻、四八八頁、『横須賀海軍工廠史』。呉：工員数・支給額、一九一二年（大正元）～一九三三年（昭和八）、前掲『呉市史』第六巻、二八三頁、『呉市要覧』。呉：工員数・給料総額、一九一五年（大正四）～一九三七年（昭和一二）、前掲『呉市史』第六巻、二八四頁、『大呉市民史』大正篇・昭和篇。佐世保：工廠総人員（士官級から傭人まで五項目）、一九二二年（大正一一）～一九四五年（昭和二〇）、前掲『佐世保市史』通史編下巻、二一三頁、『烏帽子は見ていた』。舞鶴：職工数・賃金、一九〇八年（明治四一）～一九二九年（昭和四）、前掲『舞鶴市史』通史編（下）、四三～四四頁、『丹州時報』。

(85) 前掲『舞鶴市史』通史編（中）、五八七頁。

(86) 阿部恒久『「裏日本」はいかにつくられたか』（日本経済評論社、一九九七年）。

(87) 関係自治体史では必ず言及されるように、軍事施設の誘致合戦についての事例は多いが、「裏日本」化に抗する兵営誘致事例研究としては、新潟県新発田・村松を扱った吉田律人「新潟県における兵営設置と地域振興」（『地方史研究』第三二五号、二〇〇七年）がある。

(88) 前掲『舞鶴市史』通史編（中）、四六〇～四六七頁。『海軍制度沿革』巻十五（海軍大臣官房、一九四二年）四五～四七頁、四九～五三頁。

(89) 以上、戸祭武「大正軍縮と舞鶴（下）」（『舞鶴工業高等専門学校紀要』第二一号、一九八六年）、本書第一章を参照。

(90) 『舞鶴港第二種重要港湾編入一件、舞鶴修築計画確定一件』（一九二七年～一九二八年、京都府庁文書昭二―一二五、京都府立総合資料館蔵）。同簿冊の「臨時港湾調査会議事経過」によると、海軍の意向としては、第二種重要港湾編入は認めるが、舞鶴開港は別問題である旨の発言があり、海軍は軍港廃止後も開港を拒否していることがうかがえる。

(91) 増田廣実「沿岸海運と河川舟運」（山本弘文編『交通・運輸の発達と技術革新―歴史的考察―』東京大学出版会、一九八六年）、一五二頁。第一種重要港湾は国が直接築港し、工事費の地元負担は四分の一、第二種重要港湾は道府県が築港・経営し、国が工事費の二分の一を補助するもの（大霞会編『内務省史』第三巻、原書房、一九七一年、八二頁、八五頁）。横須賀、呉、佐世保は指定港湾であった（内務省土木局編纂『日本の港湾』第一巻、港湾協会、一九二四年。内務省土木局編纂『日本の港湾』第二巻、港湾協会、一九二四年）。指定港湾は一九二二年（大正一一）にはじめて内務省告示されたもので、もともと国費補助の対象外で地方においてそれぞれ単独経営すべきとされた港湾であったが、一九三二年（昭和七）から国費による港湾改良が行われるようになった（前掲『内務省史』第三巻、八六～八七頁）。

ちなみに、戦後は、横須賀、呉、佐世保、舞鶴ともすべて準特定重要港湾（重要港湾のうち、国内産業の開発上特に重要な港湾で、政令で定めたもの）に指定されている（小林照夫『日本の港の歴史―その現実と課題―』成山堂書店、一九九九年、一一頁）。

(92) 小林照夫前掲書、六四頁。

(93) 舞鶴港は依然として未開港であったが（注(90)参照）、一九二六年（大正一五）に不開港入港特許港となり大阪税関宮津支所舞鶴出張所が設置されている（前掲『舞鶴市史』各説編、一六四頁）。ちなみに、内務省による指定港湾の告示は、舞鶴港、宮津港ともに一九二二年（大正一一）、新舞鶴港は一九三〇年（昭和五）であった（『港湾工事概要』一九四〇年、京都府庁文書昭一五―二四二、京都府立総合資料館蔵。舞鶴市土木部『舞鶴港概要』一九四六年、二～三頁）。

(94) 以上、白木沢旭児「戦前期の日満交通路と福井県―「日本海湖水化」の時代―」（『福井県文書館研究紀要』第五号、二〇〇八年）参照。

(95) 満洲や朝鮮半島との間の物流拡大（海路・鉄道）による地域振興策（「裏日本」からの脱出策）は、特に満洲事変・満洲国建国以降目立つようになり、地域間競争が目立ってくる（芳井研一『環日本海地域社会の変容』青木書店、二〇〇〇年、第一二章）。この時期の港湾協会の『港湾』掲載記事にも、対岸貿易の記事が満載状態となり、この熱気をうかがうことができる。最近の事例研究としては、山口県の事例として、木村健二「山口県における陰陽連絡鉄道と油谷(ゆ)(じょう)航路計画」（相良英輔先生退職記念論文集刊行会編『たたら製鉄・石見銀山と地域社会―近世近代の中国地方』清文堂出版、二〇〇八年）がある。

(96) 『舞鶴港調査一件（直木博士調査）』（一九二七年、京都府庁文書昭二―一二三、京都府立総合資料館蔵）所収の「舞鶴港修築ノ件」（作成月日は不明であるが、内容からみると一九二八年九月以降に京都府により作成されたと思われる）。

(97) 白木沢旭児前掲論文を参照。

(98) 売却年月日は不詳であるが、舞鶴市は一九四五年（昭和二〇）三月に水道施設売却金を受領している。戦後、旧軍港市転換法により軍用水道施設は舞鶴市に無償譲与された。以上、前掲『舞鶴市史』現代編、九一四～九二三頁。

(99) 横須賀では軍用水道建設を担ったのは造船所であった。以上、田中宏巳前掲論文（一五七～一五八頁）を参照。横須賀、呉、佐世保の軍用水道と市内給水については、前掲『横須賀百年史』（一〇三～一〇四頁）、田中宏巳前掲論文、前掲『呉市史』第四巻（四七三～四八六頁）、前掲『呉市史』第五巻（九六三～一〇〇八頁）、前掲『佐世保市史』軍港史編下巻（二六〇～二七〇頁）を参照。

(100) 前掲『舞鶴市史』通史編（中）、四九四～五〇七頁。前掲『舞鶴市史』現代編、九一四頁。

(101) 報償契約とは、私営企業に道路占用などを認め、その事業の独占的経営を認める代わりに、一定の報奨金を市側が受け取る契約。以上、前掲『日本都市年鑑』一〇、二一四～二一六頁、二二六～二二七頁。ちなみに、「大舞鶴市」誕生時（一九四三年五月）に市営事業の課題（西地区）としてあげられているのは、屎尿処理、火葬場移転新築、上水道整備、都市計画事業、下水道調査、区画整理、塵芥焼却場移転などである（『舞鶴市長同助役職務管掌復命書』一九四三年、京都府庁文書昭一八―三七、京都府立総合資料館蔵）。

(102) 金沢史男前掲論文、三四頁。山本弘文「道路」（山本弘文編前掲書）、一〇一頁。

(103) 舞鶴市史編さん委員会編『舞鶴市史』各説編（舞鶴市役所、一九七五年）、一七八～一七九頁。前掲『舞鶴市史』通史編（中）、六三七～六四四頁。戸祭武前掲「舞鶴における近代都市の形成」、一三六～一三九頁。もっとも、主な建設費は京都府と舞鶴町の負担であった。なお、高久嶺之介氏の指摘のように、宮津街道建設は舞鶴への鎮守府開設決定以前であり、これに軍事的要請をみるのは適当ではないが（高久嶺之介「京都宮津間車道開鑿工事（下）」『社会科学』第七八号、二〇〇七年、一〇〇頁）、丸八江村（八田）から分岐して四所村・舞鶴町（広小路）を経て余部（鎮守府）に至る街道（鎮守府西街道）建設には鎮守府や京都府の強い要請があった。この点を端的に示すのは、広小路・余部間の榎隧道（トンネル）開削における舞鶴町議会の反対（工費の過負担への反対）に対する鎮守府・内務省・京都府の強い姿勢である（戸祭武前掲「舞鶴における近代都市の形成」一三九頁）。

(104) 『引揚援護の記録』（引揚援護庁、一九五〇年）、六三頁。地方引揚援護局官制の公布による。これらは九月に引揚港に指定されており、官制公布以前より引揚・送還の業務は行われていた。呉は一九四五年（昭和二〇）一二月に廃止され、かわって宇品と大竹に援護局・出張所がおかれた。

(105) 本書第四章表4-1。『続々・引揚援護の記録』（厚生省引揚援護局、一九六三年）、四一七頁。

(106) 旧舞鶴地方引揚援護局『舞鶴地方引揚援護局史』（厚生省引揚援護局、一九六一年）、二七頁。

(107) 引揚げ関係文献のレファレンスについては、阿部安成・加藤聖文「「引揚げ」という歴史の問い方（上）」（『彦根論叢』第三四八号、二〇〇四年）、阿部安成・加藤聖文「「引揚げ」という歴史の問い方（下）」（『彦根論叢』第三四九号、二〇〇四年）を参照。近年の研究として、木村健二「引揚者援護事業の推移」（『年報日本現代史』編集委員会編『年報・日本現代史第一〇号「帝国」と植民地―「大日本帝国」崩壊六〇年―』現代史料出版、二〇〇五年）がある。

(108) 舞鶴については、前掲『舞鶴地方引揚援護局史』が詳しい。舞鶴に関する近年の研究文献として、二至村菁（にしむらせい）「舞鶴の相談（上）―引揚港舞鶴での組織的婦人医療救護―」（『日本醫事新報』第四〇六三号、二〇〇二年）、二至村菁「舞鶴の相談（下）―引揚港舞鶴での組織的婦人医療救護―」（『日本醫事新報』第四〇六四号、二〇〇二年）がある。

(109) 加藤聖文氏は、戦後、海外引揚研究がほとんど行われてこなかった背景として、冷戦構造に規定された戦後政治の中で、引揚者及び未帰還者問題が左右両派の政争の具とされた点を指摘している（阿部安成・加藤聖文前掲「「引揚げ」という歴史の問い方（上）」、一四〇頁）。

(110) あわせて、本書の上杉和央「コラム「引揚のまち」の現在」を参照いただきたい。

(111) 山神達也「一九九五年以降の舞鶴市における人口の変化とその地区間格差―年齢構成の変化を中心として―」（『立命館地理学』第一九号、二〇〇七年）。

(112) この調査は、資源調査法に基づき内閣統計局が実施したもので、「軍需生産、食糧生産及び交通運輸等に必要な人員の充実並びに食糧その他国民生活用品の配給統制等の重要な計画を立案するために必要な資料を得ることを目的として」いた（総理府統計局『昭和一九年人口調査集計結果摘要』（一九七七年）の「I　昭和一九年人口調査の概要」）。したがって、調査事項は、住所、氏名、男女の別、年齢、配偶者の有無、所属の産業（勤め先の事業所の産業）、従業上の地位、兵役の関係と広範囲である。

(113) 従来の研究では、梅村又次他編『長期経済統計二　労働力』（東洋経済新報社、一九八八年）や尾高煌之助「引揚者と戦争直後の労働力」（『社会科学研究』第四八巻第一号、一九九六年）などで全国レベルのデータは使用されている。

(114) 『人口調査一件』（京都府庁文書昭一九-七三、京都府立総合資料館蔵）は、この人口調査の事務書類である。それによると、この調査には戦時下の高度な機密情報が多分に含まれるので秘密保持を徹底するように強い指示がなされている（副本作成の禁止など）。そのため調査終了後、市町村では関係調査資料・統計を処分した可能性が高い。筆者が一九四四年（昭和一九）の市町村レベルの人口調査資料・統計をみたのは今回が初めてである。現在、この人口調査資料・統計は市町村レベルでは保存されていないのではなかろうか。

(115) 戦争拡大とともに労働力不足から女性労働力の動員が本格化する（たとえば、脇田晴子・林玲子・永原和子編『日本女性史』吉川弘文館、一九八七年の「四　戦争と女性」を参照）。舞鶴で男子割合が高かったことは、軍港都市では女性労働力動員が本格化するなかで、それでも男子労働力が重点的に投入されていたことを示していよう。

(116) 舞鶴市朝来の第三火薬廠については、関本長三郎編『住民の目線で記録した旧日本海軍第三火薬廠』（出版センターまひつる、二〇〇五年）が詳しい。戦時中における、第一火薬廠（宮城県船岡）の生産上の問題点とそれによる第三火薬廠の地位上昇については、小池重喜『日本海軍火薬工業史の研究』（日本経済評論社、二〇〇三年）を参照。ちなみに、第二火薬廠は神奈川県平塚。

(117) たとえば、新居玄武「太平洋戦争下の労働力」（前掲『長期経済統計二　労働力』）を参照。

(118) 舞鶴市（一九四三年合併時点の領域）の農業就業人口は、一九三〇年（昭和五）に九二二三人（男女計）、一九四四年（昭和一九）で五九六六人であった（約三分の二に減少）。舞鶴市の米穀生産量は、一九二八年（昭和三）～一九三二年（昭和七）平均で二六七一九石（『京都府統計書』一九二八年～一九三二年。一九四四年時点の舞鶴市域）、一九四四年（昭和一九）一八二六九石（実収高が不明のため収穫予想高。『農林省統計（重要農作物調査）』一九四四年、京都府庁文書昭一九-七七、京都府立総合資料館蔵）となる。農業就業者一人当り生産量は二・八九七石（一九二八年～一九三二年）、三・〇六二石（一九四四年）となり、戦時期の農業労働生産性が若干向上したことになる。

(119) 年齢層別に無職業者割合をみると（表序-23）、男子では全国よりも舞鶴のほうがかなり低くなっている。ところが、女子は逆に全国よりも高くなっている。何故このように男女で逆の傾向をみせるのかは不可解である（統計上は無職業者とされているが、実際には、農業など家業に従事しているのかもしれない）。ちなみに、男子の場合（二一歳から五〇歳）には、舞鶴でも全国でも、無職業者割合は一％～二％で文字通り「根こそぎ動員」（たとえば、藤原彰編『日本民衆の歴史九　戦争と民衆』三省堂、一九七五年、二〇〇頁）の様相をみせているが、女子の場合には、たとえば全国平均でも二〇歳代で四割、三〇歳代で五割、四〇歳代で四割五分の無職業者がいることになり（育児や家事があったが）、「根こそぎ動員」とはやや距離を感じさせる数字となっている。

(120) ちなみに、一八八八年（明治二一）・一八八九年（明治二二）の横須賀造船所の購買実績（契約実績）については、『横須賀造船所他需要物品購買調』（防衛省防衛研究所図書館蔵）による笠井雅直氏の先駆的研究がある（笠井雅直「海軍工廠の需要構造」『経済科学』第三三巻第二号、一九八六年）。

表序-23　年齢層別無職業者割合（舞鶴・全国）

単位：％

	男子		女子	
	舞鶴	全国	舞鶴	全国
16～20歳	11.2	11.8	17.9	17.4
21～30歳	1.6	4.1	59.3	40.5
31～40歳	0.8	2.2	68.2	52.3
41～50歳	1.1	2.1	56.3	45.2
51歳以上	14.6	18.2	57.4	58.2

（出典）『昭和19年２月22日人口調査結果表』（舞鶴市）。総理府統計局『昭和19年人口調査集計結果摘要』（1977年）。

（備考）年齢は原票のままの数え年。

コラム

地形図にみる舞鶴軍港

山神達也

情報技術の発展は地図のあり方を変えてきた。グローバル・ポジショニング・システム（GPS）を利用したカーナビゲーション・システムなどの行き先案内や、世界中のあらゆる場所を自由に閲覧できるようにしたGoogle Earthをはじめとするインターネット上の地図など、地図の媒体が紙からデジタルへと移りつつあるのである。こうして地図の活用や楽しみ方は飛躍的に拡大してきたが、歴史を振り返れば、地図は、地域支配や軍事上の観点から機密事項として厳重に管理されるべきものであった。日本で近代的な測量・地図作成事業が組織的に行われるようになったのは明治になってからのことであるが、そこでも軍事が優先されることとなり、紆余曲折を経て一八八八年（明治二一）に参謀本部陸地測量部が発足してから第二次世界大戦が終わるまで、地図に関わる業務は陸軍の傘下で進められることになる。(1) このことを踏まえ、本コラムでは、軍港建設以前と以後の中舞鶴周辺地域について、参謀本部陸地測量部により作成された地形図を読み解いていく。

図1は一八九三年（明治二六）の、のちに軍港が建設される一帯の地形図である。図上で「★」

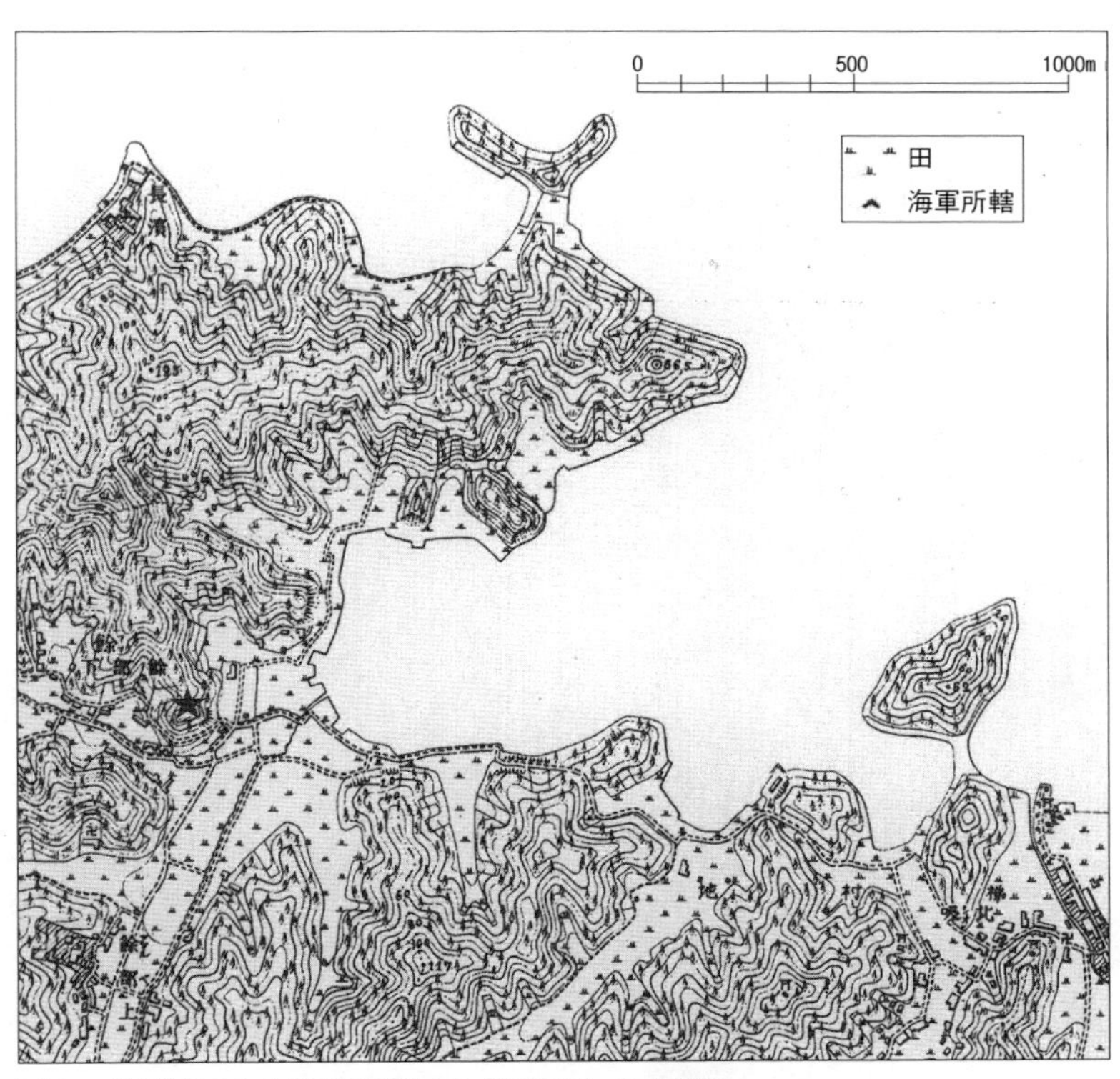

図１　地形図にみる鎮守府設置前（1893年）の中舞鶴

（出典）　２万分の１地形図「西大浦村」1893年（明治26）測図。

（備考）「★」は後に鎮守府が立地する場所を示す。当時はまだ「中舞鶴」の地名はなかったがここでは便宜上使用した。なお、この図はページ幅に合わせて縮小してある。

図２　地形図にみる鎮守府設置後（1910年ごろ）の中舞鶴

（出典）　２万分の１地形図「新舞鶴」1911年（明治44）改版。

（備考）　この図はページ幅に合わせて縮小してある。

で示した丘陵地に鎮守府が建ち、その東側に広がる入江の海岸沿いに海軍関連施設が立地することになる。しかし、一八九三年（明治二六）のこの一帯には、山地と海、それらに囲まれたわずかばかりの平地と谷筋に広がる水田、点在する建造物、そしてそれらと地形図外にある他の集落とを結ぶ小さな道などが存在するだけである。海岸線が不自然な形に見えるのは、干拓によって耕作地を拡大させたからであろうか。また、この入江の東側と北を区切る半島の北側とには地続きとなった島がある。このように、後に軍港が建設されるこの一帯には、海辺ののどかな農村風景が広がっていた。ただし、入江の東側にある陸続きの島の南西端から左下一センチメートルあたりの海岸線に海軍所轄の建造物が見える。これは石炭庫であり、舞鶴で最初に建設された海軍の施設である。(2)

そして、図2で示した一九一一年（明治四四）改版の地形図では様相が一変する。(3)はじめに、図1に「★」で示した位置には錨のマークを丸で囲んだ記号で示される鎮守府が建ち、入江の中央には交差した2本の錨の上に帽子の乗った軍港の記号が描かれている。また、海軍関連の施設がこの入江一帯に多数存在する。まず、鎮守府の北東の平地に海軍工廠が位置する。この工廠に向かって南東から鉄道が引き込まれるとともに、工廠内部にも軌道が引かれている。工廠東部には艦艇の建造・修理のための船渠や船台が並んでいる。この船渠から北東の岬を回りこんで海に浮かぶ地続きの島であった周辺まで埋立が進展して材料貯蓄所となっている。また、工廠の西側の山際には監獄がある。一方、鎮守府の南には練兵場があり、その南東には海軍兵営の記号とともに海兵団と記されている。ここより東には、海軍病院、浄水工場、射撃場などの施設が続くとともに、海岸線には多数の建造物が連なる。また、陸続きの島の周辺も埋立が進んで水雷団が置かれている。

以上の海軍関連施設が立ち並ぶ場所には、一八九三年（明治二六）当時、それほど広い平地は存在していなかった。しかし、諸施設の背後の山地が崖状になっていることから、山地を切り崩して平地を山側へ拡大させるとともに、そのときに生じた土砂による埋立によって平地を海側へも拡大させていることがわかる。また、艦艇が接岸できるように海岸線は直線状に整備されていることも地形図から判別できる。このような海軍関連施設の多くは、Mの字を二つ重ねたような記号が添えられていて、海軍所轄であることが明示されている。このことと日本に四箇所しか存在しない鎮守府と軍港に地図記号が割り当てられていることに、地形図の作成目的が主として軍事的なものであったという事実を垣間見ることができる。

一方、鎮守府を起点として、南南西と西北西の方角には立派な道を通した市街地が整備されるとともに、鎮守府に近接して中舞鶴の町役場と郵便電信局が立地している。また、図の右下の北吸から東方にかけては新舞鶴の新市街が広がる。これら新市街は軍港建設に伴い大量に流入した人々が居住し生活する空間である。このように、海辺ののどかな農村地帯であったこの場所は、わずか二〇年近くの間に風景を一変させ、海軍関連の施設が立ち並ぶとともに新しい市街地が形成された近代都市へと大変貌を遂げたのである。

また、これまで述べてきたように、地形図上では、各種の地図記号や「海兵團」、「工廠」などの書き込みによって、海軍関連施設の位置と大きさが直ちに理解される。かかる地形図が敵側に漏れれば、ピンポイントで攻撃目標が設定されることになるし、兵士の収容能力や工廠の生産能力なども推し量ることができる。それゆえ、地図は軍事機密として厳重に管理されなければならないのであり、要塞地帯の地形図は軍事機密として一般には販売されていなかったのである。紙幅の関係上ここでは表示できなかったが、図2で示した一九一一年（明治四四）改版地形図の右上には「秘」

と表示されているのに対し、鎮守府設置以前の状況を示す一八九三年（明治二六）の地形図にはそのような表示はみられない。図1の地形図は当初は一般に販売されていたが、一九〇一年（明治三四）の鎮守府開庁に先立つ一八九七年（明治三〇）に秘図扱いに変更された。(4) かつて軍事機密として入手が困難であったこれら要塞地帯関連の旧版地形図は、現在では、国土地理院でその謄本を入手することができるようになった。

このようにみてくると、地図がわれわれに語りかけてくるものは、記載された当時の地域の様子だけではなく、地図自体の歴史でもある。ここに示した舞鶴軍港に関わる地形図の来歴はそのことを雄弁に物語っている。さらに、現在入手可能となった旧版地形図を出発点とすれば、当時の軍港の景観を復原することができる。具体的には、地理情報システム（GIS）などの情報技術を利用すれば、各種地図類や古写真、風景画、現存建造物などの資料も複合的に活用することにより、当時の自然環境、農村、住宅、繁華街など多岐に渡る内容を再現することができるのである。(5) 旧版地形図など各種資料の利用によるさまざまな面での景観の復原は、今後多くの研究分野に資することになろう。これが本書の続編となる『軍港都市史研究Ⅱ　景観編』の主題となる。

（1）　織田武雄『地図の歴史』（講談社、一九七三年）、二八三〜二八六頁。
（2）　舞鶴市史編さん委員会編『舞鶴市史』通史編（中）（舞鶴市役所、一九七八年）、四四七〜四四九頁。
（3）　以下の読図では、山田誠「今に生きる近代都市―舞鶴市東地区の場合」（『都市研究』創刊号、二〇〇一年）、六三〜七一頁を参照した。
（4）　清水靖夫「「関西」所収の2万分1地形図について」（清水靖夫・小林茂『正式二万分一地形図集成［東日本］［関西］解題』柏書房、二〇〇一年）、一九頁。

（5）　歴史都市京都を対象とした以下の成果がある。矢野桂司・中谷友樹・磯田弦編『バーチャル京都─過去・現在・未来への旅』（ナカニシヤ出版、二〇〇七年）。

第一章

日露戦後の舞鶴鎮守府と舞鶴港

大森埠頭（西舞鶴湾、戦前）

第１期修築工事により造成された大森埠頭は修築工事を推進した大森鍾一京都府知事の名をとって命名された

出典：布川家文書（舞鶴市教育委員会所蔵）

五老岳から望む西舞鶴湾

提供：舞鶴観光協会

飯塚一幸

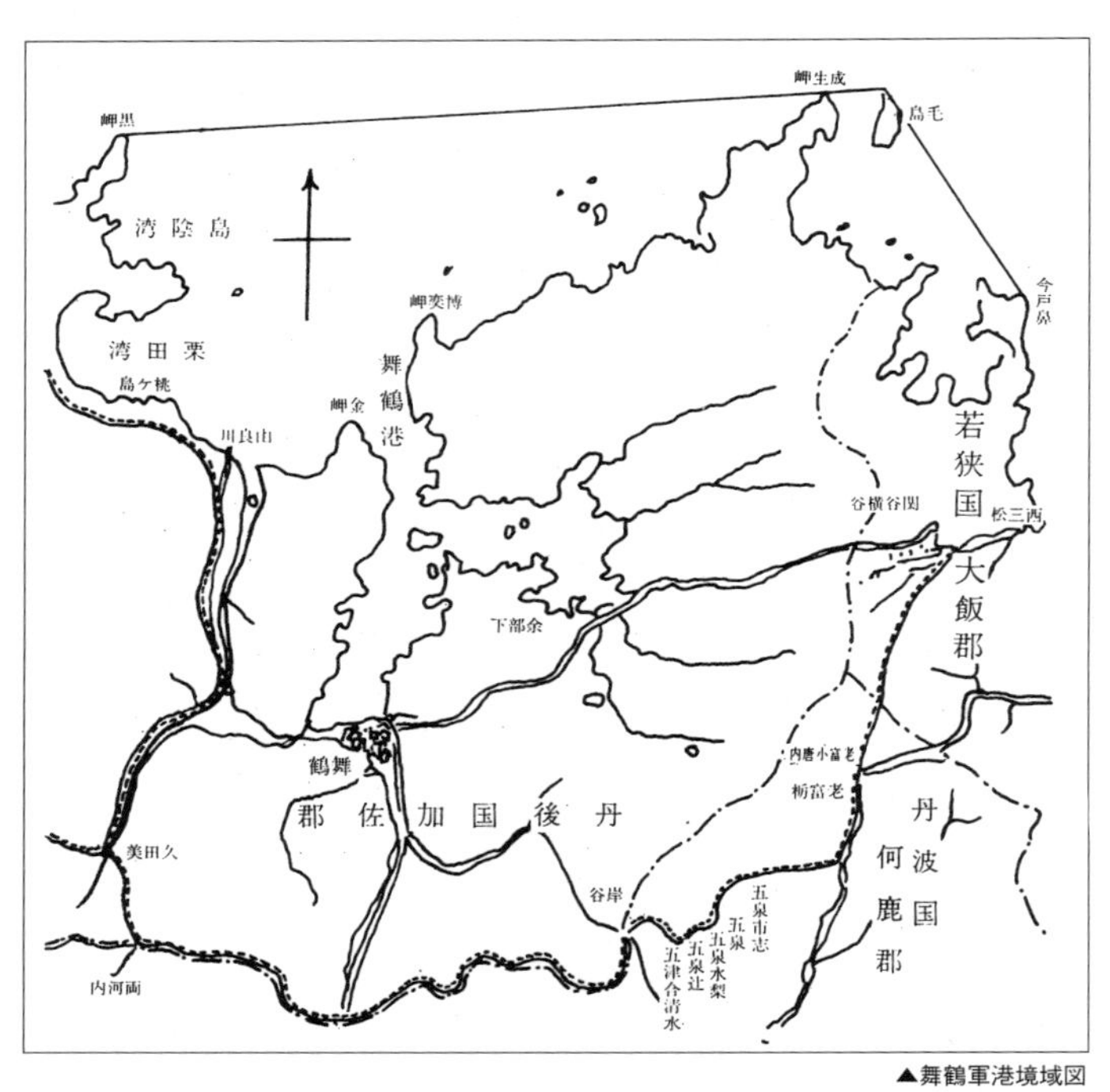

▲舞鶴軍港境域図

出典：舞鶴市史編さん委員会編『舞鶴市史』通史編（中）（舞鶴市役所、1978年）

はじめに

近年、資本主義化の進展を背景にした、都市間競争、先進・後進、「裏日本」化など、地域政治史研究へ地域格差の視点を導入する研究があらわれている。(1)地域格差への着目は、当然のことだが競争に勝ち抜くため、あるいは格差を克服するために取り組まれた様々な地域振興策の具体像を問うことにつながる。こうした研究動向の中で、陸軍の師団・連隊や各種軍事施設の誘致運動を地域振興策の一つと位置付けて分析する研究も出てきた。(2)その代表的なものが、荒川章二『軍隊と地域』である。同書では、浜松と豊橋を事例に日露戦後における師団増設運動について、土地買収など誘致の経緯や軍隊誘致に伴う地域振興効果、さらには軍隊の駐屯による地域民衆の軍隊観の変容にまで目配りしながら、多面的に検討されている。(3)高村聰史も、明治前期から第一次世界大戦にかけて東海地方で行われた軍隊誘致運動と、宇垣軍縮を機に浜松が飛行第七連隊・高射砲第一連隊の誘致に成功して軍都化していく経緯を明らかにした。(4)また、上山和雄は、下総台地一帯に歩兵第二連隊（佐倉→水戸）、騎兵第一旅団・第二旅団（習志野）などの軍事施設が集中する様相を追い、社会資本整備や経済への影響、当該地域の町場化や誘致運動などを多角的に検討している。(5)

他方で、近代日本の都市史研究の進展の中で、地方都市と軍隊の関係も論じられるようになってきた。なかでも、最もまとまっているのは、第九師団司令部が設置された「軍都」金沢に関する本康宏史の一連の研究であろう。そこで取り上げられている主題は、陸軍施設の立地による城下町の空間的変容、軍事施設の展開に関連した鉄道・道路・橋梁など社会資本の整備、軍隊の経済効果、宇垣軍縮の影響など、実に幅広い。(6)

しかし、従来の研究は、陸軍の師団や連隊と地域社会との関係を主題とするものが大半であり、海軍鎮守府や要港部が置かれた地域の検討は極めて不十分である。[7] しかも海軍鎮守府などの場合、他国海軍による攻撃が想定されている場所には陸軍が管轄する要塞砲兵部隊が置かれたことも相俟って、[8] 軍事機密の保持という理由で規制される地理的範囲が広い。鎮守府や要港部の設置を契機に形成されていく軍港都市の場合でも、軍事施設の集中的立地が地域振興策という性格をもつのではあるが、軍港都市やその周辺には、土地利用や経済活動に大きな制約が課されているのである。

そこで、本稿の第一の課題を、こうした軍港都市やその周辺と軍隊との関係の両面性について、舞鶴港の開港問題を素材として具体的に検討することにおく。第二の課題は、日露戦後の海軍軍拡から第一次世界大戦後のワシントン条約による軍縮の実施というように、海軍を取り巻く状況が激変する中で、軍港都市やその周辺地域はどのように対応しようとしたのか、また軍隊はその過程にいかに関わったのかを解明することである。[9]

本稿においては、海軍鎮守府が設置された舞鶴を対象地域とする。ここでいう舞鶴とは、一九〇一年（明治三四）に開庁した海軍鎮守府の所在地として市街地が形成され、一九〇六年（明治三九）七月一日に倉梯（くらはし）村と志楽（しらく）村から一部を割いて成立した新舞鶴町、海軍工廠・海兵団・病院などの海軍諸施設が設置され一気に町場化して一九〇二年（明治三五）六月一日に余内村から分村して誕生した余部（あまるべ）町、[10] 新舞鶴町の西隣にあたり、田辺藩の城下町を起源とする舞鶴町、以上三町の全体を指す。これは、鎮守府の設置が舞鶴町の地域振興にも重大な影響を及ぼしていくからである。また、舞鶴鎮守府は、ワシントン海軍軍縮条約の実施によりいったん要港部へと格下げされた。軍拡・軍縮と地域振興との関係を問う素材としても適当な対象と考える。

第一節　舞鶴開港問題の成立

日露戦争によってロシア海軍が壊滅的打撃を受けたことから、戦後の日本海において日本海軍に対抗しうる海軍は存在しなくなった。この結果、日本海における軍事的緊張は緩み、相対的に舞鶴鎮守府の地位は低下した[11]。また、日露戦争時に日本軍の軍需物資の揚陸地として利用された咸鏡北道（かんきょうほくどう）冨寧郡の清津（チョンジン）港が、韓国統監府財政顧問目賀田種太郎（めかたたねたろう）の主導により一九〇七年（明治四〇）五月に開港に決し、翌年四月一日に開港された[12]。日露戦争の終結を契機とする日本海沿岸のこうした変化は、関西財界に日本海を挟んだロシア領シベリアや韓国、満州との貿易拡大への期待感を生む。また、新舞鶴町・余部町の現住人口が、一九〇八年（明治四一）の九四三〇人・九〇一八人から一九二〇年（大正九）の一万八〇〇七人・一万二六一一人へと激増したのに対し、舞鶴町のそれは一万一三四七人から一万九三八人と横ばいないしは若干減少し、舞鶴町が海軍鎮守府設置に伴う繁栄から取り残され、停滞する状況が明確となっていく[13]。本書第二章「舞鶴軍港と地域経済の変容」で明らかにされているように、日露戦争を挟んで所得金額においても新舞鶴町と余部町は急成長を遂げ、一九〇八年（明治四一）時点で新舞鶴町は舞鶴町とほぼ並ぶ。こうして、京都府や舞鶴町に以前からあった開港による対外貿易での地域振興を図ろうとする構想[14]が強まることになった。

日露戦争の戦勝を機に、対岸のシベリアや満州・韓国との貿易拡大をにらんで、舞鶴港の開港に動いたのは京都商業会議所であった。一九〇六年（明治三九）三月、西村治兵衛会頭の名前で大蔵・農商務両大臣に宛てて「舞鶴港ノ発展策ニ関シ建議」を提出したのである。同建議では、「蓋シ韓国ノ利源ヲ開発シ、露領亜細亜ニ吾ガ販路ヲ拡張シ、国際貿易ヲ盛ナラシムルハ、戦後経営上尤モ緊要ノ事」とし、舞鶴港の開港を求めている。[15]京都商業会議所は、すでに日露戦争中の一九〇五年（明治三八）六月、戦後における満州・韓国市場の開拓を目指し、農商務省の嘱託により西池書記長を満韓商工業視察員として現地調査に派遣しており、この方面への貿易拡大に並々ならぬ関心を寄せていた。[16]

大阪財界も同様の請願を行っている。第二二議会最終日の一九〇六年（明治三九）三月二七日、貴族院は大阪商業会議所会頭土居通夫（どいみちお）が提出した意見書を採択して、西園寺公望首相に送付したのである。[17]この背景には、日露戦争を機に、大阪から露領シベリアへの輸出額が、一九〇五年（明治三八）七九万円、〇六年（明治三九）四六〇万七〇〇〇円と激増、韓国への輸出も同時期、日露戦争以前より倍増して一五〇〇万円台から一九〇〇万円台に達していたことがあった。[18]

大蔵省も、舞鶴港の開港には積極的であった。一九〇六年（明治三九）一月六日に第一次西園寺公望内閣が成立したのに伴って神戸税関長から大蔵省主税局長へ抜擢された桜井鉄太郎は、神戸税関長時代に舞鶴港が商港として有望であることに着目して様々な調査を実施していた。調査未完了で転任を迎えたが、後任の神戸税関長斎藤重高も同様の意見を有し調査を継続、阪谷芳郎（さかたによしろう）大蔵大臣による現地視察を行うまでになっていたのである。[19]この結果大蔵省は、一八九九年（明治三二）勅令第三四二号第一条の開港地に舞鶴を追加するよう閣議に提出することに決め、一九〇六年（明治三九）四月一三日、「秘第一〇三四号」をもって阪谷大蔵大臣から寺内正毅陸軍大臣へ差し支えの有無に関する照会を行なった。[20]

ところで、一八九七年（明治三〇）七月二日に公布された勅令第二三四号「舞鶴軍港指定ノ件」によって舞鶴軍港の境域が定められ（本章扉裏の▲舞鶴軍港境域図参照）、次いで七月一七日には「舞鶴軍港規則」が制定された。これにより、舞鶴軍港境域内を三区に分かち、海軍艦艇が停泊する新舞鶴港部分が一区、舞鶴湾入り口から一区部分を除いた東舞鶴湾が二区、西舞鶴湾が三区と区画された。この内、舞鶴港を含む三区は、第三条で海軍艦艇の「航路ノ妨トナラサル限リハ艦船自由ニ碇泊スルコトヲ得」と規定されたが、他方で、境域内における桟橋や波止場、海面の埋立、道路・橋梁などの土木工事、森林の伐採、航海の営業などについては、府知事を通じて鎮守府司令長官に協議してその許可を得るものと規定された（第一三条）。一九〇〇年（明治三三）四月三〇日には海軍省令第七号「軍港要港規則」が公布され、各軍港共通の規則に改められたが、この際にも、第七条で第一区・第二区には鎮守府司令長官の許可を得ずに海軍艦船以外入ることを禁じられたものの、湾口が第二区に指定されていた舞鶴鎮守府についてのみ、「但シ舞鶴軍港ニ於テハ第三区ヨリ第二区ヲ通航シ直ニ第三区ニ移ル所ノ艦船ハ此ノ限ニアラス」とされ、一般船舶の出入りへの規制が緩かった点に留意する必要がある。大枠において以前の「舞鶴軍港規則」の内容が踏襲されたと見てよい(21)。この結果、舞鶴港の開港には海軍の許可が条件となったのである。

　舞鶴には海軍の鎮守府が設置されているだけでなく、舞鶴軍港を防衛する目的で、陸軍が管轄する舞鶴要塞司令部が余内村字上安久に設置され、一九〇〇年（明治三三）四月開庁しており、その下には要塞砲兵大隊が所属していた(22)。一八九九年（明治三二）八月には、要塞地帯法に基づいて、東京湾・呉・佐世保・舞鶴及び対馬に軍事機密を秘匿する目的で要塞地帯区域が設定された。その区域内では、土地利用の変更や様々な土木工事の実施に際しては陸軍大臣の許可が必要であった。舞鶴の場合、指定された区域は極めて広く、単に舞鶴湾や加佐郡に止まらず、東は福井県大飯郡、西は与謝郡の栗田半島を越えて宮津湾の西端にまで及んでいた。以上のような制約の下にあったため、舞鶴開港をめぐっても陸軍の了承を得なければならなかったのである。なお、当時舞鶴要塞司令官は、一九〇五年（明治三八）二月二二日以来、陸軍少将隈元政次であった(23)。

　一九〇六年（明治三九）四月二一日、意見を求められた参謀総長児玉源太郎は寺内正毅陸相に対し、舞鶴開港に反対する次のような回答を提出した。

密発第八〇号ヲ以テ御協議ニ相成候舞鶴港ハ要塞地帯内ニ属スルノミナラス、今後北方ニ対スル我軍事上ニ関シテ益重要ナル地タル可シ、而シテ其西北端ニ四里ヲ隔ツル宮津ニシテ已ニ貿易港ト為セル以上ハ、今又重ネテ舞鶴ヲ開港スル必要アルヲ認メス、尚ホ海軍当局者ノ意見ハ之ヲ知ラサレトモ、舞鶴ハ北海岸ニ於ケル唯一ノ軍港所在地ナルヲ以テ、勉メテ其内部ヲ秘匿スル点ニ就テモ之ヲ開港セサルノ優レルニ若カスト信シ候、此段及回答候也

四月二七日に寺内正毅陸軍大臣は「密発第八八号」により大蔵省の照会に対する回答を行なっているが、[24] 恐らく児玉参謀総長の意見を下敷きにして大蔵省の意向を拒絶する内容であったと推測され、舞鶴開港は実現しなかった。

ところで、右の回答において児玉源太郎は、舞鶴開港を不適当とする理由として、軍事上の機密性保持とともに、舞鶴に近接する宮津がすでに特定の品目や相手国とのみ貿易を許された特別輸出港としてではあるが、貿易を行なっている事実を挙げた。当時宮津町を含む与謝郡では、宮津・福知山間の鉄道急設を求める請願運動を展開中であった。宮津町の医師中川雄斎ほか一八四名の調印になる「宮津・福知山間鉄道急設請願」が、貴族院では田中芳男、衆議院では京都府選出の政友会所属代議士上野弥一郎を紹介者として帝国議会に送られた。[25] また、同じ意見書が、宮津・福知山間鉄道は運輸・交通に裨益する所が大きいとする大森鍾一(しょういち)京都府知事の副申を添えて陸軍省や大蔵省などに宛てて提出され、大蔵・陸軍両省間でこの件をめぐってやりとりが交わされている。[26] この請願運動は、舞鶴開港を求める動きに対抗して、先行する特別輸出港宮津の既得権を擁護する意味合いを持つと見てよい。

紹介者の代議士上野弥一郎は加佐郡岡田中村の大庄屋の家に生まれ、一八八二年(明治一五)から長く加佐郡選出の府会議員を務めた人物で、一八九八年(明治三一)には府会議長に就任した経歴を持つ、京都府会の

重鎮であった。一九〇二年（明治三五）八月に行われた大選挙区制下での初めての総選挙で衆議院議員に初当選し、翌年三月に再選を果した。〇四年（明治三七）三月の総選挙では苦杯を喫したが、神鞭知常（こうむちともつね）死去後の補欠選挙で復帰し、〇六年（明治三九）当時代議士の任にあったのである。この間、上野は政友会に属して、毎回憲政本党の幹部神鞭知常と熾烈な選挙戦を展開し、加佐郡で大量得票を得ただけでは届かず、丹後五郡で広く反神鞭票を集めることで当選ラインをクリアしていた[27]。一九〇三年（明治三六）一一月時点での政友会の党員数を見ても、加佐郡二九人、与謝郡七一人、中郡一一人、竹野郡一一一人、熊野郡四九人となっており[28]、地元加佐郡における政友会の勢力はなお弱体であった。しかも加佐郡での政友会は郡西部の由良川沿いに限定されており、舞鶴町や新舞鶴町には依然として基盤を築けていないのが実状であった。上野は与謝郡の宮津港振興要求を軽視するわけにはいかなかったのである。

さて、一九〇六年（明治三九）四月に陸軍によって開港を阻止された後も、舞鶴開港を目指す京都府内の動向は止まなかった。同年一二月には、京都府・京都市選出代議士の内、内貴甚三郎（ないきじんざぶろう）・奥繁三郎・片山正中・河原林義雄・井上与一郎・芦田鹿之助の六名が京都の木屋町に集まり、京都鉄道会社の資金不足から思うように延伸が進まない園部・福知山間の鉄道速成や舞鶴開港などについて協議し、敦賀港改修について政府に躍起となって運動している福井県知事阪本釤之助（さんのすけ）に比べて、政府に何ら働きかけようとしない大森鍾一京都府知事の冷淡さを非難し、態度を改めないならば転任を要求する意向を示した。会合では、「舞鶴開港を等閑に附せば[29]其利益は敦賀港に奪は」れるとして、一八九六年（明治二九）一〇月に特別輸出港に指定されていた敦賀との競合に強い危機感を表明した[30]。以後、舞鶴開港を決する重要な要素として、常に敦賀との関係が論じられることになるのである。

第二節　舞鶴港の修築工事と舞鶴開港

一九〇七年（明治四〇）一一月に開会した京都府通常府会に、京都府は伊佐津川河心の付替と諸堤塘及び桟橋工事を内容とする、舞鶴港湾修築工事案を提出した。これを機に、舞鶴町長木戸貞一と舞鶴港実業協会幹部の小西長左衛門は連名で、舞鶴港の浚渫（しゅんせつ）と開港について京都商業会議所会頭西村治兵衛に依頼状を送り、議案成立へ向けて援助を要請した。(31) 舞鶴港修築工事案の内容は、一九〇八年度（明治四一）から五か年継続事業、修築費総額二五万九五七四円六六銭に達する大事業であった。大森鍾一府知事は提案理由を説明する中で、第一に、修築により舞鶴が敦賀にとって代わることができると述べ、第二に、舞鶴港の修築と京都鉄道の全通とが相俟って府下実業の発展に大きく寄与することから市部・郡部共通の事業とした点を強調した。さらに、「逓信省ハ着眼スル所アリテ商港トスルニ適切ナル海岸線ヲ敷設シ、或ハ桟橋ノ架換ヲ行ヒ今日ニテハ海陸ノ連絡最完全セリ」として、逓信省が舞鶴開港を前提に港先に鉄道を延伸したことを示唆した点が注目される。これは、一九〇四年（明治三七）一一月三日に官設鉄道福知山・新舞鶴間が開通した際、同時に舞鶴駅から海舞鶴駅（うみまいづるえき）間一・八キロも開通し、舞鶴港で荷揚げされた貨物を直接鉄道に積み込むことが可能となったことを指す。大森府知事はこれについて、逓信省が将来における舞鶴港の開港を見越してとった措置と位置付けたわけである。

質疑において田中祐四郎議員が、政府は「軍港ト関門ヲ一ニセルヲ以テ、軍事上ノ関係ヨリ舞鶴港ハ商港トセザルナラン、吾人仄カニ聞クニ陸軍省ハ商港トスルニ反対シ、又内務大臣ハ商港トスルモ無駄ナリト云ヒシト」(32)と述べて原案に反対したのに対し、大森府知事は次のように述べている。

> 元来舞鶴港ハ当局者ニ於テモ開港シタキ考ハ有ルナリ、私モ此ノ事ニツキ政府ト協議中ナリ、未ダ政府ノ評議ハナキ由ナルモ、開港ニナルナラスニ拘ラズ海陸ノ連絡ヲ取ルノ目的（後略）

その上で大森府知事は、開港に近寄るためにも修築工事が必要と繰り返した。このように開港が認められる可能性への疑念が強かったのに加えて、京都市や山城選出議員の間にあった事業から得る利益への疑問、多額の水害復旧費の必要、特別輸出港である宮津切り捨てへの不安などが重なって、府会議員の間には反対論が根強かった。『日出新聞』でも一名か二名の差で否決されるとの観測が流れていたが、加佐郡選出の府会議員上野修吉らによる必死の巻き返しにより、賛成一八、反対一七で辛うじて可決された[33]。ただし、採決を前に買収工作が行われたらしく、最終盤で修築工事賛成に回った林長次郎は政友会から除名され、南桑田郡でも同郡選出の栗山信太郎議員への非難が巻き起こり[34]、後に大きな禍根を残すこととなった。

その後、舞鶴鎮守府司令長官と舞鶴要塞司令官との間で協議を遂げた上で、海軍省・陸軍省など関係官庁の了解を取り付け[35]、一九〇八年度（明治四一）から五年間にわたって修築工事を施工した。合わせて、一九〇九年度（明治四二）には舞鶴港の浚渫工事も実施され、三〇〇〇トン級の船舶が二隻ないし三隻同時に入港・繋留できるよう環境整備が進められた。

一九〇八年（明治四一）五月一五日、任期満了に伴う総選挙が実施され、京都府郡部では政友会が五議席中四議席を得て圧勝した。丹後からは、竹野郡出身で神戸において弁護士をしていた岡田泰蔵と、加佐郡大俣村の大庄屋岩田伊左衛門の息子として生まれ、司法省法学校卒業後代言人・弁護士となり京都市会議員・府会議員を歴任していた岩田信が当選した[36]。岩田信も上野弥一郎と同じく由良川筋の加佐郡西部の出身ではあったが、長年京都市の法曹界や政界で活動した経験から京都財界との関係も深く、以後舞鶴の地域振興を目指して積極的に動いていく。

一九〇九年（明治四二）三月二日、舞鶴町からの援助要請が実り、京都商業会議所役員会が舞鶴港を特別輸出港に指定するよう大蔵大臣と農商務大臣に建議した[37]。同日、代議士岩田信外九名が、一九〇名の賛成を得て「舞鶴開港に関する建議」を発表した。その内容は、急速に発展しつつあるシベリア及び韓国北部との貿易に対応して国力の発展を図るには、大阪・神戸との最短路であり鉄道の便もある上に、府費による修築工事を実施しつつある舞鶴港を開港することは不可欠であるというものである[38]。

三月一七日に開かれた衆議院委員会には、陸軍次官石本新六、海軍次官加藤友三郎、内務省土木局長犬塚勝太郎、大蔵省主税局長桜井鉄太郎、逓信省管船局長内田嘉吉が政府委員として臨席し、質疑が行われた。その席で石本新六は、舞鶴を開港した場合、「防禦上トシテモ非常ナ妨害ヲ受ケマス、妨害ト申スノハ即チ内部ノ秘密ガ確実ニ保テヌ、戦時ニデモ当レバ総テ交通其他ノ妨害ヲ受ケルコトモアリマス」と述べ、さらに近辺には開港場として敦賀・宮津があるとして、舞鶴開港を頑なに拒否した。これより前の一九〇七年（明治四〇）一〇月、政府は内務省に設置された港湾調査会の決議に基づき、横浜・神戸・関門・敦賀の四港を第一種重要港湾に指定していた。また、「舞鶴開港に関する建議」を審議していた同じ第二五回議会において、総工費八〇万円、一九〇九年度（明治四二）から四か年継続事業として敦賀港の修築事業を行う議案が議決されており、政府の敦賀港重視の姿勢は明らかであった[39]。海軍次官加藤友三郎も、軍事機密の保持という理由に加えて、軍艦が大型化しつつある現状では有事に際して舞鶴軍港のみでは足らず、舞鶴港に運送船を停泊させる必要性が生じる可能性が高いとも述べて、開港を認めない意向を明確化した。一九〇六年（明治三九）時点で舞鶴開港の閣議決定に向けて動いた大蔵省主税局長桜井鉄太郎も、今回は慎重な言動に終始し、敦賀港の整備に力点を置く答弁を繰り返している。

これに対し、京都府選出の岩田信や岡田泰蔵、和歌山県選出の中村哲次郎らは、次のような論拠に依拠して反論した。第一は、関税法第三五条に「通過ノ為輸入シタル貨物ノ運送ハ関税通路ニ由ルヘシ、関税通路ハ勅令ヲ以テ之ヲ定ム」とある規定に基づき、特別輸出港に指定されている宮津港から舞鶴港まで阪鶴鉄道によって経営されている直航路が、関税通路＝保税通路に指定されており、現に外国貨物の出入りを認めている点である。実際に、一九〇六年（明治三九）一〇月から翌年四月までの間、舞鶴・ウラジオストック間の航路が試験的に開設された結果、一九〇六年（明治三九）には宮津港でロシア領シベリア向け輸出額一万五九三円、輸入額二九三円、一九〇七年（明治四〇）にも同じく輸出額三七万一七八三円、輸入額二万七七七〇円を計上しているが、これはその結果であった。特に紀州・泉州方面に産する蜜柑や野菜類が、輸送の迅速さを要するために舞鶴経由で輸出された点は注目すべき出来事であった[41]。第二は、長崎・函館・門司の場合、それぞれに要塞司令部が置かれるなど、軍事基地が設置されているにもかかわらず開港地となっているという実例である。海軍鎮守府の所在地に隣接する舞鶴港の開港を目指す運動には、実現可能性についてそれなりの根拠があったと言ってよい。この内、第一点目については、不開港地である舞鶴の場合、外国貨物を積んで入港できるのは日本船のみであると桜井鉄太郎に一蹴され、第二点目に関しても、長崎・函館は開港が先で防御が後であり、また門司は特別な事例であると石本新六が反駁して、議論は平行線を辿った[43]。

以上のような議論があったものの、岩田信らの建議案は衆議院で可決され[44]、三月二二日衆議院議長長谷場純孝から桂太郎首相へ送付された。その後右建議は主管の大蔵省で検討されたが、舞鶴港の開港は「露領沿海州及満韓地方ニ対スル貿易上利便ヲ与フヘキモノ」と評価したものの、結局開港には軍事的な支障があるとする陸海軍省の反対を理由に不採用となった。六月に入って閣議もこれを追認し、またもや舞鶴開港の目論見は挫折したのである[45]。

衆議院委員会において陸海軍が舞鶴開港に対して強硬な反対意見を表明したことは、進捗しつつあった舞鶴港修築工事にも暗い影を落とした。一九〇九年（明治四二）一一月に開会した京都府通常府会で再び田中祐四郎が立ち、陸海軍の開港反対が明らかになった以上、開港の見込みについてどう考えているのか、京都府に問い質したのである。大森鍾一府知事が出席していなかったため、昌谷彰事務官が「知事ハ其局ニ当ラレル各大臣并ニ其外ノ当局ニ対シテ実地ノ視察ヲ請ヒ或ハ其理由ヲ陳ベラレテ居ルノデアリマス」と防戦に努めたが、田中祐四郎らの納得を得ることはできなかった。そこで、一二月七日大森府知事が出席して説明を行った。舞鶴開港問題の経緯に触れているので、やや長いが以下に引用する。

此問題ハ大蔵省ニ其議アリタルモ軍事上ノ関係ヨリ陸軍省ニ意見ガ起リ遂ニ交渉纏ラズシテ閣議ニ上ルノ気運ニ至ラナカツタ、併シ爾来尚ホ大蔵、農商務、内務、逓信、外務ノ各省当局ニ於テ此開港ノコトニ付キ調査セラレツ、アルノデ、即チ或ハ実地ノ踏査ヲセラレ、或ハ又外国ノ港湾等ニ就キ調査ヲセラレテ居ルノデアルガ、要スルニ一面軍事上ノ関係カラノ故障ノ点ト其他ノ利益ノ点トニ就キ考究セラレツ、アル次第デアツテ、未ダ政府ニ於テ軍事上ノ故障ノ為メ之ヲ抛ツト云フ場合デハナイノデアル、夫故御承知ノ如ク内務大臣ナリ大蔵大臣・農商務大臣ノ巡視ノ際ハ第一ニ視察ヲ請フテ居ル

ここで「大蔵省ニ其議アリタルモ軍事上ノ関係ヨリ陸軍省ニ意見ガ起リ遂ニ交渉纏ラズ」とある件（くだり）は、第一節で述べた一九〇六年（明治三九）における経緯を指している。さらに大森府知事は、舞鶴が敦賀より優れた港であること、たとえ開港が認められなくても修築工事は必要であることを力説して答弁を終えた。この結果、議会側もとりあえず諒解し、舞鶴港修築工事の継続費は承認された[46]。

第三節　韓国併合と舞鶴開港

日露戦争後、日本海の両岸を繋ぐ航路としては、大阪商船株式会社と露国義勇艦隊とがウラジオストック・敦賀間を連絡航行していた。この内、大阪商船株式会社の場合は、一九〇七年（明治四〇）四月、逓信省が補助金を交付する代わりに特定の会社に運航を命じる命令航路として開設したものである。(47) 第二節で述べたように、ウラジオストック・舞鶴間でも、一九〇六年（明治三九）一〇月から半年間、阪鶴鉄道会社が、神戸市の佐藤勇太郎が経営する八馬（はちうま）商会から第三多聞丸（たもんまる）（一七六五トン）を借り入れ試験的に航海を実施し、輸出五四万七四五〇円、輸入三万五八七〇円の実績を挙げたが、鉄道国有化の実施により中止となっていた。(48)

こうした中、元山（ウォンサン）港・清津港など咸鏡道の諸港と大阪・神戸との貿易を拡大するために、従来門司などを迂回していた航路に代わって、敦賀・舞鶴などとの日本海直航路の開設を求める請願運動が、第二五回議会に向けて始まった。同議会に、大分県選出の三浦覚一外三名から、清津から敦賀または舞鶴をつなぐ直航路の開設を含む「鉄道改築及航路開始ニ関スル建議案」が上程されたのである。これに対し、統監府書記官の児玉秀雄は、「清津或ハ元山アタリカラ連ネテ、サウシテ敦賀ナリ舞鶴ナリニ参ル三角航路ヲ一ツ開イタナラバ、北韓ノ開発上ニ於テ非常ニ利益デアラウト思ヒマス」と述べ、さらに最も有益な路線を採用して相当な設備をし補助金を与えようかと考え調査中であることを明らかにして、強い意欲を示した。また児玉秀雄は、清津と元山から、敦賀なり舞鶴なりへ航路を開きたい旨の願が出ているとも述べている。(49) この結果、同建議案は一九〇九年（明治四二）二月二八日衆議院本会議で可決された。(50)

この直後の一九〇九年（明治四二）三月、それまで自由港であったウラジオストックが閉鎖され、外国品の無税輸入が禁止された[51]。これを機に、ウラジオストック港を通過していた貿易品が朝鮮北岸の諸港へ回るのではないかとの期待が生じ、敦賀・舞鶴などとの日本海直航路の開設を求める請願運動が一段と活発化した。まず同年末、元来福井県河野浦の北前船主で当時事業の本拠を大阪に置き海運会社右近（うこん）商事株式会社を設立したばかりであった右近権左衛門[52]が乗り出した。関係者に働きかけ、一九一〇年（明治四三）初めに右近に加えて、舞鶴港有志総代村上虎雄・清津港有志総代浅岡重喜・元山港有志総代吉田秀次郎の四名が連名で、「日本海直航路補助の義に付請願書」を政府に提出したのである。この請願書では、大阪・神戸と元山・城津（ソンジン）・清津各港を繋ぐ地としては、距離や鉄道の便を理由に挙げて舞鶴港を最適とし、舞鶴港が開港地ではなく外国貿易船の出入りが禁じられているとはいえ、近接する宮津港が特別輸出港であることを利用して、いったん同港に寄港して内国貿易船に資格変更を行った上で舞鶴に回れば問題はないとした。また、関東・北陸方面の物資を輸出する港として敦賀港もはずせないと述べ、同港を第二の候補地と位置付けている。こうして、請願書では、日本海直航路に対して、開始後三年間にわたり年六万円の補助金を要求したのである[53]。

これとは別に、元山商業会議所が主導して、元山・清津・敦賀・舞鶴の四商業会議所が共同で、一九一〇年（明治四三）三月に「日本海横断航路事業の補助に関する追願書」を政府及び帝国議会に送付した。政府予算の日本海航路補助費中に元山・清津と舞鶴・敦賀を結ぶ航路を加えるよう求める内容であったが、日本海横断航路の開設により日本海側から朝鮮咸鏡道・江原道（こうげんどう）への漁民の移住が進み水産加工業が起こるとの理由を掲げている点に特徴がある[54]。一年後の第二七議会にも清津商業会議所会頭岩田遂外三名から「日本海横断航路開始ノ請願」が行われ、衆議院で議決された後、政府に送られた。なお、一九一一年（明治四四）一二月七日には、敦賀商業会議所をはじめ東海以東の九商業会議所会頭連名の「日本海横断航路開始の儀に付建議」が、大蔵大臣及び逓信大臣に宛てて提出されている[55]。敦賀は、軍港を抱えた舞鶴との共同の運動に見切りをつけ離脱したのである。

ただし、「日本海横断航路開始ノ請願」に対する政府内での検討は、理由はよくわからないが二年後にまでずれ込んだ。一九一三年（大正二）一月六日、後藤新平逓信大臣は桂太郎首相に以下の文書を送り、「裏日本」と朝鮮北部との「両地間交通貿易ノ関係ハ尚甚タ薄弱ナルヲ以テ、対朝鮮北岸地方貿易ノ中心タル大阪、神戸ヲ起点トシ内海ヲ経テ元山・清津ニ至ル現行航路以外特ニ敦賀・舞鶴ヲ起点トスル命令航路ヲ開始スルハ目下尚其ノ必要切迫セサルモノト認ム」として、請願を拒否するよう閣議に提議した。当時、桂太郎内閣は第一次護憲運動に直面して、二月一一日に総辞職しており、後藤新平逓信大臣による閣議請議書に対する法制局の審査結果が出たのは二月一三日であるため[56]、実際に閣議決定が行われたのか判然としない。いずれにしても「日本海横断航路開始ノ請願」が政府に受け入れられなかったことは確かである。

このように、二六万円近くの巨費を投じた舞鶴港修築工事の竣工が一九一三年（大正二）三月に近付いているにもかかわらず、舞鶴開港は遅々として進まず、日本海横断航路補助の行き詰まりもあきらかであった。こうした状況に業を煮やした京都府会は、一九一二年（大正元）一二月一四日、舞鶴・宮津の「両港ニ於ケル輸出入ヲ奨励シ且対岸朝鮮トノ通商関係ヲ調査セシムベク相当視察員派遣ノ挙ニ出デラレンコトヲ望ム」とする意見書を、大森府知事に提出した[57]。その後実際に、舞鶴港の築港剰余金八九〇〇円を充て、府会議員上野修吉・岩田正雄・寺田惣右衛門・森田茂ら一四名に加えて折田有彦理事官と三田村高清属が、ウラジオストック及び城津・清津・元山など朝鮮北部への視察団を組み、一九一三年（大正二）八月二一日から一九日間、同地を回っている[58]。この調査団には木戸貞一舞鶴町長も随行し、舞鶴町会議員などから成る港湾委員で検討した舞鶴・元山間の航路開設について、朝鮮総督府に補助金交付などの陳情を行った。元山側でもソウル・元山間の鉄道開通を控え、舞鶴との航路開通に対する期待は高く、盛大な歓迎を受けた[59]。ただし、視察の結果、舞鶴開港という前提条件を解決しなければならないだけでなく、唯一舞鶴・元山間の航路を担う可能性があると目された朝鮮郵船会社が、日本海航路に必要な二五〇〇トンクラスの汽船を有しておらず、それを新造するならば朝鮮総督府から一〇万円以上の補助を得なければならず、その見通しが立たないことが明白となった(60)。

次に、一九一三年（大正二）一二月一六日にも、京都府会は、「舞鶴港利用ニ関スル意見書」を満場一致で可決して、「来年度ニ於テ航路ノ補助又ハ輸出入ノ奨励等適当ノ計画ヲ立テ、日本海沿岸及朝鮮各地トノ航路ヲ開始セシメ、大ニ此良港ヲ利用シ先ニ投下シタル巨額ノ府費ヲシテ水泡ニ帰セシメサランコトヲ(61)」大森府知事に要求した。

一九一〇年（明治四三）八月の韓国併合以後、朝鮮半島及びその周辺における鉄道敷設が進み、一三年（大正二）八月には京城・元山間の京元線が開通していた。意見書が可決される直前の一〇月には、元山から咸興などを経て羅南に達する路線と清津・会寧間の鉄道工事も始まっている。さらに、近い内に会寧から吉林に至る吉会鉄道の敷設も見通されていた(62)。意見書の提出者の一人である尾崎保は、第一に右に挙げたように鉄道の整備が急速に進捗していること、第二に、朝鮮総督府でも舞鶴から元山・清津への航路が大阪・京都との一番近い連絡路であり適当であると認識しているものの、経費の点で航路補助ができていない点を指摘した上で、この航路が「若シモ後レマシテ敦賀ノ方ニ取ラレテシマツタナラバ、終ヒニハ舞鶴ハ廃港ニナツテシマヒマシテ純然タル魚釣場トナツテシマフデアラウ」と、強い危機感を表明した。そして、直接人を派遣して朝鮮総督府と交渉するよう大森府知事に求めた(63)。意見書の提出者は、森田茂・柴田弥兵衛・上野修吉・尾崎保・並川栄慶・土橋芳太郎の六名で、大正政変時の政友会分裂に際し尾崎行雄らの中正会に加わった者と政友会に残留した者の双方が名前を連ねており(64)、舞鶴港の有効利用による振興を求める意見書が党派を超えたものであったことがうかがえる。

しかし、結局この時期、舞鶴を起点とする日本海横断航路は実現しなかった。第一次世界大戦時の日本海貿易の急増から利益を得たのは敦賀港であり、同港の貿易額は一九一五年（大正四）で四〇〇五万円、一六年（大正五）には五五九八万円に達した。懸案であった日本海横断航路も、京都府会で懸念された通り、一九一八年（大正七）四月、敦賀・清津間が政府命令航路として朝鮮総督府からの補助金を受けて開設されたのである。[65]

第四節　第一次世界大戦期の舞鶴開港問題

第一次世界大戦開戦前後のしばらくの間、舞鶴町において開港を要求する運動は表面化していない。これは、一つには戦争に伴い軍港の使用頻度が高まったことがあるだろう。また、一九一〇年（明治四三）九月四日、衆議院議員岩田信が四七歳の若さで亡くなったことも大きかった。[66]岩田信死去のあとをうけた補欠選挙では、舞鶴町出身の弁護士牧野充安（みつやす）が立憲国民党の候補となり、政友会の推した船井郡出身の木戸豊吉と争った。牧野は、一九〇六年（明治三九）に発生した東京市電車賃値上げ反対騒擾（そうじょう）事件で弁護に立ち、また『週刊平民新聞』に「余は如何にして社会主義者になりし乎」との一文を寄せるなど、大正デモクラシーの一翼を担う法曹としての顔を持っていた人物である。[67]舞鶴町は立憲国民党の基盤であり、森谷徳太郎・武内勇太郎・植村樫次郎ら[68]が牧野を推し、京都府全体でも善戦したものの、木戸豊吉の一万七八八票に対し七五二三票で落選した。その後、一九一二年（明治四五）五月の総選挙では、立憲国民党の党内事情で出馬できず、一五年（大正四）三月の総選挙でも加佐郡では大量得票したものの次点に泣いた。[69]つまり、この時期、舞鶴は自前の代議士を欠いており、衆議院に地域振興の主張を託せる政治的代弁者を持たなかったのである。

開港運動停滞の背景にはもう一つ、一九一六年（大正五）六月に急展開した舞鶴町の疑獄事件が大きく影響したと見られる。事件は、一九一六年（大正五）二月に舞鶴町役場土木書記が、舞鶴港湾住吉入江の浚渫費及び土木請負費から横領したことが発覚して始まり、[70]六月に入ると、さらに木戸貞一町長と高取定一収入役の公金費消容疑による収監にまで発展した。木戸貞一は旧藩主牧野家の会計顧問も務め人望が厚く、一九〇一年（明治三四）七月に郡書記から転じて町長に就任して以来、一五年間にわたって在任していた。さらに、一九一五年（大正四）九月からは府会議員も兼ね一躍参事会員に列するなど、立憲同志会系の政治家として実力者振りを遺憾なく発揮しており、衝撃は大きかった。[71]その後、一六年（大正五）六月一九日には町会議員が総辞職するに至る。[72]舞鶴町内の町政刷新団体で、青年実業家を中心とする和楽会は、事件直後の六月一六日には早くも協議会を開き、町会議員の総辞職を促し理想選挙による後任選出を話し合った。[73]結局、出直しの町会議員選挙は、八月二一日・二二日の両日実施されている。[74]

しかし、木戸貞一については、舞鶴港湾修築議案を一九〇七年（明治四〇）一一月開会の京都府会で通そうと、各方面へ贈賄や饗応をするのに多額の運動費を使用したことが事件の主因であり、収賄側の府会議員の名前と金額まで挙がったものの、結局贈賄側の木戸のみ罪に問われ、一九一六年（大正五）一二月二八日京都地方裁判所で有罪の判決が下った。[75]その後、一九一七年（大正六）一月二〇日には舞鶴座で和楽会主催の町民大会が開催された。この大会は、公金費消で公判中の木戸前町長に対し、舞鶴町会が三〇〇〇円に上る贈与金を贈ると議決したことを不当として開かれたもので、字吉原の至誠会、平野屋町の同志会、魚屋町の共楽会、竹屋町の竹友会などの町政刷新団体も大挙して参加した。[76]しかも、監督官庁である加佐郡の高木謙二郎郡長が贈与金議決の再議命令を発したことから、町民の批判に抗しきれず町会議員の大半が辞職し、二月二三日・二四日の両日補選が実施された。[77]三月一一日に再開された舞鶴町会では、木戸前町長への贈与金の決議が取り消され、町有志者による寄付金に変更された。[78] また、木戸町長収監以降名誉助役の土居喜七が臨時町長代理として事務を執っていたが、[79] 一七年（大正六）二月には、後任町長に前舞鶴警察署長で京都府警視であった奥田純が就任した。[80] こうして事態はようやく沈静化していく。

奥田町政が確立すると、第一次世界大戦による大戦景気を背景に、一九一七年（大正六）一〇月から一一月にかけて舞鶴開港を求める運動が再燃し、舞鶴町長奥田純と舞鶴実業協会長渡辺弥蔵の連名による「舞鶴開港之義ニ付請願」が政府に提出された。この請願がこれまでと異なる点は、従来のような町長と実業協会による運動ではなく、舞鶴町会の議決を経ており、町民の総意という形式をとったことである。町政刷新運動による変化が反映しているのであろう。

さて、請願書の内容であるが、これまでと同じく舞鶴港が天然の良港であり日本経済の要地である京阪神と対岸の元山・清津・城津など朝鮮北部の諸港とを結ぶには格好の位置にあることなどが列挙されていた。その上で、大戦景気を踏まえて次のように述べているところが新しかった。

> 欧州戦役勃発以来我国一般経済界ノ振興ヲ来タシ、貿易頓ニ殷盛（いんせい）トナリ延（ひ）テ物資ノ輸送益々繁劇ヲ加へ来レルノ秋（とき）ニ当リ、時局ノ影響ニ依リ配船漸ク意ノ如クナラス、鉄道ノ輸送モ亦此繁多ニ伴ハスシテ消化忽（たちま）チ閉止シ滞貨山積ノ今日ニ在テハ我経済界ニ及ホス損害実ニ絶大ナルモノ可有之候、故ニ今是ニ日本海直通ノ横断航路ヲ採ランカ、其航程及運賃ハ優ニ半ハ以上ヲ低減シ得ルニ至ルヘクシテ、茲（ここ）ニ両者貿易ノ敏活ヲ来タシ、母国ハ勿論北鮮ノ発展ニ大利アルノミナラス、延テ満蒙ニ及ホスノ利モ亦決シテ尠少ナラサル義ト確信仕候
>

舞鶴開港は「国家経済上急中ノ急務」だというのである。奥田純と渡辺弥蔵は一二月一二日にも「舞鶴港船舶出入之義ニ付再請願」を提出して開港を求める地元の強い意向を念押しした。しかし、陸軍の姿勢は固かっ

た。一二月一五日参謀次長田中義一から開港拒否の意見を示された陸軍次官山田隆一は、大蔵次官及び京都府知事木内重四郎に対し、「同地ハ日本海唯一ノ要塞ニシテ軍事上最モ重要ナル地点ニ有之、其ノ内部ヲ秘匿スルノ必要大ナルニヨリ開港セサル意見ニ候」との回答を行った。(81) 舞鶴開港はまたも陸軍に阻まれたのである。

第五節　軍縮と三舞鶴町

第一次世界大戦中、軍港都市である新舞鶴町と余部町は大きく発展した。海軍工廠の職工数を見ても、開戦時の一九一四年（大正五）に四三二二人だったものが、二〇年（大正九）には七四七六人にまで増加し、ピークを迎えた。(82) 両町の人口は、二〇年（大正九）ころには合わせて三万人を超えており、一万一〇〇〇人前後で停滞する舞鶴町の三倍近くに達した。このように、三町が際立って対照的な状況の下にあることを背景に、二一年（大正一〇）府立第五中学校（現、京都府立西舞鶴高等学校）新設の位置問題が起こる。

すでに一九一九年（大正八）一一月に開会した京都府会で、加佐郡選出の水島彦一郎や岩田正雄らが中心となって郡部への中学校増設論が展開され、会期末に郡部への「中学校増設ニ関スル意見書」が採択されていた。(83) そして、翌年の京都府通常府会で加佐郡から二年にわたり五万円ずつ府に寄付することを前提に、同郡への府立第五中学校設置が決まった。(84) しかし、ここから新舞鶴町と舞鶴町の間で熾烈（しれつ）な誘致合戦が繰り広げられるのである。舞鶴町が原敬内閣の与党政友会の力を利用して誘致を試みたのに対抗して、新舞鶴町は海軍鎮守府当局を通じて政府に働きかけるなど、双方ともに数千円の運動費を費消したと指摘されている。一方で政友会はこれを機会に両町での党勢拡大に乗り出し、舞鶴町で三六七名、新舞鶴町で一五〇名の入党者を迎えた。ことに舞鶴町は長い間立憲国民党の牙城であったことから、政友会の露骨な利益誘導は、加佐郡政界での政治的軋轢を深刻化させた。結局二一年（大正一〇）二月一〇日、文部省は舞鶴町に近い中筋村を設置場所とする告示を行なった。しかし三月一九日、憲政会の木檜三四郎は賛成者三六名を得て、「中学校新設ヲ党勢拡張ニ利用シタル件ニ関スル質問主意書」を衆議院に提出した[85]。第五中学校の設置場所決定は、文部大臣中橋徳五郎が政友会の党勢拡張のために京都府知事馬淵鋭太郎に命じた不当の措置ではないかと批判したのである。こうして問題は国政の舞台でも取り上げられるに至る[86]。

さらに、加佐郡会が中学校設置に伴う寄付金二〇万円の内、一一万円を郡内各町村に分賦する議決を行なったのに対し、新舞鶴町・中舞鶴町・倉梯村・東大浦村・西大浦村・与保呂村・志楽村・朝来村の東部八か町村は、町村会で分賦額負担分二万三一六九円を全額否決、三月一九日には馬淵府知事との交渉が不調に終った中舞鶴町長狭間光太が辞表を提出して、事態は泥沼化した[87]。舞鶴町など郡中西部の主張は、舞鶴町が郡のほぼ中央に当たり綾部や宮津方面からの通学も可能であるのに、新舞鶴町は東部に偏しているという地理的優位であった[88]。これに対し新舞鶴町や中舞鶴町など郡東部は、海軍鎮守府や海軍工廠の所在地である新舞鶴町・中舞鶴町に居住する軍人軍属、海軍工廠労働者の子弟が主な進学者であり、全体の七割を占めると予想されると述べ、第五中学校の増設は舞鶴軍港が存在するためであって、決して府下の教育機関のバランスを得るためから出たものではないと強調した[89]。東部八か町村は納得せず、中学校寄付金に関する郡費分賦に錯誤ありとして郡参事会に訴願を行った。郡参事会の構成が東部三名、中西部二名であったため、訴願の内容を正当と認めたことから、郡長根岸吉太郎が府参事会に裁決を求め、五月六日郡参事会の決定を取り消す事態となった[90]。両者の争いは、六月に至って、郡東部が馬淵府知事と府参事会を相手取って行政訴訟を起こすまでにこじれた[91]。しかし、当事者であった馬淵府知事が辞職して京都市長に転じ、後任の若林賚蔵知事が郡東部の町村長と会見し、さらに加佐郡政界の重鎮木船衛門・平野吉左衛門・上野弥一郎の三氏が仲介に努めたことで解決へと向かい、一〇月二日に行政訴訟取り下げに決し落着した。[92]

半年余りにわたった舞鶴町など郡中西部と、新舞鶴町・中舞鶴町など郡東部との角逐は、第五中学校の設置場所という点では当初の決定通り中筋村で落着し舞鶴町の意向が通った。しかし、軍の拒否にあって懸案の開港問題解決の糸口が見つけられず、人口も停滞する舞鶴町に対して、急激な人口増加と海軍当局をも巻き込んで自らの利益を通そうと動く新舞鶴町・中舞鶴町の存在感が増したことも事実であった。また、第五中学校位置問題で辞職した中舞鶴町長の後任として、隅田艦長や武蔵艦長を務めた海軍大佐東条政二を招き、[93]新舞鶴町長の後継として、衆議院議員を四期務め京都府政界の一方の雄として立憲同志会・憲政会を率いた山口俊一[94]が就任したことも、海軍当局への政治的影響力を強める措置として注目すべきである。そして、こうした舞鶴町と新舞鶴町・中舞鶴町との対立関係は、中学校設置問題の余韻が残る中で起きた、翌年の軍縮への対応において繰り返されることになる。

一九二二年（大正一一）二月六日、ワシントン会議で海軍軍縮条約が調印され、戦艦と大型巡洋艦の建造について制限が加えられた。[95]五月一九日には、新舞鶴町長山口俊一と中舞鶴町長東条政二は連名で、舞鶴鎮守府の維持を求める嘆願書を海軍大臣加藤友三郎に宛て提出した。[96]他方で、一万トン以下の巡洋艦、駆逐艦などの補助艦艇は制限の対象外となったため、駆逐艦などの建造を行なっていた舞鶴海軍工廠は軍縮の影響を受けないといった楽観的な観測も流れていた。しかし、同年七月三日、海軍省が発表した軍縮には、舞鶴海軍鎮守府を廃止して要港部に格下げする内容が含まれていた。[97]

この発表は舞鶴地域に大きな不安と衝撃を与え、七月一二日には三舞鶴町の町民一〇〇〇人が中舞鶴町の森座に集会して気焰（きえん）を挙げ代表を選出、二日後には首相・海相への陳情のため東上した。また、同日には新舞鶴町の陳情委員が舞鶴鎮守府参謀長の内田虎三郎を訪ね、政府による救済を訴える決議を手渡した。[98]七月二八日になると、舞鶴町公会堂に各町理事者ら二〇人余りが集まり、軍縮に対する善後策を協議して、とりあえず関係者が舞鶴鎮守府をはじめ京都府庁や政友会などの政党本部を訪ねて、情報の収集と救済の陳情を行うことになった。

　またこの間、三舞鶴町それぞれで要港部への格下げを前提とした地域振興策の構想が練られた。まず中舞鶴町の場合は、①海兵団の敷地・建物を転用して高等工業学校を誘致する、②海軍病院の無償払下げを受け京都府に移管して府立医大病院とする、③その他海軍の土地・建物で不用になったものの無償払い下げを受ける、④町債を借り替えるために国庫から長期の低利融資を受けるといった内容であった。舞鶴町では、①敦舞線（つるまいせん）・丹後鉄道の開通が近いことを踏まえ舞鶴湾を商港とし、さらに元山との間に航路を開く、②舞鶴町と中舞鶴町との間の海岸線に植林をして海水浴場とし、京阪神から観光客を誘致する、③舞鶴湾内の漁業禁止区域を縮小して漁業の振興を図るといった構想が出されている[99]。

　こうした中、八月八日新舞鶴町で緊急の町会・救済委員会連合会が開催され、満場一致による決議を踏まえて、翌日付で新舞鶴町長山口俊一が海軍大臣加藤友三郎に宛てて嘆願書を提出した。この中で山口俊一は、①軍港設置に伴い字北吸（きたすい）のように一村挙げて移転を余儀なくされ、土地を悉く海軍御用地として提供した事例があること、②用地の買い上げ価格がかなり低廉であったにもかかわらず海軍への尊敬の念や町の発展への「犠牲的精神」によって受け入れたこと、③新市街建設に当たり道路河敷など五万坪余りもの土地を地主が寄付していること、④急激な人口増加によって必要が生じた小学校の建設や町営住宅の設置のために公債の総額が二一万円を超えることなどを列挙し、新舞鶴町の海軍への貢献度を力説した。その上で山口は、次のような要求を行った。

　今回軍港ヲ廃止シ要港部ニ縮少セラルルニ方リ、一般船舶出入御許可ヲ願ヒ本町ヲシテ将来商港ト為シ、我カ国内地並朝鮮支那満州間ノ航路ヲ開キ通商貿易ヲ為シ産業ノ啓発ヲ図ルト共ニ、日本海ニ於ケル一漁港トシ漁獲物ノ集散地タラシメ、以テ本町現今ノ状勢ヲ持続シ軍縮ヨリ受クル本町ノ衰頽ヲ救済致度ト存候

新舞鶴町の開港により外国航路の開設を図り、窮地に陥った町の状況を打開しようとしたのである。こうして、舞鶴町と新舞鶴町の地域振興構想は競合するに至った。

山口俊一は、事前に東京に出て海軍省軍務局長大角岑生（後、海軍大臣）を訪ねており、その指示に従って海軍大臣加藤友三郎宛の嘆願書を書いただけでなく、舞鶴鎮守府司令長官小栗孝三郎と京都府知事にも願書を提出した。その甲斐あって、小栗孝三郎からも八月一六日、海軍次官井出謙治・海軍軍令部次長加藤寛治に宛てた「新舞鶴港ニ内国船自由出入ニ関スル件」が差し出された。そこで小栗は、軍縮によって新舞鶴町が蒙る打撃を緩和するために、新舞鶴港への内国船の出入りを認めるよう進言すると同時に、外国航路船に新舞鶴港を開放する件には、軍事機密保持の点から同意し難い旨、申し添えている。これに対し大角岑生軍務局長は八月一八日、内国船に新舞鶴港を開放することは問題ないとしながらも、「新舞鶴ニ於ケル自由出入許可ハ自然舞鶴出入船舶ノ減少、同地衰頽ノ一因トシテ将来問題ヲ惹起スルコトナキヤ、本請願ニ対スル舞鶴町ノ諒解ノ程度及意向等」を取り調べて上申するように、舞鶴鎮守府参謀長に命じた。鎮守府参謀長内田虎三郎の回答は九月二日付で送付されたが、第一に舞鶴町と新舞鶴町とでは「政党的地盤」が異なること、第二に昨年の中学校問題をはじめ、今回の軍縮への対応についても両町は態度が一致しておらず、双方ともに抜け駆けの功名を得ようとしていることなどを指摘し、海軍が直接両者間の調停に乗り出すようなことは避け、諒解交渉は地方長官や内務省に任すべきことを主張している。

なお、ここでいう「政党的地盤」が異なるというのは、舞鶴町では、木戸貞一町長の失脚により和楽会をは

じめとした町政刷新団体が台頭して活発に活動したにもかかわらず、第五中学校設置問題などにより政友会勢力の扶植が進んだのに対し、新舞鶴町の方は、海軍工廠の労働者の間に普選論が浸透して憲政会への親近感が強く、また京都府憲政会の指導者であった山口俊一を町長に迎えたこともあって同党の地盤となりつつあったことを指す。(100) また、内田が指摘した第二点目については、舞鶴町が舞鶴港の商港としての発展を目指して、新舞鶴の要港としての指定そのものを廃止するように京都府へ求めたことがあった。(101)

その後、九月二〇日には鎮守府司令長官小栗孝三郎が海軍次官井出謙治に書簡を発している。その中で小栗は、①新舞鶴町に接する海面を第三区とし内国船の出入りを自由とすること、その際には新舞鶴町が最も希望する朝鮮の元山からの内国汽船の出入りも許可すること、②舞鶴港の開港を認めると、新舞鶴港に内国船の出入りを認めても意味がなくなるので、舞鶴港については依然として開港せず現状維持が適当であること、③舞鶴開港を認めるならば、軍縮により最も打撃を蒙る新舞鶴町民の怒りを買うだけでなく、宮津町民や敦賀町民が強く反対している以上、容易には同意するべきでないと述べた。鎮守府参謀長内田虎三郎の慎重な姿勢にもかかわらず、鎮守府長官の小栗孝三郎は新舞鶴町の立場に立った救済策を講じるように強く求めたのである。(102)

右のような経緯を経て、一九二二年(大正一一)一〇月、新舞鶴港への内国船の出入りが認められ、一〇月二九日にはそれを祝して提灯(ちょうちん)行列が繰り出した。(103) その背後で舞鶴鎮守府司令長官らの強い意向が働いていることを舞鶴町は知る由もなく、軍縮を機会に長年の懸案であった開港問題の決着を図ろうとした舞鶴町の目論見は、あえなく潰える。こうして、一九二三年(大正一二)四月一日、舞鶴鎮守府が廃止され要港部となった。

おわりに

日露戦後、海軍鎮守府司令部や海軍工廠、陸軍の要塞司令部など軍関連施設が数多く立地していた新舞鶴町と中舞鶴町が急速に人口を増大させていったのに対し、隣接する舞鶴町は人口の停滞が明確となり、新たな地域振興策として舞鶴港の商港化を構想し、執拗に開港運動を展開していった。しかし、陸海軍の壁は厚く開港は実現しなかった。今一度、本章の分析に基づいてその経緯をまとめるならば、以下のようになるだろう。

まず、一九〇六年（明治三九）、京都財界・大阪財界の舞鶴港開港要求を背景に、第一次西園寺公望内閣の成立によって神戸税関長から大蔵省主税局長に抜擢された桜井鉄太郎らが主導して、いったん大蔵省は舞鶴港開港容認を閣議決定しようと図った。しかし、軍事機密の保持を優先する児玉源太郎ら参謀本部の強い拒否にあって、大蔵省の意向は挫折する。そして、この時の陸軍の対応が、その後の展開を規定していくのである。

一方、大森鍾一京都府知事も、舞鶴港開港へ向けて政府要路への働きかけを行なっていた。そして、一九〇九年（明治四二）一一月に開会した京都府会に舞鶴港修築工事案を提出し、修築工事の実施が開港への近道であることを匂わせながら僅差で可決に持ち込んだ。修築工事は海軍省と陸軍省の了解を取り付けた上で、一九〇八年度（明治四一）から五年間の継続事業で実施された。この修築工事開始を前提に一九〇九年（明治四二）三月、京都府選出の代議士岩田信らが「舞鶴開港に関する建議」を衆議院に提出し可決された。だが、建議の審議にあたった特別委員会では、陸軍次官石本新六と海軍次官加藤友三郎はともに、軍事機密の保持と舞鶴近辺に敦賀・宮津という開港場がある点を挙げて舞鶴開港に頑なに反対した。こうして、建議の審議を通して陸海軍が舞鶴開港を許容する意思のないことが公けになり、それに大蔵省も同調して、建議は実を結ぶことなく終わったのである。

以後、舞鶴における開港運動は、元山・清津・敦賀の商業会議所などと連携した、政府補助による日本海横断航路開設運動へと形を変えて継続したが、この要求も政府に受け入れられることはなかった。

第一次世界大戦の開戦後しばらく、開港運動は下火となった。木戸貞一を継いだ奥田純町長の下で、一九一七年（大正六）秋から開港運動が再開したが、同年暮れに従来の立場を堅持する参謀次長田中義一の意見を基に、陸軍省は改めて開港を拒否する回答を大蔵省及び京都府知事に対し行なった。

一九二二年（大正一一）二月、ワシントン海軍軍縮条約が締結され、七月には舞鶴鎮守府を要港部に格下げすることが発表された。新舞鶴町・中舞鶴町・舞鶴町は、それぞれ新たな地域振興策の具体化に向けて動き出す。なかでも舞鶴町は、この機会に要港部の指定をも廃止し、陸海軍による制約を離れて開港場として発展する道を模索し、京都府へ働きかけた。他方、新舞鶴町長山口俊一は、海軍省軍務局長大角岑生の指示を仰ぎながら海軍省や舞鶴鎮守府へ支援を要請し続けた。この結果、舞鶴鎮守府司令長官小栗孝三郎は救済案の策定に積極的に介入、新舞鶴港への内国船の出入りを自由とし、舞鶴港の開港は新舞鶴港での交易を阻害するため認めないよう海軍省に強く求めた。軍縮で最も大きな損害を受ける新舞鶴町の救済を最優先する構想であり、ほぼこの内容で決着した。

このように、舞鶴港開港問題の帰趨（きすう）を規定したのは、陸海軍の意向であったことは明らかである。しかも、この過程で、第五中学校設立位置問題や軍縮に伴う救済案策定といった、地域社会内部に政治的対立を生んだ課題について、海軍省や鎮守府当局を巻き込んで政治的に利用しようとする動きが顕著になっていくことも重要である。さらに、この政治的対立への対処法として、市制施行構想が浮上する点も見逃せない。その一つは、軍港都市として利害を共有する新舞鶴町と中舞鶴町及び倉梯村を合併し、京都府内や加佐郡内での立場を強化するために市制を施行しようとする考え方である。[104]もう一つは、三舞鶴町全体を一括して市制を施行し、目立ち始めた新舞鶴町・中舞鶴町と舞鶴町との間の政治的対立を封印しようとする構想である。[105]両者がどのように絡み合いながら実際の市制施行に至るのか、陸海軍はどのように関わっているのか、こうした点の究明は今後の課題とせざるを得ない。

(1) たとえば、先進・後進については、重松正史「日清戦後期の地方政治―大水害と復興過程」(『日本史研究』三一四号、一九八八年)、「裏日本」化については、阿部恒久『近代日本地方政党史論』(芙蓉書房出版、一九九六年)、阿部恒久『「裏日本」はいかにつくられたか』(日本経済評論社、一九九七年)などがある。

(2) 日露戦後の地域政治史研究の動向については、飯塚一幸「日露戦後地域政治史研究の視角―京都府域を事例に―」(『新しい歴史学のために』二六三号、京都民科歴史部会、二〇〇七年)参照。

(3) 荒川章二『軍隊と地域』(青木書店、二〇〇一年)第2章。

(4) 高村聰史「静岡県の軍隊配備と誘致運動―軍都浜松を中心に―」(上山和雄編『帝都と軍隊―地域と民衆の視点から―』日本経済評論社、二〇〇二年)。

(5) 上山和雄「『軍郷』における軍隊と人々―下総台地の場合―」(上山和雄編前掲書)。他にも、宇垣軍縮で軍縮の対象となった地域の動向を検討した、佃隆一郎「宇垣軍縮での師団廃止発覚時における〝該当地〟の動向」(一ノ瀬俊也編『国立歴史民俗博物館研究報告』第一二六集、二〇〇六年)などがある。

(6) 本康宏史『軍都の慰霊空間―国民統合と戦死者たち―』(吉川弘文館、二〇〇二年)、本康宏史「『軍都』金沢と地域社会―軍縮期衛戍地問題を中心に―」(橋本哲哉編『近代日本の地方都市―金沢・城下町から近代都市へ―』日本経済評論社、二〇〇六年)。塚本学「城下町と連隊町―佐倉町のばあい試論―」(樋口雄彦編『国立歴史民俗博物館研究報告』第一三一集、二〇〇六年)も、佐倉を事例に城下町が小規模な軍事都市へと変容していく様子を跡付けた研究であり、都市史研究の成果という面を持つ。

(7) 近年の研究動向をまとめた中野良「『軍隊と地域』研究の成果と展望」(『季刊戦争責任研究』第四五号、日本の戦争責任資料センター、二〇〇四年)でも、「海軍と地域」研究の少なさとその必要性が指摘されている。

(8) 海軍鎮守府が置かれた横須賀・呉・佐世保・舞鶴には要塞司令部が設けられ、横須賀・呉には重砲兵連隊が、佐世保・舞鶴には重砲兵大隊が配備された。
(9) この点は、「軍隊の存在を組み込んだ地域政治過程」(中野良前掲「『軍隊と地域』研究の成果と展望」四二頁)を描くことを意図した作業でもある。
(10) 余部町は一九一九年(大正八)一一月一日に中舞鶴町と改称した(舞鶴市史編さん委員会編『舞鶴市史』通史編(下)、舞鶴市役所、一九八二年、四三八~四四四頁)。
(11) 舞鶴市史編さん委員会編『舞鶴市史』通史編(中)(舞鶴市役所、一九七八年)、五五七~五五八頁。
(12) 『公文雑纂』明治四二年第一九巻統監府、国立公文書館蔵。勝村長平『清津商工会議所史』(清津商工会議所、一九四四年)第一章第一節三。
(13) 京都府立総合資料館編『京都府統計史料集―百年の統計―』一(京都府、一九六九年)一四〇頁の数字を『京都府統計書』により一部修正した。
(14) 京都府知事北垣国道は一八八八年(明治二一年)、シベリア鉄道の開通を見越して「鉄道問題」を公にし、舞鶴港を開港して舞鶴・京都間の鉄道を敷設するよう提唱した(『港湾状況調　大正一一年』、加佐郡役所文書一〇、京都府立総合資料館蔵)。なお、京都鉄道については、老川慶喜『明治期地方鉄道史研究』(日本経済評論社、一九八三年)第I章参照。
(15) 京都商工会議所百年史編集委員会編『京都経済の百年』資料編(京都商工会議所、一九八二年)、三五八頁。
(16) 高橋眞一編『京都商工会議所史』(京都府商工経済会、一九四四年)、二六七頁。
(17) 『議院回付請願書類原議』(三)、国立公文書館蔵。『帝国議会貴族院委員会会議録』第二二回議会(臨川書店、一九九五年)、一七一~一七二頁。猪谷善一編『大阪商工会議所史』(大阪商工会議所、一九四一年)、五一九頁。
(18) 大阪市『明治大正大阪市史』(日本評論社、一九三四年)、一五二頁。
(19) 舞鶴商工会編『舞鶴港』(舞鶴商工会、一九三六年)、二頁。
(20) 陸軍省『密大日記』一九〇六年(明治三九)、防衛省防衛研究所蔵。
(21) 『明治年間法令全書』第三三巻ノ五(原書房、一九八三年)、一一九~一二八頁。前掲『舞鶴市史』通史編(中)第二章第一節。
(22) 一九〇七年(明治四〇)一〇月九日には舞鶴重砲兵大隊と改称された(舞鶴町役場編『舞鶴』舞鶴町役場、一九二三年、三八～三九頁)。
(23) 陸軍省大日記「大本営将校同相当官高等文官勲績明細書綴」、防衛省防衛研究所蔵。
(24) 以上、陸軍省『密大日記』一九〇六年(明治三九)、防衛省防衛研究所蔵。
(25) 宮津市史編さん委員会編『宮津市史』史料編第四巻(宮津市役所、二〇〇一年)、四―五〇六番史料。
(26) 一九〇七年(明治四〇)二月『壹大日記』、防衛省防衛研究所蔵。
(27) 飯塚一幸「『対外硬』派・憲政本党基盤の変容―京都府丹後地域を事例に―」(山本四郎編『近代日本の政党と官僚』東京創元社、一九九一年)。宮津市史編さん委員会編『宮津市史』通史編下巻(宮津市、二〇〇四年)、六四八頁。
(28) 『近畿評論』第五九号(一九〇四年)。
(29) 敦賀市史編さん委員会編『敦賀市史』通史編下巻(敦賀市役所、一九八八年)、一七七頁。
(30) 『日出新聞』一九〇六年(明治三九)一二月九日。
(31) 『日出新聞』一九〇七年(明治四〇)一一月二七日。
(32) 田中祐四郎は紀伊郡選出、同じく反対した土橋芳太郎は相楽郡選出、林長次郎は下京区選出。以上、京都府議会事務局編『京都府議会歴代議員録』(京都府議会、一九六一年)による。
(33) 『明治四十年京都府通常府会会議録』。『日出新聞』一九〇七年(明治四〇)一二月一四日・一七日。
(34) 『日出新聞』一九〇七年(明治四〇)一二月二一日・二五日。
(35) 一九〇九年(明治四二)二月『壹大日記』、防衛省防衛研究所蔵。
(36) 飯塚一幸前掲「日露戦後地域政治史研究の視角―京都府域を事例に―」。
(37) 『日出新聞』一九〇九年(明治四二)三月五日。前掲『京都商工会議所史』六七八頁。
(38) 『日出新聞』一九〇九年(明治四二)三月一三日。
(39) 前掲『敦賀市史』通史編下巻、一八六～一九二頁。古厩忠夫『裏日本―近代日本を問いなおす―』(岩波新書、一九九七年)、六〇～六一頁。なお、第一種重要港湾の修築は国が直轄施行し、工事費も四分の三が国、四分の一が地元負担であったのに対し、第二種重要港湾の修築は地方公共団体が施行し、工事費は地元負担と国庫補助が半分ずつという区別があった(大霞会編『内務省史』第三巻、原書房、一九八〇年、八二頁)。
(40) 『明治年間法令全書』第三二巻ノ二(原書房、一九八二年)、一六九頁。
(41) 『神戸港外国貿易概況』明治三九年・明治四〇年(神戸税関、一九〇七年・〇八年)。

(42) 門司の場合は下関要塞。函館要塞は一九二七年(昭和二)に津軽要塞となる。
(43) 『帝国議会衆議院委員会議録』明治期五四、第二五回議会(東京大学出版会、一九八九年)、三七三~三八二頁。
(44) 『帝国議会衆議院議事速記録』二三、第二五回議会(東京大学出版会、一九八〇年)、五五四頁。
(45) 『公文雑纂』明治四二年第三二巻帝国議会第二十五回二、国立公文書館蔵。
(46) 『明治四十二年京都府通常府会会議録』。
(47) 神田外茂夫編『大阪商船株式会社五十年史』(大阪商船株式会社、一九三四年)、二五〇頁。なお、同書によると、大阪商船株式会社は明治二〇年代から新潟・ウラジオストック間などの航路の経営に実績を有していた大家七平から経営を譲り受け、ウラジオストック航路に乗り出した。大家七平が敦賀・ウラジオストック間の命令航路を開設したのは、一九〇二年(明治三五)二月であった(前掲『敦賀市史』通史編下巻、一七九頁)。
(48) 『日出新聞』一九〇六年(明治三九)一〇月三一日。木戸貞一編『舞鶴』(舞鶴町、一九一三年)、二一~二四頁。『日出新聞』の記事によれば、一〇月二七日に初航海に上った第三多聞丸には、舞鶴町が派遣した商業視察員一名が乗船していた。
(49) 前掲『帝国議会衆議院委員会議録』明治篇五四、第二五回議会、一〇一~一〇六頁。なお、三浦覚一は韓国近海で漁業を経営していた(衆議院・参議院編『議会制度百年史』衆議院議員名鑑、一九九〇年、六一三頁)。
(50) 前掲『帝国議会衆議院議事速記録』二三、第二五回議会、二四六頁。
(51) 芳井研一『環日本海地域社会の変容—「満蒙」・「間島」と「裏日本」—』(青木書店、二〇〇〇年)第一章第一節。
(52) 大阪市役所編『明治大正大阪市史』第三巻経済篇中(日本評論社、一九三四年)、一一一八頁。
(53) 前掲『清津商工会議所史』第一章第五節。同書には、この請願書が帝国議会にも提出された旨の記述があるが、帝国議会の議事速記録には該当する請願書がないことから、政府にのみ送付されたものと判断した。
(54) 明治期『帝国議会貴族院委員会議録』[二四](臨川書店、一九九六年)、二八三頁。前掲『清津商工会議所史』第一章第五節。同請願書は貴族院では審議未了となっている。また、この間の日本海横断航路への補助請願運動に関しては、芳井研一前掲書第二部第四章第一節でその概略が検討されている。
(55) 『福井県史』資料編一一、近現代二(福井県、一九八五年)、一二八番資料。
(56) 以上、『公文雑纂』大正二年第三四巻貴族院衆議院事務局・帝国議会一、国立公文書館蔵。
(57) 『大正元年京都府通常府会会議録』。

(58) 『大正二年日誌』、京都府庁文書大二―一二、京都府立総合資料館蔵。『日出新聞』一九一三年(大正二)八月一五日・二一日。また、視察団の一部はハルビン・長春・奉天など満州へも足を伸ばしている(『日出新聞』一九一三年九月一四日)。さらに、これとは別に北陸調査団も組まれ、林長次郎ら府会議員と新聞記者など二六名が参加し、帰途築港成った舞鶴港を実地検分している(『日出新聞』一九一三年八月二二日、九月八日)。

(59) 『日出新聞』一九一三年(大正二)八月一九日、九月一五日。

(60) 『日出新聞』一九一三年(大正二)九月二二日。

(61) 『大正三年京都府通常府会決議録』。

(62) 芳井研一前掲書第二部第四章第一節・第二節。

(63) 『大正三年京都府通常府・市部・郡部会議事速記録』。なお、尾崎保は当時上京区選出の府会議員であったが、加佐郡倉谷村の生まれで、一九〇七年(明治四〇)九月初めて府会議員に当選した際は加佐郡から選出されており、舞鶴港の発展に強い関心を抱いていた(前掲『京都府議会歴代議員録』、一一五～一一七頁)。一九〇七年(明治四〇)の府会議員選挙で、尾崎保が新興の新舞鶴町を地盤に当選した経緯については、戸祭武「舞鶴における近代都市の形成―舞鶴近代史研究(一)―」(舞鶴工業高等専門学校『紀要』人文・社会科学、第一四号)一四九頁参照。

(64) 前掲『京都府議会歴代議員録』。大正政変前後の京都府政界については、飯塚一幸前掲「日露戦後地域政治史研究の視角―京都府域を事例に―」参照。

(65) 前掲『敦賀市史』通史編下巻第三章第二節一。古厩忠夫前掲書、六一～六四頁。

(66) 前掲『京都府議会歴代議員録』、九八頁。

(67) 牧野充安については、キリスト教と神代復古請願(しんだいふっこ)運動を経て社会主義者となった特異な人物として、鹿野政直『資本主義形成期の秩序意識』(筑摩書房、一九六九年)、松沢弘陽『日本社会主義の思想』(筑摩書房、一九七三年)、鶴巻孝雄『近代化と伝統的民衆世界―転換期の民衆運動とその思想―』(東京大学出版会、一九九二年)で検討が加えられている。また、伊藤隆『大正期「革新」派の成立』(塙書房、一九七八年)、松尾尊兊(たかよし)『普通選挙制度成立史の研究』(岩波書店、一九八九年)、伊藤孝夫『大正デモクラシー期の法と政治』(京都大学学術出版会、二〇〇〇年)では、大正デモクラシーの一翼を担った法曹としての側面から牧野充安を取り上げている。飯塚一幸前掲「日露戦後地域政治史研究の視角―京都府域を事例に―」注39・40参照。

(68) 森谷徳太郎は酒造業を生業とし、舞鶴町会議員・加佐郡会議員として郡政界に重きをなした(藤本薫編『現代加佐郡人物史完』一九一七年）。一九一四年（大正三）刊行の『日本全国商工人名録』第五版（渋谷隆一編『都道府県別資産家地主総覧』京都編二、日本図書センター、一九九一年）によると、営業税三八円四二銭、所得税一七円六四銭となっている。武内勇太郎は、田辺藩などの用達を務めていた造り酒屋兼商人の武内家に舞鶴町の林田家から養子に入った人物で（前掲『京都府議会歴代議員録』、九六七頁）、日露戦争の際に歩兵第四十連隊附として出征し二等主計となるなど軍との関係もあった（藤本薫編前掲書）。先の『日本全国商工人名録』第五版によると営業税一五六円五銭、所得税六五円五五銭であった。植村樫次郎につては不明である。なお、武内勇太郎は一九一八年（大正七）に設立された舞鶴銀行の頭取に就任する。この点に関しては、本書第二章第二節、特にその注(34)における坂根嘉弘の分析を参照。

(69) 前掲『宮津市史』通史編下巻第十章第三節一。飯塚一幸前掲「日露戦後地域政治史研究の視角―京都府域を事例に―」。なお、この選挙では、舞鶴町の町政刷新団体である和楽会が「理想選挙」の実現を期して牧野充安を推し、周辺各町村の青年会に牧野支持を訴えて運動している点も注目される（一九一五年三月二九日付余内青年会長宛舞鶴青年和楽会葉書、加佐郡上安久村安久家文書、京都府立丹後郷土資料館蔵）。

(70)『日出新聞』一九一六年（大正五）二月一〇日。

(71)『日出新聞』一九一六年（大正五）六月一六日。木戸貞一の経歴に関しては、前掲『京都府議会歴代議員録』九八六～九八七頁参照。また、高取定一は、一九〇三年（明治三六）四月以来収入役岡野省吾の補助役となり、一九一四年（大正三）三月収入役に就任していた（『日出新聞』一九一六年九月二六日）。

(72)『日出新聞』一九一六年（大正五）六月二〇日。

(73)『日出新聞』一九一六年（大正五）六月一七日、七月一日。

(74)『日出新聞』一九一六年（大正五）八月一五日・二二日・二三日。

(75)『日出新聞』一九一六年（大正五）六月一六日、七月二日・三日・一二日、九月二六日、一〇月五日、一一月二九日、一二月二四日・二九日。

(76)『日出新聞』一九一七年（大正六）一月二〇日・二二日。報道から判明する和楽会員として、笹井貞一・水島嘉蔵・若井蔵次郎・田村梅吉・福井善三がいる。

(77)『日出新聞』一九一七年（大正六）二月二四日。

(78)『日出新聞』一九一七年（大正六）三月一三日。

(79)『日出新聞』一九一六年（大正五）八月一三日。

(80)『日出新聞』一九一七年(大正六)一月三一日、藤本薫編前掲書「奥田純」の項。
(81)以上、陸軍省『大日記甲輯』大正一〇年、防衛省防衛研究所蔵。
(82)前掲『舞鶴市史』通史編(下)、四三〜四四頁。
(83)『大正八年京都府通常府会市部会郡部会議録』。
(84)『大正九年京都府通常府会市部会郡部会議事速記録』。京都府会での中学校増設問題に関する論議については、小林嘉宏「京都府会における中学校論議―明治前期」、伊藤和男「京都府会における中学校論議―明治後期」(本山幸彦編著『京都府会と教育政策』日本図書センター、一九九〇年)があるが、大正期には分析が及んでいない。
(85)木檜三四郎は、早稲田大学政治科卒で群馬県選出(前掲『議会制度百年史』衆議院議員名鑑、二五二頁)。
(86)『大正十年　公文雑纂』帝国議会五止巻二四、国立公文書館蔵。当然のことながら、文部大臣中橋徳五郎は三月二二日、京都府に対して命令を行なった事実はない旨の答弁書を提出している。
(87)『日出新聞』一九二一年(大正一〇)三月一五日・一九日・二〇日・二一日。なお、辞職した中舞鶴町長狭間光太は後備海軍大佐である。
(88)『日出新聞』一九二一年(大正一〇)三月一九日。
(89)『日出新聞』一九二一年(大正一〇)三月二〇日。
(90)『日出新聞』一九二一年(大正一〇)五月八日・九日・一〇日。
(91)『日出新聞』一九二一年(大正一〇)六月一七日。
(92)『日出新聞』一九二一年(大正一〇)一〇月五日。
(93)海軍省『明治四三年公文備考』会計一巻一〇七、『大正七年公文備考』巻一官職一、防衛省防衛研究所蔵。
(94)前掲『京都府議会歴代議員録』、八九二頁。
(95)ワシントン会議及びワシントン海軍軍縮条約に関しては、『[普及版]日本歴史大系16　第一次世界大戦と政党内閣』(山川出版社、一九九七年)第二章第五節参照。また、ワシントン海軍軍縮条約調印前後の舞鶴海軍鎮守府の兵士や三舞鶴町の様子について、主に新聞記事を史料として描いたものに、戸祭武「大正軍縮と舞鶴(上)―舞鶴近代史研究(四)―」(舞鶴工業高等専門学校『紀要』人文・社会科学、第二〇号、一九八五年)がある。
(96)海軍省『大正一一年公文備考』巻四官職四、防衛省防衛研究所蔵。
(97)前掲『舞鶴市史』通史編(下)第三章第一節二。

(98)『日出新聞』一九二二年(大正一一)七月一三日・一五日。

(99)『日出新聞』一九二二年(大正一一)七月二一日・二二日・二三日、八月一〇日。前掲『舞鶴市史』通史編(下)一九~二〇頁。

(100)『日出新聞』一九二二年(大正一一)七月二四日。なお、同日の記事では、舞鶴町は城下町に起源を持つため町民は保守的で政友会を支持しているとあるが、本章で述べたとおり、舞鶴町は従来立憲国民党の基盤であった。一九一七年四月二〇日の総選挙でも、武内勇太郎・渡辺弥蔵・林田弥寿夫・森谷徳太郎ら旧牧野充安派の舞鶴町の有力者は、寺内正毅内閣に対して距離を置くことを表明し立憲国民党に応援を求めた神谷卓男を推して、選挙運動を行っている(『日出新聞』一九一七年四月三日・五日)。

(101)『日出新聞』一九二二年(大正一一)九月一五日。

(102)海軍省『大正一一年公文備考』巻一七官職一七止帝国議会軍港、防衛省防衛研究所蔵。『日出新聞』一九二二年(大正一一)七月七日。

(103)一九二二年(大正一一)一〇月以降における、新舞鶴町で展開された政府・議会への救済運動、新舞鶴港の開港の顛末と舞鶴港との角逐、中舞鶴町の地域振興策のその後などに関しては、戸祭武「大正軍縮と舞鶴(下)—舞鶴近代史研究(四)—」(舞鶴工業高等専門学校『紀要』人文・社会科学、第二一号、一九八六年)がある。

(104)『日出新聞』一九二一年(大正一〇)三月一日、四月二三日。

(105)『日出新聞』一九二一年(大正一〇)六月一三日、一九二二年(大正一一)七月二三日。

コラム

舞鶴鎮守府と東郷平八郎

飯塚一幸

一九〇一年（明治三四）一〇月一日、舞鶴鎮守府が開庁、東郷平八郎（一八四七～一九三四）が初代司令長官に発令された。一八八九年（明治二二）五月二八日に鎮守府条例が公布され、第四海軍区の鎮守府所在地を舞鶴とすると定めてから、すでに一二年余りの時間が経過していた。海軍条例などの法令によれば、鎮守府は所管海軍区の防御・警備や、所属する艦艇の出動準備を司り、司令長官は海軍大将もしくは中将をもってあてられ天皇に直属することになっていた(1)。東郷は当時海軍中将であった。

一九〇一年（明治三四）一〇月一六日、東郷平八郎が家族や幕僚数名とともに海路余部に到着、同地の名誉職員、有志者数百名が舞鶴湾頭に出迎えた(2)。この時、東郷

旧舞鶴鎮守府司令長官官舎
（現：海上自衛隊舞鶴地方総監部会議所）
初代長官東郷平八郎をはじめ歴代の司令長官が居住した官舎。東郷邸と呼ばれている。
提供：舞鶴市教育委員会（『舞鶴の近代化遺産』より）

ら家族が入った木造平屋建て一部洋館づくりの旧鎮守府司令長官官舎は、今も舞鶴市に現存している。以後、一九〇三年一〇月一九日に常備艦隊（二か月後に連合艦隊）司令長官となって鎮守府司令長官を免じられるまでの約二年間、東郷平八郎は舞鶴で生活したのである。

ところが、小笠原長生『東郷元帥詳伝』[3]など一連の伝記以来、東郷平八郎の舞鶴鎮守府司令長官任命が左遷であったとする見方が通説化している。たとえば、『東郷平八郎全集』第一巻の伝記では、舞鶴赴任について「新に設置せられたる舞鶴鎮守府司令長官に補せられ、金龍暫く池中に潜みぬ。[4]」と記すのみである。日本海海戦を勝利に導いた提督として名声を確立して以降、東郷は舞鶴時代に関して思い出話一つ語っていない。東郷が海上勤務からはずされ鎮守府司令長官に任じられたことに不満であったことは間違いないだろう。ただ、防衛大学教授田中宏巳は、初代司令長官として鎮守府の新たな伝統を創始する責任がある上に、対露政策と縁の深い枢要の地である舞鶴の長官であることを考えると、適材適所の人事で、ましてや左遷にはあたらないと述べている。[5]海軍における人事のルールと東郷の主観とがずれていたのかも知れない。

確かに、東郷平八郎が赴任した当時、舞鶴鎮守府はまだ整備の途中であった。海軍工廠・海軍病院・人事部・経理部・軍需部・艦船部・港務部など、鎮守府に所属する夥しい諸施設の内、最初に設けられた海軍施設は、一八九三年（明治二六）に建設に着手した石炭庫である。日清戦争での賠償金が割り当てられて本格的に軍港建設が始まるのは、一八九六年（明治二九）五月、舞鶴に臨時海軍建築部支部が設置されてからであった。建築部支部は余内村字余部下の雲門寺に置かれ、支部長には海軍大佐中溝徳太郎[6]が就任した。敷地の造成工事に手間取り、諸施設の建設に取り掛かったのは一八九九年（明治三二）からであった。東郷平八郎が着任した時点で竣工していたのは、経理部庁舎などの事務方の建物、官舎の一部、水雷団関係の建物の大部分、海兵団兵舎、電灯発電所建物などである。上水道工事は開庁に間に合わず一一月に給水開始、北吸の官舎も建設途中であり、庁舎間を結ぶ電話線工事に至っては未着手であった。また、舞鶴海軍工廠の建物も一九〇二年（明治三五）から一九〇三年（明治三六）にかけてようやく完成し、中核施設のドックが完工を見たのは日露戦争開戦後であった。[7] 東郷平八郎の司令長官発令と同時に、中溝徳太郎が参謀長兼水雷団長に横滑りしたのも、こうしたことがあってのことだろう。あちらこちらで槌音が響き、騒音や工夫

浪速艦長時代の東郷平八郎（1894年）
（出典）『東郷平八郎全集』第二巻（平凡社、1930年）

の雑踏が取り巻いており、活気はあったが生活の不便も一入であったと推測される。

東郷平八郎が舞鶴の人々の前に初めて姿を現したのは、赴任直後の一一月三日、鎮守府開庁のお祝いを兼ねて開かれた天長節奉祝会の席であった。この日参観に訪れた群衆は数万人に及んだという。取材に集まった京阪神の新聞記者だけで三〇〇名に達し、宿を手配するのに郡役所の手を煩わすほどの賑わいであった(8)。東郷はその後も、警察が主催して行われた撃剣大会、校長をはじめとした教員を集めた加佐郡教育大会、農産物の品評会、舞鶴町の忠魂碑除幕式など、各種の行事にこまめに出席している。歴代の司令長官(表)のなかでこうした地道な行動をとった者はいない(9)。誇り高き東郷が、鎮守府を地域社会に定着させようと心を砕いたのは間違いないだろう。

東郷平八郎には妻テツ(海江田信義長女、一八六一～一九三四)との間に子供が三人いた。舞鶴には、この内テツと娘の八千代(一八九一年生)を連れて赴任、息子の彪(一八八五年生)と実(一八

表　歴代の舞鶴鎮守府司令長官

(1)　舞鶴鎮守府司令長官

司令長官名	在任期間
東郷平八郎	1901年10・1～1903年10・19
日高壮之丞	1903年10・19～1908年8・28
片岡七郎	1908年8・28～1911年1・18
三須宗太郎	1911年1・18～1913年9・25
八代六郎	1913年9・25～1914年4・17
坂本一	1914年4・17～1915年12・13
名和又八郎	1915年12・13～1917年12・1
財部彪	1917年12・1～1918年12・1
野間口兼雄	1918年12・1～1919年12・1
黒井悌次郎	1919年12・1～1920年8・16
佐藤鉄太郎	1920年8・16～1921年12・1
小栗孝三郎	1921年12・1～1923年3・31

(2)　舞鶴要港部司令官

斎藤半六	1923年4・1～1923年6・1
百武三郎	1923年6・1～1924年10・4
中里重次	1924年10・4～1925年6・1
古川鈊三郎	1925年6・1～1926年12・10
大谷幸四郎	1926年12・10～1928年5・16
飯田延太郎	1928年5・16～1928年10・12
鳥巣玉樹	1928年12・10～1929年11・11
清河純一	1929年11・11～1930年12・1
末次信正	1930年12・1～1931年12・1
大湊直太郎	1931年12・1～1932年12・1
今村信次郎	1932年12・1～1933年9・15
百武源吾	1933年9・15～1934年11・15
松下元	1934年11・15～1935年12・2
塩沢幸一	1935年12・2～1936年12・1
中村亀三郎	1936年12・1～1937年12・1
出光万兵衛	1937年12・1～1938年11・15
片桐英吉	1938年11・15～1939年11・15
原五郎	1939年11・15～1939年12・1

(3)　舞鶴鎮守府司令長官

原五郎	1939年12・1～1940年4・15
小林宗之助	1940年4・15～1942年7・14
新見政一	1942年7・14～1943年12・1
大川内伝七	1943年12・1～1944年4・1
牧田覚三郎	1944年4・1～1945年3・1
田結穣	1945年3・1～1945年11・15
鳥越新一	1945年11・15～1945年11・30

(出典)　秦郁彦編『日本陸海軍総合事典〔第2版〕』(東京大学出版会、2005年)。

(備考)　最後の鳥越新一は代理。また、鳥越新一が少将の他は全員中将。

九〇年生）は教育上の都合で東京に残してきた。[10] 第一次世界大戦後に府立第五中学校（現西舞鶴高校）ができるまで加佐郡には中学校がなく、舞鶴鎮守府に赴任を命じられた将校たちは、子弟の教育のために単身赴任するかどうかという、かなり切実な選択を迫られていたのであった。三人の子供の内、唯一舞鶴に伴った八千代については、中舞鶴小学校への通学にあたって人力車を利用していたのをやめさせ、徒歩に切り替えたという話があり、質素倹約を旨とする東郷平八郎を象徴する出来事として、地元では長く語り継がれている。[11]

なお、舞鶴鎮守府時代の建物は、先に触れた司令長官官舎の他、赤れんが博物館として利用されている旧兵器廠魚形水雷庫などが残っており、舞鶴の重要な観光スポットとなっている。

（1）秦郁彦編『日本陸海軍総合事典［第2版］』（東京大学出版会、二〇〇五年）、七五五頁。
（2）『大阪朝日新聞』一九〇一年（明治三四）一〇月一七日。
（3）小笠原長生『東郷元帥詳伝』（一九二六年）。小笠原長生は、東郷平八郎の神格化に尽力した海軍軍人。
（4）小笠原長生『東郷平八郎全集』第一巻「伝記」（平凡社、一九三〇年）、二三六頁。
（5）田中宏巳『東郷平八郎』（ちくま新書、一九九九年）。
（6）中溝徳太郎（一八五七〜一九二三年）は、のちに海軍中将、男爵となる。一九〇三年（明治三六）舞鶴から離れたが、日露戦争中に舞鶴海軍工廠長として再び舞鶴に赴任するなど、舞鶴との縁が深かった。
（7）舞鶴市史編さん委員会編『舞鶴市史』通史編（中）（舞鶴市役所、一九七八年）。
（8）『日出新聞』一九〇一年（明治三四）一一月五日・六日。
（9）戸祭武『舞鶴と東郷平八郎』（北都新聞社、二〇〇五年）、二七〜二八頁。
（10）東郷平八郎の家族関係については、霞会館諸家資料調査委員会編『昭和新修華族家系大成』下巻（吉川弘文館、一九八四年）参照。
（11）戸祭武前掲書、二九〜三〇頁。

第二章

舞鶴軍港と地域経済の変容

舞鶴鎮守府司令長官出迎え風景
新舞鶴駅頭における第３代長官片岡七郎中将の町民による出迎え（1908年）
出典：布川家文書（舞鶴市教育委員会所蔵）

坂根嘉弘

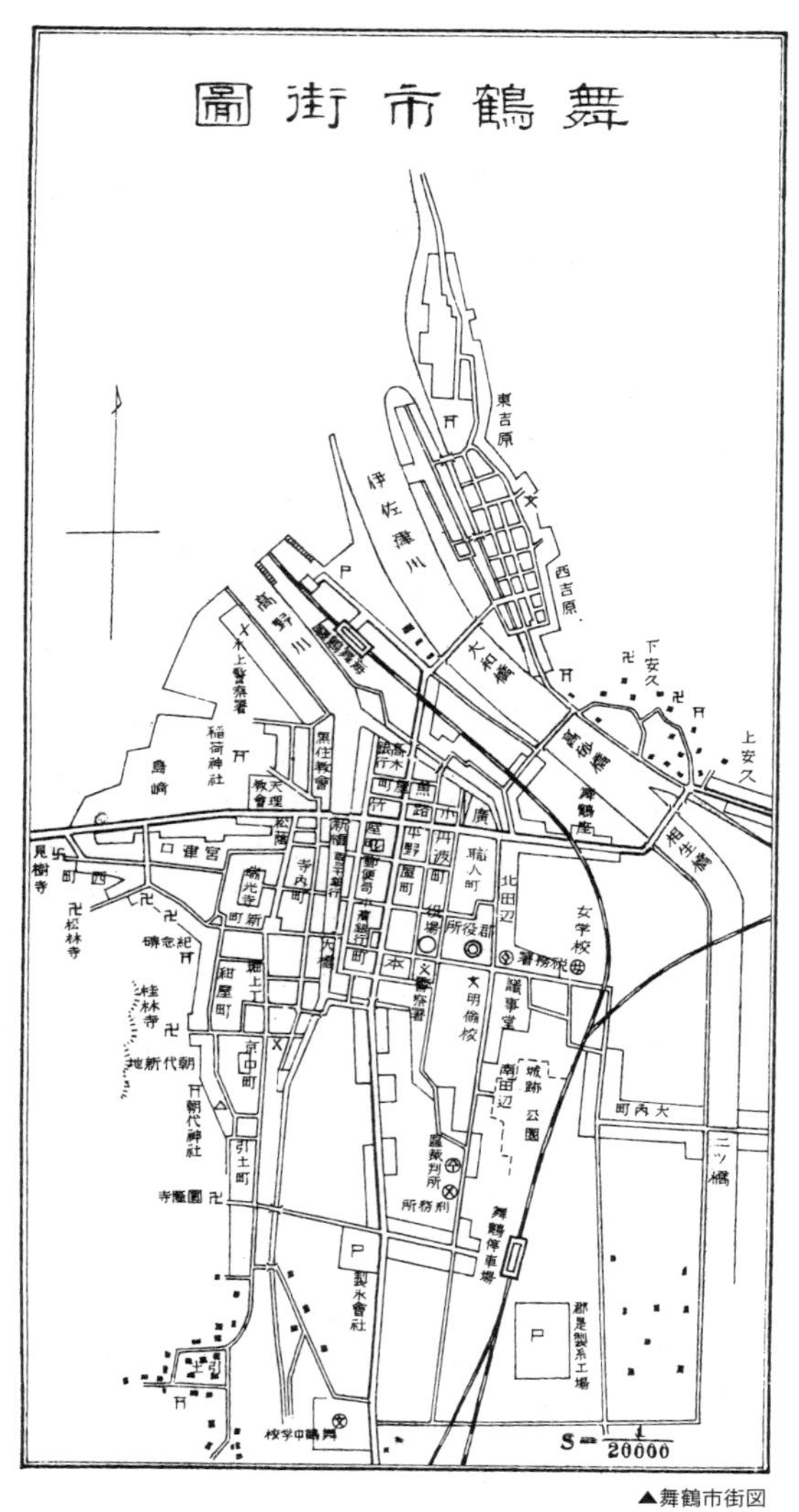

▲舞鶴市街図

出典：『舞鶴案内』舞鶴町役場、1923年

はじめに

本章の課題は、軍港設置にともない舞鶴の地域経済が如何なる影響を受け、変貌を余儀なくされていったのかを検討し、加えて舞鶴軍港の地域経済が、他の軍港都市と比べて、どのような特徴をもっていたのかを検討するところにある。

この課題に関しては、従来から、陸軍の師団などの設置が地域経済に与える波及効果が如何なるものであったのかについて問題提起がなされてきている。たとえば、本康宏史氏は、第九師団が置かれた金沢市の分析のなかで、「師団設置の経済効果」を検討課題としてあげているし[1]、中野良氏も、軍隊が地域に与えた経済的影響についての従来の研究は、多くは、「同時代言説や一般論からの指摘」であり、「より具体的な検討が必要であろう」としている[2]。同様のことは、師団などの廃止にともなう経済的打撃についても指摘されている[3]。しかしながら、このような問題提起にもかかわらず、従来の研究では軍隊が地域経済に与えた影響については、「同時代言説や一般論からの指摘」であることが多く、十分な分析が行われてきたとは言えないように思われる。この論点の具体的な分析は、今後の大きな課題として残されているといえよう[4]。

以上は陸軍の場合であるが、海軍ではどうであろうか。軍港都市は、海軍工廠が併設された分、陸軍の軍都よりもはるかに大きな経済的影響を受けたはずであるが、海軍については先行研究が少なく、ここで取上げるべき先行研究を見出すことができない。ただ、旧軍港市の自治体史誌類には新聞や雑誌の記事、後世の聞き取りなどをもとに経済的影響について言及したものは多い。これらのなかでは、たとえば『呉』（呉公論社、一九一〇年）の「海軍の恩恵」が代表的なものであろう[5]。そこでは、海軍軍人・工廠職工の消費生活（衣食住娯楽）

や海軍の物資調達による膨大な支出について具体的な数字をあげて活写されており、「呉市は是れ海軍の賜なり」として、海軍による大きな経済的「恩恵」を説いている。舞鶴についていえば、戸祭武氏が、新市街地の形成から、商業地域の形成、人口流入、行政組織の整備、交通運輸機関（鉄道、海上、道路）の発達、通信手段や電力会社の誘致など都市形成に関わる諸部面を広範に取上げ、軍港設置にともなう政治・経済・社会の画期的な変貌を的確に描いている。(6)

本章では、以上の研究状況を踏まえて、以下の点の分析に取り組みたい。第一節では、個人別の所得額資料をもとに、舞鶴鎮守府開庁前後の所得金額別変化や地域別構成の変化を検討するなかで、鎮守府開庁がもたらした経済的影響を所得構成の点から検証したい。この分析により、鎮守府開庁のもった地域経済に与えた影響の大きさを的確に知ることができる。第二節では、軍港舞鶴における銀行設置状況を分析する。軍港設置というビジネスチャンスを地方資産家がどのように生かすことができたのか、あるいはできなかったのかを検討したい。第三節では、軍港をめぐる物流のうち最大の品目であった米穀流通について分析する。軍港設置がいかに地方物流構造を大きく変えていったのかを検討したい。

第一節　資産家の構造変化

本節では、軍港設置が地域経済にもたらした影響を、舞鶴鎮守府開庁前後における加佐郡内の個人別所得構成の地域別、所得金額別変化を検討するなかで明確にしたい。(7) 使用するデータは、一八八七年（明治二〇）の『明治二十年加佐郡所得納税者並ニ金高控』（平野家文書、京都府加佐郡大江町教育委員会蔵）、一八九九年（明治三二）の『明治三十二年所得調査額決議加佐郡』（平野家文書、京都府加佐郡大江町教育委員会蔵）、一九〇八年

（明治四一）の『京都府天田。何鹿。加佐。三郡。富豪家一覧表　加佐郡之部』（竹内則三郎著作兼発行者）、『大正十四年所得金高調査書』（布川家文書、舞鶴市郷土資料館蔵）である。明治期の前三者では三〇〇円（一九〇八年は四〇〇円）以上の所得者が、一九二五年（大正一四）では八〇〇円以上の所得者が、所得額・居住地とともに戸別に把握できる資料である。調査領域はすべて加佐郡である。

舞鶴軍港は、一八八九年（明治二二）五月二八日に鎮守府設置が決定されたものの、鎮守府建設工事が始まるのは、七年後の一八九六年（明治二九）五月二二日に臨時海軍建築部（東京）、臨時海軍建築部支部（舞鶴）が設置されて以降であった。部長には山本権兵衛（軍務局長・海軍少将）、舞鶴支部長には中溝徳太郎（海軍大佐）が補された。一八九六年（明治二九）一二月二〇日雲門寺（余部下）に舞鶴支部が設置され、一八九七年（明治三〇）三月より工事が本格的に始まった。一八九九年（明治三二）一二月頃までに土地造成工事がほとんど出来上がり、その後、建築物の工事が本格化し、一九〇一年（明治三四）一〇月一日に舞鶴鎮守府（司令長官東郷平八郎、参謀長中溝徳太郎）の開庁となった。(8)

したがって、上記の四点の資料のうち、明治期三時点の所得税資料は、舞鶴への鎮守府設置が決定される以前（一八八七年の『明治二十年加佐郡所得納税者並ニ金高控』）、鎮守府建設工事中でちょうど土地造成工事が終了し建築物工事が本格化する時期（一八九九年の『明治三十二年所得調査額決議加佐郡』）、鎮守府開庁後七年ほどたった時期（一九〇八年の『京都府天田。何鹿。加佐。三郡。富豪家一覧表　加佐郡之部』）の三時点の所得構成を示すことになり、鎮守府設置の影響をうかがうには格好の三時点がとれることになる。

具体的な分析にはいる前に、所得税制の変遷を簡単に確認しておこう。所得税（国税）は、一八八七年（明治二〇）に創設された（一八九九年改正までを初期所得税と呼んでいる）。免税点は三〇〇円で、年間三〇〇円以上の個人所得に課税された。納税主体は戸主である個人（同居親族分は戸主に合算）で法人には課税されない。

所得額の算出方法は、①利子及び配当所得、給与所得などはその全額を予算主義により申告、②その他財産及び営業所得は収入高より必要経費（税金、原料原価、仕入原価、種代、肥料代、事業用の借地借家料、修繕費、労務費、利子、雑費）を除いたものを前三か年間平均主義により申告、であった。免税点は三〇〇円で、五等級の全額累進税率をとる（三〇〇円以上一％、一〇〇〇円以上一・五％、一万円以上二％、二万円以上二・五％、三万円以上三％）。税率は低い。所得額の査定は、郡区長が調査委員会の決議により行う（郡区長が下部徴税機関の責任者）。調査委員会は各郡区について五～七名で構成し、委員は納税者の間接選挙で選出した。以上が、初期所得税の概要である。[9] 本節で分析資料とする一八八七年（明治二〇）の『明治二十年加佐郡所得納税者並ニ金高控』と一八九九年（明治三二）の『明治三十二年所得調査額決議加佐郡』は、平野吉左衛門が所得税の調査委員会委員を務めていたために、平野家に所蔵されていたものと思われる。[10]

この初期所得税制は一八九九年（明治三二）に所得税法が改正され、大きく変更された。[11] 所得は、第一種法人所得、第二種公社債利子、第三種個人所得の三種に分けられた。最大の変更点は法人所得への課税開始であったが、ここで検討の対象とするのは、第三種個人所得である。この改正で、個人所得から公社債利子と配当賞与が分離されたほかは従前の建前にたっていた（ちなみに配当賞与は非課税）。したがって、一八九九年（明治三二）改正前後の個人所得の違いは、公社債利子と配当賞与を含むか否かということになり、改正以後では公社債利子と配当賞与の分だけ個人所得が減じることになる。ただ、以下では説明上煩雑になるので、この点には逐一触れない。その後、一九一三年（大正二）、一九一八年（大正七）、一九二〇年（大正九）、一九二三年（大正一二）に改正が行われ、免税点の引き上げ（三〇〇円⇒四〇〇円⇒五〇〇円⇒八〇〇円）、税率の引き上げと累進性の強化、控除制度の導入、配当賞与への総合課税などが実施された。以下でとりあげる『大正十四年所得金高調査書』の免税点は八〇〇円であった。

㈠　所得金額別人員の推移

最初に、一八八七年（明治二〇）から一九〇八年（明治四一）までの加佐郡における所得金額別人員の推移を、全国・京都府の動きと比較しつつみておきたい（表2-1-1）。まず三〇〇円以上所得者の合計人員をみると、全国、京都府、加佐郡とも急増しているのが分かる。一八八七年（明治二〇）を一〇〇とすると、一八九九年（明治三二）全国二八七、京都府二五四、加佐郡二二六、一九〇八年（明治四一）全国九四三、京都府六五七、加佐郡二八二三となる。これによると、一八九九年（明治三二）までは全国や京都府とほぼ同程度の増加であることが分かる。一八九九年（明治三二）はちょうど鎮守府建設の真っ只中で、全国から土木建築業者が流れ込み、海軍関係者や商人、職人、労働者が移り住むようになった時期で、それまでにない経済的活況を呈していた時期であった。鎮守府建設がなければ、おそらく経済発展に取残された地域になっていったであろう加佐郡が、鎮守府建設でかろうじて全国平均的な経済成長に踏みとどまったとみることができよう。その後、加佐郡は驚異的な伸びをみせることになる。鎮守府開庁後の一九〇八年（明治四一）には一八八七年（明治二〇）の二八倍となり、全国の九倍や京都府の七倍をはるかに上回っていくのである。ただし、この加佐郡には陸海軍関係者を含んでいるので、これを除外すると、一三倍となる。この一三倍は資料の関係で四〇〇円以上所得者人員であり、三〇〇円以上だともっと拡大していたことになる。このように陸海軍関係者を除いても、鎮守府開庁後では全国をかなり上回るスピードで三〇〇円以上所得者が増加していることが分かる。当初の一八八七年（明治二〇）段階での三〇〇円以上所得者が相対的に少なかったとしても、鎮守府開庁後の増加の速さは全国平均をかなり上回っていたのである。この点をみただけでも、鎮守府の設置は、舞鶴地域経済を大きく確実に変えつつあったことが予想できよう。ただし、所得金額別人員を全国・京都府と比較すると、全

表2－1－1　所得額(第三種)別人員表(全国・京都府・加佐郡)

		3万円以上	2万円～3万円	1万円～2万円	1000円～1万円	300円～1000円	合計	300円以上所得者割合(%)
1887年	加佐郡				6	63	69	0.57
	京都府			7	354	3,966	4,327	2.23
	全国	63	45	207	13,095	105,886	119,296	1.54
1899年	加佐郡				16	140	156	1.30
	京都府						10,973	5.74
	全国	82	96	610	51,883	290,050	342,721	4.19
1908年	加佐郡(1)			2	94	816	912	5.31
	加佐郡(2)			1	173	1,774	1,948	11.34
	京都府	9	11	49	4,795	23,554	28,418	13.18
	全国	429	471	2,998	178,126	942,570	1,124,594	12.16

(出典)『明治二十年加佐郡所得納税者並ニ金高控』(平野家文書)。『明治三十二年所得調査額決議加佐郡』(平野家文書)。『京都府天田。何鹿。加佐。三郡。富豪家一覧表　加佐郡之部』(竹内則三郎著作兼発行者、名誉発表会、1909年12月)。『日本帝国統計年鑑』第7回(1887年)。大蔵省主税局調査課・国税庁直税部所得税課『所得税発展の記録』(1957年)。京都税務監督局『第1回京都税務監督局統計書』(1903年)。『京都府勧業統計報告』第5回(1887年)、第17回(1899年)。『日本帝国国勢一斑』第19回(1900年)、第29回(1910年)。大蔵省主税局『明治41年度主税局第35回統計年報書』。『明治41年京都府統計書』。

(備考)

1）所得者割合は、現住戸数百戸に対する所得者(合計人数)の割合。

2）1887年(明治20)の京都府と全国は『日本帝国統計年鑑』第7回(1887年)による。なお、全国の数値は、『所得税発展の記録』の1887年(明治20)と若干食い違っている。

3）1899年(明治32)の加佐郡は、陸海軍関係者を除いた人員。全国は、『所得税発展の記録』による。京都府は、合計人数は京都税務監督局『第1回京都税務監督局統計書』(1903年)による。『明治32年度第26回主税局統計年報書』には府県別の所得税統計は未掲載(府県別所得税統計が掲載されるようになるのは、『明治35年第29回主税局統計年報書』以降)。『日本帝国統計年鑑』第19回(1899年)にも所得税賦課表は未掲載(その後も1899年分の全国・道府県別の数値は未掲載)。『京都府統計書』に所得税統計が掲載されるようになるのは1903年度(明治36)以降。したがって、京都府の1899年(明治32)分の所得額別人員は不明である。

4）1908年(明治41)の京都府・全国は、大蔵省主税局『明治41年度主税局第35回統計年報書』による。加佐郡(1)は、『京都府天田。何鹿。加佐。三郡。富豪家一覧表　加佐郡之部』による。加佐郡(2)は、『明治41年京都府統計書』による。加佐郡(1)は400円以上所得人員で陸海軍関係者は入っていない。加佐郡(1)と加佐郡(2)が相違している主な要因である。

体として一〇〇〇円未満の人員割合が高いことが分かる。つまり、他地域と比べると、相対的に小粒の高額所得者が多数誕生したことになる。

(二) 一八八七年(明治二〇)の所得分布

以上を前提にして、年次ごとに加佐郡内の地域的な分布状況を確認しておきたい。まず、一八八七年(明治二〇)であるが(表2-1-2)、三〇〇円以上所得者を地域別にみると、旧城下の舞鶴町が三分の一をしめ、最多であることが分かる。舞鶴町近郊を含めると四割を超える構成比となる。舞鶴町近郊でも舞鶴町に隣接する中筋村が多いのが特徴である(七人内六人)。続いて多いのが、加佐・大江両地域の由良川筋であった。この両地域で四割を超えており、旧城下の舞鶴町と双璧をなしていた。加佐では由良(ゆら)・神崎(かんざき)両村が多く(一五人のうち一二人)、大江では河守町が多い(一五人のうち七人)。他の地域は合わせて一割程度で、高額所得者の明確な地域的格差が表れていた。特に、のちに軍港所在地となる余部地区は一八八七年(明治二〇)当時、三〇〇円以上所得者は皆無であった。のちに新舞鶴町となり軍港とともに拡大していく新舞鶴地域も四人と少なかったが、ただこの四人のうち三人は市場(いちば)村であった。一八八七年(明治二〇)における地域別の所得構成状況を総括するならば、まだこの時点ではかなり近世的な商業繁栄の構造を色濃く残していたということであった。

近世における丹波・丹後の物流の大動脈は、由良川舟運(しゅううん)であった。[12] 由良川舟運は、福知山城下をはじめとする由良川流域と日本海海上輸送(西廻海運・北前船(きたまえぶね))とを結びつける重要な物流ルートであり、その河口港として繁栄したのが由良湊であった。由良湊は日本海海運の拠点の一つであり、[13] 由良村と由良川をはさんだその対岸の神崎村は河口港として、由良川舟運と日本海海上輸送を結びつける重要な役割を担っていた。田辺藩の要津は、この由良湊と田辺湊(高野川河口)、市場湊(志楽川河口)であり、いずれも北前船寄港地として栄

表2-1-2　加佐郡所得金額別人員（1887年）

	舞鶴町	舞鶴町近郊	新舞鶴	余部	新舞鶴町近郊	大浦	加佐	大江	不明	合計
2000～2200円	2							1		3
1100～2000円										
1000～1100円	2									2
900～1000円			1(1)							1
800～ 900円	1				1		1(1)	1(1)		4
700～ 800円	1	1(1)								2
600～ 700円								1		1
500～ 600円	2						2(1)			4
400～ 500円	2	3(3)					1	2(1)		8
300～ 400円	12	3(2)	3(2)		2	1	11(10)	10(5)	2	44
合計	22	7(6)	4(3)		3	1	15(12)	15(7)	2	69
構成比（%）	32	10	3		4	1	22	22	3	100

（出典）『明治二十年加佐郡所得納税者並ニ金高控』（平野家文書）。
（備考）
1）地域の区分は以下による（以下、基本的に1889年の町村制施行以降の行政区分で示す）。舞鶴町：舞鶴町。舞鶴町近郊：余内村・中筋村・池内村・高野村・四所村。新舞鶴町：大字北吸・浜・溝尻・森・行永・市場・泉源寺（1906年以降新舞鶴町）。余部：大字余部上・余部下・和田・長浜（1919年以降中舞鶴町）。新舞鶴町近郊：朝来村・倉梯村・与保呂村・志楽村。大浦：東大浦村・西大浦村。加佐：岡田上村・岡田中村・岡田下村・丸八江村・東雲村・神崎村・由良村。大江：河守下村・河守上村・河西村・河東村・有路上村・有路下村。
2）舞鶴町近郊の括弧は中筋村、新舞鶴町の括弧は市場村、加佐の括弧は由良村・神崎村、大江の括弧は河守町（河守下村）である。

えた。(14) 近世を通じ明治初期までに、竹屋町（高野川河口）を中心とした田辺城下や由良・神崎両村、市場には廻船商人・船主をはじめ各種商人が育っていった。(15) また、河守町（河守下村）は、東部地域の市場と並ぶ西部地域（由良川中流域）の商業中心地として栄えた。このように舞鶴町、由良・神崎両村、市場村、河守町に高額所得者が目立つという一八八七年（明治二〇）の地域別分布状況は、明らかに田辺藩の近世的な商業の繁栄の構造と重なり合っていたのである。(16)

(三)　一八九九年（明治三二）の所得分布

一八九九年（明治三二）の所得分布は、舞鶴鎮守府建設途上の時期にあたる（表2-1-3）。鎮守府建設の影響が明瞭にあらわれ始める。最大の変化は、陸海軍の軍人の高額所得者が五四人登場してきていることである。軍人は全体の四分の一を占め、かつ上位の所得者に顔を出し

表2－1－3　加佐郡所得金額別人員（1899年）

	舞鶴町	舞鶴町近郊	新舞鶴	余部	新舞鶴町近郊	大浦	加佐	大江	陸海軍	不明	合計
5000～6000円	1										1
2000～3000円	1		1(1)					1	2		5
1500～2000円	1	1(1)					1(1)		2		5
1000～1500円	4	1(1)						2	2	2	11
900～1000円		1							2		3
800～ 900円	1				1		1		1		4
700～ 800円	2	1(1)				2	1	1(1)	1		8
600～ 700円	3	1(1)	1(1)	1		1		2(1)	3		12
500～ 600円	8	2(2)	1(1)		1		2	3(2)	3	3	23
400～ 500円	10	5(4)	1		3	1	3(4)	5(1)	9		37
300～ 400円	31	2(1)	5		6	3	10(3)	14(3)	29	1	101
合計	62	14(11)	9(3)	1	11	7	18(8)	28(8)	54	6	210
構成比(%)	40	9	6	1	7	4	12	18		4	100

（出典）『明治三十二年所得調査額決議加佐郡』（平野家文書）。
（備考）
1）地域区分並びに括弧は表2－1－2を参照。
2）構成比は陸海軍を除いたもの。
3）陸海軍関係者には、将校だけでなく軍医など将校相当官すべてを含む。陸海軍で最高の所得金額は中溝徳太郎（海軍大佐、2763円）。中溝は、舞鶴鎮守府建設の事実上の最高責任者で臨時海軍建築部支部長。舞鶴鎮守府初代参謀長。
4）不明（居住地が示されていない）は7名あったが、うち3名は「土木請負業」である。所得金額は、1000円、1000円、540円とかなり高額である。他の4名も居住地が不明であるが、うち1名は「旅館古金屋」である。2代目舞鎮長官日高壮之丞が宿泊した（戸祭武「舞鶴における近代都市の形成」『舞鶴工業高等専門学校紀要』第14号、1979年、151頁）、舞鶴町の老舗旅館であり、舞鶴町に含めた。

ている。たとえば、軍人で最高所得者の中溝徳太郎（海軍大佐、臨時海軍建築部支部長）は加佐郡では第二位の高額所得者として登場している（第三位も軍人）。このように軍人の登場は加佐郡の高額所得者の構図を大きく塗り替えることになったが、ここでは一八八七年（明治二〇）との比較のため、軍人はとりあえず除いて検討しておきたい。

　地域別構成比をみると、第一に、加佐・大江両地域の比重低下がみられるという点である。舞鶴町と加佐・大江両地域が双璧をなすという一八八七年（明治二〇）の所得分布の基本的な構図は変わらないが、それでも加佐・大江両地域の割合は三割程度にまで下がってきており、加佐・大江両地域の比重低下が明らかにみられる。第二に、それに対し、西地区（舞鶴町・舞鶴町近郊）が以前よりも比重を増し、この西地区で半分近くにまでなっている点である。鎮守府建設景気を享受した結果であろう。第三に、鎮守府所在地の東地区（新舞鶴町・余部町・新舞鶴町近郊・大浦）が比重を高める気配をみせていることである。余部に一人登場したのをはじめ、新舞鶴町・新舞鶴町近郊・大浦とどの地域も比重を増しつつあった[17]。

このように加佐・大江両地域の比重低下と西地区・東地区の比重上昇という新しい傾向が強まりつつあったが、それでもまだ一八八七年（明治二〇）の所得分布の基本構図は残っていた時期といえよう。鉄道は一九〇〇年（明治三三）五月に大阪・福知山間は開通していたが、舞鶴・福知山間や福知山から先の日本海側にはまだ通じていなかったこともあり、この時期の由良川舟運は、まだそれほどの衰退をみせてはいなかった。そもそも鎮守府建設の資材は、阪神方面から西廻りの海路で送るか、阪鶴（はんかく）鉄道で福知山へ送り、そこから由良川舟運・沿岸海路あるいは鎮守府西街道で舞鶴へ運ばれていた[18]。『土木局第十回統計年報』の「百三十五箇川調査ノ結果」（一八九二年から一八九九年までの「河川調査」）によると、当時、河舟航路延長が一〇里以上の河川が全国で六七水系あったが、由良川はそのうちの一つであり、由良川の河舟石数は一八八六年（明治一九）二四七一石、一八九九年（明治三二）二四四二石と記録されている。明治中期に至っても、それほど衰微しているわけではないと判断できよう[19]。

(四) 一九〇八年（明治四一）の所得分布

一九〇八年（明治四一）の所得分布（表2-1-4）は、元データの関係で、三〇〇円以上ではなく四〇〇円以上の人員表となっているが、地域間の比較には問題ないであろう。さて、一九〇八年（明治四一）は鎮守府開庁七年後にあたるが、この七年間の所得構成には劇的ともいえる大きな変化があった。新舞鶴・余部両地域の

表２－１－４　加佐郡所得金額等級別人員（1908年）

等級	所得金額	舞鶴町	舞鶴町近郊	新舞鶴町	余部町	新舞鶴町近郊	大浦	加佐	大江	不明	合計
1	１万円以上	1						1			2
2	6000～10000円			1							1
3	5000～6000円							1			1
4	4000～5000円	2	1								3
5	3000～4000円	3	2	1	1			1	1		9
6	2000～3000円	20	2	12	9	2	1	1	1		48
7	1000～2000円	9	2	13	2	1	1	3	1		32
8	900～1000円	10	1	9	4	5	1	1	3		34
9	800～ 900円	13	3	17	3	3	1	6	4		50
10	700～ 800円	20	5	14	9	1	4	1	5		59
11	600～ 700円	17	11	20	24	8	8	2	8		98
12	500～ 600円	38	18	42	28	16	13	14	22		191
13	400～ 500円	97	35	95	54	25	23	21	33	1	384
合計		230	80	224	134	61	52	52	78	1	912
構成比（％）		25	9	25	15	7	6	6	9	0	100

（出典）『京都府天田。何鹿。加佐。三郡。富豪家一覧表　加佐郡之部』（竹内則三郎著作兼発行者、名誉発表会、1909年12月）。

（備考）『富豪家一覧表』には、所得金額等級、職業、居住行政町村、氏名が記されている。所得金額等級は、1908年度（明治41）の所得金額の多寡により13等級に区分されている。軍人は除かれている。

表２－１－５　加佐郡400円以上所得金額人員の職業別構成（1908年）

	舞鶴町	舞鶴町近郊	新舞鶴町	余部町	新舞鶴町近郊	大浦	加佐	大江	合計
商	169	7	182	116	4	1	3	17	499
農		54	17	8	44	46	30	48	247
教員	34	6	2	2	2		4	5	55
医師	5		10	3	1	1	6	3	29
酒造	7	1	2		5	3	7	1	26
官公吏	7	5	1	1				1	15
請負	1	3	5	3	1		1		14
工業	2	3		1	3		1	2	12
その他	5	1	5		2	1		1	15
合計	230	80	224	134	62	52	52	78	912

（出典）『京都府天田。何鹿。加佐。三郡。富豪家一覧表　加佐郡之部』（竹内則三郎著作兼発行者、名誉発表会、1909年12月）。

（備考）その他の内訳は以下である。雑業５名（新舞鶴２、舞鶴２、中筋１）、旅館２名（新舞鶴２）、神官３名（志楽２、東大浦１）、銀行１名（有路上）、獣医１名（舞鶴）、弁護士１名（舞鶴）、公証人１名（舞鶴）、撃剣師１名（新舞鶴）である。

急速な成長である。新舞鶴町は舞鶴町とほぼ並ぶところまで拡大し、余部町もこの両町に続くところまで拡大した。あわせて新舞鶴町近郊並びに大浦の両地域も拡大し、東地区は西地区を一気に追い越していった。そのなかで比重を大きく落としたのが、加佐・大江両地区であった。明治後期ともなると鉄道輸送の発達により全国的に河川輸送が衰退していくが、由良川も例外ではなかったのである。[20] いずれにしても、この間の大きな変化は、軍港設置が舞鶴地域経済を大きく変革していったことを如実に示している。

一九〇八年（明治四一）のデータからは職業別一覧表が作成できる（表2-1-5）。全体の職業別割合をみると、商業が五五％を占め、次いで農業が二七％を占めている（このデータからはもともと軍人は除かれている）。特に、舞鶴町・新舞鶴町・余部町では七割～九割が商業である。鎮守府建設工事以降、新天地を求めて多くの人々が舞鶴をめざしたが、その多くは職人や労働者か商人（とその家族）であったと思われる。表2-1-5に登場しているのは、そのなかのごく一握りの成功者であったろう。舞鶴町の商業者は近世以来の伝統的な商人が比較的多かったと思われるが、新舞鶴町や余部町の商人たちは新しく舞鶴にやってきた人々がほとんどであったと思われる。これら一握りの成功者（高額所得者）を頂点として、その裾野には数多くの小商人たちがいたものと思われる。農業では、舞鶴町近郊・新舞鶴町近郊・大浦・加佐・大江が結構多くなっている。農業とはいっても、おそらく農産物の販売（振り売り）などの商業的活動も含んでいたのではなかろうか。

(五) 営業税（一九一一年）の構成

商人の動向を補足する意味で、『京都府加佐郡商工人名録』（余部実業協会、一九一二年）を使用して、営業税（国税）の地域的分布を検討しておきたい。ここで検討対象とするのは、一九一一年（明治四四）分の営業税である。鎮守府開庁後、ちょうど十年後の時期にあたる。

表2－2－1　営業税業種別一覧(1911年)　　単位：円、人

業種	人員	税額	1人当税額	業種	人員	税額	1人当税額
米穀商	99	2,020	20.4	瓦商	18	202	11.2
酒類商	95	3,015	31.7	家具道具商	17	285	16.8
鮮魚海産物商	75	759	10.1	荒物雑穀商	14	143	10.2
金銭貸付業	53	1,383	26.1	古着古手商	13	175	13.5
青物乾物商	49	795	16.2	薬品売薬商	13	262	20.2
土木建築請負業	45	3,653	81.2	金物商	12	393	32.8
呉服反物商	44	1,035	23.5	履物商	12	207	17.3
菓子商	43	669	15.6	紙帳簿印刷業	12	186	15.5
材木商	33	420	12.7	洋服商	11	165	15.0
雑貨並ニ小間物商	30	447	14.9	煙草商	11	307	27.9
海軍御用達	30	1,087	36.2	陶磁器商	10	174	17.4
生糸羽二重商	26	528	20.3	麺類商	10	197	19.7
質商	23	471	20.5	銀行業	4	877	219.3
醤油商	21	384	18.3	その他	169	3,826	22.6
旅宿業	21	713	34.0	合計	1,013	24,778	24.5

(出典)『京都府加佐郡商工人名録』(余部実業協会、1912年)。
(備考) 銀行業を除き人員が10名以上の業種を掲げた。

表2－2－2　営業税金額別地域別人員(1911年)

	舞鶴町	舞鶴町近郊	新舞鶴町	余部町	新舞鶴町近郊	大浦	加佐	大江	合計	京都府	全国
1000円以上							1		1	29	1,556
500～1000円				1					1	88	1,972
200～ 500円	3		1	2				1	7	259	7,193
100～ 200円	6	1	6	2			1	2	18	658	16,423
50～ 100円	19	2	16	2	1	1	1	1	43	1,983	42,886
30～ 50円	34	3	31	13	3	1	6	5	96	3,398	66,692
20～ 30円	48	4	57	20	2	2	3	12	148	5,281	90,088
15～ 20円	49	4	56	45	1		6	13	174	5,028	87,346
10～ 15円	91	23	88	65	2	1	10	17	297	6,759	138,145
5～ 10円	88	18	19	10	8	3	21	35	202	3,749	138,923
3～ 5円	15	2					3	4	24	101	6,161
0～ 3円	1						1		2		396
合計	354	57	274	160	17	8	53	90	1,013	27,333	597,781
営業税総額	7,954	892	6,899	4,264	307	176	2,572	1,714	24,778	963,172	25,114,305

(出典)『京都府加佐郡商工人名録』(余部実業協会、1912年)。大蔵省主税局『明治44年度主税局第38回統計年報書』。
(備考) 加佐郡の1000円以上の1人は由良村・澤井市蔵(土木建築請負業)である。藤本薫編『現代加佐郡人物史』(太平楽新聞社、1917年、143～145頁)によると、澤井市蔵(1850年～1912年)は由良村出身の土木請負業者で、明治後期には主に台北で事業を展開していた。「加佐郡出身の偉傑」と評されている。所得税・営業税を加佐郡で納めていた。

営業税（国税）は、課税の標準を、資本金、売上高、建物賃貸価格、従業者、職工労役者、請負金、報償金などにおく外形標準的な課税方式であったが、課税標準や税率や開業後の課税開始時期などは、物品販売業、金銭貸付業など二四種類（業種）ごとに違っていた。免税点（年額）は、たとえば物品販売業売上高一〇〇〇円、金銭貸付業資本金五〇〇円、請負業請負金額一〇〇〇円など様々であった[21]。

一九一一年（明治四四）の加佐郡における営業税納税者は七四業種にわたり、一〇一三人、総税額二万四七七八円であった。近隣の郡と比べると、所得税額とともに営業税額は大きくなっている[22]。業種別一覧表（表2-2-1）をみると、米穀商・酒類商を筆頭に鮮魚海産物商、青物乾物商、菓子商、雑貨小間物商、醤油商となっており、米穀など食糧・日用品を扱う商人達が多くなっているのが分かる。と同時に、軍港都市舞鶴の特徴を示すのは、土木建築請負業、海軍御用達であろう。これらの業種は、一人当税額も大きい。海軍御用達には、三井物産出張所、高田商会余部出張所が顔を出しており、土木建築請負業には、飯野寅吉や関谷友吉（せきたにともきち）、呉の水野甚次郎の名もみえる[23]。金銭貸付業や質商など金融業者も多かったが、銀行業では、新舞鶴貯金銀行、百三十銀行舞鶴支店、平野銀行、河守銀行が登場している。

次に地域別金額別にみておきたい（表2-2-2）。営業税の地域分布も、一九〇八年（明治四一）の所得税の地域的分布とよく似た構造を示している。舞鶴町の割合が最も高かったが、新舞鶴町も舞鶴町に迫ってきており、この両町を余部町が追いかけるという構図であった。所得税と同様に、加佐・大江両町の比重は落ちてきている。西地区と東地区を比べると、すでに東地区が西地区を大きく追い越していた。金額別では、全国や京都府と比較して、三〇円以上の営業税納税者が相対的に小さくなっている。所得税と同様に、相対的に小粒な営業者が多かったことになる。営業税納税者一人当り納税額は、舞鶴二四・五円、京都府三五・二円、全国四二・〇円であり、全国平均の六割程度でしかない。

表２－１－６　加佐郡所得金額別人員（1925年）

	舞鶴町	舞鶴町近郊	新舞鶴町	新舞鶴町軍人	中舞鶴町	中舞鶴町軍人	新舞鶴町近郊	大浦	加佐	大江	合計	京都府	全国
30000円超	1										1	208	4,954
30000円以下	2	1	1		1				1		6	1,019	24,125
10000円以下	10	1	4		5	4					20	2,488	58,223
5000円以下	27	2	44	21	15	12	3		6	2	99	4,178	107,250
3000円以下	60	9	70	23	44	24	4	2	10	62	261	5,643	153,746
2000円以下	210	87	308	115	212	71	97	15	59	35	1,023	19,521	637,781
1000円以下	113	48	126	9	135	27	54	12	24	29	541	13,166	446,208
合計	423	148	553	168	412	138	158	29	100	128	1,951	46,223	1,432,287
納税戸数割合	15.59	6.00	15.70	4.77	17.56	5.88	8.93	3.28	4.01	5.16	10.54	15.20	11.94

（出典）『大正14年所得金高調査書』（宮津税務署、布川家文書）。大蔵省主税局『大正14年度主税局第52回統計年報書』。『国勢調査報告』（1925年）。

（備考）
1）所得は、所得調査額である。
2）新舞鶴町・中舞鶴町には軍人を含む。軍人は新舞鶴町・中舞鶴町の内数。
3）新舞鶴町・中舞鶴町には工廠職工を含む。
4）納税戸数割合の母数は1925年（大正14）国勢調査の世帯数による。
5）軍人を含まない新舞鶴町・中舞鶴町・合計の納税戸数割合は、順に、10.93％、11.68％、8.81％となる。

(六)　一九二五年（大正一四）の所得分布

最後に、『大正一四年所得金高調査書』により、一九二五年（大正一四）の所得分布をみておきたい（表2-1-6）。鎮守府開庁からすでに四半世紀がすぎた時点である。結論的に言うと、表2-1-4の一九〇八年（明治四一）と比べて、それほど大きな変化があるわけではない。その意味では、鎮守府建設から一〇年間ほどの劇的ともいえる変化が如何に大きかったかが理解できよう。ただ、それでも、全体として、新舞鶴町、中舞鶴町や新舞鶴町近郊が徐々に比重を増してきているように思われる。特に新舞鶴町近郊が比重を高めている。西地区と東地区を比べると、新舞鶴町や中舞鶴町は、それぞれに、すでに舞鶴町とほぼ並ぶか、それを凌駕しつつあったようにみえる。このような動向のなかで、加佐・大江・大浦地区はその比重を徐々に落としていった。もっとも、新舞鶴町や中舞鶴町には軍人を含んでいるので、それを除外してみると、この段階でも、新舞鶴町は舞鶴町とほぼ並んでいるのに対して、依然として中舞鶴町はこの両町を追いかけるという構図がみてとれる。ただ、この時期は、ちょうど一九二二年（大正一一）一〇月以降の海軍軍縮の時期にあたっており、東地区における軍縮の打撃は西地区よりも大きかったと思われ、その影響も考慮しなければならない。また、京都府や全国の所得階級別割合と比べると、この時期でも二〇〇〇円以下層が京都府や全国よりもかなり高くなっており、小粒の高額所得者が多いという明治期の特徴をこの時期も引き継いでいるといえる。

(七)　資産家の存在構造と企業設立

軍港都市の特徴として、民間諸事業の貧弱さ、民間工業の発達の弱さがしばしば指摘されるが、[24]舞鶴も例外ではなく、むしろ他の軍港都市よりも民間諸事業は低調であったと思われる。たとえば、軍港所在地の中舞鶴町について、「産業は微々としてふるはない。しかして重要物産中の首位を占めてゐる工産物はセメント製品、靴、薄革、竹細工、指物類、蒲鉾板、石材加工品、造船製材等であるが、その中造船と製材とを除いては至って僅少なるもので、手工業の域を脱しないものばかりである」[25]とされている。このような舞鶴の民間諸事業の貧弱さ、民間工業の発達の弱さをもたらしたのは、どのような要因によるものだったのであろうか、という点を最後に検討しておきたい。

表2-1-1にもどり、三〇〇円以上所得者の現住戸数に対する割合をみておきたい。一八八七年（明治二〇）では、加佐郡〇・五七%に対して、京都府二・二三%、全国一・五四%で、加佐郡の三〇〇円以上所得者割合は一%にも達しておらず、かなり低いことが分かる。京都府の四分の一、全国の三分の一ほどでしかない。加佐郡は京都府のなかでも水稲生産力が低く（京都府平均の八割程度）、土地所有分化も進んでいない。平野家を除くと大地主もおらず（後述）、かなりフラットな階層構成をしめしていた。商業的な発展も、近隣城下町の福知山や宮津と比べても総じて低位であった。たとえば、宮津には宮津米穀取引所（解散時は宮津米穀

生糸縮緬取引所）が、福知山には福知山米穀取引所（解散時は福知山米穀生糸取引所）が、ともに一八九四年（明治二七）に設立されているが、舞鶴では取引所の設立はついにみられなかった[26]。

このような高額所得者割合の低さは、その後それほど改善されるわけではない。一八九九年（明治三二）をみると、加佐郡一・三％（軍人を含んでいない）に対して、全国は四・一九％である。加佐郡も三〇〇円以上所得者が多くなってはいるが、現住戸数比率では全国の三分の一ほどで、一八八七年（明治二〇）と比べて、それほど全国に近づいているわけではない。所得構造が劇的な変化をみせた一九〇八年（明治四一）はどうであろうか。加佐郡一一・三四％、京都府一三・一八％、全国一二・一六％で、加佐郡が急速に京都府や全国を追い上げているようにみえるが、この加佐郡には軍人を含んでいるので、それを除くと、加佐郡は五・三一％にしかならない。ただし、加佐郡は四〇〇円以上所得者割合であるから、これはかなり過少な数値である。加佐郡の四〇〇円～五〇〇円人員は分かるので、同年の全国の三〇〇円～五〇〇円所得者分布割合をそのまま当てはめ推計すると、加佐郡の三〇〇円以上所得者割合は六・七七％となる。全国の二分の一強にまでなっており、一八八七年（明治二〇）よりは京都府や全国の比率に近づいているが、それでもかなり低いと言わざるを得ない。ちなみに、五〇〇円以上所得者割合を算出してみると、一八九九年（明治三二）加佐郡〇・六〇％、全国一・八四％、一九〇八年（明治四一）加佐郡三・〇七％、全国五・五四％となる。三〇〇円以上所得者割合とほぼ同様の動向といえる[27]。軍港建設で、かなり大きく所得構造が変わり、かつ三〇〇円以上所得者も多くなったのではあるが、それでも陸海軍軍人を除くと高額所得者の分厚い形成という点では、全国や京都府との格差はかなり大きかったのである。以上の状況は、一九二五年（大正一四）でも、ほぼ同じであった。軍人を含めると全国水準に近づいてはいたが、軍人を除くと全国や特に京都府との格差は大きかったのである（表2−1−6）。

表2－3　資産家と会社数·資本金額との相関係数

	会社数	資本金額	払込資本金額
1887年	0.525	0.861	
1888年	0.536	0.887	
1889年	0.670	0.807	
1891年	0.581	0.826	
1892年	0.441	0.865	
1893年	0.547	0.818	
1894年	0.647		0.791
1895年	0.631		0.772
1896年	0.630	0.832	0.809
1897年	0.614	0.836	0.822
1898年	0.638	0.826	0.807

（出典）『日本帝国統計年鑑』各年。
（備考）
1）表示は略しているが、すべて１％有意水準。n＝47。空欄は『日本帝国統計年鑑』にもともとデータがない。
2）道府県別の、所得金額300円以上所得者の100戸当り人数と会社数・資本金額・払込資本金額との年次別相関係数。
3）本表作成に際して、有本寛氏の助力を得た。

さて、表2-3が、道府県別の、所得金額三〇〇円以上所得者の一〇〇戸当り人数と会社数・資本金額・払込資本金額との相関係数を年次別に示したものである。資本金や払込資本金額との相関はかなり高く、会社数との相関もそこそこの高さを示している(28)。つまりは、所得金額三〇〇円以上所得者の割合が高いほど会社設立が盛んであったことを示しているのである。地方における企業設立には、高額所得者（地方名望家といわれた階層）のそれなりの分厚い形成が必要であった。

以上からすると、高額所得者（地方名望家）の層の薄さが、軍港舞鶴における企業設立が低位で、民間諸事業が貧弱であったことの一要因ではないのか、と思われる。特に、日露戦争（舞鶴鎮守府開庁）までの第一次企業勃興期（一八八〇年代後半）・第二次企業勃興期（日清戦後期）における高額所得者（地方名望家）層の薄さが大きな影響をもったのではなかろうか。その意味では、舞鶴鎮守府の建設が、呉や佐世保と踵（きびす）を接する時期に一〇年ほど早く行われていれば、状況が変わったかも知れないのである。

第二節　地元本店銀行の不在と支店銀行化

ここでは、舞鶴軍港地域経済の特徴の一つとして、加佐郡における銀行の設立状況を検討しておきたい。軍港設置にともない商人・職人・労働者が流入し、軍港建設資材や鎮守府納入物品、食糧・日用品などの物資の動きが大きくなれば、金融が一段と活発化することが予想されたわけで、そのビジネスチャンスをとらえようと、銀行設立や支店の設置が活発化するのは当然であった。軍港舞鶴における銀行設立はどのように展開したのであろうか(29)。

表2-4-1が、戦前期において、加佐郡内に本店を置いた地元本店銀行の一覧表である。六行存在したが、比較的長期にわたり存続したのは、河守(こうもり)銀行と平野銀行の二行のみで、他の四行は短命であった(30)。いずれも資本金額は小さかった。長期間存続した河守銀行と平野銀行は、ともに大江地区の銀行であり、舞鶴町・新舞鶴町の銀行は、いずれも二年から五年と極めて短命であった。河守銀行・平野銀行は、ともに新舞鶴町・余部町(中舞鶴町)には支店・出張所を置いておらず、両行の設立は軍港建設によるビジネスチャンスの拡大をとらえようとしたものではなかったといえよう。両行設立時期は、ちょうど日清戦争後の全国的な企業勃興の時期にあたっていた。両行の設立は、この地域の伝統的な製糸・絹織物産業への信用供与を目的にしたものであったと思われる(31)。

新舞鶴町の地元本店銀行三行(舞鶴商業銀行、新舞鶴貯金銀行、愛国貯金銀行)は、軍港設置にあわせて移転してきた他地域の銀行であった。したがって、銀行役員は他地域の人物が多い。舞鶴商業銀行の役員は東京市と福井県の人物、新舞鶴貯金銀行の役員はほとんどが大阪市か神戸市の人物、愛国貯金銀行の役員は京都市、東京市、大阪市、神戸市の人物であった(32)。愛国貯金銀行は新舞鶴貯金銀行の後身行であるが、改称前後の役員は一致せず、改称とともに経営陣を一新したと思われる。これらの銀行の具体的な経営状況は不明であるが、いずれも新舞鶴町には根付かず、短期間で新舞鶴町を去っていった(33)。

舞鶴町の唯一の地元本店銀行は、一九一八年(大正七)設立の合資会社舞鶴銀行(資本金三万円)であった(34)。

表2－4－1　地元（加佐郡・舞鶴）本店銀行一覧

銀行名	期間	当初資本金（千円）	当初代表者頭取名	所在地	沿革
河守銀行	1897.12.2－1929.10	20	仲田徳太郎	加佐郡河守町	1929年（昭和4）10月何鹿銀行に合併
平野銀行	1900.9.24－1931.9.28	30	平野吉左衛門	加佐郡有路上村	1931年（昭和6）9月高木銀行が買収
舞鶴商業銀行	1906.3.26－1909.3	100	小林晴直	加佐郡新舞鶴町	大和銀行（東京、1902－06年）が移転改称。1909年（明治42）3月千葉県君津郡真船村大字桜井に移転。桜井銀行（1909－11年）と改称。
新舞鶴貯金銀行	1906.5.7－1911.6.28	30	池田梶五郎	加佐郡新舞鶴町	1906年（明治39）5月綾部貯蓄銀行が改称移転。1911年（明治44）6月愛国貯金銀行と改称。
愛国貯金銀行	1911.6.28－1913.4.16	50	鮫島喜造	加佐郡新舞鶴町	1913年（大正2）4月大阪に移転。1934年（昭和9）5月19日破産確定。
舞鶴銀行	1918.6.21－1923.6.30	30	武内勇太郎	加佐郡舞鶴町	茨城より田山銀行が移転。1923年（大正12）4月休業。6月30日解散登記。
新舞鶴商業銀行	1926.1.－（不詳）	1000	（不詳）	加佐郡新舞鶴町	（『銀行総覧』に掲載なし）

（出典）　大蔵省銀行局『銀行総覧』。『京都銀行五十年史』（京都銀行、1992年）。東京銀行協会調査部・銀行図書館編『本邦銀行変遷史』（東京銀行協会、1998年）。

「地方漁業者唯一の金融機関」で、漁業関係者が主な預金者（約六〇〇人、うち一〇〇〇円以上の預金者四六人）であった。舞鶴銀行の世評は、「一部には放漫な貸出しもあつたと伝えられるが」「比較的確実の取引をなしつゝあつた」とされている。このような舞鶴銀行が突如休業に至ったのは、唯一の無限責任社員武内勇太郎が脳溢血で急死し（一九二三年四月一〇日）、他の社員は有限責任社員だったため、商法第百十五条の規定により業務執行が出来ず、休業を余儀なくされたという事情からであった。休業時は、貸付四一万円、預金三三万円のオーバーローン状態であったが、貸付金のうち、武内個人並びに武内一族に二四万円の貸出があったとされている。その後、舞鶴町長水島彦一郎等が仲裁に入り、大口預金者との間で継続か解散かの交渉が行われたが、結局、休業二か月後の六月に解散となった[35]。

以上のように、舞鶴町や新舞鶴町にも明治中期から大正期にかけて、地元本店銀行が設立されたのではあるが、いずれも短命で舞鶴町・新舞鶴町には根付かなかった。近隣の福知山町、宮津町、綾部町には、いずれも地名を冠した有力な銀行が成立していたが[36]、結局、軍港舞鶴における地元本店銀行は不在のまま、昭和期の本格的な銀行合同期を迎えることになる。佐世保や呉といった他の軍港都市では、軍港設置によるビジネスチャンスを生かして、各県を代表する有力銀行が育っていったのであるが、舞鶴軍港ではそれがまったくみられず、その意味では誠に奇異な現象であったとさえいえる。この背後には、第一節で確認した加佐郡における地方名望家層・資産家層の層の薄さと、それに加えるに、この地方特有の進取の気象の乏しさ、新しいこと（銀行・企業設立）への消極性があるのではないかと思われる[37]。

このように軍港都市舞鶴には、地域に根付いた地元本店銀行が成長しなかったのであるが、その間隙を縫って京都府下（京都府管内）あるいは京都府外（京都府管外）の銀行の支店が数多く進出してくることになる。その結果、地元本店銀行不在の軍港都市舞鶴は、ほぼ完全に支店銀行化することになったのである。

表2-5が戦前期加佐郡における支店銀行の変遷を年代順（支店設置順）に示したものである。管内外銀行の支店・出張所数は延べ四八にのぼる。うち、舞鶴町一二、新舞鶴町八、倉梯村一、中舞鶴町（余部町）五、加佐地区一三、大江地区九である。舞鶴町周辺地域や大浦地区には支店・出張所は置かれていない。加佐郡に進出してきた管内銀行は、高木銀行、福知山銀行、治久（じきゅう）銀行（以上天田郡福知山町）、宮津銀行（与謝郡宮津町）、何鹿（いかるが）銀行（何鹿郡綾部町）の五行で、高木銀行の舞鶴支店・余部出張所・新舞鶴出張所、治久銀行の中舞鶴支店のほかは、すべて由良川流域に支店・出張所を置いていた。治久銀行が、営業停止処分を受けた多可銀行の余部支店を買取り[38]、中舞鶴支店を置いたのは一九三〇年（昭和五）であるから、明治・大正期に舞鶴町・新舞鶴町・余部町（中舞鶴町）に支店・出張所を置いていた管内銀行は高木銀行だけである。もっとも、高木銀行

表2－5　戦前期加佐郡における支店銀行の変遷（支店設置順）

銀行名	本店所在地	支店出張所名	所在地	期間	備考
第百十一国立	京都市	舞鶴支店	舞鶴町	(不詳)～1898年	1898年閉鎖。第百十一国立銀行の設立は1878年。
京都貯蓄	京都市	舞鶴支店	舞鶴町	(不詳)～1898年	1900年任意解散。京都貯蓄銀行の設立は1891年。
百三十	大阪市	舞鶴支店	舞鶴町	1896～1923年	1896～1898年は第百三十国立銀行。1923年安田銀行に合併。[1]
小　浜	福井県	舞鶴支店	舞鶴町	1899～1926年	1926年二十五銀行に合併。[2]
小　浜	福井県	川筋出張所	岡田上村	(不詳)～1926年	1926年二十五銀行に合併。
平　野	有路上村	支店	河守町	1902～1931年	1914年以降は河守支店。1931年高木銀行に買収。
日　野	滋賀県	新舞鶴支店	倉梯村	1902～1906年	1906年近江銀行に買収。
佐　治	兵庫県	新舞鶴支店	新舞鶴町	1906～1929年	1929年柏原合同銀行に買収。
多　可	兵庫県	余部支店	余部町	1906～1931年	1931年任意解散。
高　木	福知山町	支店	舞鶴町	1906～1918年	1914年より舞鶴支店。
高　木	福知山町	余部出張所	余部町	1906～1914年	
百三十	大阪市	出張所	新舞鶴町	1909～1923年	1912年より新舞鶴出張所。1914年より新舞鶴支店。1923年安田銀行に合併。[3]
高　木	福知山町	出張所	新舞鶴町	1910～1914年	
宮　津	宮津町	由良支店	由良村	1920～1941年	1934年より由良出張所。1941年丹和銀行に新立合併。
安　田	東京府	舞鶴支店	舞鶴町	1923～1973年	舞鶴町竹屋。1948年富士銀行と改称。
安　田	東京府	新舞鶴支店	新舞鶴町	1923～1955年	新舞鶴町濱。1938年から東舞鶴支店。1948年富士銀行と改称。
平　野	有路上村	岡田支店	岡田中村	1923～1931年	1931年高木銀行に買収。
高　木	福知山町	舞鶴支店	舞鶴町	1924～1936年	1936年両丹銀行に新立合併。
二十五	福井県	舞鶴支店	舞鶴町	1926～1928年	1928年敦賀二十五銀行に新立合併。
二十五	福井県	川筋支店	岡田上村	1926～1928年	1928年敦賀二十五銀行に新立合併。
敦賀二十五	福井県	舞鶴支店	舞鶴町	1928～1936年	1936年大和田銀行に合併。
敦賀二十五	福井県	川筋支店	岡田上村	1928～1936年	1936年大和田銀行に合併。[4]
福知山	福知山町	由良出張所	由良村	1928～1936年	1936年両丹銀行に新立合併。
治　久	福知山町	河守出張所	河守町	1928～1936年	1936年両丹銀行に新立合併。
宮　津	宮津町	神崎出張所	神崎村	1928～1931年	
宮　津	宮津町	東雲出張所	八雲村	1928～1931年	
何　鹿	綾部町	河守支店	河守町	1929～1936年	1936年両丹銀行に新立合併。
柏原合同	兵庫県	新舞鶴支店	新舞鶴町	1929～1939年	1939年廃業。
治　久	福知山町	中舞鶴支店	中舞鶴町	1930～1936年	1936年両丹銀行に新立合併。

高　木	福知山町	有路支店	有路上村	1931～1936年	1936年両丹銀行に新立合併。
高　木	福知山町	河守支店	河守町	1931～1936年	1936年両丹銀行に新立合併。
高　木	福知山町	岡田支店	岡田中村	1931～1936年	1936年両丹銀行に新立合併。
両　丹	福知山町	舞鶴支店	舞鶴町	1936～1941年	舞鶴町平野屋。1941年丹和銀行に新立合併。
両　丹	福知山町	中舞鶴支店	中舞鶴町	1936～1941年	1938年より中舞鶴出張所（東舞鶴市余部下）。1941年丹和銀行に新立合併。[5]
両　丹	福知山町	有路支店	有路上村	1936～1941年	1941年丹和銀行に新立合併。
両　丹	福知山町	河守支店	河守町	1936～1941年	1941年丹和銀行に新立合併。
両　丹	福知山町	岡田支店	岡田中村	1936～1941年	1941年丹和銀行に新立合併。
両　丹	福知山町	由良出張所	由良村	1936～1941年	1941年丹和銀行に新立合併。
両　丹	福知山市	東舞鶴支店	東舞鶴市濱	1938～1941年	1941年丹和銀行に新立合併。[6]
大和田	福井県	舞鶴支店	舞鶴町	1936～1945年	舞鶴市平野屋。1945年三和銀行に合併。
丹　和	福知山市	東舞鶴支店	東舞鶴市濱	1941年～	1951年京都銀行に改称。
丹　和	福知山市	舞鶴支店	舞鶴市平野屋	1941年～	舞鶴市字平野屋小字平野屋町89番地。1951年京都銀行に改称。[7]
丹　和	福知山市	河守支店	河守町	1941年～1951年	1951年京都銀行に改称。
丹　和	福知山市	有路支店	有路上村	1941年～1947年	1951年京都銀行に改称。
丹　和	福知山市	岡田出張所	岡田中村	1941年～1947年	1951年京都銀行に改称。[8]
丹　和	福知山市	由良出張所	由良村	1941年～1951年	1951年京都銀行に改称。旧宮津銀行由良出張所。1951年支店に昇格。同年廃止。
丹　和	福知山市	中舞鶴出張所	東舞鶴市余部下	1941年～1950年	1951年京都銀行に改称。1944年支店に昇格。
丹　和	福知山市	行永出張所	東舞鶴市行永	1945年～1949年	

（出典）　大蔵省銀行局『銀行総覧』。『安田銀行六十年誌』（安田銀行、1940年）。『三和銀行史』（三和銀行、1954年）。『三和銀行の歴史』（三和銀行、1974年）。『創業百年史』（北陸銀行、1978年）。『福井銀行八十年史』（1981年）。『富士銀行百年史　別巻』（富士銀行、1982年）。『京都銀行五十年史』（京都銀行、1992年）。東京銀行協会調査部・銀行図書館編『本邦銀行変遷史』（東京銀行協会、1998年）。

（備考）

1）『安田銀行六十年誌』（474頁）、『富士銀行百年史　別巻』（285頁）によると、第百三十国立銀行舞鶴支店は1897年（明治30）7月15日に舞鶴町大字寺内小字寺内町6番戸に新設開業。1899年（明治32）12月10日に舞鶴町字竹屋85番地に新築移転。その後、舞鶴市字魚屋小字魚屋町65番地に再移転（年月日確定できず）。1973年（昭和48）3月18日店舗網整備の為京都銀行に営業譲渡。

2）『第2回舞鶴町現勢調査簿』（舞鶴市郷土資料館所蔵）によると、小浜銀行舞鶴支店は舞鶴町字竹屋19番地で開業。

3）『安田銀行六十年誌』（474～475頁）、『富士銀行百年史　別巻』（280頁、284頁）によると、東舞鶴支店は、1897年（明治30）7月15日新舞鶴町字濱235番地に第百三十国立銀行舞鶴支店所属東派出員詰所として新設開業。1909年（明治42）4月10日百三十銀行新舞鶴出張所として本店直属。1913年（大正2）9月1日新舞鶴支店に昇格。1938年（昭和13）10月18日東舞鶴支店に改称。1955年（昭和30）10月24日店舗網整備の為廃止。中舞鶴出張所は、1915年（大正4）4月1日舞鶴支店より中派出所を移管、1923年（大正12）11月1日中派出所を中舞鶴出張所と改称。1927年（昭和2）12月31日中舞鶴出張所を廃止。

4）『京都府金融要覧』（1937年4月刊、1940年4月刊）によると、大和田銀行川筋支店は存在しない。

5）『京都銀行五十年史』（847頁、864頁）によると、1950年（昭和25）11月25日中舞鶴支店廃止。業務は東舞鶴支店が継承。旧治久銀行中舞鶴支店。

6）『京都銀行五十年史』（847頁）によると、1951年（昭和26）10月15日日本勧業銀行舞鶴出張所跡地に新築移転（舞鶴市大字濱小字濱630番の1）。

7）『京都銀行五十年史』（847頁）によると、1944年（昭和19）8月8日西舞鶴支店に名称変更。1973年（昭和48）5月7日富士銀行舞鶴支店閉鎖により営業を譲り受け、同支店跡地に移転（舞鶴市字魚屋小字魚屋町65番地）。

8）『京都銀行五十年史』（847頁、861頁）によると、1947年（昭和22）9月13日岡田出張所廃止。業務は西舞鶴支店が継承。同出張所は1947年（昭和22）1月30日に元大和田銀行川筋支店旧店舗に移転（加佐郡岡田上村字地頭143-2）。

表2-6-2　安田銀行（舞鶴支店・新舞鶴支店）

単位：千円、％

	安田銀行支店合計			郡部所在管外銀行支店合計			郡部支店合計にしめる安田銀行の割合		
	預金	貸付金	割引手形	預金	貸付金	割引手形	預金	貸付金	割引手形
1931年12月末	5,543	239	26	13,357	5,433	137	42	4	19
1933年12月末	4,373	829	33	9,804	5,185	175	45	16	19
1934年12月末	7,020	947	33	12,520	4,914	111	56	19	30
1936年12月末	6,641	555	68	12,098	3,818	194	55	15	35
1937年12月末	6,945	545	74	14,405	8,973	212	48	6	35
1939年12月末	12,491	1,034	162	21,994	4,220	558	57	25	29

（出典）　京都府内務部（経済部）『京都府金融要覧』。

も一九一四年（大正三）には余部出張所、新舞鶴出張所をともに撤収するので、治久銀行が一九三〇年（昭和五）に中舞鶴支店を置くまでは、新舞鶴・中舞鶴には管内銀行の支店・出張所は存在しなかった。したがって、福知山町・綾部町や宮津町に本店がある管内銀行は、おおかた由良川流域に支店を置いていたことになる。

加佐郡への管外銀行の本格的進出は、一八九六年（明治二九）の第百三十国立銀行（大阪市）舞鶴支店、一八九九年（明治三二）の小浜銀行（福井県遠敷郡小浜町）舞鶴支店から始まる。[39]ちょうど舞鶴軍港建設途上の時期であり、軍港建設にあわせた支店設置であった。その後、一九〇六年（明治三九）に佐治銀行（兵庫県氷上郡佐治村）が新舞鶴支店を、同年に多可銀行（兵庫県多可郡中村）が余部支店を、[40]一九〇九年（明治四二）に百三十銀行が新舞鶴出張所をおき、管外銀行の新舞鶴、中舞鶴における支店・出張所が出そろうことになる。[41]管外銀行は、小浜銀行が岡田上村に川筋出張所（のち二十五銀行に引き継がれ支店に昇格）を置いた以外はすべて舞鶴町・新舞鶴町・中舞鶴町に支店・出張所を置いており、明らかに軍港設置を目指した進出であったといえよう。

銀行支店の受信与信状況を把握するのは通常容易ではないが（統計上各支店を分離できないため）、京都府内務部（経済部）『京都府金融要覧』には管外銀行支店の預金・貸付金が掲載されている。表2-6-2が安田銀行二支店（舞鶴支店・新舞鶴支店）と京都府下の安田銀行も含めた郡部所在の管外銀行支店合計の預金・貸付金を示している。たとえば、一九三一年（昭和六）には郡部所在管外銀行支店は二二

表2－7　産業組合・銀行・郵便局における預貯金・貸付金比較表　単位：円

1930年	産業組合			地元本店銀行			管外支店銀行			
末現在	組合数	貯金	貸付金	銀行数	預金	貸付金	支店数	預金	貸付金	割引手形
加佐郡	26	6,581,919	5,078,783	1	1,280,516	383,363	4	6,194,782	1,268,411	64,413
天田郡	29	4,848,582	3,397,610	3	8,809,798	6,570,123	6	2,435,430	2,032,327	7,842
何鹿郡	20	3,355,512	1,977,678	1	1,629,535	1,706,476	1	1,258,827	793,107	7,823
与謝郡	30	4,114,379	2,959,775	2	7,149,688	3,282,281	－	－	－	－

(出典)　京都府内務部『京都府金融要覧』1931年。京都府内務部『昭和5年末現在京都府産業組合及農業倉庫概況』1931年。
(備考)　加佐郡の地元本店銀行は平野銀行である。

支店存在したが、安田銀行二支店の存在は飛び抜けて大きかった。郡部所在管外銀行支店全体における安田銀行支店の占める割合は、預金四二％、貸付金四％、割引手形一九％であった。特に、預金では、他の年度をみても、郡部所在管外銀行支店全体のほぼ半分を独占しているが、他方貸付金ではそれほどの割合を示しておらず、舞鶴・新舞鶴地区が安田銀行の預金吸収地化していることを示している（安田銀行二支店の預貸率は二割以下）。ただ、割引手形は貸付金よりもかなり高い割合を示している。安田銀行は、明治期の百三十銀行のころから商業手形の割引や荷為替取組など商業金融には積極的であり、この点は安田銀行の特徴であった[42]。

ちなみに、京都府立総合資料館には、一九三九年（昭和一四）の京都府下各産業組合の事業報告書が収蔵されており、それをみると、各産業組合が預け金をどこの銀行に預けているのかが分かる[43]。これを銀行の側からみた営業テリトリーとみなすと、両丹銀行は大江地区・加佐地区・舞鶴町周辺の各産業組合と舞鶴信組・東舞鶴信組、安田銀行は加佐地区・舞鶴町周辺・東舞鶴地区（大浦を含む）の各産業組合と舞鶴信組・東舞鶴信組、大和田銀行は加佐地区・舞鶴町周辺の各産業組合と舞鶴信組・東舞鶴信組となる。加佐地区・舞鶴町周辺・舞鶴信組・東舞鶴信組は三行の競合地域で、両丹銀行の大江地区と安田銀行の東舞鶴地区がそれぞれ独占的領域であった。由良川流域は明治期からの両丹銀行の伝統的地盤であり、そこに大和田銀行が食い込んでいるという状況であった。安田銀行は、由良川流域では劣勢であったが、舞鶴町と新舞鶴町では優勢で、同行は舞鶴町・新舞鶴町の商業地区で商業信用を供与するとともに、主に舞鶴町や軍港地域（新舞鶴町・中舞鶴町）から預金を吸収していたのではないかと思われる。

最後に、産業組合の貯金・貸付金と地元本店銀行、管外支店銀行の預金・貸付金とを比べてみると（表2-7）、加佐郡では、預金では産業組合と管外支店銀行が圧倒的に大きくなっており、地元本店銀行が弱いことが分かる。貸付金では、安田銀行支店が消極的なこともあり管外支店銀行は大きな割合をしめることが出来ず、貸出金では産業組合の存在が大きい。以上のことは、これまで述べてきたことからも推測できる点であったが、加佐郡近隣の天田・何鹿・与謝の三郡と比較すればこの特徴はより明瞭になる。有力な地元本店銀行が存在した天田・与謝両郡では地元本店銀行が大きな位置を保っており、管外支店銀行の役割は小さくなっているのである。(44)

第三節　米穀流通の変化

軍港設置にともない人口が急増したため、米穀など食糧品をはじめとした物流に大きな変化が生じた。ここでは、軍港設置にともなう物流の変化を、米穀を中心に検討しておきたい。

最初に、軍港設置から二〇年ほど後の、食糧品の郡内生産量と郡内需要との関係をみておきたい。まず、米穀については、「米作ハ養蚕業ノ発達ト中部東部ニ於テハ海軍工廠事業盛大ニ伴ヒ細民農家ノ職工トナルモノ多ク為ニ稍軽視セラル丶傾向アリ毎年実収高ハ郡内消費ノ六割ヲ充スニ過キス……」とあり、加佐郡中部東部（西地区と東地区）では農業をやめ海軍工廠職工となる農民が多いこと、それにともない農業が軽視される傾向があること、郡内米穀生産高は郡内消費高

表2-8　米穀検査数量

単位：石、%

	加佐郡					天田郡		何鹿郡		与謝郡		京都府	
	収穫高	生産検査総数	移出検査総数	生産検査割合（%）	移出検査割合（%）	生産検査割合（%）	移出検査割合（%）	生産検査割合（%）	移出検査割合（%）	生産検査割合（%）	移出検査割合（%）	生産検査割合（%）	移出検査割合（%）
1920年	56,185	18,887	317	34	1	36	4	33	2	31	1	52	14
1921年	40,077	14,784	728	37	2	39	4	37	3	32	2	51	13
1922年	56,119	16,362	221	29	0	36	7	31	3	30	6	51	15
1923年	40,259	9,050	23	22	0	40	13	33	3	39	3	51	13
1924年	40,050	11,239	74	28	0	35	9	28	3	30	4	49	12
1925年	42,926	11,744	17	27	0	37	9	28	4	31	5	49	10
1926年	43,725	11,979	403	27	1	37	11	30	5	29	6	49	13
1927年	47,747	12,332	646	26	1	37	11	29	6	27	5	49	13
1928年	43,967	11,764	340	27	1	36	8	31	4	27	5	50	18
1929年	46,609	11,736	794	25	2	36	8	31	4	27	5	48	17
1930年	43,714	10,573	544	24	1	35	9	30	6	27	6	49	17
1931年	39,922	10,748	910	27	2	36	10	32	8	30	10	50	22

（出典）　京都府穀物検査所『京都府穀物検査報告』。

の六割にすぎないこと、が指摘されている。また、蔬菜・果樹・畜産については、「蔬菜及果樹ノ栽培ニ就テハ……適確ナル奨励方針ヲ定ムルニ至ラス且ツ栽培法旧套ヲ脱セス品種ノ優良ナルモノ少ナク軍港要塞等ノ供給モ多ク他地方ヨリ移入スルノ状況ニアリ」「……本郡ハ軍港要塞等ノ関係上年々千七八百頭ノ屠畜ヲナスモ殆ント郡外ヨリ移入スルモノニシテ……」とあり、蔬菜・果樹・畜産も到底郡内ではまかなえないことを指摘している(45)。つまり、軍港による需要が大きく、加佐郡内での生産分はほぼ郡内で消費され、さらに不足分がかなり生じ、郡外から移入せざるを得ないことを指摘しているのである。

このように食糧品をはじめほとんどの物資が大量に移入されていたと思われるが、以下では、軍港をかかえる加佐郡への米穀の流出入の変化を検討し、軍港地における物流変化の一端を明らかにしたい(46)。

まず、加佐郡内において、どの程度米穀が生産され、どの程度郡内外へ移出されていたのかについて検討しておきたい（表2-8）。加佐郡における毎年の米穀生産量は、四万石から五万石（一九二〇年～三一年の平均では四万五〇〇〇石）であった。このうち、生産検査を受ける米穀がだいたい四分の一から三分の一であり、移出検査を受ける米穀は多くても二%で、ほとんどなかったとみてよいであろう。生産検査とは、京都府内で授受する玄米・麦類について生産した町村で行うもので、移出検査とは、京都府外へ移出する、あるいは京都市・伏見町・深草町へ搬入する玄米・精米・麦類について、その停車場その他要地で行うものであった[47]。加佐郡の生産検査割合は、京都府平均の約五〇%よりはかなり少なかったが、近隣三郡（天田、何鹿、与謝）と比べると、それほど低いわけではなかった。加佐郡の特徴は、移出検査数量が極端に少ない点にあった。京都府平均では一〇%台であり、近隣三郡でも数%はあったが、加佐郡はほとんど皆無に近かった。このことは、京都府外や京都市・伏見町・深草町へ移出される米穀がほぼ皆無であったことを意味している。このような状況になったのは、先にみたように、軍港の存在により加佐郡内生産米は、ほとんど郡内（特に舞鶴町・中舞鶴町・新舞鶴町の舞鶴三町）で消費されたためである。近隣三郡でも移出検査割合が低かったのは、近隣大消費地舞鶴軍港へ大量に移出されたからではなかろうか。

表2-9　地域別米価表（1928年各地域月別平均）　単位：円/石

	大粒			小粒		
	1等	2等	3等	1等	2等	3等
山城	33.04	32.54	32.04	32.04	31.54	31.04
丹波	32.32	31.82	31.32	31.32	30.82	30.32
丹後	29.40	28.90	28.40	28.40	27.90	27.40

（出典）　京都府穀物検査所『昭和三年度京都府穀物検査報告』（1929年）、229頁。
（備考）　京都市で取引された銘柄別価格表。

京都府米穀の銘柄米の評価としては、丹波米と山城米がだいたい同格で、丹後米は前二者よりも低かった[48]。この点は、京都府下銘柄別の米価表に明らかである（表2-9）[49]。丹後米の米価は山城米・丹波米と比べてかなり低いが、これには日本海に面した丹後地方独特の天候が大きく影響していた。収穫期に多雨多湿となるため、乾燥が不充分となり軟質米として市場での評価が低かったのである。昭和期になると、火力乾燥機の導入や品種の統一（旭四号）などで丹後米の声価が高まりつつあったが、銘柄米評価の基本構図はその後も変わらなかった[50]。

しかしながら、舞鶴軍港のような地方大消費地をもっている加佐郡では、大阪市場や京都市場をにらんだ米作りをする必要は必ずしもなかったと思われる。米穀消費には「消費地の好み」があり、その好みに適合的な米作をすることが合理的である。[51]よくあげられる事例でいえば、上米（たとえば近畿旭）を北九州の鉱工業地帯にもってきて、はたして価格の面でも量の面でも、京阪神で売れるほど北九州で売れるのか甚だ疑問であるという点である。北九州鉱工業地帯へ米穀を売り込む九州北部の諸県では、何も大阪市場での格付け上位種（たとえば旭種）にこだわる必要はないのであり、北九州鉱工業地帯向けの並米生産に特化するほうが合理的だということになる。[52]同様の事情は、軍港都市のような地方大消費地でも生じていた。山城旭や丹波の酒米は米穀市場では一級品であったが、気候条件が悪い加佐郡米が無理に同様の格付け競争に参入する必要はなく、軍港都市向けの、軟質米の並米生産に特化するほうが合理的であったのである。序章でみたように、舞鶴海軍工廠職工は日本海側の出身者が多く、軟質米が好まれたと思われる。丹後の軟質米は、同じく軟質米生産地帯である北陸や山陰の出身者の嗜好と合致していた。後述するように、山陰地方（鳥取・島根）や北陸地方（富山）からの米穀の流入が多かったのもこれに符合する動きであったのであろう。[53]

次に、軍港地への米穀流通について検討しておきたい。資料についてであるが、明治中期（舞鶴鎮守府開庁頃）までは使用できるデータを得ることができない。『大日本帝国港湾統計』や『鉄道局年報』は、まだ発行されていないか、そもそも新舞鶴駅（現、東舞鶴駅）まで鉄道が通じていないためデータが存在しないし、『京都府統計書』にも舞鶴港の物品別移出入高は掲載されていない。したがって、考察対象時期は明治後期以降とならざるを得ず、残念ながら、鎮守府建設前後の比較検討ができないことになる。

舞鶴三町への米穀は、海路と陸路で運ばれた。海路では、舞鶴港（西港）と新舞鶴港（東港）が中心となる。この両港のほかにも由良港・長浜港など十余りの小港があったが、移出入額をみると取るに足らない存在であった。たとえば、加佐郡一四港における一九一九年（大正八）から一九二一年（大正一〇）の平均移入総額（五八八七万円）のうち、九九％は舞鶴港が占めていた。[54] 明治中期までそれなりの位置を占めていた由良港・神崎港も、大正中期にもなると、すでに小さな存在に過ぎなくなっていたことも分かる。個別小港のデータを得にくいこともあるが、米穀流通の検討には舞鶴両港を検討すれば問題ないであろう。なお、新舞鶴港が商業港

表2-10　舞鶴港への米穀移入量

	総量（円）	石数	仕出地別割合（%）				
			境	宮津	小浜	其ノ他	計
1906年	908,192	68,285	71	4	1	24	100
1907年	1,228,499	86,514	55	2	1	42	100
1908年	1,780,964	122,825	81	1	0	18	100
1909年	1,311,349	102,478	85	2	0	13	100
1910年	1,855,201	141,430	88	1	0	10	100
1911年	2,804,565	158,450	99	0	0	0	100
1912年	554,855	26,275	96	0	4	0	100

（出典）　内務省土木局編纂『日本帝国港湾統計』（1906年・1907年）。内務省土木局編纂『大日本帝国港湾統計』（1908年、1909年）。『第２回舞鶴町現勢調査簿』（舞鶴市郷土資料館蔵）。

（備考）

1）　1906年（明治39）～1909年（明治42）は『日本帝国港湾統計』『大日本帝国港湾統計』、1910年（明治43）～1912年（大正元）は『第２回舞鶴町現勢調査簿』による。

2）　1913年（大正２）以降は、統計様式の変更があり、舞鶴港への米穀移入量が把握できなくなる。

3）『日本帝国港湾統計』は1906年（明治39）・1907年（明治40）版が初出であり、それ以前は不明である。

となるのは、要港部格下げ発表翌年の一九二三年（大正一二）以降である。[55] 次に、陸路による米穀流入であるが、数量が把握できるのは、鉄路による舞鶴三駅（海舞鶴駅[56]・中舞鶴駅・新舞鶴駅）に到着した米穀量のみである。鉄路以外の陸路による舞鶴三町への米穀移入も存在したと思われるが、その移入量の把握は難しい。鉄路以外の陸路による移入は、運送距離の関係から近隣三郡（天田郡、何鹿郡、与謝郡）並びに福井県大飯郡からの移入が中心であったと思われる。

では、具体的に米穀流通の状況をみておきたい。まず、明治中後期（舞鶴鎮守府開庁以降）であるが、明治後期までの舞鶴軍港への米穀は、主に海路で境港から舞鶴港へ運ばれていた。表2-10によると、舞鶴港への移入米のうち一九〇七年（明治四〇）ごろで六割～七割ほど、明治末年には九割から一〇割近くが境港から運ばれ

表2-11　舞鶴三駅着の米穀石数と発駅(1920年)　　単位：石

着駅・石数	発駅・石数								
新舞鶴駅	鳥取	安来							
19,647	7,407	4,013							
中舞鶴駅	鳥取	浜村	松崎	上井	下北條	倉吉			
15,140	2,533	873	747	5,113	1,313	1,133			
海舞鶴駅	富山	(社)稲荷町	鳥取	淀江	安来	荒島	出雲今市	知井宮	湊町
21,093	760	680	3,887	1,153	4,780	2,013	1,233	1,160	1,360

（出典）　鉄道省運輸局『米ニ関スル経済調査』（1925年）、365頁。
（備考）
1）　原表のトン数から1石＝150kg（玄米）として石数に換算。玄米として換算しているが、白米（1石＝142.5kg）での移入もあったので、実際の石数は表示よりも若干多くなる。換算数量は、加用信文監修『日本農業基礎統計』（農林統計協会、1977年、624頁）による。
2）　新舞鶴・余部間の軍港専用線は1919年（大正8）に海軍省から鉄道省に移管され、中舞鶴線の営業運転が始まったので（舞鶴市史編さん委員会編『舞鶴市史』通史編（下）、舞鶴市役所、1982年、13頁）、中舞鶴駅の米穀受入は1919年（大正8）以降となる。

た米穀であったことが分かる。山陰地方における米穀の一大集散地であった境港に、鳥取、島根両県の移出米のほとんどが集められ、そこから京阪神地域へ大量に移出されたことは、すでに指摘されているが、(57)その一部を担ったのが海路で境港から舞鶴港へ運ばれた米穀であった。

　ところが、この舞鶴港への海路による米穀輸送は、一九一二年（明治四五）三月、香住・浜坂間の開通による山陰本線京都・出雲今市（現、出雲市駅）間の全通により大きく変貌する。(58)表2-10の舞鶴港への米穀移入総量が一九一一年から一九一二年にかけて大きく減少しているように、米穀輸送が海路から鉄路へと大きく転換していくのである。表2-11が一九二〇年（大正九）の舞鶴三駅への移入米石数とその発駅を示している。三駅で五万六〇〇〇石の米穀を受け入れているが、その発駅は、湊町（関西本線・大阪市、現、JR難波）と富山（北陸本線）・稲荷町（社線、現、富山地方鉄道・富山県）を除いて、いずれも山陰本線の各駅（鳥取県・島根県）であった。米穀輸送が海路から鉄路へと切り替わっていることが確認できる。表2-12は大正末期における舞鶴両港への海路による米穀移入石数を示し

表2-12　米穀の移出入　　単位：石

		1924年	1925年	1926年
舞鶴港	移入	17,527	15,893	17,953
	移出	11,227	1,967	2,533
新舞鶴港	移入	9,120	14,820	20,286
	移出	2,010	2,760	2,520

（出典）『港湾一件』（京都府庁文書大15－111、京都府立総合資料館蔵）。

表2-13　米穀の着駅別数量　　単位：石

	新舞鶴	海舞鶴	中舞鶴	計
1912年	12,133	23,340		35,473
1913年	11,513	29,220		40,733
1914年	14,120	27,333		41,453
1915年	15,573	25,713		41,286
1916年	18,020	25,847		43,867
1917年	21,453	26,533		47,986
1918年	26,793	27,847		54,640
1919年	28,247	33,167	6,787	68,201
1920年	24,600	21,740	15,900	62,240
1921年	28,913	28,100	16,840	73,853
1922年	26,633	26,587	14,807	68,027
1923年	16,600	23,333	15,040	54,973
1924年	17,627	15,460	13,780	46,867

（出典）鉄道省運輸局『米ニ関スル経済調査』(1925年)、292頁。
（備考）1年間に1000噸以上の着駅。1石＝150kg（玄米）として、トンから石に換算。

ているが、山陰本線全通までの明治後期と比べると（表2-10）、海路による移入石数が大きく減少していること、新舞鶴港が登場していることが確認できる。新舞鶴港の商業港としての稼働は一九二三年（大正一二）からであったが、一九二五年（大正一四）以降は、舞鶴港とほぼ同等の米穀移入量となっている。当初から商業港としての役割がかなり大きかったことも確認できる。

鉄路により舞鶴三町に流入してくる米穀数量は、大正期は舞鶴三駅別に把握できる（表2-13）。一九一二年（大正元）の三万五〇〇〇石から徐々に増加し、一九二一年（大正一〇）にピークを迎え、七万石を大きく超えるまでになる。この間、一九一九年（大正八）からは中舞鶴駅が商業営業を開始し、急速に石数を増加させている。その後、軍縮が実施され、移入米穀数も四万七〇〇〇石へと急速に減少した[59]。

舞鶴港は明治期に急成長する。一九〇六年（明治三九）の移出入額全国ランキングで一〇位となるのをはじめ、日本海と瀬戸内海に面した諸港の移出入額ランキングでは、一九〇六年（明治三九）四位、一九一三年（大正二）二位、一九二一年（大正一〇）四位である[60]。一八七八年（明治一一）には上位三〇位にも登場していなかったわけだから、その後明治中後期までに急成長したことになる。鎮守府設置による急成長であろうことは間違いない。また、明治二〇年代の加佐郡年間一人当米穀量を計算すると、〇・七石台前半から〇・九石台後半ほどとなる[61]。全国平均（推計値）が〇・八石台前半（明治二〇年代）なので[62]、加佐郡では若干量の余剰米が生じていたのではないかと思われる。つまり、移出入米を差引した純移出米はそれほど多くはなかったであろうが、ある程度は存在したと思われる。そういう米穀需給状況のところに軍港が建設され、巨大な消費市場が誕生することになったのである。大量の米穀が、山陰や北陸から、最初は海路で、後には鉄路で、移入された。舞鶴がそうであったように、軍港都市は大量の米穀移入港でもあった[63]。米穀以外の物品も大量に移入されており、軍港設置は地域物流構造を、短期間に確実に大きく変えていったのである。

おわりに

本章では、軍事施設が地域経済に如何なる影響を及ぼすのかについて、舞鶴軍港に即して、所得構成、銀行設立、米穀流通構造の三側面から検討を加えた。以下、本章での検討結果をまとめておきたい。

まず、所得構成の鎮守府開庁前後における変化についてである。個人別所得構成の地域別・所得金額別変化をみると、三〇〇円以上の高額所得者数が全国平均を超えて急速に拡大し、地域別所得構造でも近世的な構造が崩れ、軍港所在地の高額所得者が拡大するという劇的な変化を短期間にとげていたことを確認することができた。ここに、軍港建設が地域経済に与えた影響を明瞭にうかがうことができる。ただ、それでも高額所得者の層の厚さという点からすると、舞鶴軍港の高額所得者は層として全国平均よりもかなり薄かった点を指摘せねばならない。次に銀行であるが、舞鶴軍港における銀行の特徴は、地元本店銀行が極めて弱く、京都府内外の銀行が多くの支店を設置した点にあった。この地元本店銀行の不在と支店銀行化は、他の軍港都市と比べての舞鶴軍港の特徴点であった。舞鶴軍港では、このように地元本店銀行が育たず、民間企業も他の軍港都市よりも不活発であったが、このような状況が生じたのは、高額所得者（地方名望家）の層の薄さとこの地方特有の新規事業に対する消極性のためではないか、というのが本章の一応の結論である。

最後に、米穀流通の点であるが、軍港設置により巨大な消費市場が登場し、加佐郡は大量の米穀流入地へと短い間に変貌した。おそらく軍港設置までは細々と米穀が移出される程度だったと思われるが、軍港設置後は、山陰や北陸から、最初は海路で、後には鉄路で大量の米穀が流入することになったのである。江戸時代に繁栄した由良川舟運の衰退や米穀輸送の海路から鉄路への転換に、鉄道の圧倒的影響が明瞭にみられたということができる。米穀以外の食糧・日用品や軍需関連資材なども大量に移入されており、軍港設置は地域物流構造を大きく変えていったのである。序章でみたように、舞鶴軍港は、第四番目の軍港で、予算面でも最小であったのであるが、それでも、軍港地域経済は劇的ともいえる変貌をみることになったのである。軍港設置がいかに大きな変貌を地域経済にもたらすことになるのか、本章で検討した舞鶴軍港の事例は雄弁に物語っているといえよう。

（1）本康宏史「「軍都」金沢と地域社会」（橋本哲哉編『近代日本の地方都市─金沢／城下町から近代都市へ─』日本経済評論社、二〇〇六年）、三二二頁。ただし、分析は、地価や労賃の高騰、陸軍「門前町」の陸軍への経済依存関係などの一般的な指摘にとどまっており、結論的には「実際のところ、軍隊の駐留が総体としての金沢の経済に、いかほどの影響を与えているものかは断定するに心もとない。本来ならば、より具体的、計量的な分析（あるいは経営実態の検証）が求められるところであろう」（三二八〜三二九頁）と述べている。本康宏史『軍都の慰霊空間─国民統合と戦死者たち─』吉川弘文館、二〇〇二年、七頁）でも同様の指摘がある。

（2）中野良「「軍隊と地域」研究の成果と展望」（『季刊戦争責任研究』第四五号、二〇〇四年）、四二頁。この他にも、たとえば、塚本学氏の佐倉連隊についての「重要な問題がわからない。兵営は膨大な消費人口の集住の場であり、兵卒の食糧をはじめとして、日常的に多くの消費物資の購入者として登場した。……これに応じた業者がそこにいたか、伴って新しい業種ないし消滅する業種がなかったか。大きな問題でありながら、知る手がかりも今残念ながら得られない」（塚本学「城下町と連隊町」『国立歴史民俗博物館研究報告』第一三一集、二〇〇六年、二〇頁）などの指摘がある。

(3) たとえば、土田宏成「陸軍軍縮時における部隊廃止問題について」(『日本歴史』第五六九号、一九九五年)や佃隆一郎「宇垣軍縮での師団廃止発覚時における各〝該当地〟の動向」(『国立歴史民俗博物館研究報告』第一二六集、二〇〇六年)などを参照。

(4) なお、佃隆一郎前掲論文(五〇頁)には、第十三師団(高田)についての「廃師によって市民はこれ程打撃を蒙る」(『高田日報』一九二四年八月二二日)という記事のある旨の紹介がある。河西英通氏のご好意でこの記事をみせてもらったが、そこには、①軍人俸給、納品額、請負金額、軍人貸家、②市税収入のうち軍人所得額、戸数割額、商人営業税、瓦斯使用料、屠場使用料、③師団下各隊(師団司令部、二十六旅団など)の支出額が掲載されている。基礎的作業として、当面はこのようなデータの収集をはかる必要があろう。なお、師団や鎮守府に勤務する軍関係者の年俸額の概要を計算することは、『日本帝国統計年鑑』や『海軍省年報』などで可能である。たとえば、一九二一年(大正一〇)の舞鶴鎮守府の軍人軍属の俸給(本給)合計額は、二九七万円となる(工廠は含まず)。

(5) 『呉―明治の海軍と市民生活―』(あき書房、一九八五年、『呉』の復刻版)、八五~九一頁。呉市史編さん委員会編『呉市史』第四巻(呉市役所、一九七六年、七七頁)に『呉』を用いた言及がある。

(6) 戸祭武「舞鶴における近代都市の形成」(『舞鶴工業高等専門学校紀要』第一四号、一九七九年)。

(7) 都市部の所得構成の分析は、都市部では所得税資料が残りにくいため、資料的な困難をともなう。都市部所得構成の先行研究はそれほどないのではないかと思われるが、軍都の所得構成の変化を検討した先行研究に、松村敏「明治中後期の経済構造と行財政」(大石嘉一郎・金沢史男編『近代日本都市史研究』日本経済評論社、二〇〇三年)がある。一八八九年(明治二二)刊の北村勝三編『時事提要』により、金沢市と石川県各郡の所得構成を分析したもので、注目すべきものである。ただし、本章との関連でいうと、三〇〇円以上所得者データが得られるのが、一八八八年(明治二一)の単年度であること、そのため第九師団設置など軍事施設の影響が必ずしも明瞭に分析されていないという難点を持っている。なお、農村部については、所得税の調査委員会委員をつとめていた地方有力者の家に、所得調査資料が残りやすかったため、所得税資料を用いた研究は以前からみられる。たとえば(県名郡名は分析対象地域)、大石嘉一郎『日本地方財行政史序説』(御茶の水書房、一九六一年、第二章:福島県耶麻郡)、太田健一「瀬戸内海沿岸地域における地主制の動向」(『土地制度史学』第二七号、一九六五年:岡山県児島郡)、坂井好郎『日本地主制史研究序説』(御茶の水書房、一九七八年、序章:岐阜県安八郡)、有元正雄「地主制下の諸階層構成―備後南部を中心として―」(後藤陽一編『瀬戸内海地域の史的展開』福武書店、一九七八年:広島県品治郡)、齋藤康彦「南関東農村における豪商農経営の

実態とその分布状況」（『土地制度史学』第九一号、一九八一年：神奈川県大住・淘綾郡）、天野雅敏『阿波藍経済史研究』（吉川弘文館、一九八六年、第六章：徳島県板野郡）、岩間剛城「明治中期・後期の伊達郡高額所得者」（『研究年報経済学』〈東北大学〉第二三二号、二〇〇三年：福島県伊達郡）、齋藤康彦『産業近代化と民衆の生活基盤』（岩田書院、二〇〇五年、第三部：山梨県）などである。

（8）舞鶴市史編さん委員会編『舞鶴市史』通史編（中）（舞鶴市役所、一九七八年）、四一七頁、四五六～四六〇頁、四七九頁、四八七頁。

（9）高橋誠「初期所得税制の形成と構造」（『経済志林』第二六巻第一号、一九五八年）。高橋氏によると、免税点三〇〇円の所得水準は、地主で小作料収入のみだと一〇町歩程度は必要になるという。俸給所得では、三〇〇円以上は判任官上級で中層以上の官吏としている。全体に、財産所得よりも給与所得に重課になる傾向がみられる（高橋誠前掲論文、七三～七四頁、八二頁）。

（10）もともとの「所得金高調」書類には、土地・貸金・俸給・商業などの所得内訳が記載されているのであるが、『明治二十年加佐郡所得納税者並ニ金高控』も、『明治三十二年所得調査額決議加佐郡』も、所得金・町村名・氏名のみの記載となっている。これは、平野家当主が、おそらく個人的な手控用として、もともとの「所得金高調」書類から所得金・町村名・氏名のみを写し取ったためと思われる。所得内訳を知ることが出来ないのが極めて残念である。

（11）以下、所得税改正については、高橋誠「明治後期の所得税制」（『経済志林』第二七巻第一号、一九五九年）や阿部勇『経済学全集第五三巻　日本財政論（租税篇）』（改造社、一九三二年）などを参照。

（12）由良川舟運並びに田辺藩の商業湊については、以下の文献を参照。桂孝三「由良川水運の歴史地理学的研究」（『人文地理』第五巻第六号、一九五三年）、渡辺加藤一『丹後の海運』（一九六八年）、真下八雄「幕末・明治前期における丹後海運業について」（福井県立図書館・福井県郷土誌懇談会共編『日本海海運史の研究』一九六七年）、舞鶴市史編さん委員会編『舞鶴市史』通史編（上）（舞鶴市役所、一九七三年、一〇三八～一〇六五頁）、深井純一「由良川流域をめぐる交通の発達」（『京都の自治』第一六・一七号合併号、一九七六年）、大江町誌編纂委員会編『大江町誌』通史編上巻（大江町、一九八三年、五〇九～五三四頁）、大江町誌編纂委員会編『大江町誌』通史編下巻（大江町、一九八四年、一〇五～一一二頁）、真下八雄「丹波・丹後地方諸藩の由良川舟運政策について」（柚木学編『日本水上交通史論集』第一巻、文献出版、一九八六年）、川端二三三郎「由良川水運と福知山・綾部盆地」（『季刊河川レビュー』第二九巻第一号、二〇〇〇年）など。

(13) たとえば、日通総合研究所編『日本輸送史』（日本評論社、一九七一年、一三四頁）には、近世の全国主要河口港として由良港があげられている。ちなみに、石州浜田の回船問屋清水屋の客船帳（一七四四年～一九〇一年）によれば、丹後回船の入港数は、総数が四三二で、内訳は、由良九三、間人七八、神崎六九と、この三か所が飛び抜けており、近世中期から明治前期において加佐郡由良・神崎、竹野郡間人の回船業者の活躍がめざましかったことをうかがわせる（前掲『舞鶴市史』通史編（上）、一〇三九～一〇四〇頁）。ちなみに、竹野郡間人は、福知山・舞鶴に支店を置くことになる第百三十国立銀行の頭取松本重太郎の出身地である（『雙軒松本重太郎翁伝』一九二二年、一頁）。また、海野福寿「明治初年・都市研究の二・三の問題」（地方史研究協議会編『幕末・明治期における都市と農村』雄山閣、一九六一年、二八四頁）の一八八二年（明治一五）の輸出入総額によると、舞鶴六万二〇〇〇円、宮津八万二〇〇〇円、由良一〇万円となり、由良が舞鶴・宮津を凌駕している。

(14) 市場湊が北前船の寄港地であることは、渡辺加藤一前掲書、松本節子『舞鶴・文化財めぐり』四五三～四五七、四七〇、藤村重美「城下町と旧軍港の複眼都市「舞鶴」」（山田安彦・山崎謹哉編『歴史のふるい都市群・七―近畿地方の都市―』大明堂、一九九四年、二五頁）を参照。市場の北前船主は村田弥惣兵衛（酒造業）で、「幕末から明治にかけての零細な買積船主の代表的なもの」とされている（渡辺加藤一前掲書、六頁）。

(15) 真下八雄前掲「丹波・丹後地方諸藩の由良川舟運政策について」の次の一文を紹介しておきたい。「由良川下流域を西部藩領とした田辺藩は、同川河口の由良湊のほか、藩領中央部に高野川河口の田辺湊、同東部に志楽川河口の市場湊を擁して、山陰・北陸沿岸航路、さらに、西回り航路上の地方的要地となっていた。そして、由良湊の地元由良村と神崎村、田辺湊の田辺城下竹屋町には、江戸時代中期に有力な船主が出現し、同末期には市場湊でもその台頭をみた」（四七四頁）。なお、由良川が中流から下流に変わる地点が有路湊であり、積荷の継送地であったが、船改めとして田辺藩からその管理をまかされていたのが平野吉左衛門家であった（大江町教育委員会「旧平野家住宅概説」『第三八回公開フォラム木造建築フォラム』二〇〇〇年）。平野吉左衛門家は、明治期に北海道への土地投資をすすめ（深川、北見回頓別の平野農場）、一九二四年（大正一三）の五〇町歩以上地主に所有耕地二三六町歩として登載されている（農林省農務局『大正一三年六月調査五十町歩以上ノ大地主』）。農場の責任者は平野石蔵（平野吉左衛門勇蔵の実弟）である（藤本薫編『現代加佐郡人物史』太平楽新聞社、一九一七年、一三頁）。京都府下の五〇町歩以上地主は五人と僅少で、丹後では平野家のみであった。また、平野吉左衛門家は、一九〇〇年（明治三三）に平野機業場（縮緬製織）と平野銀行（資本金三万円）を設立した。平野機業場は職工数男五人、女五三人（一九〇九年一二月末、農商務省商工局工務課編纂『工場通覧』一九一一年）の工場で、当時の加佐郡下では最大の工場であった（平野銀行は後述）。平野吉左衛門（十一代種蔵）、平野吉左衛門（十二代勇蔵）とも府会議員をつとめた。勇蔵は、日本蚕糸業界の大御所として著名な人物であった（京都府議会事務局編『京都府議会歴代議員録』京都府議会、一九六一年、九六九～九七〇頁、九八一～九八四頁）。

(16) 一八八七年（明治二〇）の所得分布状況にいまだ近世的な経済構造が色濃く残っているという点は、松村敏前掲論文（二四四～二四五頁）も石川県を事例に指摘している。一八八七年（明治二〇）段階では、石川県でも、北前船商人や廻船業者が高額所得者に名を連ねていた。おそらくこの点は、全国的傾向であると思われる。

(17) 鎮守府建設途上では、住民の流動性は特に高かったと思われ、戸々の所得額の捕捉はかなり困難をともなったと思われる。したがって、実際には、東地区の高額所得者割合はより高かったと思われる。

(18)「高瀬舟」（大江町教育研究会編『大江町風土記　第二部』大江町教育研究会、一九五九年）、一〇四頁。舞鶴市史編さん委員会編『舞鶴市史』各説編（舞鶴市役所、一九七五年）、二〇三頁。深井純一前掲論文、三三頁、三九頁。なお、赤坂義浩「明治後期における交通網の展開」（松本貴典編『生産と流通の近代像』日本評論社、二〇〇四年）の図0-1（三〇～三一頁）の国内定期航路図（一九〇五年）で、日本郵船・大阪商船とも舞鶴に定期航路をもっているように描かれているが、日本郵船は舞鶴への定期航路がないと思われる（日本経営史研究所編『日本郵船百年史資料』日本郵船株式会社、一九八八年。日本経営史研究所編『創業百年史資料』大阪商船三井船舶株式会社、一九八五年。前掲『舞鶴市史』各説編、一九一頁。飯野海運株式会社社史編纂室編『飯野六〇年の歩み』飯野海運株式会社、一九五九年、三三七頁）。

(19) 内務省土木局『土木局第十回統計年報』（一九〇一年）、黒崎千晴「明治前期水運の諸問題」（近代日本輸送史研究会編『近代日本輸送史』成山堂書店、一九七九年、一六二～一六七頁）、黒崎千晴「明治前期の内陸水運」（新保博・安場保吉編『数量経済史論集二　近代移行期の日本経済』日本経済新聞社、一九七九年）を参照。由良港の輸出入金額は、一九〇〇年（明治三三）でそれぞれ一一万円前後であった。舞鶴港は輸出六五万円、輸入一五七万円ほどであり、かなりの差はあるが、加佐郡第二の港の地位は保っていた（『第二十回京都府勧業統計報告』一九〇二年）。

(20) 鉄道と河川輸送については、山口和雄「近代的輸送機関の発達と商品流通」（山口和雄・石井寛治編『近代日本の商品流通』東京大学出版会、一九八六年）、山本弘文編『交通・運輸の発達と技術革新　歴史的考察』（東京大学出版会、一九八六年）の「沿岸海運と河川舟運」（増田廣實）を参照。由良川舟運の衰退については、鉄道開通と山林伐採による河床の上昇が指摘されている（前掲『大江町誌』通史編下巻、二四五頁）。

（21）営業税については、土橋多四郎『営業税法』（愛光舎、一八九七年）、芳賀昌治『営業税法便覧』（高藤書店、一八九七年）、阿部勇前掲書、『明治財政史』第六巻（復刻版、吉川弘文館、一九七一年）などを参照。

（22）紙数の関係で表示は略すが、たとえば、『京都府統計書』（一九〇四年）を参照。

（23）その他、銀行を除く舞鶴以外に本社のある会社としては、大倉組出張所、浅野セメント出張所、大阪電燈舞鶴支社、ハンター商会出張所、ホーン商会出張所、ライジングサン石油油槽所などがある（『京都府加佐郡商工人名録』余部実業協会、一九一二年、三四～三七頁）。筑前国直方村（福岡県直方市）生れの飯野寅吉（一八六五～一九四九）は、舞鶴鎮守府建設にあわせて来鶴、一八九九年（明治三二）飯野商会を設立、石炭販売・人夫供給業を開始した。一九〇二年（明治三五）舞鶴鎮守府への石炭納入契約に成功、以後、急速に成長し、日露戦争後には舞鶴を代表する港湾荷役業者となった。「当時、舞鶴における海軍官庁に対する物品納入は、飯野商会がほとんど独占していたので、三井物産・大倉組・高田商会・住友商事はいずれも飯野商会を通じて取引した」といわれた。一九一八年（大正七）飯野商事株式会社に改組、海軍艦艇燃料の煉炭から石油への切り替えにあわせ石油海上輸送に主業務比重を移していった（タンカー業務への切り替えについては、一九一七年一二月から一年間舞鶴鎮守府長官であった財部彪の助言があったとされている）。一九二二年（大正一一）には、貨物船による海上輸送業務の飯野汽船株式会社を別に設立した。この間、海軍・石炭業の関係か

写真　飯野寅吉翁像（旧中駅前ちびっこ広場）
撮影：坂根嘉弘

ら徳山、呉、若松などに業務を拡大していき、次第に呉の比重が大きくなっていった。その後、一九四一年（昭和一六）飯野商事は飯野汽船と東亜林業を吸収合併し、飯野海運産業株式会社となったが、国策により一九四四年（昭和一九）には飯野海運株式会社と飯野産業株式会社（海運以外の事業）に分離し、戦後をむかえた（以上、前掲『飯野六〇年の歩み』。引用は三四五頁）。敗戦後、飯野産業が飯野産業舞鶴造船所として海軍工廠を引き継ぐことになったが、その際、取締役会長飯野寅吉が「飯野の今日あるは、ひとえに旧海軍と舞鶴市のお陰であるから、ご恩返しのつもりでお引き受けせよ」と断を下したといわれる（舞鶴市史編さん委員会編『舞鶴市史』現代編、舞鶴市役所、一九八八年、六二頁）。飯野寅吉は、海軍とともに成長した代表的な海軍御用達商人であった。関谷友吉は、舞鶴軍港草創期に岐阜県大垣町から舞鶴に移り住み、土木建築請負業者として飯野寅吉とともに成功をおさめた人物である。合資会社関谷商会（一九一一年四月設立）は余部に本店をおいていたが、新舞鶴町、熊野郡久美浜、竹野郡間人、京都市、大津市に出張所を設けていた。営業の目的は、諸器具、金属、薬品、塗料、石材、木材、諸油、薪炭、食糧、諸紙の販売及び土木請負、運送、労力供給、官衙需要品一切供給で資本金は二万円であった（『第二十六回日本全国諸会社役員録』一九一八年）。手がけた主な舞鶴関係事業は、舞鶴鎮守府構内鉄道敷設工事（一九〇四年、二万一〇〇〇円余）、海兵団練習砲台敷地開鑿（一九〇六年、七九〇〇円）、与保呂川河心改修工事（一九〇八年、一万一〇〇〇円）、与保呂川砂利採取工事（一九〇八年、二万二〇〇〇円）、舞鶴海軍工廠造兵部大砲発射場敷地開鑿（一九〇九年、二万三〇〇〇円）などである。本支店の営業税を合わせれば、舞鶴三町には比肩すべき者がいないといわれていた。関谷友吉の生年は、正確には分からないが、一八六九年（明治二）頃の生れである（以上、『新興の舞鶴』第一巻第一号、一九一一年）。水野甚次郎（一八五八～一九二八）は、呉軍港建設工事を契機に水野組（呉）を設立し（一八九六年）、呉、佐世保、舞鶴、横須賀の軍港建設工事をはじめ、全国各地の港湾土木工事を手がけ成長した。舞鶴には一九〇〇年（明治三三）四月に進出、船渠潮留工事（四〇万円、一九〇四年竣工）を受注している。この工事は材料費が安く済み大きな利益が出たといわれている。工事規模をみれば分かるように、飯野商会や関谷商会よりも一ランク上の土木請負業者であった。その後、水野組は、順調に企業規模を拡大し、一九二九年（昭和四）に合名会社、一九五四年（昭和二九）に株式会社となり、一九六四年（昭和三九）に本社を東京に移転、一九六七年（昭和四二）五洋建設となる（『五洋建設七五年のあゆみ』五洋建設株式会社、一九七一年。『五洋建設百年史』五洋建設株式会社、一九九七年）。

(24) たとえば、呉についての「民間工業の発達は極度に弱小」（武基雄、丹下健三、浅田孝、大林新「旧軍港都市の考察主として呉市について」『大会学術講演梗概集　計画系』二二一―二二、社団法人日本建築学会、一九四六年）や横須賀の

「民営ノ諸事業ハ他ノ生産都市ニ比シ頗ル貧小ニシテ純然タル消費都市ナリ」「本市ハ官営工場トシ膨大ナル海軍工廠ヲ有スルモ民間ノ工業ハ頗ル幼稚ニシテ其ノ多クハ手工業乃至家内工業ノ域ヲ脱セス」（横須賀市編『横須賀市史』上巻、横須賀市、一九八八年、四三二〜四三四頁。原資料は『横須賀市公報』第一〇六号、一九二七年九月一〇日）など。また、生産物価格（＝工業生産額）を人口で除した「生産係数」の全国都市ランキングでみても軍港都市は下位に位置する（石川栄耀「簡易なる都力測定法（承前）」『都市公論』第一九巻第二号、一九三六年）。

(25) 中舞鶴尋常高等小学校『郷土調査』（一九三一年）。伊藤正直「戦前・戦後の舞鶴地域経済」（『立命館大学人文科学研究所紀要』第三四号、一九八一年）、二九頁。工業部面の低調さについては、伊藤正直前掲論文も同様の指摘を行っている。商業部面についても、戸祭武氏は、「近郊の農漁村を対象に、小地域商工業を営んでいた舞鶴町の町民は、鎮守府開設に伴う商圏の拡大と成長に、便乗することが出来なかったのである」（戸祭武前掲論文、一五〇頁）と地元商業への低い評価を下している（根拠となっている資料は『京都日出新聞』、古老聴取集である）。ちなみに、農商務省商工局工務課編纂『工場通覧』（一九一一年）で、一九〇九年（明治四二）末現在の舞鶴（西地区・東地区）と呉市における職工五人以上工場数を比べてみると、舞鶴一六、呉市二二となる。ただし、このうち舞鶴には酒造八（呉市は三）をはじめ、瓦二、菓子二、漁網一を含んでおり、伝統的・在来的分野が多数を占めていた。

(26) 羽路駒次『我が国商品取引所制度論』（晃洋書房、一九八五年）、九九〜一一八頁。

(27) 加佐郡の第三種所得人員は戸主名ででているため、おそらく実際の納税世帯数を意味している。しかし、京都府と全国は戸主以外の家族も含めた第三種所得人員の可能性がある。つまり、加佐郡との比較には第三種所得人員から第三種所得家族人員を差し引いた納税世帯数を使う必要があるかもしれない。第三種所得家族人員が『主税局統計年報書』で把握できるのは一九〇三年（明治三六）以降である。したがって、一九〇八年（明治四一）は納税世帯数を把握できる。表2-1-1では、一九〇八年（明治四一）にこの点の修正を加えていないが、納税世帯数で三〇〇円以上所得者割合を計算すると、一九〇八年（明治四一）の三〇〇円以上所得者割合は京都府一一・四三％、全国九・三〇％となり、ともに二％前後低くなる。一八八七年（明治二〇）、一八九九年（明治三二）でも同様の問題が生じているかもしれない。その場合には、全国と京都府の三〇〇円以上所得者割合については、やや割り引く必要がある。

(28) 紙数の関係で表示は略したが、説明変数として、三〇〇円以上納税者数、一人当平均納税額、所得税納税額、所得額との相関をみたが、いずれも高い相関を示している。もっとも、資金は県外へ動くし、本社を県外に置く場合もあるので、それが補正できれば相関係数は若干高まるかもしれない。

(29)　京都府における銀行史・金融史については、京都商工銀行編『沿革史』（京都商工銀行、一九一七年）、『京都府農工銀行沿革史』（京都府農工銀行、一九二二年）、高橋眞一『京都金融史』（京華日報社、一九二五年）、平井瑗吉『京都金融小史』（一九三八年）、『銀行　源流と進展』（京都銀行協会、一九八一年）、『京都銀行五十年史』（京都銀行、一九九二年）、京都中央信用金庫六十年史編纂委員会『六十年史』（京都中央信用金庫、二〇〇〇年）がスタンダードな文献である。近年の研究論文として、佐々木淳「戦前期の京都における本店銀行」（湯野勉編『京都の地域金融─理論・歴史・実証』日本評論社、二〇〇三年）、佐々木淳「一九三〇年代前半における丹後の銀行と丹後縮緬」（『経済学論集』〈龍谷大学〉第四六巻第四号、二〇〇七年）がある。後者の佐々木論文は、丹後縮緬機業地帯の金融に関するもので、加佐郡は対象から外れている。加佐郡の銀行についての先行研究は管見の限りみあたらない。

(30)　新舞鶴商業銀行は、前掲『京都銀行五十年史』に銀行名の記載があるのみで、『銀行総覧』には掲載がなく（東京銀行協会調査部・銀行図書館編『本邦銀行変遷史』東京銀行協会、一九九八年、三七一頁）、実際に存在したのかどうかも不確かな銀行であった。したがって、本稿の検討から除外している。

(31)　河守銀行は、一八九七年（明治三〇）に河守町で設立された銀行で、資本金は、当初二万円と小さかったが、

表２－４－２　平野銀行・河守銀行営業指標

単位：円

	払込資本金	諸積立金	預金	貸付金	所有有価証券	利益配当率(%)	預貸率(%)	預証率(%)
(1) 河守銀行								
1903年	50,000	5,200	21,550	75,410		11	350	
1918年	31,250	6,700	220,701	219,019		6	99	
1925年	105,000	18,900	408,377	1,164,713	14,877	5	285	4
1926年	105,000	19,900	360,476	467,492	10,249	-	130	3
(2) 平野銀行								
1906年	30,000	11,000	144,652	162,689		8	112	
1918年	30,000	27,000	668,569	339,018		8	51	
1925年	30,000	58,500	1,357,899	940,701	221,355	10	69	16
1926年	30,000	64,000	1,355,352	1,057,379	272,655	20	78	20

（出典）　大蔵省銀行局『第50次銀行局年報』（1927年）。大蔵省銀行局『第51次銀行局年報』（1928年）。『銀行通信録』（東京銀行集会所）。

（備考）

1）　1925年（大正14）、1926年（大正15）は『銀行局年報』。他は、『銀行通信録』掲載の「全国各銀行営業報告要領」。

2）　1918年（大正７）のみ６月末日、配当率は上半期（他は下半期）。

3）　両行とも、「全国各銀行営業報告要領」に毎期掲載されているわけではない。

徐々に増資し一九二八年（昭和三）には一五万円（払込済一〇万五〇〇〇円）となっている（大蔵省銀行局『第三十五回銀行総覧』一九二八年）。それでも銀行法（資本金最低額百万円）下の地方銀行としては、かなり小さい資本金額である。役員はすべて河守町か河守上村の人物であり（『第六回日本全国諸会社役員録』一八九八年。『第十八回日本全国諸会社役員録』一九一〇年。『第二十六回日本全国諸会社役員録』一九一八年）、株主も三四四人とこの規模の資本金額にしては極めて多く（大蔵省銀行局『第五十次銀行局年報』一九二五年末現在）、おそらく河守町やその近郊の商人・農民が株主となっていたのであろう。河守町の本店のほかに、何鹿郡物部村に支店を置いていた。『京都日出新聞』（一九二八年七月一二日）では、一九二七年（昭和二）「一二月以来紛議に紛議を重ね遂に閉行のやむなきに到」り、預金の払戻しを行う旨が報じられている（詳細は不明）。その後、一九二九年（昭和四）に何鹿銀行（綾部町）に合併された。具体的な経営状況は、『銀行通信録』掲載の「全国各銀行営業報告要領」と大蔵省銀行局『銀行局年報』（一九二五年末、一九二六年末）でしかわからないが（表2-4-2）、積立金や預金額が小さく、預貸率も百%を越える年が多く、かつ預証率も低く、決して磐石の経営ではなかった。平野銀行（合名会社）は、一九〇〇年（明治三三）に設立された有路上村の資本金三万円の小さな銀行で、社員は業務担当社員平野吉左衛門ほか平野一族であり、明らかに平野一族の銀行であった。たとえば、前掲『第二十六回日本全国諸会社役員録』によると、業務担当社員平野吉左衛門（勇蔵、本家）、支配人平野新蔵（分家平野忠治家の嫡子）、河守支店長平野政蔵（隣地分家平野謙二郎家の嗣子、平野吉左衛門勇蔵の実弟）、六人部出張所所長大槻高蔵（平野吉左衛門勇蔵の実弟）であった（前掲『現代加佐郡人物史』、一二頁、四九頁、五一頁。前掲『京都府議会歴代議員録』、九一三頁、九七〇頁）。平野銀行の経営（表2-4-2）は、資本金に比し積立金や預金が大きく（特に預金）、預貸率や預証率も適正、配当も確実で、誠に堅実な経営であったことがうかがえる。昭和初期の帝国興信所京都支所の評価も高い（『京都商工大鑑』帝国興信所京都支所、一九二八年、四七四～四七五頁）。一九二八年（昭和三）には銀行法が施行され、銀行合同という時流のなか、増資することなく一九三一年（昭和六）九月に高木銀行（福知山町）に買収された。

(32)『第十五回日本全国諸会社役員録』（一九〇七年）。前掲『第十八回日本全国諸会社役員録』。『第二十回日本全国諸会社役員録』（一九一二年）。新舞鶴貯金銀行は、当初は新舞鶴町関係者が役員に就任していたが、一九一〇年（明治四三）頃には役員が一新し、大阪市、神戸市の人物が主導するようになった（前掲『第十五回日本全国諸会社役員録』。『第十七回日本全国諸会社役員録』一九〇九年。前掲『第十八回日本全国諸会社役員録』）。そもそも初代頭取の池田梶五郎は倉梯村村長であり、新舞鶴町初代町長（臨時代理）であった（舞鶴市史編さん委員会編『舞鶴市史』年表編、舞

鶴市役所、一九九四年、六一二～六一三頁）。

(33)『帝国信用録第四版』（帝国興信所、一九一一年）に新舞鶴貯金銀行が載っているが、対人信用程度「薄」、盛衰「衰」と、ともに最低の評価となっている（一九一〇年一二月取調）。

(34) 頭取の武内勇太郎は、舞鶴町林田家より婿養子として武内家（舞鶴町魚屋）にはいった人物で（前掲『京都府議会歴代議員録』、九六七頁）、立憲国民党の政治家であるとともに（本書第一章参照）、舞鶴町では数少ない企業家的活動を行った人物であった。丹後魚市場（舞鶴町、一九一六年設立）や田井鰤大敷網会社（加佐郡東大浦村、一九〇七年設立）の取締役（前者は代表）をはじめ、高木銀行の取締役・舞鶴支店長であり、治久銀行の監査役も兼務していた（『第十七回日本全国諸会社役員録』一九〇九年。前掲『第二十六回日本全国諸会社役員録』。『第三十一回日本全国諸会社役員録』一九二三年）。舞鶴銀行は、無限責任社員の武内勇太郎、有限責任社員として高木重兵衛（福知山町）、佐藤治兵衛（福知山町）、今安勝三（舞鶴町）、林田弥寿夫（舞鶴町）、松村雄吉（福知山町）で構成されていた。おそらく舞鶴銀行は、武内が支店長であった高木銀行舞鶴支店を継承し、武内を無限責任社員とする合資会社舞鶴銀行を設立したものと思われる。大蔵省銀行局『銀行総覧』によると、高木銀行舞鶴支店は一九一八年（大正七）でとぎれ、舞鶴銀行破綻後の一九二四年（大正一三）に再登場するが（表2-5）、ちょうど舞鶴銀行存続期間だけ高木銀行舞鶴支店がなくなっていることと符合する。有限責任社員として高木重兵衛（高木銀行頭取）、佐藤治兵衛（治久銀行頭取）、松村雄吉（高木銀行取締役）が名を連ねているのは、かつて高木銀行の取締役・舞鶴支店長や治久銀行の監査役を兼務していたつながりからだと思われる。舞鶴銀行が田井に派出所を置いていたのは（『丹州時報』一九二二年六月一三日に広告が掲載されている）、武内が取締役であった田井鰤大敷網会社の関係からであろう。ちなみに、林田弥寿夫は舞鶴町（寺内）で酒造業を営む資産家（所得税五一円・営業税四〇円）であり、今安勝三は舞鶴町（丹波）で銅鉄材・和洋諸金物類を扱う舞鶴町指折りの大商人（所得税七三〇円・営業税二二四円）であった（大日本商工会編纂『昭和五年版大日本商工録』、七六頁、一三五頁）。林田弥寿夫は、上野弥一郎（岡田中村西方寺、府会議員、衆議院議員）の実弟である（前掲『現代加佐郡人物史』、一七頁、一二三頁。前掲『京都府議会歴代議員録』、九七九頁）。高木重兵衛（唐反物問屋）は、治久銀行頭取を交互につとめた佐藤治兵衛（呉服商）・片岡久兵衛（呉服商）や福知山銀行頭取の高木半兵衛（酒造業）とならぶ福知山屈指の資産家で、高木銀行は昭和期の銀行合同（注(36)参照）の中核をなした銀行である。一八八七年（明治二〇）の所得税調査では、福知山町で三〇〇円以上所得者は四九名で（舞鶴町は二二名に過ぎなかったから、二倍以上の人員である）、佐藤治兵衛一三二〇円、高木重兵衛一二〇〇円、高木半兵衛一一六六円、片岡久兵衛一〇九八円と軒並み高額所得者に登場している（福知山市史編さん委員会編『福知山市史』第四巻、福知山市役所、一九九二年、五二二～五三二頁。福知山市史編さん委員会編『福知山市史』史料編三、福知山市役所、一九九〇年、三八九～三九一頁）。一九二五年（大正一四）の京都府貴族院多額納税者議員互選人名簿には、佐藤治兵衛（一五二位）・片岡久兵衛（一六一位）・高木半兵衛（一八二位）が登載されている。丹後地域では舞鶴町の土井市兵衛（一六九位、倉庫業）が載せられているのみである（「大正一四年六月一日現在調貴族院多額納税者議員互選人名簿」『京都府公報』一九二五年七月二〇日）。松村雄吉は、『第五版日本全国商工人名録』（一九一三年、七九頁）に、土木請負業者（所得税七八八円、営業税八六四円）で登場している。この税額は極めて高い。おそらく松村組（『京都府人物誌』一九二八年、二三〇頁）のものであろう。なお、『日本全国商工人名録』、『大日本商工録』は、渋谷隆一編『都道府県別資産家地主総覧』京都編二（日本図書センター、一九九一年）の復刻版による。

(35) ちなみに、林田・今安両社員は、名義だけで銀行業務の経験はなく、経営は武内の専断であったといわれ、これが、武内個人・武内一族への多額の貸付とともに、後継者選定（銀行継続への合意）を難しくしたものであった（以上、『日出新聞』一九二三年五月一〇日、五月一七日、五月一八日、五月二三日、五月三〇日、六月三日、六月八日、一一月一六日。『大阪朝日新聞』一九二三年四月二五日、五月一六日、五月二三日、五月二六日、五月二八日、六月五日、一〇月四日）。「舞鶴銀行休業」（『大阪銀行通信録』第三〇九号、一九二三年五月）は、休業の原因として「内部不如意」をあげているが、おそらく放漫な貸付をさしているものと思われる。七月五日に舞鶴銀行社員と預金者代表との間に協定が成立したが、預金三十一万円は舞鶴銀行の権利義務を継承する高木銀行に舞鶴支店を設置せしめて三年以内に払戻すこととなった（「舞鶴銀行預金払戻案決定」『大阪銀行通信録』第三一一号、一九二三年七月。「舞鶴銀行預金払戻実行」『大阪銀行通信録』第三一六号、一九二三年一二月。『日出新聞』一九二三年六月九日、六月二六日、七月一日）。

(36) 一九三〇年（昭和五）一二月現在では、福知山銀行、高木銀行、治久銀行（以上、天田郡福知山町）、何鹿銀行（何鹿郡綾部町）、宮津銀行、丹後産業銀行（以上、与謝郡宮津町）がそれぞれの地域の有力銀行であった（京都府内務部『京都府金融要覧』一九三一年）。昭和戦前期の京都府の銀行合同はこれらの銀行を中軸に進行した。一九三六年（昭和一一）一一月に福知山、高木、治久、何鹿の四行が合併し両丹銀行（払込資本金一〇四万円、預金一〇七〇万円、貸付五五〇万円、店舗二八、本店旧高木銀行本店）となり、さらに、一九四一年（昭和一六）一〇月、両丹銀行と宮津、丹後産業、丹後商工（中郡峰山町）の四行が合併し、丹和銀行（払込資本金一二八万円、預金四七三八万円、貸付一五二〇万円、店舗五八、本店旧両丹銀行本店）が生まれた。その後、丹和銀行は一九五一年（昭和二六）一月京都銀行と改称し、一九五三年（昭和二八）八月本店を福知山市から京都市烏丸松原に移した（前掲『京都銀行五十年史』、八二〜一三五頁、一七四〜一八七頁）。

（37）舞鶴における民権運動の低調さについて、当時の『大阪日報』（一八八一年一月二三日）が、丹後一円民権運動が盛り上がっているのに、加佐郡は別で、そこに暮らす人々は「一種殊別の空気を呼吸する人民」であり、民権運動へ消極的であることを指摘しているのは印象的である。同様に、『京都新報』（一八八二年四月一四日）は舞鶴の民権運動を報じて、「又舞鶴の通信をみるに、当地は山陰の一佳港にして頗る繁盛なるも、いかんせん人民挙って進取活発の気力に乏しく」と評しているのである（以上、前掲『舞鶴市史』通史編（中）、一七七〜一八〇頁）。舞鶴・加佐郡は「一種殊別」で「人民挙って進取活発の気力に乏し」いというわけである。少し後の『日出新聞』（一八八七年三月九日）は、加佐郡民を評して、「……民間総て慣習を墨守新奇を嫌ふ事恰も讐敵の如きなるが……」としている（『京都日出新聞』一九二七年三月九日）。舞鶴・加佐郡を、新奇を嫌う保守的な土地柄と評している。また、最近の第三者の観察としては、「……とくに四面を山が囲む閉ざされた地形だけに、いっそう保守性が形成されたのであろう。舞鶴の人々はみずから「消極性」をいい、私も聞き取りをとおして、何人もの礼儀ただしく、用心深い人たちに出会ったことがいまも強く印象に残っている」を紹介しておきたい（吉田ちづゑ「軍港舞鶴の児童画」『立命館平和研究』第四号、二〇〇三年、六〇頁）。

（38）「治久銀行の多可銀行余部支店買収」（『大阪銀行通信録』第三九四号、一九三〇年）。

（39）松本重太郎頭取の第百三十国立銀行は、一八九八年（明治三一）に普通銀行に転換後、日露戦争中の一九〇四年（明治三七）に日本紡織会社の経営不振により破綻する。その後、安田善次郎が救済に乗り出し、以後、百三十銀行は安田銀行系列に入った。一九二三年（大正一二）の安田大合同で安田銀行と合併した。一九〇四年（明治三七）の百三十銀行破綻時の舞鶴支店の貸出残高は九万二千円（貸出総額の〇・八％）と小さく、すべて第一号（回収確実債権）であった（石井寛治『近代日本金融史序説』東京大学出版会、一九九九年の「第六章　百三十銀行と松本重太郎」参照）。小浜銀行は一八八六年（明治一九）設立で、資本金は一五万円（一九〇六年）、舞鶴に舞鶴支店を、岡田上村に川筋出張所を置いていた。小浜銀行は、その後、二十五銀行（福井県遠敷郡小浜町）、敦賀二十五銀行（敦賀郡敦賀町）、大和田銀行（敦賀町、一九三七年から敦賀市）、三和銀行（大阪市）と移り変わっていく（大蔵省銀行局『第十四回銀行総覧』一九〇六年。前掲『本邦銀行変遷史』。『三和銀行史』三和銀行、一九五四年。『三和銀行の歴史』三和銀行、一九七四年。『創業百年史』北陸銀行、一九七八年。『福井銀行八十年史』福井銀行、一九八一年)。二十五銀行の舞鶴支店・川筋支店は、その後それぞれの銀行の支店として受け継がれていったが、大和田銀行に合併したとき川筋支店を廃止したと思われる。ちなみに、舞鶴町の資産家、金村仁兵衛(一九一二年以降舞鶴信用組合長)が小浜銀行から敦賀二十五銀行まで取締役となっている(前掲『福井銀行八十年史』、九〇二~九〇七頁。『銀行大鑑』日本金融通信社、一九三三年、五二〇頁。『有限責任舞鶴信用組合沿革概要』一九三一年)。おそらく舞鶴支店の面倒をみていたのであろう。日野銀行(滋賀県蒲生郡日野町、資本金二〇万円)は一九〇二年(明治三五)に新舞鶴支店を倉梯村に置いているが、一九〇六年(明治三九)、近江銀行による日野銀行買収とともに撤退している(大蔵省銀行局『第四回銀行総覧』一八九七年。前掲『本邦銀行変遷史』。表2-5)。

(40) 佐治銀行は一八八七年(明治二〇)一二月設立、資本金二〇万円(一九〇六年)で、一九二九年(昭和四)に柏原合同銀行に買収される。多可銀行は一八九六年(明治二九)五月設立、資本金二五万円(一九〇六年)で、一九三一年(昭和六)二月に解散している(以上、前掲『第十四回銀行総覧』一九〇六年。前掲『本邦銀行変遷史』。「兵庫県下三銀行の解散」『大阪銀行通信録』第四〇三号、一九三一年三月)。多可銀行は、一九二九年(昭和四)一月頭取以下重役の背任横領事件が発覚(多可銀行事件)、重役の収監により支払停止、四月には大蔵大臣より営業停止を命じられていた(「多可銀行の支払停止」『大阪銀行通信録』第三七九号、一九二九年三月。「多可芦品両銀行の営業停止」『大阪銀行通信録』第三八一号、一九二九年五月)。佐治・多可両行とも、地方銀行としては比較的な大きな資本金額であった。なお、『京都日出新聞』(一九二六年一月一〇日)は、佐治銀行を新舞鶴町に移転し、資本金一〇〇万円の新舞鶴商業銀行という地元本店銀行を設立すると報じているが、前後の詳細は不明である(注(30)参照)。ちなみに、表2-6-1が一九二八年(昭和三)の佐治銀行新舞鶴支店、多可銀行余部支店の預金・貸付金を示している。事件発覚前における多可銀行余部支店の預貸率の異常な高さと定期預金比率の低さが目立っている。安田銀行の預金の大きさは際立っているが、二十五銀行両支店の預金・貸付金も比較的大きかったことが分かる。

(41) ちなみに、「余部の金融機関」(前掲『新興の舞鶴』第一巻第一号、三二頁)は、明治末期の余部の金融状況として、①余部の金融は多可銀行、高木銀行、信用組合、倉庫会社によっ

表2-6-1　管外銀行支店(1928年5月)

単位：千円、%

銀行名	支店名	預金	貸付金	預貸率	預金にしめる定期比率
安田	舞鶴	4300	309	7	56
佐治	新舞鶴	199	171	86	15
多可	余部	260	711	273	27
二十五	舞鶴	902	1046	116	61
二十五	川筋	276	102	88	88

(出典)『京都府市商工会議所連合調査書』第5号(1928年)。

て「支配されて居る」、②金利は極めて高いが、「各商業家の営業振りが中々活発だから金利の高いのにも余り苦痛を感ぜぬらしい」、③預金は案外少ないが郵便貯金は非常に多い、の三点を指摘している。以上に関して若干補足しておくと、①の信用組合についてであるが、加佐郡の信用組合（兼営信用組合は除く。一九二四年以降市街地信用組合。前掲『有限責任舞鶴信用組合沿革概要』による）には、舞鶴信用組合（一九〇九年設立）、新舞鶴信用組合（一九一〇年設立）、中舞鶴信用組合（一九一〇年設立）があった。順に（一九二四年末現在）、組合員は一二三二人、一八三八人、五二六人、貯金は九六万円、一二四万円、二九万円、貸付金は九四万円、一〇八万円、二五万円（京都府内務部『大正十三年京都府産業組合概況』）。新舞鶴信用組合が最大で、中舞鶴信用組合は他の二つと比べると劣勢であった。舞鶴信用組合と新舞鶴信用組合は、一九一九年（大正八）から一九二二年（大正一一）に、産業組合中央会京都支会や産業組合中央会から優良組合として表彰されている（東舞鶴信用金庫七〇周年記念誌編纂委員会編『創立七〇周年記念誌』東舞鶴信用金庫、一九八〇年。『京都府産業組合史』京都府産業組合史編纂部、一九四四年、三七七～三七九頁）。戦後の信用金庫法（一九五一年）により、舞鶴信用組合は舞鶴信用金庫に、東舞鶴信用組合（一九三八年新舞鶴信用組合改称）は東舞鶴信用金庫となる（一九五二年）。中舞鶴信用組合は、多可銀行事件（注(40)）が飛び火し、一九三三年（昭和八）一二月一八日、解散の憂き目にあった（前掲『京都府産業組合史』、一四二頁）。新聞報道によると、多可銀行事件と関連して、組合長の背任横領が問題となり、組合長が召喚された一九二九年（昭和四）八月二〇日以降取付が生じ、休業せざるを得なくなった。組合長をはじめ組合役員が刷新されたが、その後経営を立て直せないまま、解散という事態に陥ったのである（『京都日出新聞』一九二九年九月六日、九月七日、九月九日、九月一六日、九月二三日、九月二七日）。②の金利が高い点についてであるが、飯野商会は、金利が高いとしつつも、多可銀行余部支店を取引銀行としている（前掲『飯野六〇年の歩み』三五〇頁）。前掲『京都府人物誌』は「藤井常三郎」（多可銀行余部支店長）の項のなかで、「飯野商事が今日の大をなした裏にも君の功績が認められてゐる」（二二三頁）としている。③の舞鶴町・新舞鶴町・中舞鶴町の郵便貯金が非常に多い点については、『大阪朝日新聞』（一九二二年一〇月六日）が「計数に現はれた貯金思想」という記事で、前会計年度末現在で、軍港地が京都府下で首位であることを報じている。京都府下で第一位は新舞鶴局、第二位が舞鶴局、第三位が中舞鶴局、第四位が京都局であった。軍人や商人の利用が多かったようである（「軍縮影響の先走りは先づ郵便貯金から」『大阪朝日新聞』一九二二年七月二三日）。なお、当時の郵便貯金利子は、産業組合利子・銀行貯蓄預金利子とともに所得税非課税であった（東京税務監督局編纂『個人所得税便覧』東京財務協会、一九二五年、四三頁）。

(42)『第二回舞鶴町現勢調査簿』（舞鶴市郷土資料館蔵）に、一九一〇年（明治四三）における手形の割引高、荷為替手形の貸付金・取立高などが、百三十銀行舞鶴支店、小浜銀行舞鶴支店、高木銀行舞鶴支店の三支店別に掲載されているが、いずれも百三十銀行舞鶴支店が飛び抜けて高い数値となっている。昭和期になると、安田銀行とともに、大和田銀行の商業信用供与が活発となっているが、それでも安田銀行には到底及ばない（『昭和十三年六月市制施行上申案』舞鶴市郷土資料館蔵）。なお、日本銀行代理店は、百三十銀行・安田銀行の舞鶴支店・新舞鶴（東舞鶴）支店が受託していた（前掲『京都銀行五十年史』、一四八頁）。

(43)『昭和十四年度事業報告書』（京都府庁文書昭一四―一一七、京都府立総合資料館蔵）。

(44)金融機関間での貸し借りもあるが、この点は把握できない。なお、注(41)にも記したように、加佐郡は、軍港所在地であったため、郵便貯金の残高が非常に大きい。一九三六年（昭和一一）でみると、八二二万円であり、産業組合の貯金額（七一六万円）や管外支店銀行の預金額（七一八万円）をやや超える額である。ちなみに、郵便貯金残高は天田郡三七〇万円、何鹿郡二二六万円、与謝郡三〇七万円であり、いずれも産業組合貯金額や地元本店銀行預金額よりかなり小さい（貯金局『昭和十一年度貯金局統計年報　第四十四回』一九三七年。京都府経済部『京都府金融要覧』一九三七年。京都府経済部『昭和十一年末現在京都府産業組合及農業倉庫概況』一九三七年）。

(45)『大正九年京都府加佐郡現勢一班』（京都府加佐郡役所、一九二一年）、一三頁、一四頁、一七～一八頁。ちなみに、海軍工廠へは新舞鶴駅経由で中舞鶴駅まで鉄路で通勤できたため、舞鶴町や舞鶴町近郊地域も通勤圏に入っていた。

(46)紙数の関係もあり、本稿では米穀流通を取上げる。内務省土木局編纂『大日本帝国港湾統計』や逓信省鉄道局編『鉄道局年報』を用いた軍港都市の物流については、他の軍港都市とともに別稿で検討したい。

(47)児玉完次郎『米穀検査事業の研究』（西ヶ原刊行会、一九二九年）、二〇四頁。

(48)農林省農務局編纂『地方産米に関する調査』（東京経済新報社出版部、一九三〇年）、二五三～二六三頁。農林省米穀部編纂『地方産米ニ関スル調査』（帝国農会、一九三三年）、三五三～三六七頁。農林省米穀局編纂『地方産米に関する調査』（日本米穀協会事務所、一九三六年）、五五一～五六九頁。明治期京都府下各郡における稲の種類及び栽培法の変遷については、「京都府下各郡に於ける明治初年以来米作変遷調査」（『京都府農会報』第一六九号、一九〇六年）、安田健「稲作の慣行とその推移」（農業発達史調査会編『日本農業発達史』第二巻、中央公論社、一九五四年）がある。

(49)大粒は酒米か、飯米用でも極上米として高値で取引されたが、昭和に入ると急減した。京都府は旭（小粒）への品種統一が最も進んだ地域であった（澤田徳蔵『米の消費地の研究と米の品種論』創元社、一九三九年、二五三～二五六頁、二七四頁）。したがって、本表の価格差で注目すべきは小粒ということになる。

(50) 農林省農務局編纂前掲書、二六三頁。農林省米穀部編纂前掲書、三六七頁。農林省米穀局編纂前掲書、五六九頁。

(51) 従来の米穀市場論（産米改良論）では、もっぱら大阪や東京の米穀市場での格付を基準に議論してきたが、ここでは、米穀市場での格付がすべてではなく、「消費地の好み」を議論に入れることの必要性を従来の研究史に対して主張している。

(52) 澤田徳蔵前掲書、一四頁、一〇三〜一〇四頁、二八六頁。

(53) 東北、北陸、山陰地方では、丹後同様に、収穫期に多湿となるため、米穀に水分が多く含まれることになる。これが軟質米である。京阪神の米穀市場では硬質米が好まれる傾向が強く（特に神戸）、軟質米の市場での評価は大きくマイナスであった（澤田徳蔵前掲書、一五頁、一三四頁）。

(54) 『大正十一年港湾状況調』（加佐郡役所文書一〇、京都府立総合資料館蔵）。

(55) 要港部格下げに伴う軍港要港規則改正により、一九二三年（大正一二）一月一日から、松ヶ崎鼻と防備隊鼻を結ぶ線以南が第一区から第三区となり、与保呂川（新川）河口から東側一帯を新舞鶴港として民間で商業利用することが可能となった。新舞鶴桟橋株式会社の設立・新舞鶴駅からの引込線の敷設（一九二四年）をはじめ、倉庫・桟橋などが順次整備されていった（以上、前掲『舞鶴市史』通史編（下）、八三〜八五頁）。軍港要港規則改正以前から新舞鶴港には入港船はあった模様で、主に軍需貨物の陸揚げが行われていたと思われる（前掲『大正十一年港湾状況調』）。

(56) 海舞鶴駅は、舞鶴駅（現、西舞鶴駅）から舞鶴港への引込線のターミナル駅で、一九〇四年（明治三七）一一月、阪鶴鉄道福知山・新舞鶴間が開通すると同時に新設された。境・宮津・小浜各港への鉄道連絡船の起点となった（前掲『舞鶴市史』通史編（下）、六四頁。前掲『舞鶴市史』各説編、二〇四頁）。山陰本線が全通した際には（注(58)参照）、旅客・貨物が減少し「一時幻滅の悲哀を嘗めた」（大阪鉄道局運輸課『大阪鉄道局の貨物輸送』一九二八年、八六頁）。

(57) 中西聡「近代の商品市場」（桜井英治・中西聡編『新体系日本史一二　流通経済史』山川出版社、二〇〇二年）、二九〇頁。片岡豊「穀類の生産と流通」（松本貴典編『生産と流通の近代像』日本評論社、二〇〇四年）、一二七〜一二八頁。

(58) 『福知山鉄道管理局史』（福知山鉄道管理局、一九七二年）、六九五頁。

(59) 表2-10〜表2-13を総合すると、大正期は海路と鉄路でだいたい六万石から一〇万石が移入されていたことになる。大正後期からは朝鮮米の移入が増加していった（表2-14）。加佐郡内供給量としては、これに加佐郡生産量四万五〇〇〇石が加わる。加佐郡内での海軍の米穀買付量と加佐郡九万二〇〇〇人（『国勢調査報告』一九二〇年）の消費量を差し引いた残りの部分は、郡外へ移出されたことになる（移出の全貌はつかめないが、たとえば、一九二七年の舞鶴港からの朝鮮米移出量は一万六〇〇〇石余となっている。『舞鶴港調査一件』一九二八年、京都府庁文書昭三―二二八、京都府立総合資料館蔵）。ちなみに、戦時中のデータであるが、一九四四年（昭和一九）の海軍米穀買付実績は、舞鶴六万二九六一石（横須賀七五万五二二七石、呉三四万八一六三石、佐世保一九万一七五一石）となっている（前田道雄『戦時下に於ける食糧需給対策』農業技術協会、一九四八年、一三七頁）。

(60) 田付茉莉子「解題　大日本帝国港湾統計」（山口和雄監修『近代日本商品流通史資料』第九巻、日本経済評論社、一九七八年）、一一頁。中西聡「国内海運網の近代化と流通構造の変容」（石井謙治編『日本海事史の諸問題　海運編』文献出版、一九九五年）、三八三頁。明治期における舞鶴港の急成長については、中西氏が指摘している（中西聡前掲「国内海運網の近代化と流通構造の変容」、三八四頁）。

(61) たとえば、『京都府統計書』による一八九一年（明治二四）から一八九五年（明治二八）の加佐郡一人当米穀量（すべて飯米と仮定し米穀生産高を現住人口で除した数値）は、順に、〇・七三石、〇・八七石、〇・八八石、〇・九五石、〇・九六石となる。

(62) 一八七六年（明治九）～一九三八年（昭和一三）までの推計（五か年移動平均）で、年間一人当米穀量は、明治一〇年代〇・七石台、明治二〇年代〇・八石台前半、明治三〇年代前半〇・八石前後、明治三〇年代後半〇・九石台前半である（大豆生田稔「米穀消費の拡大と雑穀」木村茂光編『雑穀Ⅱ』青木書店、二〇〇六年、一三九頁）。ちなみに、別途、明治三〇年代の年間一人当米穀量（全国平均・平年作）は〇・八二石と計算されている（片岡豊前掲論文、一二〇頁）。

(63) 一九〇六年（明治三九）の港別移入米穀価格ランキングでは、呉一五位、舞鶴一七位、佐世保三〇位であった（中西聡前掲「近代の商品市場」、二九一頁）。

表 2-14　舞鶴港への朝鮮米移入量

	総量（円）	石数	仕出地別割合（%）					
			釜山	仁川	群山	鎮南浦	その他	計
1928年	1,290,480	47,813	33	16	12	9	30	100
1936年	1,447,215	50,647	65	8	7	4	16	100

（出典）内務省土木局編纂『大日本帝国港湾統計』（1928年、1936年）。

コラム

軍港都市には軍人市長が多いか

坂根嘉弘

軍港都市には軍人市長が多かったのであろうか。この問いについては、大西比呂志氏の研究がある。[1]大西氏が作成された横須賀・呉・佐世保三軍港の戦前期歴代市長経歴一覧表によると、海軍軍人や官僚などの外部市長は、横須賀市では歴代市長一五人のうち海軍五人、官僚二人、呉では一二人のうち海軍二人、官僚三人、佐世保では七人のうち海軍二人、官僚三人であった。このように軍人市長は横須賀が五人と飛び抜けて多くなっている。[2]その理由は、横須賀市側は海軍への受けのいい人物を望んだことと、海軍からは横須賀市へ海軍出身市長の「要望」があったということである。軍人市長は多くは海軍少将か海軍中将であり、確かに海軍助成金などをその筋に陳情する際には、そのような海軍の肩書(階級)が好都合であったろうことは容易に想像できる。この海軍からの「要望」と横須賀市会内部での党派争いがからみ、横須賀市政は複雑怪奇だったようである。

では、そもそも陸軍も含めた軍人市長は、軍港都市以外では、どれくらい登場するのであろうか。表1が、一八八九年(明治二二)、一九〇一年(明治三四)、一九一二年(明治四五)、一九二二

表1　軍人市長

年月	市	氏名	略歴/前歴
1889年10月	熊本市	杉村大八	軍人、郡吏、元熊本県熊本区書記
1901年10月	名古屋市	志水直	陸軍少尉、台湾総督府民政事務官
1912年10月	横須賀市	田辺男外鉄	海軍少将（機関、石川）
	佐世保市	内田政彦	海軍大尉、佐世保鎮守府軍法会議首席法務官（主理）
1922年10月	横須賀市	奥宮衛	海軍少将（兵科、高知）
	福井市	武内徹	陸軍中将（工兵、福井）
	和歌山市	遠藤慎司	主計監（経理部、和歌山）
	丸亀市	久野廉	陸軍将官、敬愛高等女学校長
	平壌府	楠野俊成	陸軍憲兵大尉
1930年10月	横須賀市	高橋節雄	海軍少将（兵科、島根）、松江市長
	大津市	奥野英太郎	陸軍中将（歩兵、滋賀）
	松江市	石倉俊寛	海軍少将（主計、島根）
	鹿児島市	樺山可也	海軍少将（兵科、鹿児島）
1938年10月	横須賀市	久野工	海軍中将（主計、高知）
	高田市	江坂徳蔵	海軍少将（機関、新潟）
	富山市	山崎定義	陸軍中将（歩兵、富山）
	高山市	森彦兵衛	海軍主計少佐、醤油業経営、高山高等女学校長
	東舞鶴市	立花一	海軍少将（兵科、鹿児島）
	松江市	石倉俊寛	海軍少将（主計、島根）
	山口市	高橋忠治	海軍大佐、在郷軍人会分会長
	徳山市	本城嘉守	陸軍少将（歩兵、山口）、町長
	高松市	富家政市	陸軍少将（工兵、香川）
	小倉市	嶋永太郎	陸軍中将（歩兵、福岡）
	鹿児島市	伊地知四郎	海軍少将（機関、鹿児島）
	台南市	藤垣敬治	陸軍司令官、台湾総督府事務官
1945年8月	石巻市	岩崎孫八	陸軍中佐、市議、石巻在郷軍人会分会長
	若松市	高山輝義	陸軍少将（歩兵、福島）
	平市	猪瀬乙彦	陸軍大佐
	桐生市	広瀬勝滋	陸軍少将（工兵、大分）

船橋市	後藤秀四郎	陸軍大佐、町議、町長
八王子市	深沢友彦	陸軍中将（歩兵、熊本）
豊橋市	水野保	陸軍少将（憲兵、愛知）
大津市	早川満二	内務省地方事務官、陸軍中尉、郡長、市助役
舞鶴市	立花一	海軍少将（兵科、鹿児島）
伊丹市	藤井貫一	陸軍少将（歩兵、新潟）
米子市	斎藤干城	陸軍中将（軍医部、鳥取）
松江市	石倉俊寛	海軍少将（主計、島根）
岡山市	竹内寛	陸軍中将（歩兵、岡山）、大東亜学院長
三原市	八原昌照	陸軍大佐、松山市議、町長
徳山市	羽仁潔	海軍大佐、萩市助役
防府市	村田信乃	陸軍中将（歩兵、山口）
下松市	田岡勝太郎	海軍少将（兵科、山口）
松山市	越智孝平	海軍少将（兵科、愛媛）、南洋倉庫参事
小倉市	末松茂治	陸軍中将（歩兵、福岡）
荒尾市	若竹又男	陸軍少将（航空、熊本）
大分市	三好一	陸軍中将（騎兵、大分）
中津市	佐藤子之助	陸軍中将（歩兵、大分）
日田市	伊東政喜	陸軍中将（砲兵、大分）、傷痍軍人会副会長
宮崎市	萱島高	陸軍中将（歩兵、宮崎）

（出典） 進藤兵『「近現代日本の都市化と地方自治についてのノート」関連資料』J－28（東京大学社会科学研究所ディスカッションペーパー、1993年11月）。福川秀樹『日本海軍将官辞典』（芙蓉書房出版、2000年）。福川秀樹『日本陸軍将官辞典』（芙蓉書房出版、2001年）。佐世保市史編さん委員会編『佐世保市史』軍港史編上巻（佐世保市、2002年、103頁）。

（備考）

1）『「近現代日本の都市化と地方自治についてのノート」関連資料』を基礎に、『日本陸軍将官辞典』、『日本海軍将官辞典』により修正を加えた。

2）「略歴/前歴」には、最終階級と、カッコ内に兵科・各部並びに出身地（陸軍）、職種並びに出身地（海軍）を記した。

年（大正一一）、一九三〇年（昭和五）、一九三八年（昭和一三）、一九四五年（昭和二〇）のそれぞれ一〇月時点での全国の軍人市長を示した一覧表である。残念ながらこの七時点でしか把握できないが、明らかに、明治期よりも大正期に、大正期よりも昭和期に、軍人市長が多くなっていることが分かる。特に、日中戦争以後に多くなっていったようである。[3] 陸海軍別にみると、陸軍二九人、海軍一八人であり（判明分のみの数値、以下同じ）、陸海軍別将官割合（陸軍二対海軍一）からみて、[4] やや海軍が多いものの（軍港都市における海軍市長の寄与が大きいと思われる）、特に陸海軍どちらかに市長が多いということはないようである。また、軍港都市ではそうでもないのであるが、他の都市の場合には比較的出身地の市長になるケースが多かったようである。階級では将官が多い。階級が判明した四四人中、中将一四人、少将二〇人、大佐五人、中佐から少尉まで各一人であった。この限られた七つの調査時点で、二回以上軍人市長が登場するのは、横須賀、大津、松江、徳山、小倉、鹿児島の五市である（ただし松江は同一人物）。このうち、横須賀だけは四回登場しており、特異に多い。

では、舞鶴はどうであったのであろうか。表2が舞鶴地区の歴代町長・市長一覧表である。これによると、舞鶴町長は地元出身者がほとんどであったが、新舞鶴・中舞鶴両町ではそうでもなく、むしろ町外の人物が多い。さて、海軍との関係であるが、軍人町長は新舞鶴町長の五藤兵司、中舞鶴町長の狭間光太、東條政二が確認できる。海軍での階級は、いずれも海軍大佐クラスであった。鎮守府お膝元の中舞鶴町の場合には、第一次大戦後の町長をめぐる新聞記事によると、この時期、海軍出身者中の徳望ある人物を町長にするよう努力しているとしている。[5] 町側が海軍への受けのいい人物を町長として戴こうとしていることは明らかである。一九三八年（昭和一三）に新舞鶴町・

表2　舞鶴における歴代町長・市長

(1)　舞鶴町・舞鶴市

今安直蔵	1889.5～	金物・肥料・石油商。舞鶴商業会頭。	①、③、⑦
逸見與市左衛門	1892.6～	竹屋町。商人。	⑧
上野修吉	1894.1～	慶応義塾。舞鶴町助役。府会議員。舞鶴信用組合長。	①、②、⑦
土井市兵衛	1897.5～	英之亮・清容。質商。舞鶴町助役。	②、③、⑦
木戸貞一	1901.7～	加佐郡首席書記。府会議員。	①、②、⑦
奥田　純	1917.2～	相楽郡加茂村出身。京都府巡査。舞鶴警察署長。	①
今安直蔵	1918.7～	元舞鶴町長。	
渡辺弥蔵	1919.12～	石炭商。舞鶴海産合資会社。舞鶴実業協会幹事。	②、③、⑦
水島彦一郎	1922.4～	早大卒。府会議長。衆議院議員。政友会京都支部長。	①、②、⑦
土井市兵衛	1930.4～	博夫。前代市兵衛清容長子。質商。早大卒。	②、③、⑦
大場義衛	1932.3～	加佐郡長。	⑨、⑯
川北正太郎	1932.10～市制	府会議員。水島彦一郎実弟。1946年舞鶴市長。	②
川北正太郎	1938.9～	前舞鶴町長。	
水島彦一郎	1942.9～舞鶴市	前舞鶴町長。	

(2)　新舞鶴町

池田梶五郎	1906.7～	農業。倉梯村長。	⑦
小島　鼎	1906.12～	岐阜県安八郡長。	⑰
長谷川憲一	1907.4～	*	
藤田孫平	1909.3～	福井県出身。代議士・福井県会議長を歴任。	⑱
小幡忠蔵	1911.8～	栃木県出身。宮崎県児湯郡長。	⑲
五藤兵司	1914.6～	東京市出身。舞鶴海軍工廠会計長。海軍主計大監。	①
山口俊一	1921.11～	天田郡府会議員。衆議院議員。	②
佐藤俊龍	1927.3～	*	
岩田廣作	1931.4～	静岡県出身。府会議員。新舞鶴警察署長。	②
古賀武一	1937.8～東舞鶴市	佐賀県唐津警察署長。	⑬

(3) 余部町・中舞鶴町

井上奥本	1902.6〜	農業。	⑦
秋山清高	1902.9〜	*	
鈴木　需	1906.12〜	兵庫県多紀郡長。	④、⑦
大木友次郎	1911.3〜	*	
上野修吉	1915.7〜	元舞鶴町長。	
狭間光太	1918.4〜中舞鶴町	海軍大佐。	⑤
狭間光太	1919.11〜	前余部町長。	
東條政二	1921.10〜	海軍大佐。舞鶴鎮守府港務部長。	⑥
和田　巍(ぎ)	1923.12〜	宮津町出身。士族。福知山・中立売警察署長。南桑田郡長。	⑩、⑪
瀬野泰(たい)蔵	1928.8〜東舞鶴市	農業。中舞鶴町助役。中舞鶴町長代理。	⑦、⑨、⑫

(4) 東舞鶴市

立花　一	1938.8〜舞鶴市	舞鶴要港部港務部長。海軍少将。	⑬、⑭、⑮

(5) 舞鶴市

立花　一	1943.7〜	前東舞鶴市長	

(出典) 舞鶴市史編さん委員会編『舞鶴市史』年表編（舞鶴市役所、1994年）。

(備考) 経歴の出典は以下である。①藤本薫編『現代加佐郡人物史』（太平楽新聞社、1917年）。②京都府議会事務局編『京都府議会歴代議員録』（京都府議会、1961年）。③『自治産業大観』（地方自治調査会、1974年）。④戸祭武「舞鶴における近代都市の形成」『舞鶴工業高等専門学校紀要』第14号（1979年）、148頁。⑤本書第1章注(87)。⑥『日出新聞』1921年（大正10）9月8日、1921年（大正10）10月20日。⑦『京都府天田。何鹿。加佐。三郡。富豪家一覧表　加佐郡之部』（竹内則三郎著作兼発行者、1908年）。⑧松本節子『舞鶴・文化財めぐり』238、342。⑨中舞鶴小学校百年誌編集委員会編『中舞鶴小学校百年と郷土の沿革』（1976年）、201〜202頁。⑩『日出新聞』1923年（大正12）11月16日、1923年（大正12）11月17日。⑪京都府教育会南桑田郡部会編『京都府南桑田郡誌』（1924年）、91頁。⑫『京都日出新聞』1928年（昭和3）7月30日。⑬舞鶴市史編さん委員会編『舞鶴市史』各説編（1975年）、823頁。⑭『京都新聞』1959年（昭和34）7月2日。⑮『舞鶴軍港余話』（海上自衛隊舞鶴地方総監部、1968年）、21〜22頁。⑯京都府教育会加佐郡部会編『加佐郡誌』（1925年）、序。⑰『京都日出新聞』1906年（明治39）12月5日。⑱『京都日出新聞』1909年（明治42）1月8日。⑲『京都日出新聞』1911年（明治44）8月1日。

*印は経歴など不明。

中舞鶴町などが合併してできた東舞鶴市には、元舞鶴要港部港務部長の立花一が市長となる。かつて舞鶴要港部に勤務したことのある海軍少将であった。続いて、一九四三年（昭和一八）に誕生した舞鶴市（舞鶴市と東舞鶴市が合併した「大舞鶴市」）にも、引き続き立花一が市長となった。この立花の市長就任については、海軍の「推薦」があったということである。[6] このように舞鶴の場合にも、海軍と町長・市長の関係は明らかに存在したのである。ただ、舞鶴地区の海軍町長は新舞鶴町長一人、中舞鶴町長二人が確認できるのみであり、海軍と町長・市長とのかかわりは他の軍港都市よりも小さかったと思われる。

では、なぜ現役を離れた予備役・後備役の軍人が市長になったのであろうか。もちろん、表向きの理由は軍港都市側にも海軍側にも、お互いの意思疎通が滑らかに行くようにしておきたいという双方の「利害」があってのことだったのであるが、そのほかにも何か理由があったのではなかろうか。以下ではその点について述べていくが、ここで結論を述べておくと、それは、①軍港都市の市長俸給がそこそこ高く、その市長職はその意味で魅力があったのではなかろうかということ、②現役を離れた軍人にとって、市長職はありがたい天下り先の側面があったのではないのか、ということである。

まず、軍港都市市長の年俸俸給額をみておこう。表3が軍港都市の市長・町長の年俸表である。[7] 限られた資料から垣間みるということにならざるをえないが、舞鶴はしばらくおいて、他の軍港都市市長をみると、大正後期で横須賀市長五〇〇〇円、呉市長一万円、佐世保市長七〇〇〇円であった。呉の市長が最も高く、次いで佐世保、横須賀と続いている。予想に反して横須賀市長は呉や佐世保よりもかなり低かった。[8] では、これらの年俸はどれぐらいの水準であったのであろうか。当時の内閣総理大臣の年俸は一万二〇〇〇円であったから、[9] それと比べ軍港都市市長の年俸が全体的に高額であったことは間違いなかろう。一九二二年（大正一一）の全国の市長年俸をみると、判明する一九都市のうち五〇〇〇円未満は一四都市に及んでいる。横須賀市長年俸の五〇〇〇円もそこそこ高い俸給額であったといえる。この一九都市のうち、呉市長の一万円を超えているのは京都市のみであった。[10] ちなみに、一九二二年（大正一一）の軍港都市所在の府県知事の年俸をみると、京都府・神奈川県・長崎県は六五〇〇円、広島県は六一〇〇円であった。[11] また、一九二三年（大正一二）の海軍将官の年俸をみると、海軍大将七五〇〇円（親任官）、海軍中将六五〇〇円（高等官一等）、海軍少将五六〇〇円（高等官二等）であった。[12] 鎮守府長官（親補職）は海軍大将（親任官）か中将（勅任官）であったから、呉の市長年俸は呉鎮守府長官や広島県知事よりもはるかに高額であったことになる。広島市には第五師団があり、師団長（親補職）には陸軍中将が補されていたが、同様に呉市長年俸はこの師団長よりも高額であったのである。当時の広島市長も呉市長と同じ一万円であったから、[13] 官公吏のなかで広島・呉両市長は広島県では飛び抜けた高給取りであったことになる。佐世保の場合はどうであろうか。佐世保市長年俸は七〇〇〇円であったから、佐世保市長は佐世保鎮守府長官や長崎県知事とほぼならんでいたことになる。

表3　軍港都市の市長・町長俸給

	市長・町長年俸			市長・町長年俸	
	（円）	年度		（円）	年度
横須賀市	5,000	1924	新舞鶴町	2,400	1936
呉　市	10,000	1922	中舞鶴町	1,800	1922
佐世保市	7,000	1926	中舞鶴町	1,300	1931
新舞鶴町	2,000	1931	舞鶴町	2,000	1938

（出典）『神奈川県統計書』1924年（神奈川県、1926年）。『広島県統計書』1922年（広島県、1924年）。『大正15年昭和2年佐世保市勢要覧』（佐世保市役所市長室調査課、1927年）。『大正11年度京都府加佐郡中舞鶴町歳入出決算書』（布川家文書、舞鶴市郷土資料館蔵）。『昭和13年6月市制施行上申案』（舞鶴市郷土資料館蔵）。

（備考）ちなみに、1942年（昭和17）10月の東舞鶴市長（立花一）の年俸は4000円で、舞鶴市長（水島彦一郎）の年俸3000円を上回っていた（『市町村吏員ニ関スル調』京都府庁文書昭17-64、京都府立総合資料館蔵）。

横須賀市では横須賀市長年俸よりも鎮守府長官や神奈川県知事のそれが上回っていたが、前述のように他都市の市長年俸と比べるとそれほど低い額でもなかった。まだ市制をひいていない舞鶴までくると、事情はかなり変わってくる。鎮守府膝下の中舞鶴町長が一八〇〇円（一九二二年）であったから、舞鶴鎮守府長官年俸の三分の一から四分の一程度であった。このように、呉や佐世保の市長俸給はかなり高額であり、予後備編入後、もしその市長になれたのであれば、現役時代の海軍中将や少将と並ぶか、あるいはそれよりも高い年俸を手にすることができたのである。現役を離れた海軍軍人にとって軍港都市の高額の市長年俸は魅力的であったに違いない。

さて、武藤山治（さんじ）は『軍人優遇論』のなかで、現役を離れた軍人の再就職先について次のように述べている。司法官をやめたものは弁護士に、外交官を退いたものは横浜正金銀行や三井物産など海外に支店を有する大会社の役員にというように、各種官職を辞したものは皆相応に再就職の道は開けているのであるが、現役を離れた軍人にはどこからも声がかからず、有力な就職先がないのが現状である。特に大尉以上に進んで予備に入ったものは、年齢が平均四〇歳を超えていることと肩書への敬遠から、たいていの会社は採用を遠慮する。ために、陸軍大佐にして三等郵便局長をつとめているものもあれば、陸軍大学の出身者で保険会社の一事務員に納まっているものもあり、また大尉の肩書を有して産業組合の書記になったり、判任何等という郡書記吏員になっているものもある。中には、もっと実入りの少ない職に就かざるを得ないこともよくある話である。一方で予後備軍人はなお日本帝国の軍人として、その体面を保つことも求められており、それへの出費もかさんでいる。軍人らしい軍人ほど、予後備に入っての生活問題に悩まされているのである。(14) 故に現役を離れた軍人の待遇をもっとよくすべきである、というのが武藤の訴えていることなのであるが、その訴えを正当化することからやや誇張されている部分もあろうが、予後備の軍人にとって再就職先（天下り先）が関心事であったことは間違いないようである。[15]

現役を離れた海軍軍人にとって、軍港都市市長職は、社会的地位からみても待遇面からみてもありがたい天下り先の側面があったといってもいいのではなかろうか。それも俸給が高ければ高いほど魅力的だったであろう。予後備の海軍軍人にとって、軍港都市の市長は、年俸も高く、その海軍との関係での役回りも比較的はっきりしており、やる気と行政能力があり、かつ地元政治家や地元有力者との付き合いを苦にしなければ、好ましい天下り先であったのではなかろうか。

（1）大西比呂志「戦前期の横須賀市長と市政」（『市史研究横須賀』創刊号、二〇〇二年）。

（2）市長については、その市の公民である必要はなかったので、外部から直接に市長あるいは市長候補となれた（町村長は公民要件が必要である）。公民要件とは、①満二五歳以上で一戸を構えたる男子、②二年以来市町村住民、③地租あるいは直接国税を年額二円以上納めているもの、である。その後、公民要件は緩和され、一九二六年（大正一五）には、独立生計・納税の二要件が削除された。また、もともと陸海軍の現役軍人は市町村の公務に参与できなかったので、市長となる軍人は現役を離れたものであった（亀卦川浩『地方制度小史』勁草書房、一九六二年）。

（3）市総数に占める軍人市長割合でみても戦時期にかけて多くなっている。戦時期には市長総数の一割程度の軍人市長が登場するようになる。そのため、軍人市長の登場については同時代の人々からも注目されていた。たとえば、「市長選挙の近況」（『都市問題』第三五巻第三号、一九四二年）や弓家七郎「昭和十八年の市政界を回顧す」（『都市問題』第三七巻第六号、一九四三年）などでは軍人市長の登場が特記されている。

（4）明治期から太平洋戦争期までの将官総数は、陸軍四二五〇人、海軍二二五〇人である（福川秀樹『日本海軍将官辞典』、芙蓉書房出版、二〇〇〇年。福川秀樹『日本陸軍将官辞典』芙蓉書房出版、二〇〇一年）。

（5）「両舞鶴町長就任」（『日出新聞』一九二二年九月八日）。ただし、軍縮後（東條町長後）の町長選考については、軍縮後は産業立町を町是とするとして、海軍町長に見切りをつけ、地方行政に精通した人物へと選考基準を転換している（『日出新聞』一九二三年一一月一六日）。

（6）『舞鶴軍港余話』（海上自衛隊舞鶴地方総監部、一九六八年）、二二一～二二二頁。『京都新聞』一九五九年（昭和三四）七月二日。舞鶴市史編さん委員会編『舞鶴市史』各説編（舞鶴市役所、一九七五年）、八二三頁。立花は、東舞鶴市発足当時、徳山燃料廠嘱託であり、同時期に徳山からも市長を要請されたが、舞鶴を選んだという。舞鶴鎮守府の首脳部とは「貴様とオレ」の仲だったので海軍との意思疎通は良好で、市議会でもそつのない名答弁振りで有名だったという（以上、前掲『京都新聞』一九五九年七月二日）。

（7）以下における俸給の検討は本給（一般俸給）の比較である。この他に職務俸給や各種の手当や加俸があるが、それは個々のポストによって違うし、人物によっても違うので、そこまで比較対象に組み込むことはできない。

（8）実は、横須賀市長年俸は一九二一年度（大正一〇）では、三三〇〇円であり（『神奈川県統計書』一九二一年度、神奈川県）、もっと低かった。呉市長でも一九一九年（大正八）の二五〇〇円から急激に上昇した（呉市史編さん委員会編『呉市史』第四巻、呉市役所、一九七六年、一六三頁）。

（9）森永卓郎監修『物価の文化史事典』（展望社、二〇〇八年）、三九三頁。

（10）以上は『大日本帝国内務省統計報告』第三七回（内務大臣官房文書課、一九二四年）によるが、判明するのは一九市のみである。六大都市は京都市しか入っていない。ちなみに当時の京都市長年俸は一万二〇〇〇円、横浜市長は一万五〇〇〇円（『神奈川県統計書』一九二三年）、名古屋市長は一万二〇〇〇円（『愛知県統計書』一九二七年）であり、内閣総理大臣と同額かそれを上回っていた。東京・大阪・神戸の市長は内閣総理大臣の二倍以上であったといわれている（百瀬孝『事典昭和戦前期の日本　制度と実態』吉川弘文館、一九九〇年、一〇九頁）。ただし、明治期には京都市長の俸給も京都府知事より低かった（たとえば一九〇四年で市長三〇〇〇円、知事四〇〇〇円。『京都府統計書』一九〇四年）。一般に市長年俸が急騰するのは大正期である。急速に力をつけつつある大都市の実力を見せつけているがごときである。なお、市長と市職員の給与格差については、京都市の事例が京都市政史編さん委員会編『京都市政史』第一巻（京都市、二〇〇九年、二三一～二三三頁）に掲載されている。

(11) 前掲『大日本帝国内務省統計報告』第三七回。ただし、神奈川県は関東大震災の影響で一九二二年（大正一一）がとれないので、一九二三年（大正一二）分を示している（『大日本帝国内務省統計報告』第三八回、内務大臣官房文書課、一九二五年）。ちなみに、府県知事は勅任官（高等官一等か二等）であった。

(12) 『海軍省年報』一九二三年度（海軍大臣官房、一九二七年）。

(13) 『広島県統計書』一九二一年。ちなみに、尾道市長は三〇〇〇円、福山市長は二五〇〇円であった。

(14) 武藤山治『軍人優遇論』（ダイヤモンド社、一九二〇年）、三六～三九頁。武藤は、鐘淵紡績の社長、衆議院議員にもなった実業家で、著作は多い。ちなみに、将校の停年は、大将六五、中将六二、少将五八、大佐五五、中・少佐五三、大尉四八、中・少尉四五歳であった（山口宗之「『予備役召集将官』考」『政治経済史学』五〇五、二〇〇八年）。なお、ここで問題にしているのは、士官の場合であるが、准士官・下士官・兵の除隊後の就職問題については、加瀬和俊「兵役と失業(一)」（『社会科学研究』第四四巻第三号、一九九二年）、加瀬和俊「兵役と失業(二)」（『社会科学研究』第四四巻第四号、一九九三年）が詳しい。

(15) もっとも、予後備軍人は軍人恩給をもらっている。たとえば、一九三二年（昭和七）当時で、大将二五〇〇円、中将二一六七円、少将一八六七円、大佐一五三四円等々（以上は在職一一年の恩給で、一年増すごとに加増）であり（桜井忠温編修『国防大事典』中外産業調査会、一九三二年、一七一頁）、決して少ない額ではなかった。加えるに、戦功による付属年金の加給もあった（秦郁彦『軍ファシズム運動史』原書房、一九六二年、二八〇頁）。

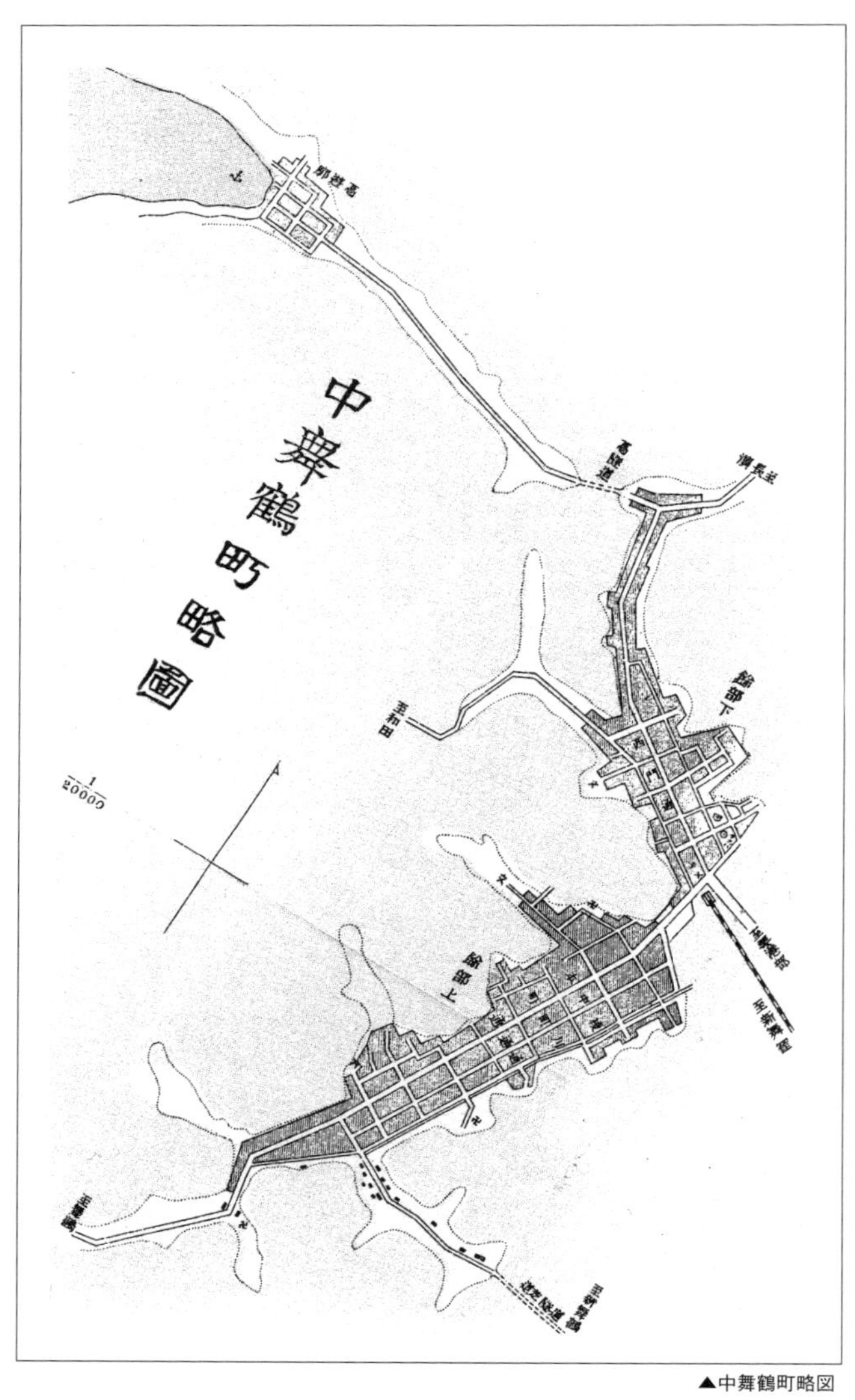

▲中舞鶴町略図

出典：京都府教育会加佐郡部会編纂『加佐郡誌』1925年

第三章

軍事拠点と鉄道ネットワーク
──舞鶴線の敷設を中心として──

新舞鶴駅（東舞鶴駅、大正期頃）

出典：布川家文書（舞鶴市教育委員会所蔵）

舞鶴駅（西舞鶴駅、大正期頃）

出典：布川家文書（舞鶴市教育委員会所蔵）

松下孝昭

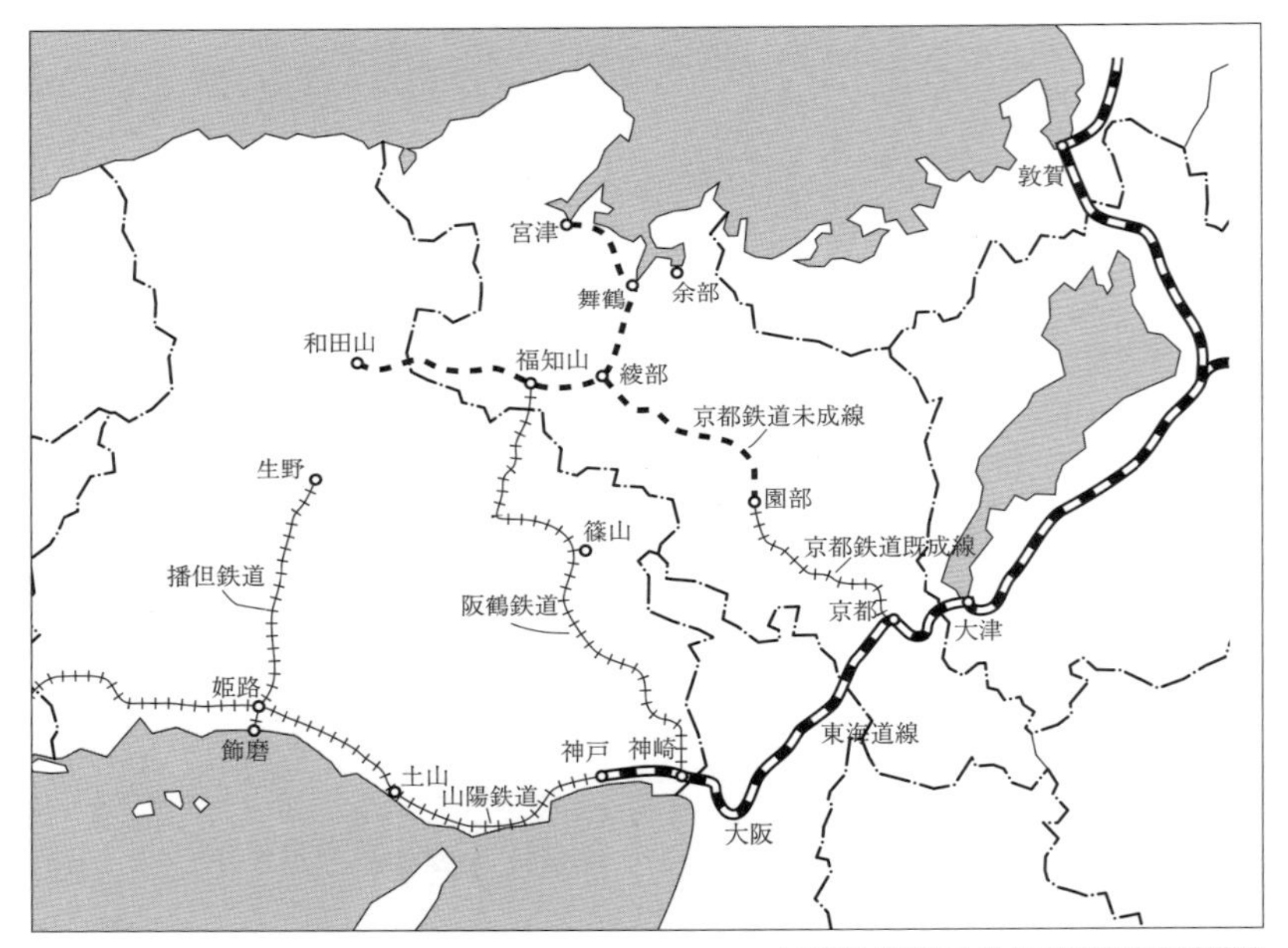

▲1899年（明治32）時点での関係地域の鉄道図

本章の課題

日露戦争さなかの一九〇四年（明治三七）一一月三日、官設線として建設が進められていた福知山〜新舞鶴（現・東舞鶴）間の鉄道が竣工し、開業にこぎつけた。これにより、既に大阪〜福知山間で営業運転を行っていた阪鶴鉄道会社線（現・JR福知山線）を介して、舞鶴と大阪が鉄道で結ばれることになった。

本章に与えられた課題は、軍港都市舞鶴に達する鉄道が開通するまでの経緯を論じることである。とはいえ、京阪神から舞鶴をめざす鉄道の敷設については、後に述べるように、比較的多くの研究論文や概説書があり、よく知られた事実関係も多い。本章では、既知の事柄についてはそれらの成果に学ぶこととして立ち入らず、実証面でなおも残る空隙部分を埋めることに努めていく。しかし、本章は、日本全国に配置される軍事拠点を結ぶ鉄道ネットワークの構築過程を概観し、舞鶴への鉄道敷設の動きもその中に位置づけるという、より大きな課題を設定しており、そちらの方にも力点を置いている。

まずは、本章の意図するところを述べていく。

草創期の日本陸軍は全国に六鎮台を設置し、軍事拠点の全国的配備を開始した。その後一八八八年（明治二一）には師団制に移行し、隷下の諸連隊も整備・拡充されていく。これらは、当初は西南戦争などの内乱や戦時における国土防衛に備えることが目的であったが、日清・日露の両大戦を経て、大陸への侵攻における国内の動員拠点としての役割が強まっていく。海軍もまた、横須賀・呉・佐世保・舞鶴を順次軍港とし、鎮守府を開設して海防と対外侵攻の体制を強化していった。

以下では、こうして全国各地に配置されていった陸海軍の諸機関を軍事拠点と総称し、それらが所在した都市を軍事拠点所在都市と呼ぶことにする。[1] 陸軍に関しては、師団（司令部）はもちろんであるが、歩兵連隊の所在地も視野に入れて重視したい。師団は、他に騎兵連隊・砲兵連隊・工兵大隊・輜重兵大隊などで編制されるが、これらは師団司令部の近辺に配置される場合が多いので、軍事拠点所在都市の分布に関心を寄せる本章の視野からは外すことにする。海軍については、前述した四鎮守府のほかに、それに次ぐ位置づけを与えられた要港部も加えておく必要があろう。[2]

ところで、こうした軍事拠点が孤立して存在していては、戦略上の効力は激減する。そのため、次節で詳しく述べるとおり、陸海軍はしばしば、部隊の迅速な移動と集結を実現するための交通網の確立を要請する。道路輸送が本格化するのは大正後期以降であるため、本章が対象とする明治期においては、鉄道が最大の陸上輸送機関となる。全国の軍事拠点所在都市を鉄道で結びつけることが要請されてくるのである。そうした結びつきを本章では鉄道ネットワークと呼ぶが、舞鶴への鉄道敷設が急がれる経緯についても、全国的な鉄道ネットワーク形成過程の中に位置づけて理解することに努めていく。

次に、日本近代史研究における本章の位置づけについて述べていく。

序章でも述べられているとおり、近代都市史研究は、大阪・東京といった大都市を事例とした研究が先鞭をつけたのち、対象を地方都市にまで拡張しつつ、いっそうの隆盛をみせている。そうした中で、政治拠点（県都）・軍都・学都といった各都市を特徴づける拠点性が摘出され、それらの類型化や重層性の把握が進められつつある。[3] また、そうした把握をふまえた個別都市の事例研究も始まっている。たとえば、金沢は石川県の県庁所在地（県都）であると同時に、第九師団や第四高等学校も所在し、北陸地方における軍都・学都としての拠点性もあわせもつが、そうした視角による地方都市研究が進められているのである。[4]

しかし、都市史研究が元来は都市という一点をピンポイント的に分析して比較対象とする以上、おのずから視野の限界に突き当たる。各種の特質を備えた地方都市が全国にどのように散在したかという分析にとどまり、交通・通信インフラの拡充による都市間ネットワークがいかに形成されたかという拡がりに欠けるのである。点から面への視野の拡張が要請されると言えよう。その点では、軍都・学都の配置パターンを検討した鈴木富志郎氏[5]、都市立地型軍事施設の分布の類型化を試みた松山薫氏ら[6]の研究にも注目されるが、やはり交通ネットワークの形成という視点は充分には意識されていないほか、海軍の軍事拠点を捨象しているのも問題である。

もっとも、以上のような課題は鉄道史研究の側において受け止め、果たされるべきであろう。しかしながら、鉄道史研究において量産されている地方鉄道網の形成に関する論稿の多くは、その背景にある市場基盤に関心を寄せる経済史的観点に立つものが多く、軍事的要請については、後景として付随的に述べられる場合が多い。その一方では、とりわけ一般向けの書物などで、明治期の鉄道政策は軍部が自由に操っていたかのごとき極端な叙述も散見される。いかに軍部が強く要求したといっても、経済効率と全く背馳するような路線はとうてい実現しないのである[7]。さまざまな経済的要因や政治的環境と調和しつつ、軍事的要請にもとづく鉄道ネットワークが、いつごろどのように姿を現していったかを、実証的かつ段階的に検証していく作業が必要であると考える[8]。このほか私は、鉄道が地方政治家による利益誘導の対象として最大のものであることから、政治史的観点から鉄道網の形成を考察した[9]。その際には、鉄道政策における軍事的要請をけっして軽視していたわけではないが、以上のような問題関心は充分には織り込まれていないという反省が残る。

これら鉄道史全般における研究状況は、本章が具体的な考察の対象として着目する舞鶴線の敷設に関する論著にもあてはまる。以下では、舞鶴線に即した形で、もう少し研究整理を進めておこう。

まず、経済史的観点からは、京都と舞鶴を結ぶことを目的に設立された京都鉄道株式会社に関心が寄せられた。老川慶喜氏はいち早く京都鉄道の市場基盤を解明する論稿を発表したが[10]、これは同様の観点から全国的に個別鉄道の事例研究を簇生させる契機となった。その後も京都鉄道については、経営内容や株主構成の変遷などを中心にして次々と研究が蓄積されている[11]。ライバル関係に立つ阪鶴（はんかく）鉄道会社に関しては、宮川秀一氏・木村辰男氏[12]らの研究が早くからあるほか、その資金調達過程[13]や大阪市内乗り入れ問題[14]などが論じられている。このほか私は、舞鶴をめざす鉄道計画が京都・大阪・神戸から競うように出された状況を、これら三市間における都市間競争としてとらえた[15]。

一般向けの概説書としては、日本国有鉄道編『日本国有鉄道百年史』[16]のほか、福知山鉄道管理局編『福知山鉄道管理局史』（一九七二年）は、地元での史料の発掘もふまえた詳細な記述において定評がある。しかし、これらの中には、軍事的契機を過度に強調している箇所が散見される[17]一方では、一九〇〇年（明治三三）以降官設によって舞鶴への敷設が急がれる契機を、日露戦争に備えるためといった漠然としたとらえ方しかしていない点で問題が残る。後者の点に関しては、京都府下の鉄道に関する最近のすぐれた概説書[18]においても同様の傾向を感じる。官設鉄道による舞鶴線敷設という政府内での政策決定過程については、全国的な鉄道ネットワーク形成の進度と当該期の政治状況とをからませつつ、もう少し詳細に解明する余地が残されていると考える。

以上のような研究整理を総合的にふまえ、本章の課題を改めて提示しておくならば、次のとおりとなる。

まずは、陸海軍が軍備拡充を進める中で、全国各地に段階的に配置されていった軍事拠点の分布を鳥瞰し、陸海軍がそれらを結びつける鉄道ネットワーク構築の要請を強める経緯を明らかにする。次いで、一八九二年（明治二五）公布の鉄道敷設法にもとづく官設鉄道や日清戦後の私鉄熱により、実際にネットワークが拡張されていく過程を解明し、そこから洩れることになる空白部分にも着目していく。そうした全国的鳥瞰図の中に位置づけることにより、日清・日露戦間期に舞鶴への鉄道速成が問題となってくる過程を理解することが、本章の大きな課題である。

第一節　陸軍の鉄道関係要求

陸海軍が戦時・兵乱における鉄道輸送の重要性を認識した最初の契機は、一八七七年（明治一〇）の西南戦争であったとされる。[19] とはいえ、当時は新橋～横浜間と京都～神戸間が開通していたにすぎない。たしかにこれらの区間では兵員の輸送が頻繁に行われたが、陸海軍が西南戦争を契機に鉄道に対する認識を深めたことを示す確実な史料は、どの著書においても提示されてはいない。

陸軍による鉄道政策への要求がしきりに出されるようになるのは、一八八〇年代後半に入ってからである。その頃ともなれば、西南戦争時のような局地的な鉄道区間ではなく、日本鉄道会社が現在の東北本線や高崎線にあたる路線を延伸させ、官設鉄道も敦賀や直江津といった日本海側に抜ける路線を開きつつあるなど、ようやくにして鉄道ネットワークと呼べるものが形成されはじめる。既に一八八三年（明治一六）には、東京と京都を結ぶ幹線鉄道を敷設するという政府決定もくだされていた。

そうした要因に加え、一八八〇年代後半に陸軍が鉄道政策への介入を強める直接の契機になったと考えられるものを、以下で二点つけ加えておきたい。

第一は、東西両京を結ぶ幹線鉄道のルートとして、当初は中山道経由の予定だったものが、建設困難を理由に一八八六年（明治一九）七月に東海道経由へと変更されてしまったことである。陸軍としては、敵艦の攻撃を受けやすい海岸線に沿った鉄道は忌避し、内陸部に敷設すべきであるとする意見を強固に持ちつつあった。しかし、東海道線への変更という政府決定に対し、陸軍の意向は反映されなかった。このことへの危機感が、以後各種意見書で陸軍が鉄道政策に対する要求を強めていく契機となったのである。[20]

第二の要因としては、一八八五年（明治一八）にドイツからメッケル少佐が招かれ、その主導のもとで軍制改革と国防構想の確立が進められた点をあげることができる。その際には、普仏戦争において鉄道による迅速な兵員の移送の成否が勝敗を分け、プロシアを勝利に導いたことが教訓として織り込まれた。にもかかわらず、一八八七年（明治二〇）三～四月に、大阪周辺で鉄道輸送も利用して実施された演習に対する総評として、メッケルは、「日本の現鉄道は、軍事的には少しも役立たず、国防上から言えば無きに等しい」[21]との酷評をくだしていたのである。

以上のような契機に促され、参謀本部では一八八七年（明治二〇）七月に「鉄道改良之議」と題する意見書をまとめ、鉄道局長官井上勝との間で応酬を繰り返した。[22]さらに、翌一八八八年（明治二一）四月には、『鉄道論』[23]と題する刊本を作成し、参謀本部の要求を広くアピールする行動に出た。

『鉄道論』においても、教訓とされているのは普仏戦争である。そして、迅速な部隊の集結に際し、「道路ノ不便今日ノ如クナルトキハ、陸軍ノ国防決シテ恃（たの）ム可キノ術ナシ」と、道路輸送への不満を表明する。具体的には、東京へ集結するのに、仙台の第二師団は一五日半、大阪の第四師団は二五日、広島の第五師団にいたっては四〇日半もかかるのに対し、本州を縦貫する鉄道が完成すれば、仙台から一七時間、大阪から二五時間、広島からは四二時間で集結できると計算する。いわば「盛大ノ鉄道線ハ兵器ノ第一等ニ位スル」とまで評価するのである。そのためにも、幹線鉄道は内陸部を経由させるほか、狭軌を採用している現行のレール幅の拡幅、幹線区間の複線化、急カーブ・急勾配の緩和、ホームや停車場の改良など、さまざまな要求を掲げていたのである。

こうした一八八〇年代後半期の動きは、さして成果をもたらさなかったが、一八九一年（明治二四）になると、参謀本部では、さらにいくつかの意見書を取りまとめて公刊するなど、再び活発な要求を示すようになる。その契機となったのは、後述するとおり、同年七月に鉄道庁長官井上勝が「鉄道政略ニ関スル議」を策定し、今後の官設鉄道拡張に関するビジョンを提示したことである。井上の提議は時の第一次松方正義内閣によって採択され、九月一七日の閣議では、井上のほか川上操六参謀次長も招かれて鉄道方針が検討された。そして、来たる第二議会に提出する法案の策定に向けて、「軍事上・経済上ノ緩急等」を勘案し、採択路線や着工順序を参謀本部と鉄道庁で協議することが決定した(24)。

こうした状況のもと、一八九一年(明治二四)に参謀本部が作成した鉄道関係の文書としては、次の四点が確認できる。

① 「国防上鉄道政略ニ関スル議(25)」
② 「鉄道ノ国防ニ関スル定議説明(26)」
③ 参謀本部『鉄道の軍事に関する定議』
④ 川上操六『日本軍事鉄道論(27)』

このうち③・④は公刊されたものであるため、①・②に比して叙述が簡略化されているといった相違点はあるが、要求内容はほぼ共通している。それらを最大公約数的に列挙するならば、次の六点にまとめることができる。

1 仙台・東京・名古屋・大阪・広島といった師団所在地を貫通しつつ、青森から下関まで本州を縦貫する一串の幹線鉄道を敷設する。これは、敵艦からの攻撃を防ぐため、内陸部を経由しなければならない。

2 その幹線鉄道から分岐して、連隊・軍港といった軍事拠点所在都市(=「衛戍地(えいじゅ)」)やその他の重要都市に至る支線を敷設する。

3　少なくとも幹線鉄道は複線でなければならない。支線は単線でもやむをえない。

4　輸送力を高めるため、現行の狭いレール幅を改め（広軌化）、急カーブや急勾配の緩和などの改良事業を実施する。

5　主要停車場を軍用に適するように拡充する。

6　既存の私鉄会社を買収し、国有鉄道として統一的な運行を実施する。

その後の明治・大正期の鉄道政策が、建設・改良・広軌化・国有化のいずれか一つを重視して実施しようとしても、大きな政治的あつれきを惹起したことを想起するならば、これらすべてを無邪気に列挙した参謀本部の要求は総花的に過ぎると言えようが、ともあれ、一八九〇年代初頭における彼らの理想的な鉄道像を示すものとして、右の六点を確認しておこう。

このうち、広軌化を含む改良事業や国有化に関する諸問題は捨象し、本章では、もっぱら幹線鉄道とそこから分岐して軍事拠点所在都市などを結びつける鉄道ネットワークの構築に関心を向けていく。

まずは、参謀本部が構想する本州縦貫幹線鉄道についてである。上野～青森間を結ぶ日本鉄道会社線が塩釜（宮城県）付近と青森県下の二か所で海岸に接している不備を代替するため、青森～秋田～山形～福島を結ぶ奥羽線の建設が望まれ、これが幹線に位置づけられる。次に、ほとんどの区間が海岸線に接する東海道線は軍用には全く適さないとして、中央線の建設を第一に急ぐべきであると主張していた。さらに、神戸～下関間の敷設免許を得ていた山陽鉄道会社に対し、広島以西の建設時には、津和野（島根県）など内陸部を経由するよう路線変更させる構えであった[28]。

次に、こうした本州縦貫内陸幹線から分岐する支線と、四国・九州において参謀本部が求める路線について

表3-1　参謀本部が求める支線とその優先順位（1891年）

第1	白河～会津若松～新発田
第2	岐阜～高山～井波～金沢もしくは岐阜～郡上八幡～白川～金沢
第3	黒崎（小倉）～直方～原田
第4	久留米～山鹿～熊本
第5	佐賀～佐世保
第6	甲府～岩淵
第7	大阪～和歌山（ただし③では八木～五条～和歌山）
第8	東京～木更津
第9	今治～丸亀～高松～徳島
第10	広島～呉
第11	京都～園部～舞鶴
第12	有田～長崎
第13	熊本～人吉～鹿児島
第14	川之江～高知

（出典）　注（25）に同じ。

見ていく。支線網については、④では具体的には述べられていないが、②・③には一三路線（実質は一二路線）が列挙されており、とりわけ②には詳細な説明文が載せられている。また、①では呉・佐世保の二軍港に達する路線も加えて合計一四路線が列挙され、しかもその着工優先順位が示されている。そこで、表3-1にその一四路線の優先順位を示した。②の説明をふまえて、順に見ていこう。

第一の新発田（しばた）（新潟県）、第二の金沢はともに歩兵連隊所在地であり、各々の師団司令部が所在する仙台・名古屋との間を内陸経由で連絡することが目的である。第三・第四も、九州における師団所在地熊本と連隊所在地小倉との間を内陸部経由で結ぶことが目的である。第五、第一〇、第一一は海軍の軍港との接続が狙いである。このうち舞鶴のみは、鎮守府の開設は遅れていたが、「将来軍港トナルヘキヲ以テ」、大阪との連絡を図ることは緊要であると説明されていた。第六の路線は、戦時において敵の上陸地点と擬される静岡県清水・沼津地方を防禦するため、東京から八王子・甲府といった内陸経由で岩淵駅（現・富士川駅）まで兵員を移送する目的が述べられ、比較的優先度が高く位置づけられていた。第七・第八・第一三も、敵の上陸に便利な和歌山県南部・房総半島・鹿児島湾の防禦のためと説明される。第九と第一四は、四国の要地の連絡を図り、やはり敵艦の寄船地となりやすい高知県須崎と連隊所在地の香川県丸亀との連絡を図ることが目的である。第一二の長崎線は、①のみに盛り込まれている路線であり、②・③には記述はない。

以上のように、参謀本部では、内陸部を経由する本州縦貫幹線から分岐して、やはりなるべく内陸部を経由して支線を敷設し、師団・連隊・軍港といった軍事拠点が所在する都市や敵の上陸予想地と擬される地点を鉄道で結びつけ、迅速な兵員の集結を図るための鉄道ネットワークを構想していたのである。舞鶴もまた、鎮守府が未開設だったこともあり、優先度は高くはないが、既にこの構想に組み入れられていた。

第二節　鉄道敷設法と軍事拠点

一八八〇年代後半における政府の鉄道建設事業は、東海道線の完成に全力を傾注した。他の幹線区間は、折からの企業勃興（第一次鉄道熱）の景況に任せて、日本鉄道・山陽鉄道・九州鉄道・関西鉄道といった私鉄会社に委ねる方針をとった。この間には、陸海軍大臣の要請を容れて、東海道線建設費を流用し、大船と軍港横須賀を結ぶ横須賀線を敷設することとし、一八八九年（明治二二）六月に完成させている。同年七月には東海道線も全通したので、鉄道局は、続けて直江津～高崎間の信越線を全通させ、本州を横断する路線の完成をめざしていくことになる。

ところで、一八八〇年代後半の全国的な鉄道熱の中で、舞鶴をめざす私鉄計画も浮上してくる。まずは、滋賀・三重両県の有力者が大津～四日市間を結ぶことを目的に、一八八七年（明治二〇）三月に出願した関西鉄道会社の計画があげられる。同社では、京都の実業家を巻き込むために、将来的には京都～宮津間も計画に含める方針を示していた。実際、京都府知事北垣国道のもとに、同年四月三〇日には京都の実業家浜岡光哲が訪れて、関西鉄道会社の件を談じているほか[29]、同年一〇月三一日には滋賀県知事中井弘・三重県知事石井邦猷が北垣を訪れて協議している。北垣は、これまで京都から宮津に至る車道の整備を推進してきており、この時

表3－2　1889年（明治22）における舞鶴への私鉄計画

鉄道会社名	知事の願書進達月日	発起人	経路
①播丹鉄道	兵庫県知事４月15日	藤田高之ほか20名	飾磨～生野～福知山～舞鶴
②摂丹鉄道	兵庫県知事４月29日	小西壮二郎ほか39名	神崎～伊丹～篠山～福知山～舞鶴
（山陰鉄道）	兵庫県知事５月30日		（上記計画を松江まで延長して再申請）
③舞鶴鉄道	大阪府知事５月10日	磯野小右衛門ほか37名	大阪～池田～園部～舞鶴
④京鶴鉄道	京都府知事５月28日	市田理八ほか33名	京都～亀岡～園部～舞鶴
⑤南北鉄道	兵庫県知事６月４日	土居源三郎ほか19名	加古川～加東郡～氷上郡～福知山～舞鶴
⑥舞鶴鉄道	出願に至らず	土居通夫ほか６名	大阪～池田～園部～舞鶴

（出典）　注（32）に同じ。

点では完成間近だったのであるが、[30]引き続いて、それ以上の輸送力が期待できる鉄道の実現に尽力していくことになる。

ちょうど一八八七年（明治二〇）九月頃には、海軍内において舞鶴に第四の鎮守府を設置することが内定していたと言われ（正式発表は二年後の一八八九年五月二八日）、にわかに舞鶴が将来の軍港予定地として脚光をあびつつあった。[31]北垣も、詳しい内容は不明であるが、一八八八年（明治二一）九月二日に、海軍参謀本部長仁礼景範（にれかげのり）に「舞鶴港及ヒ京都舞鶴間鉄道ノ件ニ付送書」していた。一八八九年（明治二二）の正月休みには『鉄道問答』の執筆に努めており、同年四月には出版された。『鉄道問答』は、北垣みずからが殖産貿易上より意見を起したと記すとおり、山陰・北陸両道の殖産興業、関西の経済力の向上、ウラジオストック～舞鶴間の通商、日露間の友好といった経済的要因から京都～舞鶴間鉄道のメリットを説く内容となっていた。鎮守府設置の正式発表前だったことを顧慮してか、軍事的側面についてはほとんど踏み込んでいないのが特徴である。

ところで、一八八九年（明治二二）四月から六月にかけて、京阪神や播州各地から舞鶴をめざす私鉄計画が続出した。表3-2の①～⑤が実際に出願されたものであり、出願には至らなかったが、⑥の計画もあったという。[32]こうした競願状況が生じてきた要因としては、鉄道熱の継続という経済的背景があったことは言うまでもない。しかし、それに加えて、舞鶴をめざす鉄道の簇生に関しては、次の二点に特に留意しておきたい。

第一に、舞鶴鎮守府の設置がいよいよ本決まりとなったことが、多くの計画を生みだす誘因となった点である。たとえば、⑤のメリットを説くために刊行された意見書では、数年前から沿道の有志者がこのルートの鉄道敷設を企図して兵庫県と協議してきたが、鎮守府設置が未定であるという知事の説示を受けて、しばらく断念してきたと言う。(33) しかし、今やその抑止理由は解消したのである。

さらには、それぞれの起点となる京都・大阪・神崎（尼崎）・加古川・飾磨といった諸都市の間で、競争意識が働いたという事情が第二の誘因である。たとえば、大阪を起点とする計画であった⑥の意見書によれば、師団や砲兵工廠が所在する大阪と鎮守府設置予定地の舞鶴を結ぶという軍事目的を第一にあげつつも、続けて、舞鶴から陸揚げされる北国の物資の集散地となることで大阪の繁栄を維持する狙いが語られていたのである。そして、京都や飾磨からも計画が出ていることに触れ、これら他地方に先鞭をつけられたならば、「古来商業ノ中心ト称セラル、我大坂ノ富源ヲ他ニ奪ヒ去ラレ、我大坂ハ自然衰頽ニ陥ル」ことを恐れると述べて、ライバル意識をあらわにしていた。

こうした都市間競争は、やや後の官設鉄道誘致をめぐる京鶴鉄道と土鶴鉄道との対抗関係や、一八九四年（明治二七）の京都鉄道・阪鶴鉄道の私鉄認可合戦にまで通じる動きであるが、(34) その起源が一八八九年（明治二二）に認められることを確認しておこう。

しかし、これら五件の申請を受けた鉄道局長官井上勝は、いずれの計画も調査が杜撰で収支が償わないことから、合併して一本化すれば実現可能とする含みを残しつつも、すべて却下する案を九月一七日に閣議提出し、一〇月二日に決定をみていた。(35) その通知を受けた関係三府県の知事の間では、計画の一本化に向けた動きがみられた。引き続き京都府知事北垣国道の日記によれば、一〇月一一日に彼は大阪府知事西村捨三を訪ね、各発起人を糾合したうえで三知事が連署して再出願してはどうかという④の発起人らの意向を伝え、西村の同意を得ていた。さらに北垣は、一〇月三〇日に兵庫県知事内海忠勝を訪ね、同様の協議を行っていた。

近年の研究では、私鉄の出願や株式募集にあたり、直接の発起人らのほかに県知事らが積極的に関与するケースが多いことに注目が集まっているが[36]、当該期の舞鶴をめざす諸計画においても同様の動きが見て取れることを、ここで確認しておきたい。

とはいえ、一本化に向けた動きがまとまらないうちに、日本で最初と言われる資本主義恐慌が一八九〇年に襲来し、鉄道熱は一挙に冷却してしまった。このため、なおも鉄道の実現を期待するとすれば、官設鉄道の誘致を求める以外に可能性は閉ざされてしまったというのが一八九〇年代初頭の状況であった。実際、京都と舞鶴の有志者らが一八九二年（明治二五）二月に出した意見書[37]では、今後の官設鉄道建設計画に京都〜舞鶴間を盛り込むことが要求内容となっていた。

一八九一年（明治二四）七月に鉄道庁長官井上勝が「鉄道政略ニ関スル議[38]」を提出し、今後の鉄道政策に関する中長期的ビジョンを示したのは、以上のような状況をふまえたものであった。井上の政略は、今後全国に敷設すべき路線を三五五〇マイル、その経費を二億一三〇〇円と見積もったうえで、そのうち優先度の高い六路線（八〇一マイル）を、毎年五〇〇万円の公債を七年間募って建設し、あわせて官設鉄道の間に介在することになる甲武・山陽・九州等の私鉄会社八社を買収するという内容であった。ここで建設予定線に選ばれた六路線は、八王子〜甲府間、三原〜下関間、佐賀〜佐世保間、敦賀〜富山間、福島〜秋田〜青森間、直江津〜新発田間である。

井上の政略が出されてから翌一八九二年（明治二五）六月に鉄道敷設法が成立するまでの変遷については、松下孝昭前掲『近代日本の鉄道政策』で詳しく述べたので、参照していただきたい。ただし、軍事拠点との関わりを見極めようとする関心は薄かったので、以下では、その点を補うことを目的として、改めて経緯を追っ

表3－3　1892年(明治25)時点での軍事拠点所在都市と鉄道の開通状況

都市名	軍事拠点関係		鉄道開通状況	
	年	事項	年	事項
東　京	1871	鎮台(→1888年、◎1)、☆1、☆3	1872	官設鉄道開通
仙　台	1871	鎮台(→1888年、◎2)、☆4、☆17	1887	日本鉄道開通
名古屋	1873	鎮台(→1888年、◎3)、☆6、☆19	1886	官設鉄道・名古屋～武豊間開通
大　阪	1871	鎮台(→1888年、◎4)、☆8、☆20	1874	官設鉄道・大阪～神戸間開通
広　島	1873	鎮台(→1888年、◎5)、☆11、☆21	【未】	(鉄道敷設法で官設第1期に予定)
熊　本	1871	鎮台(→1888年、◎6)、☆13、☆23	1891	九州鉄道開通
佐　倉	1874	☆2	【未】	(鉄道敷設法で官設予定)
青　森	1879	☆5	1891	日本鉄道開通
金　沢	1875	☆7	【未】	(鉄道敷設法で官設第1期に予定)
大　津	1875	☆9	1880	官設鉄道・京都～大津間開通
姫　路	1884	☆10	1888	山陽鉄道開通
丸　亀	1875	☆12	1889	讃岐鉄道開通
小　倉	1875	☆14	1891	九州鉄道開通
高　崎	1884	☆15	1884	日本鉄道開通
新発田	1884	☆16	【未】	(鉄道敷設法で官設第1期に予定)
豊　橋	1885	☆18	1888	官設鉄道開通
松　山	1886	☆22	1892	伊予鉄道開通
福　岡	1886	☆24	1889	九州鉄道開通
横須賀	1884	鎮守府設置	1889	官設鉄道横須賀線開通
呉	1889	鎮守府設置	【未】	(鉄道敷設法で官設第1期に予定)
佐世保	1889	鎮守府設置	【未】	(鉄道敷設法で官設第1期に予定)
(舞鶴)	1889	鎮守府設置発表(開設は1901年)	【未】	(鉄道敷設法で官設第1期に予定)

(備考)　◎は師団司令部、☆は歩兵連隊を示す。たとえば◎1は第一師団、☆1は歩兵第一連隊である。

ていくことにする。

さて、この時期に師団・歩兵連隊・鎮守府といった軍事拠点が所在した都市は、表3－3に列挙した二二か所である。舞鶴のみは未設置であるが、既に見たとおり鎮守府開設を前提とした動向が生起しており、括弧つきでここに含めておくことにする。あわせて右欄に、各都市の鉄道開通状況を示した。一八九二年(明治二五)の時点では、北から順に青森・仙台・高崎・東京・横須賀・豊橋・名古屋・大津・大阪・姫路に鉄道が通じており、官私の別はあるものの、かなりの部分に鉄道ネットワークが形成されていたと言える。九州でも小倉・福岡・熊本が九州鉄道会社線で結ばれていた。四国の丸亀と松山については、局地的な私鉄会社が成立していたにとどまる。その一方では、広島・佐倉・金沢・新発田・呉・佐世保・舞鶴の七都市が、鉄道未開通のまま残されていることがわかる。

井上勝の政略では、このうち広島・金沢・新発田・佐世保をネットワークに組み込むことができるが、それでも佐倉・呉・舞鶴は取り残される。また、陸軍が強く求めていた中央線について言えば、井上は中央線全線の敷設を「軍人社会ノ定論」と認めつつも、実測が終わっていないことを理由に、八王子〜甲府間を計上するにとどめていた。

前節で述べたとおり、一八九一年（明治二四）七月に出された井上の政略は、九月一七日の閣議で採択され、敷設路線や着工順序などは鉄道庁と参謀本部の間で協議することになった。しかし、その協議をふまえて一二月の第二議会に松方内閣が提出してきた鉄道公債法案では、第一期に着工すべき路線の選定は、井上の鉄道政略の六路線と何ら変更がなかった。立案過程に参画する機会を得たにもかかわらず、参謀本部は自己の要求を強く組み込ませる行動には出ていないのである。むしろ、その後の衆議院における法案審議過程において、次々に採択路線が肥大化していき、結果的にすべての軍事拠点を組み込む形で成立に至るのである。この点は、好都合なことに、舞鶴のポジションに着目して経過を追っていくと明瞭になる。以下、表3-4を参照しつつ、見ていくことにしよう。

さて、政費節減をめぐる民党と政府との対立によって第二議会は解散され、翌一八九二年（明治二五）五月に第三議会が召集された。この議会にも松方内閣は、前回と同じ鉄道公債法案（A）と私設鉄道買収法案を提出した。しかし今回は、議員からも鉄道路線の拡張を趣旨とする法案が三つ出されてきた。吏党系の佐藤里治（さとじ）が提出した鉄道拡張法案（B）、伊藤大八（だいはち）らが自由党内を取りまとめて提出してきた鉄道敷設法案（C）、無所属の河島醇（あつし）・田中源太郎が提出した鉄道拡張法案[39]である。

このうち佐藤案と自由党案は、第二条に今後の建設予定線をすべて列挙しておき、そのうち第一期に建設す

表3－4　鉄道敷設法成立までの諸案と舞鶴線

		第1期線		全体の建設予定線	
		路線数、総工費、年限	うち舞鶴関係	項目数	うち舞鶴関係
A	鉄道公債法案（政府提出）	6路線、3600万円、9年間	なし	列挙せず	
B	鉄道拡張法案（佐藤里治提出）	6路線、3600万円、9年間	なし	22項目	京都～舞鶴～宮津～鳥取
C	鉄道敷設法案（自由党提出）	8路線、総工費・年限は明記せず	なし	27項目	京都～舞鶴 姫路～生野～舞鶴もしくは土山～舞鶴
D	鉄道敷設法案（特別委員会成案）	6路線、5000万円、10年間	なし	33項目と北海道7項目	京都～舞鶴 姫路～生野（or 篠山）～舞鶴（or 園部）もしくは土山～舞鶴
E	鉄道敷設法	9路線、6000万円、12年間	京都～舞鶴もしくは土山～舞鶴	33項目	京都～舞鶴 姫路～生野（or 篠山）～舞鶴（or 園部）もしくは土山～舞鶴

るものを後の条に再掲するという形式をとっており、これが鉄道敷設法に踏襲されていく。佐藤案の第二条に掲げられた将来の予定線二二項の中には、京都～舞鶴～宮津～鳥取という路線が盛り込まれている。

しかし、自由党案はもっと貪欲であった。同案の第二条には二七項もの予定路線が列挙され、その中には京都～舞鶴間が盛り込まれていた。さらには、姫路～生野～舞鶴間もしくは土山（つちやま）～福知山～舞鶴間のいずれか一つを敷設するという項目もあった。これらは、一八八九年（明治二二）の六つの私鉄計画を示した前掲表3－2における④・①・⑤に相当するルートにほかならない。

以上の五法案の乱立を受け、衆議院ではこれらを審議して調整するための特別委員会が設置され、佐藤里治が委員長に選出された。委員会の場では、参考資料として参謀本部が作成した鉄道意見書も配布されている。[40] これは、前節で掲げた参謀本部の四つの意見書のうち、『鉄道の軍事に関する定議』であると考えられる。そして、委員会では、佐藤案・自由党案の形式をベースにし、なるべく多くの路線を盛り込む方向で一本化を進めたうえで、六月二日の本会議に成案（D）を提出してきた。[41]

この委員会作成案では、まず第二条に今後の建設予定線を三三項目（および北海道の七項目[42]）にわたって列挙する方式をとっている。そして、そのうちから優先度の高い路線（第一期線）を第七条に再掲する。政府案・佐藤案では八王子〜甲府間に限定されていた中央線は、この段階で名古屋までの全線を建設するよう変更された。しかもそのルートとしては、複数の比較線が併記された文面となっていた。これは、自由党案に含まれていた条文がそのまま組み入れられた結果であった。また、三原〜下関間の路線に加え、そこから分岐して呉を結ぶ路線も追加された。こうした修正の結果、第一期線建設費は当初の政府案・佐藤案の三六〇〇万円から五〇〇〇万円へと増加し、期間も一〇年間に延長された。

この委員会の成案に対し、衆議院本会議の場で修正案が出されてくる。提出者は関直彦（和歌山）・田艇吉（兵庫）・若原観瑞・渡部芳造・木下荘平（以上、鳥取）・立石岐（岡山）・浅尾長慶（山梨）・伊藤大八（長野）の八名であり、近畿・中国地方選出の議員が中心であった。その内容は、①京都〜舞鶴間もしくは土山〜舞鶴間のいずれか、②大阪〜和歌山間もしくは高田（奈良県）〜和歌山間のいずれか、③姫路〜境（鳥取県）間、岡山〜境間、倉敷〜境間のいずれかの三項を第一期線に追加するというものであった。自己の出身府県に関係する路線を、できるかぎり第一期線に盛り込んでおこうとする動きであった。そして本会議では、この修正案も組み入れて鉄道敷設法（E）が成立し、六月二一日に公布されたのである。第一期線は九路線、建設費は六〇〇〇万円、期間は一二年にまで肥大化した。

鉄道敷設法の公布によって、前年の井上勝の政略では洩れていた佐倉・呉・舞鶴のうち、呉と舞鶴が第一期での建設が保証されることになった。佐倉にも、第二期線ながら官設線が通過する予定になった。結果的に鉄道敷設法は、当該期の軍事拠点すべてを網羅するものとして成立したのである。地図3-1は、鉄道敷設法の第一期予定線と軍事拠点所在都市との関係を示したものである。比較線があるものについては、第六議会で確定した路線のみを記した。

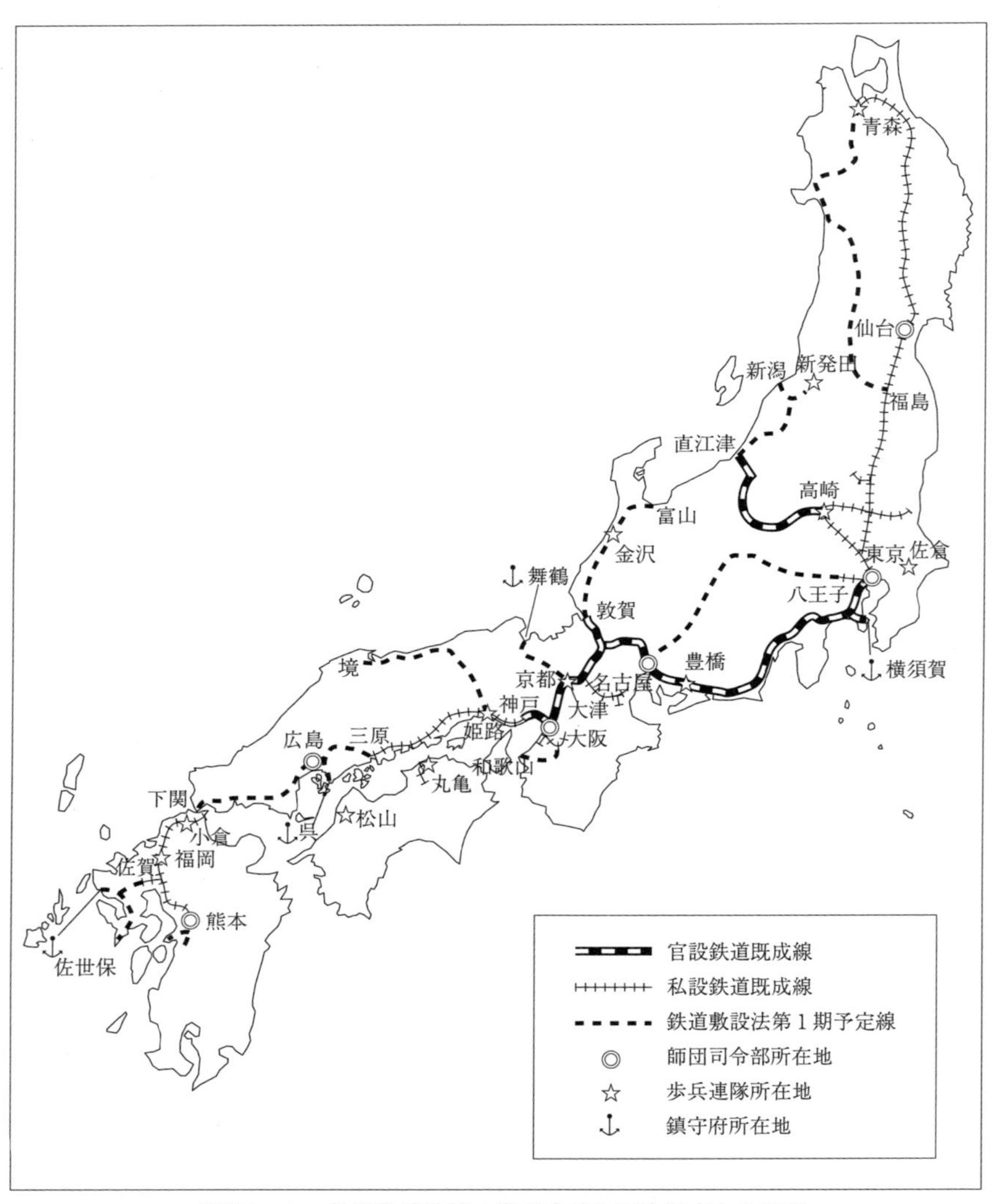

地図３－１　鉄道敷設法第１期予定線と軍事拠点との関係

以上のような結果だけを見ると、鉄道敷設法には軍部の強い介入があったと解釈されるかもしれない。実際、一般向けの書物などで、そうした叙述をしばしば見かける。(43) しかし、これまでの経緯から明らかなように、衆議院の審議過程でなるべく多くの地域の要求を総花的に盛り込んで成立させようとする議員らの意向が集約された結果なのである。たしかに特別委員会の場で、参謀本部の意見書が紹介されたこともあった。その中では京都〜舞鶴間の鉄道の速成が求められていた。とはいえ、実際には舞鶴に達するルートを二つ併記した形で成立してしまったのは、自由党案に含まれていた趣旨が紛れ込んできたからなのである。また、舞鶴に至る鉄道が第一期線に格上げされて成立したのも、衆議院の最終段階においてであった。

鉄道敷設法では、舞鶴線以外にも中央線・北越線・和歌山線・陰陽連絡線など、比較線が併記されたままで成立してしまい、ルートを確定しないかぎり着工できない路線が多いといった問題をはらんでいた。(44) このため、鉄道敷設法が公布されてからも、陸軍内では同法に関わる様々な問題点を検討していた。そして、彼らの要求内容を取りまとめ、「鉄道敷設法ニ対シ軍事上要求スヘキ条件」と題する文書(45)を作成していた。その内容は多岐にわたるが、前節の①〜④で示した各意見書の趣旨を継承したものが多い。たとえば、幹線区間をなす主要私鉄会社の国有化や、幹線部分の複線化などである。また、鉄道敷設法に多数の比較線が盛り込まれていることに対応して、その選定に関する要求事項が多いが、ここでは、舞鶴に関係する箇所だけを抽出して見ておこう。

京都〜舞鶴間もしくは土山〜舞鶴間のいずれかを建設すると併記されたルートに関し、陸軍としては、京都〜舞鶴間を強く推奨していた。「舞鶴軍港ヲ大津・大坂其他ノ衛戍地ト連絡スル為メ軍事上甚タ必要」と言うのである。他方、土山〜舞鶴ルートだと、大阪と舞鶴との連絡に際して、神戸〜明石間のように海岸線に面した箇所を経由することになる。しかし、戦時に敵艦が大阪湾内に侵入してきたような場合、破壊される恐れが

表３－５　陸軍が要求する第１期線の着工順序

1	八王子～甲府～名古屋（中央線）
2	三原～下関（山陽線）および海田市～呉（呉線）
3	佐賀～佐世保・長崎
4	敦賀～金沢～富山（北陸線）
5	前橋～新潟・新発田
6	福島～山形～秋田～青森（奥羽線）
7	京都～舞鶴
8	姫路～篠山～園部　（※）
9	高田（または八木）～和歌山
10	岡山～津山～境
11	熊本～三角
12	宇土～八代～鹿児島　（※）
13	琴平～高知～須崎　（※）

（出典）注（45）に同じ。
（備考）（※）印をつけた３線は、第１期線に昇格させたうえで建設することが求められているもの。

あるとして容認しがたいのであった。支線網の選定に際しても、極力内陸部を通過させたいとする陸軍の意向は根強かったのである。

むしろ陸軍では、戦時に大阪湾内に侵攻された場合を想定して、第二期線に留め置かれている姫路～篠山～園部～京都という内陸ルートを本州縦貫幹線に準ずるものとして重視していた。そのため、これを第一期線に昇格させることも求めていた。以上をふまえ、右の文書が求める今後の全国の官設鉄道着工順序は、表3-5のとおりである。

なお、陸軍のみではなく、海軍にとっても軍港に達する鉄道の速成は喫緊の要求であった。たとえば、一八九四年（明治二七）五月一六日に海軍大臣が陸軍大臣に宛てて、佐世保・呉への鉄道敷設が遅れていることが「至極不便利ノミナラス、一朝有事ノ際ハ容易ナラサル関係ヲ生シ」るだけに、至急敷設を願うと述べていた[46]のは、日清戦争を前にして、軍港への鉄道ネットワーク整備が遅延していることへの憂慮の念を示したものであった。

第三節　日清戦後の軍備拡張と鉄道ネットワーク

初めての大規模な対外戦争となった日清戦争は、広島を前線基地として戦われた。広島は、開戦直前の一八九四年（明治二七）六月に山陽鉄道が開通し、本州の鉄道ネットワークの西端に位置づけられていたのである。本州各地の主な部隊は鉄道を通じて広島に集結し、宇品港から戦地に送られた。そのため、開戦直後の八月四日から突貫工事で広島駅と宇品港を結ぶ宇品線が建設され、二〇日には完成した。

他方で、軍事拠点が鉄道ネットワークで結ばれていない場合の問題点も、日清戦時下に露呈した。開戦とともに金沢の歩兵第七連隊に動員令が下ったのであるが、当時北陸線は敦賀（福井県）までしか開通していなかった。重装備の兵士は猛暑の中を徒歩で行軍するしかなかった。このため、敦賀に到着するまでに、熱射病により三名の死者と部隊の半数近くに及ぶ一二五九名もの病者を出してしまったのである。(47)

その後、日清戦争に勝利した日本は、多額の賠償金を利用して、大規模な軍拡に着手する。一八九六年（明治二九）三月に陸軍管区表改正を公布し、六個師団を増設することとしたのである。これにともない、歩兵連隊の数は四八となった。師団・連隊所在地に指定された地域では司令部や兵舎の建設を急ぎ、一八九八年（明治三一）頃には入営を完了した。

ここで、表3-6をもとに、一八九八（明治三一）年頃の軍事拠点の全国的な配置を確認していこう。今回師団が新設されることになったのは、旭川・弘前・金沢・姫路・善通寺（香川県）・小倉の六都市である。このうち金沢・姫路・小倉はそれ以前から歩兵連隊が置かれており、前掲表3-3にも登場していた。残る旭川・弘前・善通寺が全くのニューフェイスであり、※印を付しておいた。そこで、以下では、日清戦前から軍

表3－6　1898年（明治31）時点での軍事拠点所在都市と鉄道の開通状況

都市名	軍事拠点関係		鉄道開通状況	
	年	事項	年	事項
東　京		◎1、☆1、☆3	済	［既述］
仙　台		◎2、☆4、☆29	済	［既述］
名古屋		◎3、☆6、☆33	済	［既述］
大　阪		◎4、☆8、☆37	済	［既述］
広　島		◎5、☆11、☆41	1894	山陽鉄道開通済み
熊　本		◎6、☆13、☆23	済	［既述］
※旭　川	1901	◎7、☆26、☆27、☆28	1898	官設鉄道開通
※弘　前	1898	◎8、☆31	1894	官設鉄道奥羽北線・青森～弘前間開通
金　沢	1898	◎9、☆7、☆35	1898	官設鉄道北陸線・金沢まで開通
姫　路	1898	◎10、☆10、☆39	済	［既述］
※善通寺	1898	◎11、☆43	済	1889年、讃岐鉄道開通済み
小　倉	1898	◎12、☆14、☆47	済	［既述］
佐　倉		☆2	1894	総武鉄道開通
青　森		☆5	済	［既述］
大　津		☆9	済	［既述］
丸　亀		☆12	済	［既述］
高　崎		☆15	済	［既述］
新発田		☆16	【未】	
※秋　田	1898	☆17	【未】	ただし、1902年官設鉄道奥羽北線・青森～秋田間開通
豊　橋		☆18	済	［既述］
※敦　賀	1898	☆19	済	1884年、官設鉄道・長浜～金ヶ崎間開通済み
※福知山	1898	☆20	1899	阪鶴鉄道開通
※浜　田	1898	☆21	【未】	
松　山		☆22	済	［既述］
福　岡		☆24	済	［既述］
※札　幌	1896	☆25	済	1882年、幌内鉄道開通済み
※村　松	1898	☆30	【未】	
※山　形	1898	☆32	【未】	ただし、1901年官設鉄道奥羽南線・福島～山形間開通
※静　岡	1898	☆34	済	1889年、官設鉄道開通済み
※鯖　江	1898	☆36	1896	官設鉄道北陸線開通
※京　都	1898	☆38	済	1877年、官設鉄道開通済み
※鳥　取	1898	☆40	【未】	
※山　口	1898	☆42	【未】	
※高　知	1898	☆44	【未】	
※鹿児島	1898	☆45	【未】	ただし、1901年鹿児島～国分間開通（鹿児島線の全通は1909年）
※大　村	1898	☆46	1898	九州鉄道開通
※久留米	1898	☆48	済	1890年、九州鉄道開通済み
横須賀		鎮守府（既設）	済	［既述］
呉		鎮守府（既設）	【未】	ただし、1903年官設鉄道呉線開通
佐世保		鎮守府（既設）	1898	九州鉄道開通
舞　鶴	1901	鎮守府設置	【未】	

（備考）　※印は当該期に初めて軍事拠点が設置された都市。

事拠点が所在していた表3-3の諸都市を先発組と呼び、日清戦後に新たに加わった都市、すなわち表3-6の※印を中発組と呼ぶことにする。歩兵連隊の所在地では、秋田・敦賀・福知山・浜田（島根県）・札幌・村松（新潟県）・山形・静岡・鯖江（福井県）・京都・鳥取・山口・高知・鹿児島・大村（長崎県）・久留米（福岡県）の一六都市が中発組ということになる。海軍関係では、かねてから設置が予告されていた舞鶴に、遅ればせながら一九〇一年（明治三四）に鎮守府が開庁した。

次に、右欄に各都市の鉄道開通状況を表示した。日露開戦期までに開通した箇所については、その旨を但し書きで記しておいた。この中では、軍事拠点の設置と鉄道の開通がほぼ同時だったいくつかの地点に着目してみたい。そうした都市では、いずれも市勢の飛躍的な向上が見られたからである。

一八九八年（明治三一）に師団が設置されるとともに北陸線が開通した金沢がその典型であることは、注（4）の諸研究が示すとおりである。また、北海道の旭川は、一八九八年（明治三一）七月に官設鉄道上川線（空知太（そらちぶと）～旭川）が竣工し、既存の北海道炭礦鉄道会社線と接続して北海道における鉄道ネットワークの中に組み込まれた。それを待つかのように、いったん札幌郊外の月寒（つきさっぷ）村に置かれていた第七師団の旭川移駐が命じられ、一九〇二年（明治三五）までには師団司令部や隷下の三個連隊の移転が完了した。こうして鉄道開通と師団設置が重なった旭川村では、一八九八年に一八五〇戸だった戸数が、五年後の一九〇三年には、実に二・五倍にあたる四七〇七戸へと膨張していたのである。(48)

歩兵連隊が新設された地域でも同様である。一八九六年（明治二九）に歩兵第二十連隊が大阪から移駐してくることが決まった福知山では、既に阪鶴鉄道会社の設立が認可されていたこともあって、地価が急騰したという。そして一八九八年（明治三一）八月の連隊移駐と翌年七月の阪鶴鉄道全通が重なり、村役場では事務が繁忙をきわめた。(49)

こうした軍事拠点と鉄道を活かした形での都市形成のあり方や、それに対応した市政・市民の動向などを比較検討することは、興味深いテーマであると考えるが、今後の課題としておき、先を急ぐことにする。

再び表3-6に立ち返る。ここでの中発組のうち、善通寺・敦賀・札幌・静岡・京都・久留米には、既に日清戦前期から鉄道が通じていた。日清戦後になると、前述の旭川のほか、鉄道敷設法の第一期線である奥羽線の建設が進んで、弘前（一八九四年）・山形（一九〇一年）・秋田（一九〇二年）の順で、鉄道ネットワークが張りめぐらされていく。同じく第一期線の北陸線の北伸によって、鯖江（一八九六年）・金沢（一八九八年）もこの時期に開通する。このほか私鉄線によって、福知山（阪鶴鉄道、一八九九年）や大村（九州鉄道、一八九八年）といった連隊新設地にも鉄道が通じていく。

以上のように、日清戦後期には、鉄道敷設法にもとづく官設鉄道の建設が進むほか、折からの好況による第二次鉄道熱の影響で私鉄線も路線を伸ばし、中発組といえどもかなりの都市が鉄道ネットワークに位置づけられていった。とはいえ、急激な軍事拠点の増加にネットワーク構築が追いつかず、いくつかの空白が生じてしまったことも事実である。この点は陸軍内においても問題視されており、早急な鉄道の敷設が要請されることになる。以下、この時期の陸軍の認識を知ることができる例を三つ示す。

第一に、師団増設が公布された一八九六年（明治二九）の一二月に、参謀総長が陸軍大臣に対し、次のような申し入れを行っていた。「今回軍備拡張之為メ、従来衛戍地之外更ニ数ヶ所之新衛戍地ヲ定メラレ」たが、浜田と高知に連絡する鉄道がなく、「有事ノ日ハ勿論、平時交通ノ為メニモ右両地ヲ他ノ要地ニ連絡スル鉄道ヲ速ニ敷設スル事ハ極メテ必要」だと言うのである[50]。そして、鉄道敷設法上は第二期線の位置づけになっている松江〜浜田〜山口間と琴平〜高知〜須崎間を第一期線に昇格させるよう主張していた。

第二に、一九〇一年（明治三四）二月にも参謀総長は陸軍大臣に対し、「第二期予定線ニ関スル意見書[51]」を提示し、①琴平～高知間、②富山～直江津間、③米子～山口間と広島～浜田間、④熊本～大分間の第二期線を第一期に繰り上げるか、もしくは第二期線中でも第一に着工する必要のあることを説いていた。琴平～高知間を筆頭に掲げた理由は、次のとおりである。

> 軍備拡張ノ為メ新ニ第十一師団ヲ四国ニ設置シ、其一部ヲ高知ニ駐屯セシメラル、ニ至リシ以来、琴平・高知間鉄道ノ連絡ヲ急設スル事既ニ必要トナレリ。一朝事アルニ方リ該師団ノ動員・聚中特ニ四国ノ防衛上最モ敵襲ノ虞多キ南海浜岸ニ速ニ兵ヲ差遣スルハ、此鉄道ヲ利用スル外殆ント途ナシ。

また、③の路線が必要となる理由も「鳥取・浜田ノ両地カ衛戍地ト成レル以来、有事ノ日ニ当リ動員・聚中ノ為メ最モ必要トナレリ」とされていた。

第三に、第一六議会開会中の一九〇二年（明治三五）三月三日、鉄道敷設法改正案等に関する衆議院特別委員会において、師団と連隊所在地との鉄道連絡の有無について質問が出され、政府委員として陸軍省総務長官中村雄次郎が答弁に立っていた(52)。中村も各軍事拠点所在都市の連絡を図ることは急務と述べ、熊本～鹿児島間、広島～浜田間、姫路～鳥取間、四国各線、会津若松～新発田・村松間、弘前～秋田～山形間(53)といった箇所が未開通であると具体的に列挙したうえで、このうちでも琴平～高知間を第一に着手すべきことを説いていた。

以上のように陸軍では、日清戦後の急激な軍事拠点の増加に鉄道ネットワークの構築が追いつかないことを国防上問題であるとし、その速成を要求していたのである。とりわけ浜田・村松・鳥取・山口・高知などが具体的に挙げられており、日本海側と四国がネックであると認識されていた。

とはいえ、こうした中発組の鉄道ネットワーク構築が課題として浮上してくると、それに先だつ問題がいっそう先鋭に顕在化してくることになる。先発組でありながら、日清戦後期に至っても鉄道が未開通の地点が残っているという問題である。

前掲表3-3において鉄道が未開通だった都市は七か所あったが、うち広島・佐倉・金沢・佐世保については、表3-6に見られるとおり、一八九八年（明治三一）時点で私鉄線あるいは官設鉄道が開通していた。しかし、新発田・呉・舞鶴は、なおも鉄道が未開通の状態が続いているのである。これら三都市が残ってしまった経緯やその後の展開には類似した点が見られる。そこで、節を改めて比較検討し、その作業を通して舞鶴に至る鉄道の特質も浮きぼりにしていく。

第四節　舞鶴線敷設の遅延

最初に、一八八四年（明治一七）に歩兵第十六連隊が置かれ、早くから日本海側における軍事拠点所在都市の一つだった新潟県新発田に達する鉄道と、舞鶴に達する鉄道との類似点を三点あげていく。

第一に、それぞれを終点とする路線は鉄道敷設法で第一期線に採択されたものの、その経路については比較線を含んでいた点で共通している。新発田および新潟に達する路線の起点は、当初の井上勝の鉄道政略や政府案・佐藤案では直江津のみであった。しかし、第三議会における鉄道敷設法の成立過程で、豊野（長野県）や前橋（群馬県）を起点とする経路も盛り込まれ、これら三者から一つを選んで建設するという内容になってしまった。これもまた、自由党案にあった条文がそのまま流れ込んで成立した結果である。陸軍では、直江津起点ルートは海岸線を経由することから、強く拒否していた。かわって前橋起点ルート（現、JR上越線）を推奨しており、しかも前掲表3-5で第五位に位置づけられていたとおり、その優先度は高かった。

他方、舞鶴に達する鉄道の比較線に関しては、第二節で述べたような論拠から、陸軍としては京都～舞鶴ルートを推していた。そして、第六議会で確定し、一八九四年（明治二七）六月に公布された比較線決定に関する法律では、舞鶴に達する鉄道は京都〜舞鶴ルートが選定されたものの、新発田・新潟に至る経路としては直江津起点案が勝利した。陸軍としては一勝一敗の成績となったのである。

第二の類似点は、比較線選定に勝って官設での敷設が約束されたにもかかわらず、私鉄線で起工する方が実現が早いとして、ともに私鉄会社が設立されてきたことである。

直江津〜新潟・新発田間には一八九四年（明治二七）四月に、渋沢栄一ほか二〇名によって北越鉄道株式会社の創立願書が出され、同年七月に仮免許が交付された。その背景には、一八九三年（明治二六）下半期から景況が好転し、日清戦争を間に挟んで第二次鉄道熱と呼ばれるようなブームを迎えつつあったことがある。それに加えて、舞鶴をめざす鉄道の場合は、都市間の競争意識が拍車をかけた。鉄道敷設法の比較線選定競争で土山〜舞鶴ルートが敗れた兵庫県関係者らは、新たに大阪〜神崎（尼崎）〜篠山〜福知山〜舞鶴というルートで私設阪鶴鉄道の敷設を出願する動きを見せる。これに対抗して、京都の有志者らも急遽私鉄計画をたて、一八九三年（明治二六）七月に京都鉄道株式会社の創立を出願した。こうして今度は、私鉄の認可競争が生じてくるのである。

この顛末については、先に挙げた舞鶴線をめぐる諸文献が必ず記すところであり、本章では立ち入らないことにする。結果的には、第六議会で確定し、一八九四年（明治二七）六月に公布された私鉄認可に関する法律では、京都鉄道会社に京都〜綾部〜舞鶴〜宮津間および綾部〜福知山〜和田山間の敷設が認可され、対する阪鶴鉄道の側は、神崎〜福知山間の敷設が認められたにとどまるのである。

次に、第三の類似点に移る。こうして設立された北越鉄道と京都鉄道に共通しているのは、新発田・舞鶴という軍事拠点をめざす役割がそれぞれ付与されたにもかかわらず、結局のところ果たせない点である。北越鉄道は、一八九六年（明治二九）三月に工事に着手し、一八九九年（明治三二）九月に直江津～沼垂（新潟）間は開業した。しかし、当初三七〇万円の資本金で発足したものの、実際の建設費支出がかさんで六〇〇万円を超えるに至り、三〇〇万円の社債を発行する必要に迫られていた。(54) こうした経営の悪化により、新津から分岐して新発田に至る区間は、未着工のままとなったのである。

京都鉄道の場合も、当初の計画以上に建設費がかさみ、資金の枯渇に直面する。保津峡を通過する区間での難工事に辛苦したことや、二条駅の用地買収に莫大な資金を投じたことなどが原因である。このため、一八九九年（明治三二）八月一五日に京都～園部間を開通させたものの、園部以遠の工事が中断してしまうのである（本章扉裏図参照）。

次に、呉に達する鉄道についても見ていき、比較の対象に加えよう。山陽鉄道の海田市駅から分岐して呉に至る路線もまた、鉄道敷設法第一期予定線であった。そのため、一八九五年（明治二八）一二月の第九議会に提出された第一期線建設費年度割案には、呉線の建設費も盛り込まれていた。ただし、当初の原案では優先度は低く、一九〇二年度（明治三五）から一九〇四年度（明治三七）の三年間で、総額一二九万七六〇七円を投じて完成させる計画であった。これに対して鉄道会議の場で、海軍軍令部から議員として列席していた伊集院五郎（海軍軍令部次長）が発言し、呉での軍艦製造に必要な資材を運搬する必要があることなどを論拠に、建設を早めるよう求めた。(55) その結果、呉線の着工順位が繰り上げられ、一八九七年度（明治三〇）から一八九九年度（明治三二）の三年間とすることで建設費年度割が確定した。ひとまずは海軍の要請が通った形となった。

ところが、ここでも私鉄ブームに乗って、同区間を私鉄で建設したいとする計画が一八九六年（明治二九）八月に出願されてきた。名古屋市の実業家神野金之助らによる呉鉄道株式会社（資本金一二〇万円）である。これが認可された結果、いったん確定した建設費年度割から呉線の分が削除された。時の第二次松方正義内閣は、鉄道敷設法の第一期予定線であっても、私鉄の出願があればなるべく代替させ、国庫の歳出を抑えようとする方針をとっていたのである。[56] 鉄道会議の場でも、伊集院五郎は、「海軍デハ此鉄道ハ官設デモ私設デモ少シモ構ヒマセヌ」[57] と発言しており、予定年限内に完成するのであれば、官私の別にはこだわっていなかった。

しかし、日清戦後恐慌の到来により、呉鉄道株式会社は一八九七年（明治三〇）五月にあえなく解散してしまう。[58] このため、再び官設鉄道で敷設する必要が生じ、第一四議会において年度割に再掲された。一九〇〇年度（明治三三）からの三か年間に二一五万六二四八円の建設費予算が計上されたのである。工事は一九〇一年（明治三四）一月に開始され、完成したのは、日露開戦直前の一九〇三年（明治三六）一二月二七日であった。山陽鉄道という私鉄会社から分岐して短区間の孤立した官設鉄道が接続すると、列車運行等で支障が生じることになる。このため、一九〇四年（明治三七）一二月からは呉線を山陽鉄道会社に貸与し、同社線として運行させることになった。[59]

以上のように、いずれもが鉄道敷設法の第一期予定線であった呉・新発田・舞鶴に達する路線は、いったん私鉄に認可されるものの、それが頓挫するという変転をたどったため、先発組でありながら鉄道の開通が遅延していたのである。その結果、いずれも官設鉄道として着工する必要に迫られることになる。こうした点をふまえつつ、舞鶴線の着工が決定する経緯を、以下で追っていくことにする。

第五節　官設鉄道としての舞鶴線の建設

京都〜舞鶴間の敷設をめざす京都鉄道株式会社が、園部以遠の建設の目途が立たなくなった所までは前述した。このため京都鉄道では、同社の国有化や建設費の利子補給を求める運動をしきりに展開することについては、既存の研究によってよく知られている。ただし、それを受けた政府内での政策決定過程については未解明な部分が多いので、当該期の政治動向をふまえて詳しく見ていくことを、本節の課題とする。

京都鉄道は、園部までの開業を目前にした一八九九年（明治三二）六月に、残区間（一〇〇余マイル）の建設費九九〇万余円に対し、毎年五朱の割合で五年間利子補給してくれるよう請願した。時の第二次山県有朋内閣の逓信大臣芳川顕正は、京都～舞鶴間の重要性は認識しつつも、「軍事上・交通上速成ヲ要スル線路ハ、独リ京都鉄道ニ止マラサル」ことから、財政難の折に利子補給はできないと判断した。そこで、鉄道国有調査会が京都鉄道も含む私鉄会社の国有化を審議中であることを論拠として、九月二一日の閣議で京都鉄道の申請を却下する決定をくだした。[60] もっとも、山県内閣はこの時点での鉄道国有化実施には乗り気ではなかった。実際、一九〇〇年（明治三三）二月の第一四議会において、鉄道国有化に関する法案は不成立に終わってしまうのである。[61]

そこで京都鉄道では、同年六月にも利子補給の申請を行った。その内容は、①未成区間の竣工期限を七か年伸ばし、この間に毎年六朱の利子補給をする（甲案）、②最重要の園部～綾部～舞鶴間と綾部～福知山間の四九マイルを年六朱の利子補給を受けて速成し、それ以外の区間の着工は延期する（乙案）、という二点のいずれかを求めるものであった。

これに対して海軍大臣は、陸軍大臣と連名で「官設ヲ以テシテモ速ニ竣工セシムル様」と逓信大臣に申し入れを行った。[62] 一年後に鎮守府の開庁を控えたこの時点で、私鉄会社に委ねたままでは、最長で七年かかる可能性があることに対し、いら立ちを禁じえなかったのである。これが奏効したと思われ、八月二〇日に芳川逓相は、①京都鉄道会社の未成区間の免許を返納させ、②福知山～綾部～舞鶴～余部間を官設にて建設し、③京都鉄道既設線は建設費実費以内で買収する、という趣旨の案を閣議提出し、九月二一日に決定をみていた。[63]

その根拠は、表3-7のとおりである。最も多額を要する京都鉄道申請の甲案は論外とし、乙案によった場合、政府が負担する利子補給額は七年間で二二四万余円にのぼる。他方、逓信省の見積もりによれば、官設で福知山~綾部~舞鶴~余部間のみを建設することにすれば、二四二万円で完成し、右の利子補給額と大差ないことになる。このため、京都鉄道の申請は却下し、福知山から官設鉄道を起工することにしたのである。

この決定は、官設での着工を初めて明示した点で、大きな画期となった。その要因が陸海軍による要請にあったことは明らかであるが、あわせて政治的な背景も見ておく必要がある。山県首相は、立憲政友会を創設して総裁となった伊藤博文に内閣を押しつけるような形で、九月二六日に辞表を出すのであるが、右の閣議決定は、その間際に行われているのである。続く第四次伊藤内閣としては、財政難の折にもかかわらず、政府歳出の増大につながる決定を踏襲させられたわけである。

表3-7　舞鶴までの鉄道建設費等の計算

		経費	利子補給額
京都鉄道申請案（甲案）		1007万余円	340万余円
京都鉄道申請案（乙案）		614万余円	224万余円
逓信省案	福知山～綾部～舞鶴～余部間建設費	242万円	
	園部～綾部間建設費	372万円	
	京都鉄道既設線買収費	329万円	
	計	943万円	

（出典）　注(63)に同じ。

ところで、京都鉄道や京都関係者にとって、右の決定は重大な問題をはらんでいた。既に全線を開通させていた阪鶴鉄道の終点である福知山から起工して綾部・舞鶴・余部を結ぶ計画だったからである。他方、京都鉄道の終点である園部と綾部との間は、その後に着工されるものと考えられていた。このため京都鉄道では、一一月二八日に開いた臨時株主総会での決議にもとづき、第四次伊藤内閣の逓信大臣星亨に対し、園部~綾部間も同時に着工することなどを求めた(64)。

京都市においては、官民あげての運動を展開した。京都商業会議所は一二月八日に、園部~綾部間の予算も同時に提出することを求める建議を採択した。京都府会でも同月一五日に、同趣旨の意見書を議決した。政友会京都支部の代議士会では、奥繁三郎らを東上委員に選出した。さらには、京都市でも市長・助役・市会議員らを東上させ、陳情活動に躍起となっていた。(65)これらは、京都側の巻き返し策にほかならない。

こうした動きを受けて、星亨の後任として逓信大臣に就いた原敬は、京都側の意向を極力組み入れる方向で動いた。原逓相と京都鉄道社長浜岡光哲との間で、一二月二五日に協議がまとまり、未成区間敷設準備のために同社が買収した用地や材料は政府が買い上げることや、既成線を政府が買収する際は支出済みの建設費額で行うことなどを合意したのである。(66)

右の合意は、開会中の第一五議会に伊藤内閣が、京都鉄道の買収と未成区間の官設での建設に関する議案を提出する「黙契」であるとみなされていた。実際、原逓相は、園部〜綾部〜舞鶴間と綾部〜福知山間の建設費として、総額九四二万円四一六二円を年度割に追加する予算案を作成しており、同議会に提出する予定でいた。(67)前掲表3-7からも明らかなとおり、右の区間を建設するだけならば六一四万円で足りるはずである。九四二万余円という数値は、京都鉄道の既設区間を買収する金額も含めていたのである。

ところが、第一五議会は、伊藤内閣が提出した増税法案が貴族院で紛糾し、ついには勅語で貴族院を説伏するという経過をたどった。その審議過程で、首相は新規公債を募集しない旨を明言していた。しかし、鉄道建設費は公債によることが原則である。このため、原が準備していた建設費増額案は、ついに提出できないまま閉会を迎えることになった。(68)京都側の期待は潰え去ったのである。そこで京都鉄道会社では、一九〇一年（明治三四）三月二四日の議会閉会の翌日、未成区間の竣工期限をとりあえず三年間延長してくれるよう申請した。同年の一一月五日で竣工年限が切れる予定だったからである。

その後、財政問題をめぐる紛糾から五月二日に総辞職した伊藤内閣に代わり、六月二日に第一次桂太郎内閣が成立した。逓信大臣に就いたばかりの芳川顕正は、右の京都鉄道の竣工年限延長申請に対し、六月七日付けで条件付きながらもこれを許可する決定をくだした。条件とは、延長期間内であっても政府が未成線の急設を必要とみなした場合は、何時でもその免許を取り消すことができるというものであった[69]。

ところが、この通牒に接した陸軍大臣と海軍大臣は、同月再び連署して抗議してきた。条件付きとはいえ、私鉄による建設の続行を前提とした決定は、昨年六月に「官設ヲ以テシテモ速ニ竣工セシムル様」に申し入れてあった趣旨に「背戻（はいれい）」するというのである[70]。また、九月六日にも参謀総長が陸軍大臣に対して照会文書を出している。その内容は、目下の状況では京都鉄道がとうてい着手しそうにないので、園部～舞鶴間か福知山～舞鶴間の少なくとも一線を、次年度から官設で起工することを促すものであった[71]。

こうした陸海軍からの再三の要請を受けて、一九〇一年（明治三四）一二月に召集された第一六議会で桂内閣は、福知山～綾部～舞鶴～余部間を官設で建設するための年度割改正案を提出し、成立させた。前内閣で原逓相が準備していた案と相違するのは、原の案が京都側の意向を汲んで、園部～綾部間の建設費や既設線の買収費も含めて総額九四二万余円を計上していたのに対し、今回は、福知山～綾部～舞鶴～余部間のみを建設することにして、四年間で四三四万余円を支出するにとどめた点である。京都との連絡には見切りをつけ、阪鶴鉄道の終点である福知山と舞鶴との接続を優先させた決定であった。

京都市関係者としては手痛い敗北であったが、舞鶴町としては異存はなかった。実はこの第一六議会には、舞鶴線に関する多くの意見書が貴衆両院に提出されていた。京都市長や京都商業会議所からは京都と舞鶴との連絡を求める内容、大阪・神戸両商業会議所や阪鶴鉄道社長からは福知山～舞鶴間の速成を求める内容であった。ここにも、京都・大阪・神戸の都市間競争の延長が見て取れる。しかし、舞鶴町長木戸貞一らが提出したものは、園部～舞鶴間か福知山～舞鶴間のいずれかの速成を求める内容となっていた[72]。この時点での舞鶴側としては、速成できればいずれでも可という意向だったのである。

こうして、一九〇二年（明治三五）四月に逓信大臣は、京都鉄道の未成区間の免許取り消しを通達し[73]、五月一日には事務引継ぎを受けた。その後、精密な実測を行って、翌一九〇三年（明治三六）五月に福知山側から工事が始まった。

しかし、完成までにはなお二年近くを要するという時点で、一九〇四年（明治三七）に入り、日露開戦必至の情勢を迎えた。同年一月に海軍次官が福知山～余部間の速成に必要な経費を照会したところ、逓信省では約一四〇万円を追加支出すれば、年内に完成させることが可能であると返信した。これを受けて、二月五日に海軍大臣は、陸軍大臣・逓信大臣と連署して、臨時費の支出を請議した[74]。宣戦布告の五日前であった。そして、三月三日の閣議で、一四〇万円を臨時事件費から支出することが決定した。

日露戦争の最中とはいえ、工事は急ピッチで進められ、一〇月中には竣工した。呉線の場合と同様、短区間の官設線が私鉄線に接続する形となるため、舞鶴線も阪鶴鉄道会社に貸与することとし、一〇月一五日に契約を締結した[75]。こうして、冒頭で述べたように、日露戦争最中の一九〇四年（明治三七）一一月三日、福知山～新舞鶴間が開業する運びとなったのである。

戦時中とあって、阪鶴鉄道では開通式を挙行することは避け、その費用を舞鶴鎮守府と福知山の歩兵連隊に恤兵金として寄付したが、舞鶴町では、新舞鶴停車場前に緑門と球燈を掲げ、一五〇発の花火で祝ったという[76]。

日露戦後期への展望―むすびにかえて―

舞鶴への鉄道開通を見届けた時点で本章を終えることも可能であろう。しかし、全国的な軍事拠点の配置と鉄道ネットワークの形成をひとつの大きな課題に設定してきたことからすれば、日露戦後期まで概略的に見通

表3－8　1908年(明治41)時点での軍事拠点所在都市(抜粋)と鉄道の開通状況

都市名	軍事拠点関係	鉄道開通状況	
		年	事項
※高　田	◎13、☆58	済	官設鉄道信越線
※宇都宮	◎14、☆59、☆66	済	日本鉄道(→国有化)
※岡　山	◎17、☆54	済	山陽鉄道(→国有化)
※水　戸	☆2	済	水戸鉄道(→日本鉄道→国有化)
※福　山	☆41	済	山陽鉄道(→国有化)
※甲　府	☆49	済	官設鉄道中央線
※松　本	☆50	済	官設鉄道篠ノ井線
※久　居	☆51	済	参宮鉄道(→国有化)
※奈　良	☆53	済	大阪鉄道(→関西鉄道→国有化)
※佐　賀	☆55	済	九州鉄道(→国有化)
※和歌山	☆61	済	南海鉄道、紀和鉄道(→関西鉄道→国有化)
※徳　島	☆62	済	徳島鉄道(→国有化)
※松　江	☆63	1908	官設鉄道山陰線開通(1912年山陰線が幹線網に接続)
※都　城	☆64(1910年)	【未】	(1913年、官設鉄道・吉松～都城間開通)
※会津若松	☆65	済	岩越鉄道(→国有化)
※浜　松	☆67	済	官設鉄道東海道線
※岐　阜	☆68	済	官設鉄道東海道線
※富　山	☆69	済	官設鉄道北陸線
※篠　山	☆70	済	阪鶴鉄道(→国有化)
※大　分	☆72	【未】	(1911年、官設鉄道日豊線開通)
新発田	☆16	【未】	(1912年、官設鉄道・新津～新発田間開通)
浜　田	☆21	【未】	(1921年、官設鉄道山陰線開通)
村　松	☆30	【未】	(1923年、蒲原鉄道開通)
鳥　取	☆40	1908	官設鉄道山陰線開通(1912年山陰線が幹線網に接続)
山　口	☆42	【未】	(1913年、官設鉄道・小郡～山口間開通)
高　知	☆44	【未】	(1924年、官設鉄道高知～須崎開通。1935年、土讃線が多度津とつながる)
舞　鶴	鎮守府	1904	官設鉄道舞鶴線開通
※大　湊	要港部(1905年)	【未】	(1921年、官設軽便鉄道として野辺地～大湊間開通)

(備考)　日露戦後の軍拡により新たに軍事拠点が設置された都市のみを抜粋した(※印)。また、前掲表3－6において鉄道未開通だった7都市を、ここに再掲した。

しておくことは、一定の意義のあることと考える。以下では、この点を展望することでむすびにかえたい。

日露戦争に勝利した日本は、さらなる軍備の拡張に乗り出す。陸軍では、一九〇七年（明治四〇）九月に六個師団の増設を公示し、翌年にはほぼ設置が完了した。高田（新潟県）・宇都宮・豊橋・京都・岡山・久留米が、今回の新たな師団司令部所在地として選ばれた。このうち、豊橋・京都・久留米にはそれ以前から歩兵連隊が所在しており、前掲表3－6に載っていたので、ニューフェイスは高田・宇都宮・岡山ということになる。師団増設に対応して、歩兵連隊の数は七二にまで膨れあがった。また、海軍では一九〇五年（明治三八）一二月に青森県大湊（おおみなと）を要港部に指定した。

日露戦後の時点での軍事拠点をすべて書き上げると煩瑣になり、論旨の展開上もあまり意味がないので、表3-8には今回の軍拡によって新たに軍事拠点が設置された都市のみを掲げることとし、※印を付して示した。したがって、師団司令部所在地としては、高田・宇都宮・岡山のみを載せてある。歩兵連隊所在地では、水戸から大分までの一七か所が今回のニューフェイスである。これらを、従来の先発組・中発組に対して、後発組と呼ぶことにする。このほか、論旨の関係上、前掲表3-6で日露開戦時においても鉄道が未開通だった新発田・浜田・村松・鳥取・山口・高知・舞鶴の七都市を、ここにも再掲した。そして、例によってこれら各都市への鉄道開通状況を右欄に示した。

明らかなように、今回の後発組の大部分には、既に鉄道が開通していた。とりわけ、新たに師団司令部所在地となった高田・宇都宮・岡山は、いずれも早くから鉄道が開通していた所ばかりである。高田では、衰退しつつある町勢を活性化させるため、町長を先頭に熱心に師団誘致運動を展開したが、その際には「交通ノ事ハ将来ノ衛戍地撰定ニハ尤モ必要条件ナリ」(77)として、信越線が早くから通って交通の要衝であることを宣伝材料としていた。これは、陸軍側でも師団新設地の選定に際し、「鉄道の如き交通機関を有する事」を条件の一つにあげていた(78)のと呼応する動きであった。

他方、歩兵連隊の所在地に目を向けると、いくぶん空白が見て取れる。しかし、これらも、明治末期から大正初期にかけて、順次鉄道ネットワークに組み込まれ、空白は解消していく。たとえば、後発組の松江と中発組の鳥取の場合、山陰線の建設が進んで一九〇八年（明治四一）に両者ともに鉄道が通じた。ただ、この時点ではまだ孤立した路線であったが、その後、山陰線は一九一二年（明治四五）三月に兵庫県北部の浜坂～香住（かすみ）

間が開通したことによって、京都から大社（島根県）までの区間がつながり、全国的な鉄道ネットワークの一環を構成することになった。

九州では日豊線の建設が進んで、一九一一年（明治四四）に大分に通じたほか、一九一三年（大正二）一〇月に吉松～都城間が開通して、後発組も含めて九州の軍事拠点すべてがネットワークに位置づけられた。ちなみに、都城への鉄道敷設に関しては、興味深い逸話が残っている。

宮崎県都城には歩兵第六十四連隊が新設されることになったが、同連隊はしばらく朝鮮に派遣されており、入営が完了したのは一九一〇年（明治四三）であった。ここは上原勇作・財部彪という陸海軍の有力者の出身地であり、連隊の都城誘致には上原の尽力があったとされる。さらには、当初都城を通過しない予定であった吉松～宮崎間の鉄道の設計を変更させ、大きく迂回させることに成功したのも、上原・財部の働きかけがあったからだと伝えられている。[79] ともあれ、こうして都城もまた、連隊の設置と鉄道の開通を二大契機として、都市基盤の整備を開始させたのである。

このほか先発組のうちでは、前述のとおり日露開戦間際に呉まで、戦争中に舞鶴まで開通し、新発田だけが日露戦後まで未開通のまま残っていた。ここには、鉄道国有法によって北越鉄道が国有化された後、国鉄羽越線の建設によってようやく一九一二年（大正元）九月に鉄道が到達した。

最後まで残ってしまうのは、中発組のうち、日清戦後期に陸軍がしきりに鉄道の敷設を要求していた浜田・村松・高知である。その時点で要請されていた広島～浜田というルートはついに実現しなかったが、山陰線が西進してきて、ようやく浜田にも一九二一年（大正一〇）九月に鉄道が開通した。村松には、一九二三年（大正一二）九月に私設蒲原鉄道（現在は廃線）が通じている。[80] 高知の場合、一九二四年（大正一三）一一月に須崎との間で鉄道が開通するが、これはまだ孤立した区間であった。現在の土讃線が全通し、瀬戸内側の師団所在地善通寺などとネットワークが形成されるのは一九三五年（昭和一〇）を待たなければならなかった。

このほか海軍では、大湊への鉄道敷設をしきりに要請する。とりわけ財部彪は、海軍次官の職にあった際には鉄道会議議員も務め、その場で幾度か大湊への鉄道を速成するよう求めていたほか、鉄道院との折衝を重ねていた。[81]もっとも、大湊線は鉄道敷設法予定線には含まれておらず、国鉄軽便線として着工され、一九二一年（大正一〇）九月に開通している。

以上のように、大正末期から昭和期にまで空白がわずかに残るものの、後発組も含めた日本各地の軍事拠点には、明治末期から大正初期にかけて、ほぼ鉄道ネットワークが構築されたと概括することができるのである。

もっとも、本章は、都市間が鉄道で結ばれる過程を表面的に観察したにすぎず、その内実を問うことはできていない。たとえば、形成されつつある鉄道ネットワークが、日清・日露戦争下でどのように機能したのかという問題は、その一つである。また、軍事的に要用な路線であっても、平時にはもっぱら旅客や貨物の輸送に利用される。鉄道を介した都市間の結びつきが、どのような人的交流や物流関係を生みだし、新たな経済圏さらには文化圏を形成したのかといった、鉄道ネットワークの内実に関わる問題群については踏み込めていない。いずれも、今後の課題としておきたい。

（1）ちなみに、軍事拠点が当該市（町村）の行政区域内には所在せず、近隣の他の町村に立地している場合も多い。たとえば、日露戦後に増設された第十六師団は一般に京都師団と呼ばれ、本章でも京都に立地したと記す。しかし、厳密に言うと京都市域内には所在せず、南部に隣接する紀伊郡深草村に司令部はじめ諸機関が置かれている。深草村は、一九三一年（昭和六）にようやく京都市に合併されることになるのであるが、この例のような齟齬については、特にこだわらないで論を進めていくことにする。

（2）とはいえ、要港部は主として対馬・台湾などに設置されていき、明治期の鉄道ネットワークを対象とする本章において具体的に視野に入ってくるのは、青森県の大湊だけである。ちなみに、舞鶴鎮守府は第一次大戦後の海軍軍縮のあおりで、一九二三年（大正一二）にいったん要港部に格下げされることになる。

（3）大石嘉一郎・金澤史男編『近代日本都市史研究』（日本経済評論社、二〇〇三年）、序章。河西英通「地域の中の軍隊」（『岩波講座アジア・太平洋戦争』六、岩波書店、二〇〇六年）。

（4）本康宏史『軍都の慰霊空間』（吉川弘文館、二〇〇二年）。本康宏史「「軍都」の権力と地域社会」（『年報都市史研究』第一四号、二〇〇六年）。橋本哲哉編『近代日本の地方都市』（日本経済評論社、二〇〇六年）。

（5）鈴木富志郎「戦前期日本における中心地について―非営利的地域システムの考察」（『愛大史学』第九号、二〇〇〇年）。

（6）松山薫「近代日本における軍事施設の立地に関する考察―都市立地型軍事施設の事例」（『東北公益文科大学総合研究論集』第一号、二〇〇一年）。

（7）この点は、松下孝昭「鉄道経路選定問題と陸軍―一八九〇年代における本州縦貫鉄道構想をめぐって」（『日本史研究』第四四二号、一九九九年）で試論的に論じた。

（8）なお、斎藤聖二『日清戦争の軍事戦略』（芙蓉書房出版、二〇〇三年）には、日清開戦までの鉄道網の普及について若干の言及がある（二二～二六頁）。他に、一般向けであるが、熊谷直『軍用鉄道発達物語』（光人社、二〇〇九年）は、戦時の後方支援兵器としての鉄道を論じる中で、鉄道網についても触れている。

（9）松下孝昭『近代日本の鉄道政策』（日本経済評論社、二〇〇四年）。松下孝昭『鉄道建設と地方政治』（日本経済評論社、二〇〇五年）。

（10）老川慶喜『明治期地方鉄道史研究』（日本経済評論社、一九八三年）、第Ⅰ章。

（11）老川慶喜「京都鉄道会社の設立と京都財界」（『追手門経済論集』第二七巻第一号、一九九二年）。西藤二郎「京都鉄道の成立経過と経営環境」（『同志社商学』第五〇巻第三・四号、一九九九年）。西藤二郎「京都鉄道の頓挫と京都の企業家集団」（『京都学園大学経済学部論集』第一二巻第一号、二〇〇二年）。深見泰孝「明治三〇年代初頭の株式買占めと京都実業家の対応―京都鉄道の株主変化を中心として」（『びわこ経済論集』第三巻第二号、二〇〇五年）。

（12）宮川秀一「阪鶴鉄道の敷設をめぐって」（『兵庫史学』第四七号、一九六七年）。木村辰男「山陰・山陽連絡鉄道の形成過程―鉄道敷設法の公布に関連して」（『神戸学院大学紀要』第二巻第一号、一九七一年）。

（13）小川功『企業破綻と金融破綻』（九州大学出版会、二〇〇二年）、第一部第三章。

（14）宇田正「明治中期・私設阪鶴鉄道による大阪市内交通事業参入計画」（宇田正・畠山秀樹編『歴史都市圏大阪への新接近』嵯峨野書院、二〇〇一年）。

（15）松下孝昭「舞鶴への鉄道建設と京・阪・神」（同志社大学人文科学研究所編『京都の地域政治と鉄道』、二〇〇五年）。

（16）第三巻（一九七一年）に官設鉄道舞鶴線、第四巻（一九七二年）に京都鉄道と阪鶴鉄道に関する記述がある。

（17）たとえば、京都府知事北垣国道は京都～舞鶴間の鉄道敷設の意義を説くため、後述するとおり一八八九年（明治二二）四月に『鉄道問答』を刊行する。そのことに触れた『日本国有鉄道百年史』第四巻（四四〇頁）は、「徹頭徹尾殖産貿易上ヨリ意見ヲ起シタ」という北垣の言を引用しているにもかかわらず、続く叙述では、結局のところ北垣の意図は「政治的・軍事的理由が優先した」などと記しているのは、その一例である。

（18）田中真人・宇田正・西藤二郎『京都滋賀 鉄道の歴史』（京都新聞社、一九九八年）。

（19）『日本国有鉄道百年史』第一巻（一九六九年）、五三七～五四〇頁。原田勝正『日本の国鉄』（岩波書店、一九八四年）、二〇頁。原田勝正『日本の鉄道』（吉川弘文館、一九九一年）、二五頁。

（20）鈴木淳「軍と道路」（高村直助編『道と川の近代』山川出版社、一九九六年）。

（21）林三郎『参謀教育』（芙蓉書房、一九八四年）、九九頁。

（22）松下孝昭前掲『鉄道建設と地方政治』、一〇七頁。

（23）野田正穂他編『明治期鉄道史資料』第二期第二集第二一巻（日本経済評論社、一九八八年）に収録。

（24）伊藤隆・尾崎春盛編『尾崎三良日記』中巻（中央公論社、一九九一年）、五二六頁。

（25）「梧陰文庫」B三七六三（国学院大学図書館蔵）。内容から見て、井上勝が提示した「鉄道政略ニ関スル議」に対する、参謀本部としての意見書と思われる。

（26）「鉄道会議関係書」（防衛省防衛研究所図書館蔵）に綴られている。表紙に一八九一年（明治二四）一〇月と記され、九月一七日の閣議決定後、鉄道庁との間で協議を進める過程で作成された文書と思われる。

（27）③と④はともに、一八九一年（明治二四）中に公表された意見書を集成し、翌年刊行された小谷松次郎編『鉄道意見全集』に収録されている。なお、同書は、野田正穂他編『明治期鉄道史資料』第二期第二集第一九巻（日本経済評論社、一九八八年）に翻刻されている。

(28) 松下孝昭前掲「鉄道経路選定問題と陸軍―一八九〇年代における本州縦貫鉄道構想をめぐって」。結局のところ奥羽線の一部と山陽鉄道の広島以西が海岸線に面してしまい、参謀本部の要求が貫徹しなかった経緯についても、この論文を参照のこと。

(29) 「塵海」一八八七年（明治二〇）四月三〇日。「塵海」は北垣国道の日記で、京都府立総合資料館が所蔵している。以下も、北垣の動きに関する記述は、これに依拠している。

(30) 高久嶺之介「京都宮津間車道開鑿工事（上）（中）（下）」（『社会科学』第七六～七八号、二〇〇六年～二〇〇七年）。

(31) 舞鶴市史編さん委員会編『舞鶴市史』通史編（中）（舞鶴市役所、一九七八年）、四一七頁。

(32) 「公文類聚」第一三編第四七巻（国立公文書館蔵）。

(33) 田艇吉『舞鶴鉄道意見書』（一八八九年）、三～四頁。同書は、野田正穂他編『明治期鉄道史資料』第二期第二集第二八巻（日本経済評論社、一九八九年）に収録されている。氷上郡柏原町の田艇吉は、一八九一年一月の補選で兵庫三区から当選して以降、四期衆議院議員を務め、後には阪鶴鉄道社長にも就く人物である。実弟は、逓信官僚から政治家に転身する田健治郎である。

(34) これらの動きについては、松下孝昭前掲「舞鶴への鉄道建設と京・阪・神」を参照のこと。

(35) 注(32)に同じ。

(36) 中村尚史『日本鉄道業の形成』（日本経済評論社、一九九八年）、第五章。中村尚史「工業化資金の調達と地方官―日本鉄道会社の東北延線と岩手県」（高村直助編『明治前期の日本経済』日本経済評論社、二〇〇四年）。猪巻恵「地方官と明治期の地域振興策について―日下義雄と岩越鉄道敷設問題を視座として」（『福島県立博物館紀要』第一八号、二〇〇四年）。松下孝昭前掲『鉄道建設と地方政治』、第一章・第三章。

(37) 「自京都至舞鶴鉄道布設請願写」（鉄道博物館蔵）。

(38) 鉄道省編『日本鉄道史』上篇（一九二一年）、九一六～九四三頁。

(39) この河島・田中案は、全国に七線を建設することを内容としているが、たとえば山陰線は京都から山陰道を経由して山口県に達する区間と表示するなど、起点・終点や経路があいまいであった。院内でもさほど有力な案とはみなされておらず、同案の形式は踏襲されていかない。

(40) 『帝国議会衆議院委員会議録』明治篇二（東京大学出版会、一九八五年）、一六六～一六七頁。

(41) 本会議に提出された成案は、『帝国議会衆議院議事速記録』四（東京大学出版会、一九七九年）、四一三～四一五頁、に掲載されている。

(42) 北海道の七項目は、後に本会議の場で削除され、結局成立した鉄道敷設法に列挙される建設予定線は、本州・九州・四国の三三項目となる。

(43) たとえば、原田勝正『明治鉄道物語』(筑摩書房、一九八三年)は、鉄道敷設法予定線と軍事拠点との関連を論じている(一七二〜一七九頁)が、同法成立に至る変遷を追跡していない。このため、同書をふまえて原田氏が翌年に刊行した『日本の国鉄』(岩波書店、一九八四年)でも、井上勝が鉄道政略を出した時点から、陸軍の要請をすべて受け入れて立案したかのごとき記述となっている(三五頁)。

(44) その他、鉄道敷設法がはらむ問題点については、松下孝昭前掲『近代日本の鉄道政策』の第二章を参照のこと。

(45) 「鉄道会議等ニ関スル書類」(防衛省防衛研究所図書館蔵)に綴られている。

(46) 「密大日記　明治二七年」(防衛省防衛研究所図書館蔵)。

(47) 金沢市史編さん委員会編『金沢市史』通史編三(金沢市、二〇〇六年)、一五一頁。

(48) 旭川市史編集会議編『新旭川市史』第三巻(旭川市、二〇〇六年)、二七八頁。

(49) 福知山市史編さん委員会編『福知山市史』第四巻(福知山市役所、一九九二年)、三八六〜三八八頁。

(50) 「弐大日記　明治三一年六月　坤」(防衛省防衛研究所図書館蔵)。もっとも、この要請は閣議の了承が得がたいとして、一八九八年(明治三一)六月に撤回されている。

(51) 「弐大日記　明治三五年八月　坤」(防衛省防衛研究所図書館蔵)。

(52) 『帝国議会衆議院委員会議録』明治篇二三(東京大学出版会、一九八七年)、一二〜一三頁。なお、この時点での総務長官は、次官に該当する役職である。

(53) もっとも、まもなく秋田と山形には奥羽線が開通し、鉄道ネットワークに組み込まれることは前述したとおりである。

(54) 『日本国有鉄道百年史』第四巻、三四七頁。

(55) 『第七回鉄道会議議事速記録』第二号、一五〜一八頁(野田正穂他編『明治期鉄道史資料』第二期第二集第六巻、日本経済評論社、一九八八年)。

(56) 松下孝昭前掲『近代日本の鉄道政策』、一一一頁。

(57) 『第八回鉄道会議議事速記録』第五号、一一頁(野田正穂他編『明治期鉄道史資料』第二期第二集第七巻、日本経済評論社、一九八八年)。
(58) 呉新興日報社編『大呉市民史』明治篇(呉新興日報社、一九四三年)、二二四頁、二五〇頁、二六四頁。
(59) 『日本国有鉄道百年史』第三巻、四九九頁。
(60) 「公文雑纂 明治三二年」巻二三(国立公文書館蔵)。第二次山県内閣は、先の第一三議会を乗り切るため、星亨らが率いる憲政党と提携し、同党が求める鉄道国有化などを条件として呑んだ結果、一八九九年(明治三二)二月に鉄道国有調査会を立ち上げていた。
(61) この経緯については、松下孝昭前掲『近代日本の鉄道政策』、一四三頁、を参照のこと。
(62) 「壱大日記 明治三五年八月」(防衛省防衛研究所図書館蔵)。
(63) 「公文雑纂 明治三三年」巻二七(国立公文書館蔵)。
(64) 伴直之助「京都鉄道の過去及び未来(二)」(『鉄道時報』一九〇一年二月五日)。
(65) 「京都鉄道速成運動」(『京都日出新聞』一九〇〇年一二月九日)、「京都府会」(『京都日出新聞』一九〇〇年一二月一六日)、「京鉄速成委員会」(『京都日出新聞』一九〇一年一月二二日)をはじめ、連日のように報じられている。
(66) 「京都鉄道ニ関スル件」(原敬文書研究会編『原敬関係文書』第六巻、日本放送出版協会、一九八六年)、五六〇~五六三頁。
(67) 「鉄道敷設法改正理由書」(前掲『原敬関係文書』第六巻)、五三八~五四二頁。
(68) 以上の記述は、伴直之助「京都鉄道速成の方案」(『東京経済雑誌』第一〇八八号、一九〇一年七月六日)による。
(69) 「公文雑纂 明治三四年」巻三七(国立公文書館蔵)。
(70) 注(62)に同じ。
(71) 「弐大日記 明治三七年五月 坤」(防衛省防衛研究所図書館蔵)。
(72) 「公文雑纂 明治三五年」巻九四(国立公文書館蔵)。
(73) 「公文雑纂 明治三五年」巻八八(国立公文書館蔵)。
(74) 「密満大日記 明治三七年三月」(防衛省防衛研究所図書館蔵)。
(75) 『日本国有鉄道百年史』第三巻、四九八頁。
(76) 「舞鶴線開通当日の景況」(『鉄道時報』一九〇四年一一月一二日)。
(77) 上越市史編さん委員会編『上越市史』資料編六(上越市、二〇〇二年)、二三一頁。

(78) 吉田律人「新潟県における兵営設置と地域振興―新発田・村松を中心として」(『地方史研究』第三二五号、二〇〇七年)、七頁。

(79) 都城市史編さん委員会編『都城市史』通史編近現代(都城市、二〇〇六年)、三五〇～三五八頁。

(80) なお、明治期に陸軍士官候補生が隊付勤務を経験するに際し、村松・浜田・鯖江への赴任を嫌ったという(鯖江歩兵第三十六連隊史編纂委員会編『鯖江歩兵第三十六連隊史』、一九七六年、七七頁)。また、吉田律人前掲「新潟県における兵営設置と地域振興―新発田・村松を中心として」では、新発田・村松・鯖江が忌避されていたという。いずれにしても、日本海側に立地し、新発田・村松・浜田は鉄道の開通が遅れていたという共通項が興味深い。軍人の間にも歩兵連隊の地域格差に対する意識が存していたと考えられるが、こうした点の検討は今後の課題と言えよう。

(81) 坂野潤治他編『財部彪日記　海軍次官時代』上・下(山川出版社、一九八三年)の一九〇九年(明治四二)一二月二二日、一九一〇年(明治四三)九月三日、一九一一年(明治四四)九月二八日、一九一二年(大正元)一〇月二二日の条。

コラム

舞鶴要塞と舞鶴要塞司令官

坂根嘉弘

軍港舞鶴には、海軍だけでなく陸軍の部隊も駐留していた。一八九七年（明治三〇）舞鶴要塞に配備された舞鶴要塞砲兵大隊である。要塞とは、永久の防御工事をもって守備する地のことで、要塞砲台などによる沿岸防備を任とした。舞鶴要塞司令部は余内村上安久（あまうちかみあぐ）（現、舞鶴税務署の位置）に建設され、一九〇〇年（明治三三）に開庁した。特に、戦時には舞鶴要塞砲兵大隊を指揮し、鎮守府と共同して舞鶴軍港を掩護する役割を与えられていた。舞鶴では、葦谷（あしだに）砲台、浦入（うらにゅう）砲台、金岬（かながさき）砲台、槇山砲台、建部山（たてべやま）堡塁砲台、吉坂（きちさか）堡塁砲台などが建設された。舞鶴要塞砲兵大隊はその後、一九〇七年（明治四〇）舞鶴重砲兵大隊に改称、一九三六年（昭和一一）舞鶴重砲兵連隊に昇格した（営舎は現在の日星高等学校の位置）[1]。

陸軍要塞は全部で一八か所（内地一三か所）おかれた。軍港には、一八九五年（明治二八）東京湾要塞（横須賀に司令部）、一九〇〇年（明治三三）に佐世保（のち長崎に吸収）、舞鶴、呉（のち広島湾ついで豊予と改称）、日露戦争中（一九〇五年一月）旅順に設置された。[2] 日本海側におかれた陸軍要塞は舞鶴要塞のみである。舞鶴の兵員数は、一九二〇年（大正九）二一九人、一九三〇年（昭和五）三二五人と、それほど多くはない（表1）。一八九八年（明治三一）には福知山に歩兵二十連隊が移駐しており、日清戦争後に、この中丹地域には、陸軍の連隊・要塞、海軍の鎮守府と立て続けに軍事施設・部隊が置かれることとなったのである。

さて、舞鶴要塞のトップである舞鶴要塞司令官についてであるが、舞鶴要塞司令官には陸軍少将あるいは陸軍大佐が補されていた。要塞司令官は「閑職中の閑職ポスト」といわれたが、[3] 舞鶴要塞の場合にはその色彩がとりわけ濃厚であった。舞鶴要塞には、開庁以

写真1　舞鶴重砲兵連隊
出典：布川家文書（舞鶴市教育委員会所蔵）

来、総計三一人の司令官が来鶴したが、そのなかによく知られた人物としては、中島今朝吾と石原莞爾がいた。以下では、この二人の司令官時代の生活を垣間みることによって、当時の時代相を瞥見しておこう。

中島今朝吾（一八八二〜一九四五年）は、陸軍少将になるとともに舞鶴要塞司令官に補され、一九三二年（昭和七）四月から約一年二か月舞鶴要塞司令官を務めた。中島はこののち、一九三七年（昭和一二）八月、盧溝橋事件直後に第十六師団長（京都）となり、中国戦線の南京攻防で第十六師団を指揮することとなった。その折の日記（『中島日記』）がのち南京事件における捕虜違法取扱いの有力な証拠とされ、中島の名を歴史にとどめることになったのである。中島の舞鶴時代には特に事件らしきものは記録されていないが、ここでは、関係者の回想を紹介し、要塞司令官の日常生活の一端を紹介しておきたい[4]。中島司令官時代の副官夫人は官舎の様子を次のように回想している。「わたくしどもの住んでおりました官舎は、西舞鶴の駅からそう遠くない、城跡のそばの、田辺の小学校のすぐまえにありました。司令官の官舎のとなりが連隊長の官舎、そのとなりが副官官舎で、三軒ならんでたっておりました」。官舎の住所は、舞鶴町北田辺一七五番地（現在のNTT辺り）。回想中の城跡とは現在の舞鶴公園、田辺の小学校は明倫小学校。西舞鶴の駅は、当時はまだ舞鶴駅と称していたはずである（一九四四年に西舞鶴駅と改称）。中島司令官は上安久の要塞司令部まで馬で出勤していた。中島の長男によると、「舞鶴の司令官というのは、一種の閑職という面もあったらしいんですね。それに、土地は日本海に面

表1　軍港都市における陸海軍兵員数

		1920年	1930年
陸軍	横須賀	1,190	782
	佐世保	343	389
	舞　鶴	219	315
海軍	横須賀	19,443	25,506
	呉	12,258	23,761
	佐世保	12,974	22,946
	舞　鶴	7,372	1,996

（出典）『国勢調査報告』1920年（大正9）、1930年（昭和5）。
（備考）呉には陸軍砲兵部隊はおかれていない。

しておりますし、うまい魚が豊富にとれる。もともとスポーツや狩猟の好きだったオヤジは、この舞鶴時代、おおいに釣りにこってご機嫌だったということです。そのうえ、まわりは山に囲まれておって、鳥や獣類もたくさんいるときていますから、休日には東京にいたときよりも、もっと鳥撃ちを楽しんだものだったと聞きました」。前出の副官夫人の回想「司令官は、昔、ヨーロッパにご滞在だったそうで、日常生活にも西洋式のところがありましてね。そうそう、当時、地方ではめずらしかったパン食を、お子さんがたにさせていらっしゃいました。舞鶴のパン屋さんに特別に注文をなさいまして、ハチミツと牛乳をどっさり入れたのを焼かせておいででした」「舞鶴は気候のきびしいところではありましたが、とても人情の厚い土地柄で、ここでの一年間は、中島さんにとっても、住みよい日々だったのではないでしょうか」。中島は、フランス中心に欧州滞在も長く、五年に及んでいた。舞鶴要塞司令官ポストは「閑職中の閑職」で、仕事らしい仕事もなく、それだけに釣りや鳥撃ちと余裕のある勤務を送ったようである。高等官二等（勅任官で、内務省でいえば知事か局長クラス）に相当する陸軍少将という階級は、舞鶴の田舎

写真２　建部山砲台
提供：舞鶴観光協会

町では並ぶ者などない顕職中の顕職であった。その生活が地元舞鶴町民と隔絶した特別なものであったことは言うまでもない（もっとも、隣町には陸軍少将より上位の、高等官一等・海軍中将の鎮守府長官〈親補職＝親任官待遇〉がいたが）。中島はこののち、習志野学校長、憲兵司令官、第十六師団長、第四軍司令官をへて、一九三九年（昭和一四）予備役に編入される。

石原莞爾（一八八九～一九四九年）は、満洲事変を引き起こし、その後の日本の進路を決定付けた人物として、昭和史にとって忘れられない人物である。日中戦争以後は、陸軍内部の抗争に敗れ、半ば在野的立場から東亜連盟を提唱し、世界最終戦論を説き、反東条の中心人物として少なからぬ影響を与え続けた。(5) 満洲事変を引き起こした関東軍参謀（旅順）時代以降、陸軍内で確固たる地位を築いた石原は、参謀本部（東京）作戦課長、同作戦部長の要職を歴任、対ソ戦略を念頭に国防国家建設（いわゆる石原構想）を推し進めた。このころが石原の陸軍将校としての得意絶頂の時期であった。その後盧溝橋事件の処理をめぐる陸軍内対立に敗れ（石原は対ソ戦を念頭に置いた不拡大方針を主張）、関東軍参謀副長（新京）に追いやられてしまう。この関東軍参謀副長時代に東条英機（関東軍参謀長）との対立が決定的となり、一九三八年（昭和一三）八月には、予備役編入願を関東軍司令官宛提出、そのまま新京を離れたが、それが後に独断離任（軍規違反）として問題化した。当時の陸軍大臣板垣征四郎（満洲事変の同志）がその事態を収め、予備役編入願を却下するとともに「極め付きの閑職」である舞鶴要塞司令官に任命したのである。「閑職」への任命は、体調を崩していた石原への気遣いとこれ以上東条らと軋轢を起こしてほしくないという板垣らの配慮であったといわれる。(6) 舞鶴要塞司令官のポストは、誰がどう見ても、ほんの数年前に陸軍を背負って国防国家建設を進めていた実力者が赴任する地ではなかった。石原の舞鶴への赴任は、一九三八年

（昭和一三）一二月から翌年八月までの八か月間であった。ちょうどこの舞鶴時代の日記が残っている。[7] 高木惣吉日記のような詳しい日記ではなく、個人用の備忘録的なもので、来訪者や面会人の記事が多い。板垣など軍関係者をはじめ、日満財政経済調査会の宮崎正義、東亜連盟の木村武雄などの盟友、あるいは満洲開拓移民の加藤完治や満洲国協和会の小沢開策（指揮者小沢征爾の父）といった満洲人脈など石原をめぐる人々が登場する。舞鶴関係では、舞鶴市長（川北正太郎）と京都府立舞鶴女学校長が六、七回登場する他は、市関係者と舞鶴警察署長、明倫小学校長が一、二回程度である。むしろ目立つのは、血尿の記事である。石原は若いころに落馬して以降、重度の膀胱炎に悩まされていた。[8] 舞鶴時代の日記にたびたび登場する血尿症状は、これがかなり悪化していることを思わせる（後にこれが命取りとなる）。石原は舞鶴時代を「昭和十三年十二月舞鶴要塞司令官に転任、舞鶴の冬は毎日雪か雨、晴天は殆んど無い。然し旅館清和楼の一室に久し振りに余り来訪者もなく、長閑に読書や空想に時間を過し得たのは誠に近頃にない幸福の日であった」と記している。[9] 日記にも読書の話が出てくるが、石原の舞鶴時代は、中央の喧騒から孤立した思索と執筆の時代であった。石原には膨大な著作があるが、この舞鶴と次の京都の時代は、石原の理論体系が自己完結を成就した貴重な時代であったとされる。[10] 旅館清和楼（現・マナイ通り西舞鶴郵便局前の書店等の位置）は、司令官官舎のすぐ近くであり、来訪者の接待に使っていたらしく、日記にも度々登場する。司令官官舎から清和楼あたりが石原の思索の場であったことになる。先の引用に「舞鶴の冬は毎日雪か雨、晴天は殆んど無い」とあるが、日記にも、「雪フル殆ト毎日ナリ」（一九三九年三月一八日）、「久シ振ニ晴天」（同年三月二四日）と気候の記事がみえる。山形県鶴岡育ちの石原にも、舞鶴の冬まわりの曇天は強い印象を残したようである。石原は、この後、第十六師団長に転じ、それを最後に一九四一年（昭和一六）予備役編入となった。

（1）以上、舞鶴市史編さん委員会編『舞鶴市史』通史編（中）（舞鶴市役所、一九七八年）、六六三〜六七七頁、六八八〜六九四頁。舞鶴市史編さん委員会編『舞鶴市史』通史編（下）（舞鶴市役所、一九八二年）、七〇三〜七〇八頁。なお、角武彦編集『舞鶴重砲兵聯隊史』（舞鶴重砲兵聯隊史編纂委員会、一九九五年）が刊行されている。

（2）浄法寺朝美『日本築城史』（原書房、一九七一年）、九四〜一〇六頁。秦郁彦編『日本陸海軍総合事典第二版』（東京大学出版会、二〇〇五年）、七七二頁。百瀬孝『事典昭和戦前期の日本』（吉川弘文館、一九九〇年）、二九二〜二九三頁。

（3）秦郁彦編前掲書、七七二頁。

（4）以下、中島については、木村久邇典『個性派将軍中島今朝吾　反骨に生きた帝国陸軍の異端児』（光人社、一九八七年）による。

（5）石原については、主に秦郁彦「評伝・石原莞爾」（秦郁彦『軍ファシズム運動史』原書房、一九六二年所収）、五百旗頭真「石原莞爾関係年表（上）」（『広島大学政経論叢』第二一巻第一号、一九七一年）、福田和也『地ひらく　石原莞爾と昭和の夢』（文芸春秋、二〇〇一年）を参照。

（6）福田和也前掲書、六一五頁。

（7）角田順編『明治百年史叢書　石原莞爾資料―国防論策―』（原書房、一九六七年）、二五八〜二八三頁。『石原莞爾選集九　書簡・日記・年表』（たまいらぼ、一九八六年）、一六四〜一八七頁。

（8）福田和也前掲書、六一四頁。

（9）石原莞爾『戦争史大観』（一九四一年。石原莞爾全集刊行会編『石原莞爾全集』第一巻、一九七六年）、四一頁。福田和也前掲書、六一六頁。

（10）秦郁彦前掲論文、二五六頁。

第四章
「引揚のまち」の記憶

舞鶴引揚記念館　　撮影：上杉和央

上杉和央

▲引揚・引揚記念に関する主な場所

①五老岳　②平地区　③五条海岸　④西舞鶴港

（使用図版：200,000万分１地勢図「宮津」、昭和32年）

はじめに

記念碑の建立やそれに伴う記念・顕彰行為は、対象となる人物や出来事が「過去」であることを明示する行為である。それと同時に、それらが「現在」にとって欠くべからざる要素であると位置づける行為でもある。もちろん、記念碑といっても、それが石造物であるとは限らず、金属板や木柱であることも多い。また、たとえば姫路城や原爆ドームのように建造物それ自体が「過去」を記念する存在として取り扱われることもあれば、吉野ヶ里遺跡公園や沖縄県平和祈念公園のように、広がりを持つ空間によって「過去」が示されることもある。いずれにしても、顕彰すべき「過去」の人物・出来事が他ならぬこの場所―眼前にあるこの場所―に関わるものであったことを端的に示すことのできるオンサイト・メディアとしての機能こそ、（広い意味での）記念碑の最大の特徴であるといってもよい。「過去―現在」の関係をその「場所」で表象し、かつそれを見ている者たちに「過去」から継承された「現在」の状況に立ち会っているのだという感覚を刷り込むもの、それが記念碑であり、そこでなされる顕彰行為である。ナショナル・アイデンティティやローカル・アイデンティティといった時間（歴史意識）・空間（国家・地域）・人間（民族・地域集団）を巧妙に結びつける共有意識を支える装置として記念碑が発明され、利用されると指摘されてきたのもうなずけよう[1]。このような性格をふまえた上で、「過去―現在」の関係性が可視的に創造された空間は、近年「記憶の場」と呼ばれることも多い[2]。

しかし、記念碑が常に歴史と場所に根ざしたアイデンティティ形成をうながす装置となっていると考えるのは早計である。身の回りにある記念碑を思い出せばよい。通学・通勤の途中に石碑や案内板らしきものがあることは知っていても、立ち止まって確認したことなどないものが多くはないだろうか。そうした場合、それらは（他の誰かにとっては記念碑であったとしても）「あなた」にとっては単なる路傍の石・金属・木に過ぎず、何も記念していないのと同じである。記念碑が記念碑であるためには、そこに刻まれた情報を受け取り、伝えていく人間が必要となる。

また、「過去—現在」の関係をふまえた場所認識を提供するのは、何も記念碑の特徴だけではない。たとえばガイドブックや一般雑誌での名所紹介には、そのような記載が頻繁に見られる。(3) また文字媒体に限らず、写真や映画、テレビといった画像・映像媒体での場所の表現も同様であろう。記念碑がその場所に赴いた者に歴史をふまえた場所イメージを強く与える媒体であるのに対して、これらはその場所に行ったことがないような不特定多数の者に広く情報を届けるのが特徴である。異なる場所での異なる媒体による情報伝達には、当然異なる側面が生じるのであり、それらが時には対立し、時には相互補完されるなかで、場所イメージ—ひいては歴史と場所に根ざしたアイデンティティー—が形成されるのである。

本章では、このような点をふまえながら、「引揚」という舞鶴の戦後史を語る上で欠くことのできない重要な出来事が、引揚終了後にどこでどのように記憶され、記録されてきたのかを論じていくことを目的としたい。やや内容を先取りすると、舞鶴の引揚の記念・顕彰行為が高まりを見せた時期として、引揚終了後、引揚記念塔の計画が進んだ一九六〇年代前半まで（第一期）、引揚記念公園が整備された一九六〇年代後半から一九七〇年代まで（第二期）、舞鶴引揚記念館が整備された一九八五年（昭和六〇）前後から終戦六〇周年の二〇〇五年（平成一七）まで（第三期）の三時期を確認することができる。以下、それぞれの時期に計画、実施された引揚の記念・顕彰行為に焦点を当て、その意味を探っていくが、その前に次節では、まず舞鶴における引揚それ自体について概観しておきたい。(4)

第一節　舞鶴と引揚

(一)　引揚援護業務

引揚に関する動きは終戦直後から始まっており、一九四五年（昭和二〇）九月には釜山に向けて引揚船が出向している。舞鶴に引揚船が初入港したのは一〇月七日のことであった。

当初、引揚港として使用許可がおりたのは舞鶴を含めた九港であった。一〇月一八日には引揚関係の中央機関が厚生省と決定され、一一月二二日には社会局引揚援護課が設置、その直後の二四日には舞鶴のほか、下関、鹿児島、浦賀、博多、佐世保に引揚援護局が設置された。引揚援護局は、そのほか函館、大竹、田辺、唐津、別府、名古屋、仙崎にも設置されたが、舞鶴以外の場所の援護局は短くて二ヶ月、長くても五年ほどで閉局しており、佐世保引揚援護局が閉局した一九五〇年（昭和二五）以降、一九

表４－１　年次別舞鶴入港引揚船および引揚者数

	引揚船(隻)	引揚者(人)		外国人・その他(人)
		日本人	非日本人	
1945年	6	12,793	0	0
1946年	54	133,249	564	0
1947年	91	200,821	1,070	2
1948年	90	175,597	1,172	18
1949年	46	89,792	471	0
1950年	5	7,530	39	36
1951年	0	0	0	0
1952年	0	0	0	0
1953年	24	26,821	0	104
1954年	3	1,528	0	61
1955年	6	2,008	0	207
1956年	10	2,499	0	343
1957年	3	267	0	1,755
1958年	8	2,678	0	1,437
合計	346	655,583	3,316	3,963

（出典）　舞鶴地方引揚援護局編『舞鶴地方引揚援護局史』（厚生省引揚援護局、1961：復刊版、ゆまに書房、2001）。

（備考）

1）　舞鶴に到着した船・人物のみの数値である。

2）　非日本人とは元日本に属していた地域出身の者で海外から引き揚げた軍人軍属及び引揚者である。外国人その他とは、外国人、抑留漁夫、戦後渡航者、一時帰国者等である。

五八年（昭和三三）一一月一五日までの間、舞鶴引揚援護局は唯一の窓口となり、舞鶴港も唯一の引揚港として機能した。一三年の間に、舞鶴には引揚者や外国人その他が六六万人以上も降り立ち（表４－１）、また送還者約三万三〇〇〇人が舞鶴から日本を後にした。そのほか、一万六〇〇〇柱を超える遺骨も舞鶴から全国各地へ届けられることになった。

舞鶴引揚援護局が業務の体制を整え、実際に開庁式を行ったのは一九四六年（昭和二一）二月一三日であった。その直後の三月には、引揚業務と送還業務を別所で処理せよという進駐軍指令に基づき、引揚業務は西舞鶴地区、送還業務は東舞鶴の平地区を中心に行うことになった（本章扉裏図参照）。この時代は西舞鶴地区で引揚邦人軍人の収容処理の中心施設となった上安寮の名前に基づき、「上安時代」と称される(5)。

写真４－１　平桟橋での引揚者の出迎え風景
提供：中田照造氏（ＮＰＯ法人舞鶴・引揚語りの会）

その後、一九四六年（昭和二一）五月には送還業務が一段落したとみなされ、また、同年末にはソ連地域の引揚についての米ソ協定が進展したこともあり、一九四七年（昭和二二）二月頃までには平地区を中心とした東舞鶴で集約的に行われるようになった（「平時代」）。なお、平地区は一九四四年（昭和一九）年九月に平海兵団が置かれた場所であり、現在は後述のように木工団地となっている。

このような業務地の変遷の中、当初舞鶴各地に広がっていた引揚関連施設は、一九五三年（昭和二八）頃になると平地区にほぼ限定され、平地区のほかには引揚者および出迎者用の宿舎が東舞鶴森地区に、連絡所が東舞鶴駅にあるのみとなった。

(二) 上陸と出迎え

上安時代、引揚船は西舞鶴港第二埠頭に接岸していたが、平時代になると、水深の関係で引揚船は直接の接岸ができなくなった。そのため、引揚援護局の沖合に船を停め、そこからは艀船(はしけ)(ランチ)に乗り換えて平桟橋に上陸した。ただし、平桟橋は時期によって場所が異なっている。当初は旧海兵団用の桟橋(「北桟橋」)を利用していたが、腐朽したために、一九五三年(昭和二八)三月には引揚援護局南西の「南桟橋」(写真4-1)を修造して利用した。

引揚者を待ち侘びた留守家族のなかには、引揚船入港に合わせて舞鶴を訪れる者も少なくなく、特に引揚港としての役割が増した平時代は多くの留守家族が来鶴した。ただし、進駐軍管理下の頃は、道路状況も悪かったことなどもあり、留守家族が平桟橋(北桟橋)付近に行くことは困難であった。引揚者は引揚援護局からトラックによる陸路、もしくは小型船による海路で東舞鶴市街に向かったため、留守家族は援護局からの小型船が到着する五条桟橋から東舞鶴駅までの間に集まった。その後、サンフランシスコ平和条約による日本の主権回復、道路状況の改善などもあり、南桟橋を利用する頃には、留守家族も平桟橋までの出迎えが可能となった。図4-1の後方に写る人影を見れば、その状況がうかがえるだろう。

このような留守家族のみならず、舞鶴市民も出迎えをおこなった。その中心は幼・小・中学校の児童・生徒と婦人会員である。児童・生徒は桟橋などでの出迎えのほか、援護業務後期には引揚援護局への慰問(一日学校)を実施し、また婦人会員は、同じく桟橋などでの出迎えのほか、西舞鶴・東舞鶴駅での湯茶の接待を中心とした活動を実施していった。各地区の婦人会の活動を束ねたのは舞鶴市連合婦人会であったが、その発足は一九四七年（昭和二二）であり、それ以前は各地区に組織された婦人会がそれぞれ奉仕に当たった。[6] 小中学校や婦人会の活動は、やがて学校や地区単位での出動予定表が作成されるなど、役割が分担化されていった。舞鶴市域の子供や婦人は、言わば半強制的な形で引揚とかかわりを持ったことになる。[7] 沿道の家庭を中心として引揚者が通過する際に国旗掲揚や歓送迎が求められたことや、引揚援護局ないしその関連施設で多数の者が勤務していたこともふまえれば、当時の舞鶴市民のかなりの家庭が引揚に何らかの形で関わることがあったと考えられる。その意味でも、引揚は戦後舞鶴の都市史にとって、まさに欠くことのできないイベントであったと言えるだろう。

第二節　引揚記念塔建設計画

(一)　感謝への対応

引揚援護業務が実施されていた当時から、舞鶴は感謝状をたびたび受け取っていた。たとえば、一九五〇年（昭和二五）六月二四日には第八回全国市長会の決議に基づいた感謝状が全国市長会より贈られており、その前段階にあたる動向として、四月二四日には近畿市長会より全会一致の決議として感謝状が贈られている。この五月一日に佐世保の引揚援護局が閉局しており、唯一の港湾都市となった（もしくはなることが明らかであった）舞鶴に対する処遇という側面があったと見てよいだろう。その後も、たとえば一九五三年（昭和二八）一一月一一日には「全都市の総意に」基づいた全国市長会より、また一九五八年（昭和三三）七月一〇日には留守家族団体全国協議会よりといったように、舞鶴には様々な団体からの感謝状が届けられた。

そのなかで、一九五七年（昭和三二）九月一六日の近畿市議会議長会より舞鶴市議会への、そして同年一〇月一六日の全国市議会議長会より舞鶴市議会への表彰状と記念品の贈与は、引揚の記念事業についての重要なきっかけとなった。すなわち、近畿並びに全国市議会議長会の厚情に対して、舞鶴市議会では何らかの対応をせねばならないという考えが強くなったのである。[8]

そのなかで浮上したのが、引揚記念塔の建設計画であった。一二月になって「市民の間で要望されていた『引揚記念塔建設問題』を市議会の名において発議[9]」することになった。ここに見える市民による要望について、その具体相を現在は知ることができない。市政広報誌や新聞報道などにそのような動きは掲載されておらず、また聞き取り調査においてもそのような動きについての情報を得ることはできないため、大規模な動きではなかった可能性がある。いずれにせよ、市民の要望は、他地域からの引揚に対する念に触れるまで、市議会の中で取り上げられることはなかった。言い換えるならば、市議会それ自体は、引揚に対する記念・顕彰行為の必要性を感じていなかったことになる。

それからの二年間は調査期間とし、市議会の中で記念塔の建設実現を模索していった。そして、一九五九年（昭和三四）一月に引揚援護業務の主管であった厚生省に引揚記念塔の建設に関する陳情に行った結果、「本省関係でも積極的な賛同を得、全国市議会議長会の議決を得る等世論の高揚をしょうようされ[10]」るという好感触を得たため、具体的な計画に向かって動き出すことになった。まず、同四月一日に京都府市議会議長会に「引揚記念塔建設要望議案」を提出し、満場一致での可決を得た後、近畿市議会議長会に同案を提出、こちらも満場一致で可決された。そして、四月二五日には市議会議員全員（三六名）が委員となって、引揚記念塔建設促進特別委員会を立ち上げ、六月一五日にはその委員会を引揚記念塔建設促進委員会と改称、さらに同二二日に市議会議員一〇名から成る引揚記念塔建設促進委員会小委員会を結成し、具体策を検討していくこととなった。同じ頃、全国市議会議長会定例総会の開催にあわせる形で、市議会の各会派が大阪・京都・神戸の各市議会議長を訪問し、協力要請を行っている。(11)

このような準備ののち、六月二六日の全国市議会議長会総会では、近畿部会より「引揚記念塔(仮称)の建設方要望について(12)」という議題が出されることになった。そこでは舞鶴市議会議長による提案理由の説明がなされたが、その中に次のような発言が見える。

地元といたしましては、これら七〇万以上の引揚者の第二の人生の第一歩は実に舞鶴から始まったことと拝察申し上げ、この感銘深い思い出のよすがとして、また民主日本の或る意味での一里塚として且は不幸にして万里異境の地に望郷の念にかられつつ万斛の涙をのんで或いは戦死し或いは病死された同胞の御霊を祀るため国において引揚記念塔を建設願いたいのであります。(13)

ここには、引揚記念塔に持たせる意味として、①引揚の思い出のよすが、②民主日本の歴史の一里塚、③死没者の慰霊、の三つが語られている。②については、近畿部会が提出した議案にある、引揚者が「第二の人生を開拓、旁、平和日本、民主日本建設の一翼を担って努力中(14)」とある部分に関する説明であるが、そもそもこのような文案は、引揚の歴史が「現在」の日本に何らかの影響を持っており、記念・顕彰する意義があることを強調するものであり、引いては引揚が国家レベルでの歴史的事象であったことを説くものであった。③の慰霊についても、「同胞の御霊を祀る」という日本国民全体に関わる問題として提起することで、同じような意味合いを持たせたことが確認できるだろう。(15)そのような「日本」にとっての歴史的イベントの「思い出のよすが」(①)を作るのであるから、地方ではなく国の手で作るべきだと訴えたのである。

この議案は満場一致で可決、七月二八日には全国市議会議長会常任理事会で全額国費での建設を政府に要望することが決定され、「過去一三ヶ年の引揚歴史をもつ旧舞鶴引揚援護局の所在地に引揚記念塔（仮称）を建設せん」[16]という文言の入った建設趣意書が作成、提出された。記念塔建設に向け、その動きは極めて順調であったと言える。

(二) 記念・顕彰行為（コメモレイション）の場の選定と計画頓挫

このとき、舞鶴市議会が記念・顕彰行為の場の候補地としたのは、舞鶴市の中央に位置する標高約三〇〇メートルの五老岳の山頂であった（本章扉裏図参照）。引揚記念塔の建設推進のために舞鶴市が作成したパンフレット『在外同胞　引揚記念塔　建設運動資料』には、次のようにある。

舞鶴市の略中央に位し（ママ）山頂からは眼下に舞鶴湾が一望でき引揚援護局跡は勿論、遠く日本海水平線の彼方を望み、往時をしのぶには絶好の地、加えて、春は花、夏は涼風、秋は紅葉、と一年を通じ観光、ハイキングにも最適の地勢である。[17]

すなわち、五老岳は観光地としての適性と同時に、舞鶴湾・引揚援護局といった引揚を偲ぶ場所、さらには引揚者たちが思いを寄せるであろう「日本海水平線の彼方」まで見渡すことのできる場所であることから候補地として浮上したのである。

ただ、五老岳それ自体は引揚援護事業とは全く関係のない地であったことは指摘しておくべきだろう。これは、当時の舞鶴市ないし市議会が、たとえば引揚者の上陸地点といった具体的な場所で記念・顕彰行為を行うという考えよりも、東西舞鶴に点在した引揚施設全体もしくは（一望される）舞鶴という都市全体を引揚の記念・顕彰行為に関連付けようとしていたことを物語る。海を越えて帰ってきた引揚者を受け入れた記憶を記録するための記念碑は、当初、山の頂への建設が計画されていたことになる。

さて、先のパンフレットには舞鶴市の「記念塔建設とその運営関係[18]」に関する姿勢が表明されている。

在外抑留同胞の引揚援護は国家の各種終戦処理行政の中でも最も重要なものの一つであり、従って、本記念塔建設についても前記市議会議長会提出議題に触れている通り、全額国費をもつて建設されるよう要望しているもので、地元舞鶴市としては塔建設地に予定している五老岳山頂の都市計画公園としての整備に鋭意努力するほか、他日、引揚者がこの地に懐旧の杖を引かれる場合できるだけの便宜をはかり、又、国もしくは関係団体の記念行事が行われる場合には全面的にこれに協賛、その他、建設後の付属施設の整備充実を強力に推進する。

前項にも見られたが、引揚援護をナショナル・メモリーとして記憶すべきであり、国費による記念塔建設を求めていたことがここでも明らかとなる。そして、市は記念塔の周辺を記念・顕彰行為の場として活用できるよう、建設予定地であった五老岳を都市計画公園として整備する計画であった。ただし、市主催で記念行事を行っていくということは一切述べられていない。つまり、舞鶴市は引揚をローカル・メモリーとして位置づけようとはしておらず、あくまでもナショナル・スケールの問題であるという姿勢であった。

五老岳の都市計画公園整備は、舞鶴市議会による市議会議長会への働きかけと相前後する形で進められていった。戦時中、海軍の防空砲台が設置されていた五老岳は、戦後は国有地になっていたが、都市計画公園の設置に向け、市はこの場所を国から無償譲渡された[19]。そして、整備にかかる市・府・国間での具体的な行政手続きが一九五九年（昭和三四）六月から八月にかけてなされ、九月四日付官報に建設省告示第一六三六号として舞鶴都市計画公園の追加決定が掲載された[20]。

その後、この五老岳公園の都市計画事業の執行年度割が決定されたのは一九六一年（昭和三六）であり、同年一二月一六日の建設省告示第二七六七号によって決定・認可されている[21]。

先のパンフレットは、この五老岳公園の追加決定を受けた後、そして事業執行の前の一九六〇年（昭和三五）二月に作成されたものであった。そこには、「建設省告示第一六三六号決定分」の「五老岳都市計画公園計画（抄）」として、現況と予定計画、そして公園の予定設計図（南側部分）も掲載されている。そのうち予定計画の一部を抜書しておく。

（前略）……南高地に展望休憩舎を兼ねた簡易宿舎を、北高地にユースホステルを置き、最北端に眺望を兼ねたピクニックランドを配して卓付きベンチを一〇ヶ所、公園中央部は野外劇場として自由広場とし便所も設ける。植樹はプラタナスを主とし、桜、ヒマラヤシーダー等を適所に植える…（中略）…。

記念塔建設については、現計画では南高地の中央を一応予定、正式決定をまつて計画変更も考慮している。

建設省告示の抄文として提示されたこの文章を見ると、この時点で記念塔建設が都市計画公園の構想の中に含まれているように見える。しかしながら、一九五九年（昭和三四）の追加決定時に関する六月一日付の舞鶴市作成文書内「予定設計説明書[22]」には次のような記述しかなく、引揚記念塔については記載が見えないのである。

（前略）……南の高地に展望休憩舎を兼ねた簡易宿舎を、又北の高地にユースホステルを置き、最北端には眺望を兼ねたピクニックグランドを配して卓付きベンチ一〇ヶを設ける。

公園中央部は野外劇場と自由広場とし、便所は中央の自由広場に設ける…（中略）…又植樹はプラタナスを主に桜、ヒマラヤシーダー他を適所に植える。

この資料は、前項で見た全国市議会議長会での議決や政府への要望よりも先行する。そのため、記念塔に関する文言を入れることが困難であった可能性もあろう。いずれにせよ、引揚記念塔に関する部分は、一九六〇年（昭和三五）二月段階で建設運動のために挿入されたものである。

このような「正式決定」を待つ状況の計画が故意に挿入された背景には、当時の舞鶴市が置かれた状況が深く関与していた。というのも、建設省の追加指定を受けて、類似施設の視察など実際の建設に向けた動きを加速させようとした矢先、九月二五日から舞鶴市域を台風一五号（伊勢湾台風）が襲ったのである。その結果、一万七七九世帯、計四万六三四五人が被災、家屋の六〇パーセント以上が床上・床下浸水し、電力の送電不能、各所で山崩れ、がけ崩れが発生する事態となり、[23]「市をあげてこれが復旧対策に忙殺されるのやむなき[24]」という状況に陥った。そのため、市議会議員も市職員も過去を顕彰する記念塔建設を云々できる状況ではなくなったのである。災害救助法が適用され、復旧にかかる府や国の補助を受けることが可能となったものの、被害総額一四億五三一五万円、公共施設だけでも一一〇〇万円の被害を出した伊勢湾台風は、財政再建団体に指定され、約一億八〇〇〇万円の累積赤字からの再建途中であった舞鶴市にとって、財政上も非常に大きな障害となった。
翌年一月になって、そのような災害からの復旧のめどがようやく立ったことから、市議会は引揚記念塔建設促進委員会の実行小委員の更新を行い、再び中央への陳情を始めた。パンフレットはそのような再運動の資料、すなわち、改めて記念塔建設の「促進再発足[25]」を行うために作られたものである。しかし、市内関係団体の結集という「第一歩[26]」から始めるという状況であり、順調に進んでいた建設計画は非常に困難な状況に置かれることになった。
一方、五老岳の公園建設の実施も一九六一年度(昭和三六)からと、事業計画決定から二年を経た後に始まることになったが、執行年度決定時に関する資料のうち、先に引用した「予定設計説明書」の箇所に対応するのが「設計説明書[27]」にある次の文章である。

(前略)……南の高台に展望台・バーゴラ及び花壇を、また北の台地に休憩舎及びベンチを設ける。北端部はピクニックグランドとする。中央部は自由広場とし、便所は三か処適所に配置する…(中略)…また植樹は桜を主にひまらやしだ・いちょう・かし等を適所に植える。

一九五九年(昭和三四)時の文書と比較すると、ユースホステルの計画がなくなり、また主な樹木がプラタナスから桜に変更されるなど、具体的な建設に向けた調整がなされたことがうかがえる。また、実際の予算規模をみると、一九五九年(昭和三四)時に示された工事概算のうち、用地費を除いた総額が約四三七〇万円、うち築造費が約四一四〇万円であったのに対し、一九六一年(昭和三六)時の事業決定時には総額一五〇〇万円、築造費一四二五万円となっており、大幅に縮小されていることが分かる。そして、この費目内訳を含め、この時の関連文書内においても、引揚記念塔については一切触れられていないのである。パンフレットの文面には「正式決定をまつて計画変更も考慮」とあったが、五老岳以外の場所に建立された事実も確認できない。災害後に改めて行った建設運動は、結局功を奏しなかったのである。

第三節　景観の消滅と記憶の場の創出

(一)　引揚記念公園の成立

前節で見た引揚記念塔建設運動ののち、行政が携わる形での引揚の記念行為が表面化するのは、一九七〇年(昭和四五)になってからのことである。同年三月八日、引揚記念公園が開園するとともに、同地に記念碑「平和の群像」が建立されることとなった。場所は五老岳ではなく、東舞鶴平地区の南方にある岬状になった標高六〇メートル弱の小高い丘の上が当てられた。引揚援護局跡地を見下ろすことができる場所である。

この時期に、そしてこの場所になぜ引揚記念公園等が建設されたのかは、「平和の群像」の台座に刻まれる公園および像の建設趣意書から明確に知ることができる。

(前略)舞鶴市は逐年平和産業港湾都市として発展し、引揚援護局跡は産業施設がこれに代わり、昭和四四年七月三日、引き揚げに使用された庁舎の最後の三棟も撤去されて、今や引き揚げの事実を物語り、往時をしのぶよすがもなくなっている。

この援護局最後の庁舎の撤去を期に、多くの引揚者が母国への第一歩を印した思い出の地、ここ舞鶴に記念公園を建設し、「平和の群像」を設立して、この地に帰りえず、異境に倒れたいくたの霊に弔意を表するとともに、世界の平和を願い戦争を永久に放棄する日本国民の悲願をこめて、長く後世に伝えんとするものである。

昭和四五（一九七〇）年三月　　京都府知事　蜷川虎三　　舞鶴市長　佐谷靖

一九六九年（昭和四四）七月まで、引揚援護局跡地には庁舎が残されており、それらは引揚の「事実を物語り、往時をしのぶ」ことのできる装置、すなわち「過去」とのつながりを確認できる記念碑として機能していた。引揚記念公園と像の建立は、産業施設の建設に伴い、そのような引揚という歴史的事象とのつながりを確認する装置が喪失してしまうという事態を前にしての、代替措置であったということになろう。

ここで確認しておかなければならないのは、閉庁後の引揚援護局の施設が、記念碑として整備されていたわけではなく、また何の記念行事も実施されていなかったという点である。たとえば、援護局が閉局される前年からはすでに倉庫など一部の建物は撤去されており、また引揚者が「祖国への第一歩」を踏み出した平桟橋は、「閉局後は利用することもなく自然に朽ち果てて」(28)いた。このような状況は、市職員によって起案された先の建設趣意書の草稿文(29)にも見える。

（前略）爾来一一年間、風雪に耐え抜いた引揚援護局跡は、近代的な木工団地として再出発することになり、歴史的な建物は引揚の感慨と共に除去されてしまったのである。

その跡には、平和産業港湾都市への市是を標榜して、着実な前進をしている舞鶴市の変貌する姿が、かつてみはるかす夏草の生い繁った荒涼たるここ平湾頭に目のあたりに見ることができるのである。

文学的な隠喩も巧みに用いつつ、かつて引揚者のあふれた場所は夏草生い茂る風景が広がるようになっていること、そしてそのような「荒涼たる」風景が産業進出によって一変しようとしていることが、ここには表現されている。引揚援護局跡地は、建物が完全に「除去」されるという事態を前にして、はじめて引揚を記憶し記念していたものと意味付けられたのであり、それまで顕彰行為や記念意識は全くなかった。可視的であった引揚援護局が消失することで、引揚の歴史的事象とのつながりをその場で確認する方法をも失うことになる。だからこそその引揚記念公園建設であった。実際、舞鶴市議会内で引揚記念公園に関する計画が議論されたのは一九六九年（昭和四四）九〜一〇月の定例会上であり、引揚援護局関連施設が撤去された後であった。

写真４－２　舞鶴引揚援護局跡地に建設された合板工場
海岸手前に復元された桟橋が見える。
撮影：上杉和央

引揚援護局施設が産業施設、より具体的には「木工団地」へと転換する背景として、市長であった佐谷靖の政策をふまえておく必要がある。閉局後、広大な跡地（国有地）は利用されることもなく放置されていた。一九六五年（昭和四〇）三月から一年間は、市が誘致した国立舞鶴工業高等専門学校の仮校舎として使用されたが、同校が現在地（舞鶴市白屋（しろや））へ正式移転した後は、再び利用されることのない状態となった。ちょうどそのような時期の一九六六年（昭和四一）七月に市長選が実施され、四期目をかけた佐谷が雇用問題の解決のために平地区の活用を公約の一つとしたのである。そして再選後、「将来木材は貴重品になる……将来舞鶴の港を栄えさすためには条件を整備しておくことが必要だ[30]」として木材合板会社の誘致を行っていった。一九六七年（昭和四二）八月には進出希望の三社による共同起工式が挙行され、同一一月から合板工場が順次操業されていった（写真4-2）。旧軍港都市転換法（一九五〇年）第一条に見える「旧軍港市を平和産業港湾都市に転換する」という目的に沿って定められた「平和産業港湾都市」という市是をうまく利用して進めた政策であったと言えよう。一九六九年（昭和四四）七月の引揚援護局施設の完全撤去はそのような流れの中で行われたのである。

(二) 記憶の場の形成

写真4-3 「平和の群像」碑
撮影：上杉和央

引揚記念公園の建設では、前回の引揚記念塔の建設計画時にあった記念の三つの意味に加えて、「世界の平和」という趣旨が強く打ち出されている。それが端的に示されているのが公園と同時に除幕された「平和の群像」（写真4-3）である。計画時に出された広報によれば、「引揚者の姿を後世に残し、悲惨な戦争を二度と繰り返さないという願い」のもと「引揚者の姿五・六人をきざむ」意匠の像が予定され、その制作は日展審査員の矢野判三に依頼している[31]。

ただ、このような意図は制作者によって、拡大されることになった。序幕にあたり、矢野は制作にかかる思いとして、次のような言葉を残している[32]。

歴史は建設と破壊の繰り返しである、建設と破壊の間に平和はつくり出されるのだと思う。また、平和は戦争の惨禍と犠牲の上に打ち立てられたことを思うと更に永遠の平和を念願したい。

全世界の人類の幸福と繁栄のために平和を祈り、よりよき社会を作ることに努力しなければならない。

これこそ今日われわれの責務だと思う。

このように、像の制作意図の中に引揚は出てこない。また実際の銅像も、五・六人が刻まれているという点では舞鶴市の当初の思惑に一致するが、女性と子供によって平和が表現される意匠となっており、引揚の歴史というよりも戦争ないし歴史一般をふまえた上での平和というモチーフに変更されている。台座部分には引揚の様子を表現したレリーフがはめられ、また裏側には先に引用した建設趣意書が同像の台座部分に据えられているため、「平和の群像」は確かに引揚の記憶を刻む記念碑になっているが、その上部との微妙なズレを見出すことはできよう。

実は、平和の意味を含む引揚記念碑の建立は引揚記念公園・「平和の群像」が嚆矢ではなかった。一九六三年（昭和三八）五月一八日に、海外引揚者を中心とする有志によって「あゝ母なる国」碑が建立されていたのである。この碑は、前節で見た公的な引揚記念塔の建設計画の頓挫の後に建立された舞鶴で初めての引揚関連記念碑でもあった。碑には次のように刻まれている。

全国引揚運動の父　有田八郎　守山久次郎両先生の義に合掌し　舞鶴市民特に舞鶴地区婦人団体　旧舞鶴引揚援護局員の引揚者援護の愛情に感謝し　今日も帰らぬ同胞の望郷の霊を慰めつつ　岩壁の妻の嘆きをこゝにとどめ　人類永遠の平和を希うのあまり　海外引揚有志たちがこれを建てる

この碑文の中にある「舞鶴地区婦人団体」を統括する舞鶴市連合婦人会の会長であった田端ハナは、建立に携わった者として、建立理由を次のように述べている。

平の海は今も変らず美しい波しぶきをたて、思い出の桟橋も朽ちはて、今は跡形もなくなりましたが、昭和三八年五月一八日有志相集い、当時をしのぶよすがとして「あ、母なる国」の碑を建立し…(以下略)(33)

ここで言う「当時をしのぶよすが」とは、平桟橋(南桟橋)である。引揚者や出迎え・接待の経験を持つ者にとって、最も印象深い舞鶴の「思い出」は祖国帰還の第一歩となる平桟橋であった(34)。また、「あ、母なる国」という名称は、発起人の一人が引揚げてきたときに「舞鶴の岸壁でふるまわれ［ママ］舞鶴市連合婦人会の皆さまによる一掬(きく)のお茶のかたじけなさが身に染みて、まさに母の慈愛をそれに感じたこと(35)」による。

この記念碑は旧引揚援護局の北側の山麓に地元住民の土地提供の篤志を受ける形で建立されていた。その後、引揚記念公園は援護局跡地の南側に造られたため、援護局跡地周辺という意味では同一地域であるが、よりミクロに見れば異なる場所で記念されることになった。

しかし、このような状況は比較的すぐの一九七八年(昭和五三)四月には解消されることになる。「あ、母なる国」碑の老朽

写真4－4　「あゝ母なる国」碑
撮影：上杉和央

化による移転再建がなされたのである（写真4-4）。田端が「本会［引揚記念碑を守る会］からお願いして、銘文そのままを石に刻み、舞鶴市によって引揚記念公園内に建て替えていただきました」[36]と述べているように、移転先は引揚記念公園であった。この移転により、引揚記念公園は記憶の場の中心としての地位を確固たるものとしたのである。

当時、市議会議員[37]でもあった田端は、引揚記念公園の建設にも大きな役割を果たしていた。

私［田端］は何度か蜷川知事様に御出会いに行き、心をこめて是非引揚記念公園を作って下さいとお願いしました。蜷川知事様は誰よりも「婦人の地位向上。男女の平等、差別のない社会」のためには特に行政面でも、又個人的にも心にかけて下さった得難い立派な方でありました。佐谷市長様に御協力いただき、あの立派な引揚記念公園が出来上がりました。[38]

田端が引揚の記念・顕彰に奔走したのは、言うまでもなく、前節で見たような引揚が行われていた際の婦人会の活動の記憶があったからである。「あゝ母なる国」碑に刻まれるように、また引揚者の証言の中にも頻繁に現れるように、引揚者の婦人会の活動に対する思いは大きなものがあった。一方、婦人会の側にとっても、一三年間の援護活動は、特別の記憶となっていたのである。[39]

その他、「あゝ母なる国」碑が移転された同年より引揚者団体の一つ朔北会（さくほくかい）[40]によって建立が計画された「望郷慰霊之碑」も、「建立の場所は是非とも舞鶴市の引揚記念公園の一角を」[41]望み、翌年一〇月に同地に建立された。このように、引揚者たちからも、記念・顕彰行為を行う場所として引揚記念公園は適当であると理解されていたのである。

また、「あ、母なる国」碑が公的な記憶の場に移された一九七八年（昭和五三）には、もう一つ重要な記念碑が舞鶴市によって同地に建立された。引揚者たちが歌った「異国の丘」と引揚者を待つ者たちを歌った「岸壁の母」の歌碑である。とりわけ、後者の碑が建立されることの意味をめぐっては、舞鶴という範疇を超えたところで展開した「舞鶴」イメージの確認が必要であり、節を改めて検討することにしたい。

第四節　「引揚のまち」のイメージ

(一)　新聞報道に見える「舞鶴」

表4-2は、舞鶴に関する情報が舞鶴外部にどれほど報道されていたのかを概観するべく、一九四五年（昭和二〇）から二〇〇〇（平成一二）年までの朝日新聞記事のうち、見出しに「舞鶴」が含まれる記事を五年ごとに集計し、そのうち引揚に関する記事数を表したものである。[42] ここからは、次の三点を確認することができる。

まず、他の時期の記事に比べ、引揚援護業務が実施されていた一九五八年（昭和三三）までを含む時期の記事数が、非常に多いことである。とりわけ一九五〇年代の記事は他の年代を圧倒しており、さらにそれらの記事はすべて引揚に関する記事であったことが分かる。当時の舞鶴における出来事のなかで、地域外にも広く報道すべきと判断されたのは引揚のみだったのであり、報道における「引揚のまち」舞鶴という位置付けは明確であった。

二点目として、引揚が終了した途端に、舞鶴に関する情報が著しく減少することを挙げることができる。た

表4－2　新聞報道に見える「舞鶴」

年次	見出しに「舞鶴」を含む記事	うち引揚関連記事
1945-1949	16	16
1950-1954	51	51
1955-1959	42	42
1960-1964	14	1
1965-1969	9	0
1970-1974	11	0
1975-1979	6	0
1980-1984	4	1
1985-1989	2	1
1990-1995	14	1
1996-2000	9	0

（出典）　1995年までは、「戦後50年新聞見出しデータベース」、1996年以降は「朝日新聞オンライン記事データベース聞蔵」（東京版見出しのみ検索）を利用。

とえば、一九七〇年代前半のように、日立造船と舞鶴重工の合併や舞鶴―小樽間のフェリー就航といったイベントが重なれば二桁の記事数となるが、「舞鶴」の文字が五年間でわずかに二回しか見出しにない時期もあった。当然と言えば当然であるが、引揚というイベントが終了してしまえば、それまでの「引揚のまち」という情報価値は失われるのであり、全国に向けて発信される情報も少なくなったのである。

三点目は、引揚終了後、舞鶴自体の情報が発信されることは少なくなったものの、一九六〇年代以降も、わずか四件ではあるが、引揚に関連する記事が見える点である。見出しを掲げると、A「引揚者の感慨を碑に　きょう舞鶴で除幕」（一九六三年五月一九日朝刊）、B「舞鶴『岸壁の母』涙の歌呼んだ原風景」（一九八二年四月一七日夕刊）、C「引き揚げしのび集い（舞鶴港）」（一九八五年一〇月七日夕刊）、D「舞鶴市で記念式典　引き揚げ五〇年」（一九九五年一〇月七日夕刊）となる。

Aは先に触れた「あゝ母なる国」碑の序幕に関する報道である。報道一社のみの動向とは言え、引揚記念公園・「平和の群像」碑の序幕に関する記事が流れていないのとは対照的であると言えよう。Cは引揚四〇周年、Dは五〇周年に関わる記事である。これらは次節で触れることになるのでひとまず置いておくが、三〇周年までの記事はないことは確認しておきたい。

(二) 「記憶」の交錯

Bの記事は「岸壁の母」の舞台となった場所を訪れるという内容である。留守家族のなかには、引揚船の到着の度に五条海岸や平桟橋付近で肉親の姿を捜す者が現れた。そのような者たちをいつしか「岸壁の母」・「岸壁の妻」と呼ぶようになったが、この言葉が全国的に一躍有名となったのには、歌謡曲『岸壁の母』が大きな役割を果たした。作詞は自身満洲での生活を経験していた藤田まさと、作曲は平川浪滝で、菊池章子(あきこ)のレコーディングにより、一九五四年(昭和二九)九月にテイチクレコードから発売された。菊池はこの曲で翌年の第六回NHK紅白歌合戦にも出演している。

よく知られたことだが、『岸壁の母』が作詞されるにあたっては、「岸壁の母」のモデルがいたとされている。息子を捜すために一九五〇年(昭和二五)から六年間、舞鶴に通い続けた端野(はたの)いせであり、舞鶴で彼女が語った息子の思い出が「岸壁の母」の物語として放送されたのが歌謡曲誕生のきっかけであった(43)。その後も端野に関する本が刊行されるなど(44)、端野は引揚が現在進行形で実施されている時から「岸壁の母」の象徴となっていった(45)。

引揚者を待ち侘びる留守家族の心を歌う『岸壁の母』は、一〇〇万枚以上のセールスを記録したとされ、大ヒットとなった。しかし、それだけでは引揚の終了と共に「岸壁の母」も消えていったかもしれない。しかし、一九七二年(昭和四七)に二葉百合子によって『岸壁の母』が浪曲調に再レコーディングされたことが、「岸壁の母」のイメージを大衆文化の中で持続させる大きな要因となった。このレコードはキングレコードより発売、じわじわと売り上げを伸ばし、一九七六年になって二〇〇万枚を突破、総計二五〇万枚を超える大ヒットとなった(46)。二葉は一九七六年(昭和五一)の第二七回NHK紅白歌合戦でこの曲を披露している。また、端野の本を原作とした映画『岸壁の母』（東宝）が、同年に中村玉緒主演で公開され、さらに翌年にはTBSのドラマ枠「花王　愛の劇場」の一〇周年記念作品として市原悦子主演による『岸壁の母』も放送されている。

このような一九七〇年代の「岸壁の母」イメージの文化的・社会的な再消費の理由を探ることは、本稿の目的を大きく超えるものであり、他日を期したい。ただ、舞鶴で工場進出という経済的・政治的な要因のもと引揚の可視的な遺産が消えゆくなかで、引揚という過去を顕彰する動きが見られたのが一九七〇年代初頭であったことは確認しておいてよいだろう。全国的な視野で見ても、菊池が歌った一九五〇年代と異なり、一九七〇年代ともなれば、引揚や「岸壁の母」はもはや報道されることのない過去の出来事であった。いわば、新鮮な記憶として「岸壁の母」を受け入れることのできる状況にあったのである。

一方、引揚者のなかにも「岸壁の母」や「岸壁の妻」は浸透していった。もっとも初期の事例としては、先に挙げた一九六三年（昭和三八）建立の「あゝ母なる国」碑がある。その碑文の中には、すでに「岸壁の妻の嘆きをこゝにとどめ」と記されており、引揚体験者たちが「岸壁の妻」というイメージを取り込んでいたことが分かる。そのほか、体験談の中には、たとえば次のような文章も見える。

> ボートに乗りかえて、あの岸壁の母の歌の岸壁、木の板一枚ずつ並べた両側に丸太を通した手摺りのある二〇米位の長さの岸壁を歩いた。……二葉百合子の岸壁の母が流行すると、早速レコードを買って聞き、あの岸壁を思い出して涙していた。(47)

「岸壁の母」もしくは『岸壁の母』が描くイメージは、待ち侘びる家族の心情であり、引揚者の感慨ではない。このような体験談は、実際には異なる想いを抱いていたであろう両者の記憶が、降り立った「岸壁」、そして待っていた「岸壁」という共通の場所を語る中で交錯していることを物語る。記憶の中の「岸壁」の上で、引揚者とその家族の「引揚」に関する記憶は新たに再構成され、そして国民を巻き込む形で共有されていったのである。

そして、そのような記憶の共有は舞鶴の「内」と「外」という関係でも起こった。一九七八年（昭和五三）に歌謡曲・映画・ドラマなどを媒介として舞鶴「外」で形成された舞鶴イメージを含み込む「あゝ母なる国」碑が舞鶴「内」に創出された記憶の場のメッカたる引揚記念公園に移設再建され、また同年に『岸壁の母』歌碑が舞鶴市の手によって建立されたことで、舞鶴の景観のなかに引揚者とそれを待つ者たちとが共有する新たな記憶が可視的に位置づけられたのである。必ずしも同一の経験をしていない引揚者の記憶と留守家族の記憶、舞鶴市民の記憶と国民の記憶とが「岸壁」というキーワードを通じて結びついたとでも言えるであろうか。

(三) 岸壁の風景？

記憶とは常に現在形である。記憶が過去の事実と異なるということは、むしろ記憶の基本的な特徴とも言える。共有された記憶のフィクション性を殊更に批判することは的外れ以外の何物でもない。ただ、実態と想像の差異を確認しておくことには一定の意味があろう。

「岸壁」という語は、船舶を接岸するために設置した人工的な擁壁という意味と、壁のように切り立った自然地形という意味を持つ。そのこともふまえつつ、「岸壁の母」イメージが歌謡曲などを通じて流布されていった一九五四年（昭和二九）以降の引揚が実施されていた平桟橋（南桟橋）の様子を示した写真4-1を改めて見ておきたい。すると、引揚者を乗せた艀船が今まさに接岸しようとしているのは岸壁ではなく、木の桟橋であることが確認できる。そして、引揚者を待つ出迎えの者たちがいる場所も砂浜であって、岸壁とはおよそ似つかわしくない地形である。

吹込みはしたんですが、浪曲の巡業で忙しくてね。舞鶴へも四九年ごろ行ってます。その間にレコードがじわじわ売れ出して…（以下略）(48)

これは『岸壁の母』をめぐる二葉百合子の談話である。二葉は舞鶴の景観を知らなかった。菊池の歌などを通じてすでに創られていた記憶としての「引揚」や、「岸壁の母」の風景に取材する形で新たな『岸壁の母』の世界を作ったのであり、実態や歴史的事実に取材する形で再レコーディングしたのではない。その中で、前作にはなかった浪曲調のセリフが付け加わった。(49) 歌の末尾にあるセリフは次のような文言である。

ああ風よ、心あらば伝えてよ……愛し子待ちて今日も又……怒涛砕くる岸壁に立つ母の姿を(50)……

「愛し子」を待ち続ける心情が、荒波の打ち寄せる岸壁に一人さびしく立つ母親の姿に重ね合わせられていることは明らかであり、引揚が終了して久しい一九七〇年代にもかかわらずこの曲がヒットした理由の一つも、おそらくそのような心理描写の妙にあるのだと思われる。ただ、舞鶴が引揚港となったのは、大連やナホトカなどからの引揚を受け入れるのに都合のよい位置にあったことももちろんであるが、リアス式海岸の湾奥部にあたり、外海に面した港と異なり、穏やかな波を保ちうる良港であったことも重要な要素である。しかも、海が時化ているような時に艀船が「桟橋」に着岸するようなことはなかった。「怒濤砕くる岸壁に立つ母」といったセリフは、実態に合わせてみれば、なんとも奇妙な風景なのである。

この「桟橋」と「岸壁」の差異を敏感にかぎ取った者もいる。

［引揚の］原風景の感動性が、やがて歌を生み芝居を生み映画を生み、別次元の感動性に置き換えられる。すべての芸能の成り立ちがそうであるように。その過程で「岸壁」が付け加わった。引揚者の上陸地点には粗末な木の桟橋があるだけで「岸壁」などはなかったのに……。

これは引揚当時、新聞社の舞鶴支局員としてその実情を観察していた雑喉潤（ざこうじゅん）の言葉である。(51) この中で雑喉は、引揚が芸術（「芸能」）のなかに取り込まれていったことを、「原風景の感動性」とは異なる「別次元の感動性」への置換として鋭く表現している。そして、そのような置換作業の過程に「桟橋」から「岸壁」への変化があったとつぶやくのである。「原風景の感動性」は「原風景」―舞鶴での引揚風景―を体験した者でなければ、理解しえないものであり、共有される範囲が限定される。その門戸を広げ、原風景を知り得なかった者たちに説得力を持つ形に加工したのが「別次元の感動性」ということになろう。そして、その演出装置の一つとして生み出されたのがこの「岸壁」なのである。

第五節　偲ばれた「まいづる」

㈠　アニバーサリーを迎えて

引揚記念公園を中心とする記憶の場の誕生に加え、全国レベルでの「岸壁の母」イメージの浸透によって、一九七〇年代後半には「引揚のまち、舞鶴」が再び脚光を浴び始めた。とりわけ、全国に散り、年月の経過の中で生活も安定した引揚体験者たちが、自らの体験の再確認のために、舞鶴を訪れることが見られるようになった。

このような動きを前にして、舞鶴の中では記念・顕彰運動の企画が提案されるようになった。その具体的な端緒は、一九八三年（昭和五八）六月一七日付けで田端らの「引揚記念『あゝ母なる国』の碑を守る会」から舞鶴市議会議長宛に提出された「平桟橋」復元の請願書である。先にも触れたが、引揚者にとって最も印象深い舞鶴の風景の一つが平桟橋であった。その思い出を胸に舞鶴を再訪した体験者の声を拾い出しておこう。

帰国して一九年目に当る昨年［一九七五年］の八月に、帰国後初めて舞鶴を訪れる機会に恵まれた。我々が上陸した場所を訪れ往時をしのんだが、我々が上陸した桟橋も既になく、我々が三日間お世話になった元海兵団の兵舎も見当らず、ただ海に面する近くの丘に、引揚記念の碑が建っているだけであった。[52]

シベリア抑留者が、祖国への第一歩と感激の思い出であったあの平引揚桟橋が、記念公園から眺めた時、引揚寮共々跡形もなく消えているのが目に映った時、淋しさに呆然とする思いだった。それは、平成二年九月に訪れた時のことである。(53)

五五年正月、あの思いを再確認しようと舞鶴を訪れると、桟橋は跡形さえなかった。ショックでした。(54)

田端らは、このような思いを酌みつつ「引揚桟橋復元を機とし、『全国引揚者大会』を舞鶴市に於て開催したいと市議会議長に訴えている。

この請願はすぐに実現することはなく、その後も港湾管理者であった京都府や付近の海面使用権を持つ舞鶴市がそのような記念碑的施設の設置に難色を示し続け、話は進展しなかった。話はむしろ一九八五年（昭和六〇）になって引揚四〇周年の記念事業を行う方向で進んでいく。五月に「舞鶴引揚港回顧記念事業実行委員会」が設置され、その事業は引揚船第一便が入港した日からちょうど四〇年に合わせて一〇月七日から一〇日に「引揚港『まいづる』をしのぶ全国の集い」が実施された。

この集いは、全国から引揚者たちが初めて集まった記念・顕彰事業であり、以後の引揚の記憶をめぐって大きな展開を示すきっかけとなった。一つは、引揚者たちがそれぞれに組織していた団体と舞鶴市を結ぶ組織として「引揚を記念する舞鶴・全国友の会」（友の会）が結成されたことである。そしてもう一つは、舞鶴引揚記念館の設置要望が引揚者の中から生まれ、そしてそれが実現していったことである。舞鶴引揚記念館は一九八五年（昭和六〇）八月三一日に建設方針が決定され、そのことが一〇月の記念事業の中で引揚者たちに発表された。その後、一九八七年（昭和六二）一〇月に引揚記念公園下の一角を敷地として起工され、一九八八年（昭和六三）四月二四日に竣工された。友の会はその翌日に設立総会が開かれている。

(二) 引揚の「語り部」

一九七〇年代までの記念・顕彰行為は行政ないし一組織によって主導されたものであり、舞鶴市民やその他の人々を広く取り込む営為としては、必ずしも見えていなかったのに対し、一九八〇年代末になり、引揚者と舞鶴を取り結ぶ事務局的組織として友の会が、そして引揚の具体的な資料を記念展示する記念館が建設されたことで、引揚の記憶、そして記念・顕彰していく動きは新たな段階を迎えることになった。

たとえば、舞鶴引揚記念館の建設とともに、全国の引揚者団体から引揚記念公園への記念植樹が相次いでなされるようになった（写真4-5）。一九九二年（平成四）頃の段階で八〇本、現在では一〇〇本を超える桜が植えられており、それぞれの桜の傍には植樹した団体名と植樹した期日を記した標柱[55]が据えられている。

写真4－5　引揚者の団体による記念植樹
撮影：上杉和央

また、一九九二年（平成四）、友の会では記念館で引揚体験を語る活動をする「舞鶴語り部の会」を結成した。「語り部」には舞鶴市に住む体験者たちがあたった。引揚体験者の中には、それまで当時の状況を語ることを憚ったり、また引揚者であることを隠していた者もいたが、記念館や友の会の活動を通じて、また、たとえばエリツィン元ロシア大統領の一九九三年（平成五）来日時の謝罪といった政治情勢の変化のなかで、徐々に状況が変化していったという[56]。

そしてなかでも重要であったのが、一九九四年（平成六）五月に実現した平桟橋の復元であった。高齢となった引揚体験者たちからの強い熱意に加え、舞鶴引揚記念館が予想外の入場者数を記録する中で、行政側がようやく桟橋復元を許可したのである。この復元桟橋は二つの機能を果たした。一つは、たとえば体験者が「復元成った橋上に立つ時、引揚げ当時の様子を彷彿とさせてくれる」[57]と語っているように、当事者の記憶を呼び覚ます装置―もしくは追憶の装置―としての機能である。実際、復元された翌年に開催された引揚五〇周年記念事業「引揚港『まいづる』を偲ぶ全国の集い」に集まった者たちは、この復元桟橋に対して強い感慨を抱いたことが確認される[58]。

また、もう一つは非体験者への記憶の継承を実践する装置である。復元にあたって友の会と語り部の会によって出された「アピール」[59]には次のような文言が見える。

> 幾多の苦難に耐えて夢に見た祖国への感激の第一歩をしるした桟橋。
> 桟橋の脇に佇み、我が子、夫を待ち続けた「岸壁の母・妻」そして温かく迎えた往時の市民の姿、この史実を二一世紀に伝えるため、歴史の語り部として復元したものである。

このように、復元された桟橋は引揚者と留守家族、そして舞鶴市民の史実、そして三者が交錯した史実を伝える「語り部」として明確に位置付けられているのである。歌謡曲その他のメディアでのみ「引揚のまち」をイメージした者たち、もしくは引揚について何の知識も持たない者たちに対して、体験者や関係者たちの見た風景を提供し、記憶の共有を促進するもの。それが桟橋であった。桟橋は第一歩の地点として引揚の記憶を代表する存在であり、また「岸壁」イメージに彩られつつも、いや彩られているからこそ、体験者のみならず、非体験者にもその場所の歴史的重要性を共有させうる存在となった。その意味で、その場（オン・サイト）で引揚の記憶を記録する記念碑として、もっともふさわしい造形物であると言えるだろう。

とはいえ、桟橋に「史実」を語らせることを目的としていると明言されている以上、次の点は補足しておきたい。行政との折衝の過程で、復元場所は当時の桟橋（南桟橋）の場所とは若干ずれることになった。そして、港湾の利用上の問題や経済的理由などから復元桟橋の長さや形状も本来のものとは異なっている。「復元」され、共有される歴史的記憶は、やはり史実そのものではなく、記憶が論じられる「現在」のなかで作られていくのである。

歴史の現在的利用—終わりにかえて—

以上、おおよそ時間軸に沿う形で、戦後の舞鶴のなかで引揚がどのように記念されていったのかについて論じてきた。改めてその流れを俯瞰すれば、引揚終了直後から記念・顕彰の動きはあったものの、それは他の要因との関係の中で消えていくものであり（第一期）、私的・公的の記念・顕彰行為が実際に見られたのは、引揚の遺産を消去する政策が進行するなかでのことであった。しかも、そのような行為は舞鶴市民の大きな運動の中で実現するというようなものではなく、一部の引揚関係者や舞鶴市・議会といった限られた者たちの動きであった（第二期）。市民や全国の引揚者たちを巻き込む形で引揚が記念・顕彰されていくのは、引揚が終了して四半世紀以上が過ぎた一九八〇年代後半以降、とりわけ一九九〇年代に入ってからであった（第三期）。

この第三期の動きの終了時をいつにするのか、これはまだ判断が難しい。しかし、二〇〇五年（平成一七）で一応の区切りをつけることができそうである。海外引揚六〇周年事業「引揚港『まいづる』を偲ぶ全国の集い」が開催された二〇〇五年（平成一七）一〇月、引揚を記念する舞鶴・全国友の会の総会も開かれた。その席上で一七年間の活動が報告されるとともに、会の解散が宣言された。体験者の高齢化に伴う会員数の減少がその理由である。戦後六〇年以上を経るなか、引揚に限らず様々な戦争体験をめぐる記憶の継承は、体験者だけの活動では限界に来ているのが実情である。今後、この問題は、ますます焦点化されていくであろう。

最後に、引揚の記憶、とりわけ記憶の場という点で、新たな動きの萌芽があることを指摘して本章を終えたい。

二〇〇八年（平成二〇）九月七日、舞鶴市の五条海岸で一つの案内板の除幕式が行われた（写真4-6）。この設置者は、二〇〇六年に承認されたNPO法人「舞鶴・引揚語りの会」（語りの会）である。語りの会は友の会の活動の理念を受け継ぐ形で作られたものであり、その意味では第三期の延長とも言えるのだが、会の中心は戦後世代であり、体験者中心であった友の会とは性格が大きく異なっている。そして、語りの会が設置した案内板も、これまでの引揚記念碑とは明らかに違う側面を持つ。計画で終わったものを除けば、従来の引揚にまつわる記念碑はすべて平地区に建てられた。それに対して、この案内板は五条海岸に敷設されたのである。

写真４－６　「岸壁の母・妻」案内板
撮影：上杉和央

集約的に記念碑を配置することは、強固な記憶の場を創造するという点では都合がよい。しかし、まさに記憶がその場所のみに結びつく結果にもなる。引揚が行われていた頃、引揚に関する施設は西舞鶴も含め、舞鶴全体に広がっていた。しかしながら、現在の記念碑は、引揚援護業務は平地区でのみ行われたかのような配置なのである。

語りの会の設置した案内板は、このような収束した記憶の場の状況に対する一つの試みとなる可能性がある。実際、語りの会では舞鶴全体が引揚にかかわっていたことを伝えていきたいと考えているようである。戦後世代の記憶の継承という問題も含め、引揚をめぐる記憶の場が今後どのようになるのか、見守ることにしたい。

（1）近年、この問題関心について非常に多くの指摘がなされている。その中でも基本的視角を提示したものとして、ひとまず、次の書をあげておきたい。E・ホブズボウム、T・レンジャー編（前川啓治・梶原景昭訳）『創られた伝統』（紀伊國屋書店、一九九二年：原著一九八三年）、B・アンダーソン（白石隆・白石さや訳）『想像の共同体—ナショナリズムの起源と流行』（リブロポート、一九八七年：原著一九八三年）、M・アルバックス（小関藤一郎訳）『集合的記憶』（行路社、一九八九年：原著一九五〇年）、阿部安成ほか編『記憶のかたち—コメモレイションの文化史』（柏書房、一九九九年）。また、過去認識と場所の関係に関する論考をレビューしたものとして、米家泰作「歴史と場所—過去認識の歴史地理学」（『史林』八八-一、二〇〇五年）がある。

（2）P・ノラ編（谷川稔監訳）『記憶の場』（岩波書店、二〇〇二-二〇〇三年：原著一九八四-一九九二年）。

（3）アジア太平洋戦争に関わる場所のイメージを扱ったものとして、たとえば、山口誠『グアムと日本人—戦争を埋め立てた楽園』（岩波書店、二〇〇七年）や、多田治『沖縄イメージを旅する—柳田國男から移住ブームまで』（中央公論社、二〇〇八年）がある。

（4）以下、特に断らない限り、引揚援護局および引揚業務については、次の資料を参考にした。舞鶴地方引揚援護局『舞鶴地方引揚援護局史』（舞鶴地方引揚援護局、一九六一年：二〇〇一年、ゆまに書房より復刊）。

（5）舞鶴地方引揚援護局前掲書、一二―一三頁。

（6）上野陽子「中舞鶴婦人会の歩み」（舞鶴語り部の会『白の残像』舞鶴語り部の会、一九九六年）。

(7) 舞鶴市役所文書として残る一九五八年(昭和三三)一一・一二月の婦人会甘藷接待の分担表が、『舞鶴市史』に記載されている。それによれば、この頃は舞鶴市域のみならず、加佐郡由良村、与謝郡栗田村など、舞鶴市域外(現宮津市域)の婦人会も動員されていた。舞鶴市史編さん委員会編『舞鶴市史』現代編(舞鶴市役所、一九八八年)、二七五―二七六頁。

(8) 舞鶴市『在外同胞 引揚記念塔 建設運動資料』(舞鶴市、一九六〇年)。京都府立総合資料館蔵。

(9) 舞鶴市前掲書。

(10) 「引揚記念塔建設要望運動の沿革」(舞鶴市前掲書所収)。

(11) 『舞鶴市史編さんだより』一五七、一九八五年。

(12) 舞鶴市前掲書。

(13) 「引揚記念塔(仮称)の建設方要望について」(舞鶴市前掲書所収)。

(14) 「引揚記念塔(仮称)の建設方要望について」(舞鶴市前掲書所収)。

(15) 実際、引揚船では外地で亡くなった者の遺骨も運ばれてきており、一九四六年(昭和二一)・一九四七年(昭和二二)・一九五二年(昭和二七)・一九五六年(昭和三一)・一九五八年(昭和三三)にそれぞれ追悼会ないし慰霊祭を実施している(舞鶴地方引揚援護局前掲書より)。なお、日本で死没した中国人の遺骨五六〇柱の送還にあたっても慰霊祭を実施した(前掲『舞鶴市史』現代編、二六八頁)。

(16) 舞鶴市前掲書。

(17) 舞鶴市前掲書。

(18) 舞鶴市前掲書。

(19) 一九五九年(昭和三四)三月二八日の舞鶴市議会で、五老岳旧防空砲台土地について公園用地として払い下げを受けることが可決されている(議第二三号)。

(20) 「都市計画および都市計画事業の決定書類等 昭和三一年~三八年 京都府」(三C―三三―二一九―五三建―二、国立公文書館所蔵)。

(21) 「都市計画及び都市計画事業の決定書類等 昭和三五年~昭和三七年 京都府」(三C―三三―二二七―五三建―二、国立公文書館所蔵)。

(22) 「都市計画及び都市計画事業の決定書類等 昭和三五年~昭和三七年 京都府」(三C―三三―二二七―五三建―二、

国立公文書館所蔵)。
(23) 「舞鶴市政だより」、一九五九年一〇月号。
(24) 舞鶴市前掲書。
(25) 舞鶴市前掲書。
(26) 舞鶴市前掲書。
(27) 「都市計画及び都市計画事業の決定書類等　昭和三五年~昭和三七年　京都府」(三C—三三—二二七—五三建—二、国立公文書館所蔵)。
(28) 「舞鶴市政だより」、一九六九年一〇月号。
(29) 「引揚記念公園建設一件」(引揚記念館所蔵)。
(30) 「佐谷靖氏を偲ぶ文集」発刊委員会編『佐谷靖紙碑』(産経新聞生活情報センター、一九八一年)、八九頁。
(31) 「舞鶴市政だより」、一九六九年一〇月号。
(32) 京都府・舞鶴市『引揚記念公園・平和の群像除幕記念』(一九七〇年)。引揚記念館所蔵文書「引揚記念公園建設一件」所収。
(33) あゝ母なる国—引揚記録—刊行委員会(代表田端ハナ)編『あゝ母なる国—引揚記録—』(あゝ母なる国—引揚記録—刊行委員会、一九七七年)、二頁。
(34) 田端はここで、上安時代の到着地である西舞鶴港第二埠頭や、平時代前期の北桟橋、五条桟橋を無視し、平桟橋(南桟橋)で代表させている。
(35) あゝ母なる国—引揚記録—刊行委員会(代表田端ハナ)前掲書、八頁。
(36) 田端ハナ『平の引揚桟橋は語る』(引揚を記念する舞鶴全国友の会、一九八九年)、一七頁。
(37) 田端の市議会議員在職は、第四期(一九五四年一二月五日~一九五八年一二月四日)、第七期(一九六六年一二月五日~一九七〇年一二月四日)、第八期(一九七〇年一二月五日~一九七四年一二月四日)の三期一二年である。このうち、前半の在職期間は引揚業務がなされた最終段階にあたり、後半の二期については、ちょうど引揚記念公園が計画・建設された時期にあたる。舞鶴市議会史編さん委員会編『舞鶴市議会五十年の歩み』(舞鶴市議会、一九九三年)、七八—八七頁。
(38) 田端前掲書、一六頁。

(39) しかし、田端の思いが婦人会員すべての思いを代表するものではない点は注意が必要である。その他の婦人会員がどのような思いであったのか、今後の課題であろう。
(40) 朔北会は、一九五三年（昭和二八）〜一九五六年（昭和三一）に引揚げた元シベリア抑留者によって結成された組織である。
(41) 舞鶴引揚記念館『引揚手記　私の引き揚げ（下巻）』（舞鶴引揚記念館、一九九四年）、一一八—一一九頁。
(42) 一九九五年（平成七）までは、「戦後五〇年新聞見出しデータベース」、一九九六年（平成八）以降は「朝日新聞オンライン記事データベース　聞蔵」（東京版見出しのみ検索）を利用。
(43) 端野いせ『未帰還兵の母』（新人物往来社、一九七四年）、三頁。
(44) 端野前掲書。
(45) そのシンボル性は現在も続いており、舞鶴引揚記念館の「岸壁の母」に関する展示では、端野の資料を中心とした構成となっている。
(46) 長田暁二『歌謡曲おもしろこぼれ話』（社会思想社、二〇〇二年）、一〇九頁。
(47) 舞鶴引揚記念館前掲書、二六九—二七〇頁。
(48) 雑喉潤『いつも歌謡曲があった—百年の日本人の歌』（新潮社、一九八三年）、九七頁。
(49) セリフ部分は浪曲台本作家の室町京之介による。長田前掲書、一〇九頁。
(50) 日本音楽著作権協会（出）許諾第０９１１０５８—９０１号。
(51) 雑喉前掲書、九五頁。
(52) あゝ母なる国—引揚記録—刊行委員会（代表田端ハナ）前掲書、三六—三七頁。
(53) 引揚を記念する舞鶴・全国友の会編『平和への一口伝言　第二集』（引揚を記念する舞鶴・全国友の会、一九九八年）、一九頁。
(54) 読売新聞一九九四年（平成六）五月二八日付朝刊（大阪）。
(55) 昔は木柱であったが、現在はステンレス製となっている。
(56) 元友の会事務局長への聞き取りによる。
(57) 引揚を記念する舞鶴・全国友の会前掲書、一九頁。
(58) 引揚を記念する舞鶴・全国友の会前掲書。

(59) 舞鶴語り部の会前掲書、八四頁。

コラム

「引揚のまち」の現在

上杉和央

一九八九年（平成元）に結成された「引揚を記念する舞鶴・全国友の会」（友の会）は、平桟橋の復元や「舞鶴語り部の会」の組織化をはじめとして、全国の引揚者と舞鶴市を結ぶ活動を実施してきた。しかし、会員の高齢化などの理由により、二〇〇五年（平成一七）一〇月一〇日の引揚六〇周年の記念式典に合わせて開催された総会において会としての活動は解消された。

代わって誕生したのがＮＰＯ法人「舞鶴・引揚語りの会」（語りの会）である。友の会の構成員の中心が引揚体験者であったのに対して、語りの会は「語り部養成講座」を受講した戦後世代が中心となっている。「語り部養成講座」は二〇〇四年に始まり、当初は舞鶴市が企画していたが、現在では語りの会そのものが開講している。その上で、希望者が会員として引揚記念館等で活動に従事することになる。

舞鶴引揚記念館には語りの会の会員が一人以上常駐しており、来館者にガイドを行っている。もちろん、体験者でない以上、彼ら／彼女らは自らの体験として引揚を語るのではない。そのため、引揚体験者の細部にわたって生々しく語るのに比べたとき、非体験者の語りにはそのような生々しさは乏しい。非体験者の語りの限界とでもいう点である。しかし、それは同時にメリットでもある。というのも、どうしても自己の体験談を中心として語ることになる体験者とは異なり、非体験者は多様な地域や時期に等しく目を向けることが可能だからである。

語りの会の会員は、引揚記念館を訪れた引揚体験者にもガイドを行う。その際は体験者がたどった軌跡に沿いつつ、体験者の記憶から抜け落ちた事実を提供する一方、体験者から話を聞くことで語りの会の知識のピースを増やすことに努めているのだという。このような作業が引揚に対する新たな発見につながること、そして語りの会の無形財産を充実させることにつながることは言うまでもない。そして、それらを各地・各時代の政治的・社会的背景とともに知識の引き出しに収納することで、単一の視角からは語ることのできない「引揚」の持つ多様な歴史や意味を一般の来館者—非体験者—に伝えるのである。

語りの会の活動は、前身組織の活動を単に継承しているだけではない。引揚記念館内にとどまらず、館外での活動も積極的に展開しようとしている。

その一つが舞鶴市内の小中学校への訪問である。そのきっかけとなったのは、市内のある小学校の広島訪問であった。平和教育の実践のために現地を訪れた際、そこで「舞鶴にも平和教育ができる施設があるのに」と言われたのだという。それまで小学校教員の多くは地元を舞台とした引揚、そしてその前史についてあまり関心を持っていなかったのだが、広島から紹介される形で記念館を訪れ、そこで語りの会との接点が生まれた。それが語りの会の小学校訪問へと結びついていった。

現在、その活動は舞鶴市域の約半数の小学校に及ぶまでになっている。

引揚という歴史的イベントは、世界史という視点、日本史という視点に立ってみても戦後史に不可欠な要素であり、なかでも最後まで引揚港として機能した舞鶴の位置づけはきわめて大きい。一方、現在は地域コミュニティの再生をめざした町づくりのなかで、地域遺産の見直しが叫ばれている。また、画一化した観光地からの脱却を目指すなかでも地域独自の遺産の掘り起こしが求められている。このような地域内外からの要請は、おそらく舞鶴にも見られるものだろう。その点、引揚はまさに地域内外にアピールすることのできる貴重な遺産であり、地域の紐帯として機能しうる資源であると思われる。

ただ、語りの会メンバーから、現在の舞鶴市民の持つまったく別の引揚イメージをうかがった。引揚を目の前で見てきた舞鶴市民にとって、引揚とは、自分たちの生活も苦しい状況のなか、着の身着のままで到着した引揚者たちを迎え出たという記憶、暗さや辛さといったマイナス・イメージが付きまとう記憶であり、戦後生まれの者たちも年長者のそのような思いを鋭敏に感じ取りながら引揚とつきあってきた。政治的な意図によるものや外部からの要請によるものを除けば、引揚の記憶やその顕彰に積極的に携わるような動きが市民のなかから生まれなかったのも、そのためではないだろうか、と。

この語りは自身の「体験」談であり、非常なる生々しさがあった。もちろん、すべての舞鶴市民がそうだというわけではないが、引揚記念館を「海底から引揚げたものを記念展示する施設」と思っていた若い地元住民がいることを追い打ちのように聞かされてしまうと、「引揚」が舞鶴市民の一般的な地域イメージからきれいに抹消されていることを感じざるを得ない。先の小学校教員の引揚への無関心も、そのような流れに位置するものであり、決して特別な反応というのではないのだろう。引揚記念館の観光案内パンフレットには「平和への祈り、永遠に絶える事なく、次世代へ…」と記されているが、残念ながら、少なくとも足元にはその思いがうまく届いていないことになる。

このような現状を見つめ、語りの会では観光客や体験者だけに語るのではなく、舞鶴市民に向けて語る必要を痛切に感じつつ、そのような活動の方向性についても模索し始めている。その一つが小中学校への「語り」の出張なのであり、そして、もう一つの試みとして行ったのが、本論で触れた五条桟橋の案内板設置である。このような活動がどのように展開していくのか、まだ見当はつかないが、引揚終了後五〇年を経て、ようやく、舞鶴市民のなかに引揚を自分たちの地域史としてとらえ、地域の記憶として共有する必要を感じる者たちが生まれつつあると言えるだろう。

体験者の減少という事態を前にして、現在、アジア・太平洋戦争に関わる出来事の記憶の伝承という問題は、大きな岐路に立っている。そのなかで、語りの会の活動は、地域住民からの一つの展開の方向性を示すものとして、注目されるものである。

（案内）

舞鶴引揚記念館

開館時間：午前九時～午後五時三〇分

休館日　：年末年始

住所　　：〒六二五-〇一三三　京都府舞鶴市字平　引揚記念公園内

NPO法人舞鶴・引揚語りの会
電話：〇七七三-六八-〇五六八　FAX：〇七七三-六八-〇三七〇
E-mail：maigaido@yahoo.co.jp

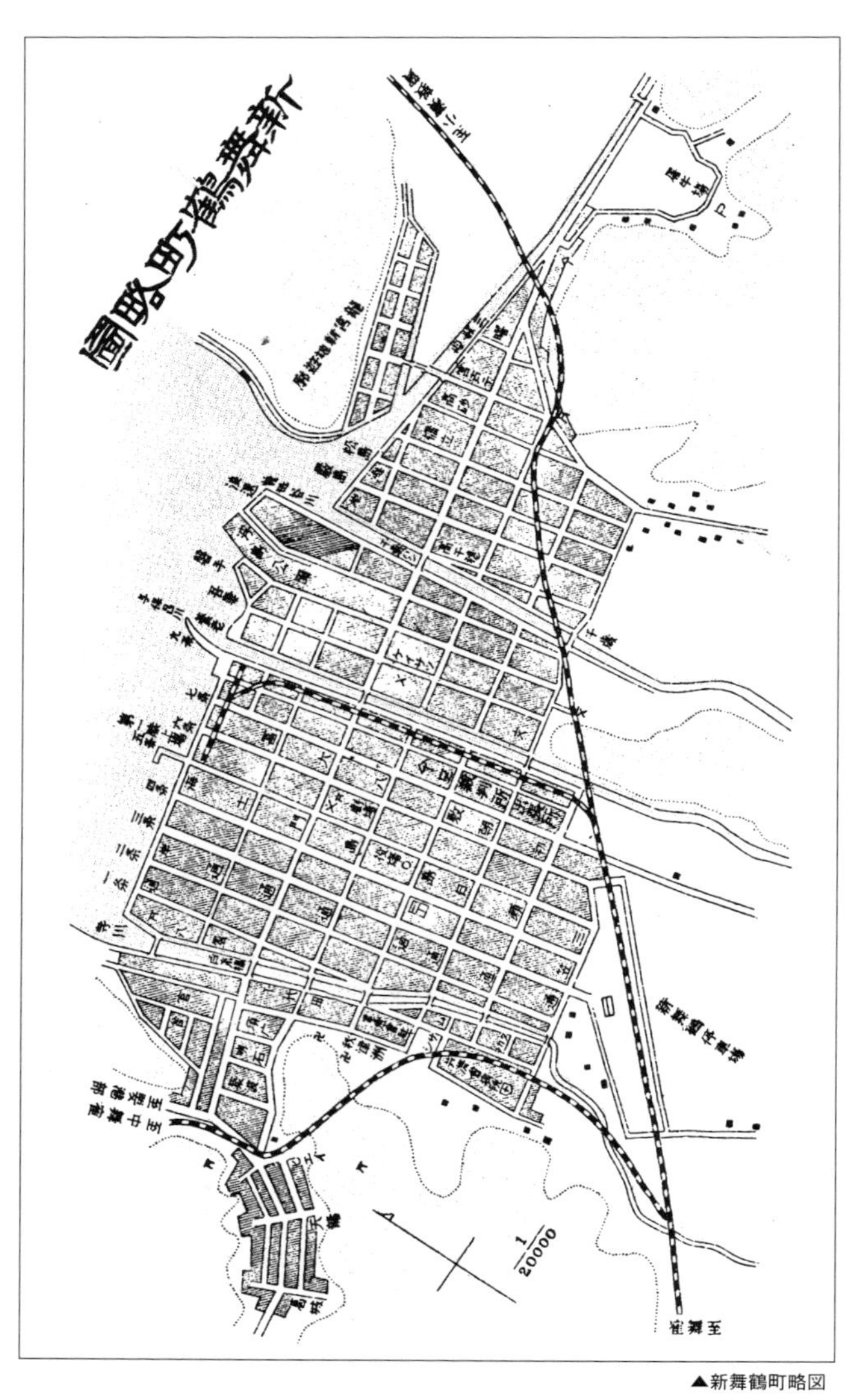

▲新舞鶴町略図

出典：京都府教育会加佐郡部会編纂『加佐郡誌』1925年

第五章

近代以降の舞鶴の人口

新舞鶴町
大門通一条白糸橋（1919年頃）

出典：布川家文書（舞鶴市教育委員会所蔵）

新舞鶴町
大門通七条万代橋（1919年頃）

出典：布川家文書（舞鶴市教育委員会所蔵）

山神達也

▲鎮守府設置以前の舞鶴

出典：５万分の１地形図「舞鶴町」1893年（明治26）測図（50％縮小）

人口からみる地域の姿

二一世紀に入り、日本では人口と関わる諸問題が注目を集めている。例えば、「二〇〇七年問題」として議論されてきた内容は、以下の二つの論点で整理される。第一に、経済が発展し寿命が延びた結果としての少子高齢化の進展が人口減少を招くという問題である。これは、第二次世界大戦中を除けば増加し続けてきた日本の人口が、二〇〇七年(平成一九)から減少に転じると予測されていたことに関わるもので、国家経済の衰退、社会福祉、限界集落など、様々な視点から多様な議論が行われてきた。この問題は、出生率の低下と関連して出産育児と仕事との両立を目指すワークライフバランスの点からも議論されているように、人の生き方の問題としても捉えられている。第二に、終戦直後に生まれた規模の大きい人口集団である「団塊の世代」が二〇〇七年(平成一九)に定年退職を迎える問題である。日本の高度経済成長を企業戦士として支えてきた「団塊の世代」の退職は、労働人口の減少だけではなく、現業部門を中心として様々な技術の伝承がしっかりなされてきたのかという、技術立国日本の屋台骨を揺るがす問題としても議論されてきた。このように、人口総数や人口構成の変化が日本社会に大きな影響を及ぼすと考えられているのである。これは、見方を変えれば、人口の動向から地域社会の有り様を見出すことの可能性を示唆する。人口を地域の社会情勢を映し出す鏡として捉える見方に目新しさはないが、地域社会が歩んできた道のりを人口の動向から検討する作業には一定の意義があろう。

以上の点を念頭に置いて舞鶴のことを考えてみよう。二〇世紀初頭に海軍鎮守府が開庁されて以降、軍港都市として発展を遂げてきた舞鶴市は、戦後、平和産業港湾都市への転換を図ってきた。しかし、海上自衛隊舞鶴地方隊の存在や有力な観光資源として活用が図られている赤れんが倉庫群などの近代化遺産群などは、舞鶴に軍港があったことを抜きにしては語れない。また、旧田辺藩の城下町としての歴史も有する舞鶴市は、人口流出が進んだ京都府北部の地域的な中心であり、過疎地域における拠点として重要な位置を占める。さらに舞鶴市内にも過疎的性格の強い地区が存在する。このように、近代以降の地域をめぐる諸問題が錯綜する舞鶴の状況は、人口の面からどのように把握できるのであろうか。また、舞鶴独自のコンテクストは、人口総数やその構成にどのように立ち現れてきたのであろうか。こうした問題意識から、この章では、鎮守府開庁前の一八九八年（明治三一）から二〇〇五年（平成一七）までを対象として、舞鶴の人口の動向を素描していく。

第一節　対象地域と使用する統計

(一)　対象地域

この章では、一八九八年（明治三一）から二〇〇五年（平成一七）までの舞鶴における人口の動向を年代順にたどっていくが、ここで注意したいのが、この一〇〇年以上にわたる対象期間の中で、舞鶴町や舞鶴市と呼ばれた行政区域が大きく変化していることである。この点を確認すべく、舞鶴市と関係する市町村統廃合の沿革を表5-1に整理した。このような市町村統廃合の影響を考慮することなく地域人口の変化を検討した場合、その変化には当該期間における地域人口の変化と市町村の統廃合の影響による変化とが混在してしまうため、実質的な人口の変化をみることができない。長期にわたって地域人口の変化を検討するときには、その空間的範囲を一定のものにしなければならないのである。こうした点を踏まえ、この章では、二〇〇五年（平成一

表5－1　舞鶴地域における市町村統廃合の沿革

地区名	市町村域に変更があった年次										
	1890	1902	1906	1919	1928	1936	1938	1942	1943	1955	1957～
岡田上	岡田上村	〃	〃	〃	〃	〃	〃	〃	〃	加佐町	舞鶴市
岡田中	岡田中村	〃	〃	〃	〃	〃	〃	〃	〃		
岡田下	岡田下村	〃	〃	〃	〃	〃	〃	〃	〃		
八雲	丸八江村	〃	〃	〃	八雲村	〃	〃	〃	〃		
	東雲村	〃	〃	〃							
神崎	神崎村	〃	〃	〃	〃	〃	〃	〃	〃		
四所	四所村	〃	〃	〃	〃	舞鶴町	舞鶴市	〃	舞鶴市	〃	
旧舞鶴	舞鶴町	〃	〃	〃	〃						
高野	高野村	〃	〃	〃	〃						
中筋	中筋村	〃	〃	〃	〃						
池内	池内村	〃	〃	〃	〃						
余内	余内村	＊2	〃	〃	〃						
中舞鶴	＊1	余部町	〃	中舞鶴町	〃	〃	東舞鶴市	東舞鶴市			
新舞鶴	＊1	＊1	新舞鶴町	〃	〃	〃					
倉梯	倉梯村	〃	＊3	〃	〃	〃					
与保呂	与保呂村	〃	〃	〃	〃	〃					
志楽	志楽村	〃	＊3	〃	〃	〃					
朝来	朝来村	〃	〃	〃	〃	〃	〃				
東大浦	東大浦村	〃	〃	〃	〃	〃	〃				
西大浦	西大浦村	〃	〃	〃	〃	〃	〃				

（出典）　京都府立総合資料館『京都府市町村合併史』（1968年）。
（備考）　表中の記号はそれぞれ以下のことを示す。「〃」：区画や名称に変更がないことを示す。「＊1」：当時はまだ町が設置されていなかったことを示す。「＊2」：余部町設置の際に自村域を分割したことを示す。「＊3」：新舞鶴町設置の際に自村域を分割したことを示す。

七）の舞鶴市の行政上の範域を対象とする。また、その範域を「舞鶴地域」と呼ぶことで当該年次の舞鶴町や舞鶴市と混同しないようにする。

次に、この章では、舞鶴地域を一九（戦後は二〇）の地区に区分して、各地区の人口の動向も対象に含める。この地区区分も表5－1に整理したが、これは舞鶴町が周辺の村を編入する一九三六年（昭和一一）八月一日の直前の行政区にほぼ対応しており、現在でも『舞鶴統計書』などで利用されているものである。また、各地区の名称は対象期間を通じて同一のものを用いて「地区」をつけて呼ぶこととし、当該年次の市町村について述べる必要があるときは、市、町、村、のいずれかを付して地区名と区別する。こうして設定される舞鶴地域の空間的範囲と各地区の分布を図5－1に示した。

図に示した旧舞鶴地区が旧田辺藩の城下町である。また、海軍鎮守府が立地していたのは中舞鶴地区であり、鎮守府周辺には海軍関連の諸施設が建設されるとともに、この中舞鶴地区と新舞鶴地区には新市街が形成された。その後、これら三つの地区が舞鶴地域の中心的な地区となる。

(二) 対象期間と使用する人口統計

前述したように、この章の対象期間は一八九八年(明治三一)から二〇〇五年(平成一七)までである。まず、期末年を二〇〇五年(平成一七)としたのは、データを得られる最新年次だからである。一方、一八九八年(明治三一)を期首年とするのは利用する人口統計の制約によるが、この年は舞鶴地域の人口を考える上で一定の意味を有する。具体的には、舞鶴に鎮守府が設置されることが決定したのは一八八九年(明治二二)のことだが、軍港建設が起工したのは一八九七年(明治三〇)三月であり[1]、一八九八年(明治三一)は鎮守府設置に伴う大きな人口変動を経験する直前にあたる。一方、人口統計の制約に関しては、将来的に他都市との比較研究を行うことを考慮すると、日本全域において市町村レベルで統一的なデータを得られることが望ましい。この条件を満たす人口統計として、一八九八年(明治三一)に新たに定められた戸籍法に

図5－1　2005年の舞鶴市域と対象地区の分布
(出典)　平成17年国勢調査町丁・字等別地図(境域)データ
(備考)　★は海軍鎮守府が立地していた場所を示す。また、祖母谷地区は、戦前は倉梯地区に含まれる。

よって公表されるようになった『日本帝国人口統計』及び『日本帝国人口静態統計』がある（以後まとめて『帝国人口静態統計』と呼ぶ）[2]。この『帝国人口静態統計』では、一八九八年（明治三一）から一九一八年（大正七）までの五年ごとに、各人の戸籍所在の市区町村人口である本籍人口と、この本籍人口に出寄留、入寄留の人口移動数を加除した現住人口が表章されており、この現住人口が市区町村人口の実勢を示している[3]。また、一九二〇年（大正九）以降については『国勢調査報告』を利用する。これは、近代的な人口調査[4]である国勢調査が初めて実施された年であり、国勢調査はそれ以降も継続的に実施されていることによる。ただし、一九四四年（昭和一九）から一九四六年（昭和二一）については『人口調査集計結果摘要』各年版[5]を利用する。

これらの人口統計の利用に際して注意すべきことは、統計としての性質に差異があることである。まず、『帝国人口静態統計』は、一八七二年（明治五）に実施された戸口調査に基いて作成された登録人口統計である。登録人口統計とは、台帳に登録されている人口に出生・死亡・移動の届出がなされた数を加除することで特定時点の人口を調査した第二義統計のことを指す[6]。『帝国人口静態統計』で表章される本籍人口と現住人口とを正確に算出するためには、全住民が戸籍の届出を行うとともに入寄留届や退去届などの諸寄留届が厳正になされている必要がある。しかし、『帝国人口静態統計』作成当時、これらの届出は励行されてはおらず、入寄留届は提出するものの退去届は提出しないという脱漏が多かったため、都市部の現住人口が過大になるという問題が生じ、余分な寄留人口を寄留簿から削除する寄留整理が行われたが[7]、それでも急増する都市部の人口を把握し得なかったという事実が国勢調査の実施に向けた要因の一つとなる[8]。この国勢調査とは日本政府が実施する人口調査のことであり、特定地域の人口を把握すること自体を目的として直接的に被調査者を対象とする全数調査である。国勢調査は、一九二〇年（大正九）に始めて実施されて以降、五年に一回の頻度で行われる。人口調査に基づく第一義統計である『国勢調査報告』は、各種人口統計の中でも最も重要度が高いことに加えて、調査項目数が多く、様々な空間単位で統計表が作成されていることから、多くの場面で利用されている。以上を踏まえると、地域人口の動向を検討するには『国勢調査報告』を利用することが望ましいが、舞鶴地域のコンテクストを考えると、人口が急変し始めるのが鎮守府開庁の一九〇一年（明治三四）前後のことであり、当時はまだ国勢調査は実施されていない。この時期において全国レベルで市町村単位の人口統計を得られる『帝国人口静態統計』は、利用に際して注意が必要であるものの、利用価値の高い人口統計であるといえよう。

最後に、利用する人口統計が時代によって異なること、『国勢調査報告』でも第二次世界大戦終戦の前と後では得られる統計の内容に差があることなどが制約となり、対象期間全体を一律に分析することができない。そこで、『帝国人口静態統計』を用いる一八九八年（明治三一）から一九一八年（大正七）まで、戦前の『国勢調査報告』を中心に用いる一九二〇年（大正九）から一九四六年（昭和二一）まで、戦後の『国勢調査報告』を用いる一九四七年（昭和二二）から二〇〇五年（平成一七）までと、対象期間を三つに分けて分析する。このような対象期間の区切り方を舞鶴地域という地域的コンテクストで捉えれば、鎮守府開庁直前から第一次世界大戦中の期間、第一次世界大戦後の軍縮の時代から第二次世界大戦終戦直後まで、第二次世界大戦後という形で、一定の意義を有する区切りとなる。以下では、各対象期間について、人口の動向を確認した後に、その動向が舞鶴地域の社会情勢の変化とどう対応しているのかを検討していく。

第二節　一八九八年から一九一八年までの人口の動向

㈠『帝国人口静態統計』の精度の問題

明治初期以降の日本における社会経済の発展は人口の動向にも現れる。まず、日本の総人口は、一八六八年（明治元）の約三四五六万人から一九一八年（大正七）の約五四六六万人へと一・五倍以上になり、増加率も次第に上昇してきた。[9]また、経済基盤が農業にあった明治初期の人口分布は均等なものであったが、明治中期以降になると、日清戦争、日露戦争を経験して工業化が急速に進展する中、京浜と京阪神の二大都市地域に人口が集積し始め、第一次世界大戦期の好景気にあった大正前期には中京を加えた三大都市地域への人口集中が一気に加速にした。[10]このような人口の集中化をもたらしたのは、工業化の進展による都市の成長である。明治初期における人口集積地は政治および商業の中心地である城下町くらいであったが、明治中期以降、近代工業が立地した三大都市地域や鉱産資源の産地、日露戦争の際に急成長した軍港都市や商港都市、鉄道網の要衝を占める交通都市など、新たな形態の都市が成長を遂げたのである。[11]このような日本の社会情勢の下、舞鶴地域の人口の動向はどのようなものであったのか。この点の考察に向け、はじめにデータの精度に問題がある『帝国人口静態統計』の性質を検討したい。

表5-2は、『帝国静態人口統計』の舞鶴地域の本籍人口と現住人口とを整理したものである。まず、期首年である一八九八年（明治三一）は、産業が発達し始めて人口の向都離村の動きが始まったばかりの段階にあたり、本籍人口と現住人口との間にはそれほど差がない状態にあった。[12]この点に関し、東海三県における人口動

表5-2　帝国人口静態統計にみる舞鶴地域の人口の推移(1898-1918年)

地区名	現住人口(人)					本籍人口(人)				
	1898	1903	1908	1913	1918	1898	1903	1908	1913	1918
岡田上	2,248	2,336	2,330	2,357	2,325	2,278	2,362	2,427	2,520	2,598
岡田中	2,080	2,190	2,166	2,213	2,096	2,138	2,231	2,228	2,351	2,399
岡田下	2,035	2,112	2,087	2,089	2,049	2,114	2,220	2,255	2,286	2,315
八雲	2,542	2,623	2,623	2,670	2,486	2,590	2,690	2,768	2,825	2,856
神崎	1,375	1,396	1,411	1,474	1,404	1,384	1,424	1,461	1,527	1,578
四所	1,859	1,890	1,881	1,885	1,804	1,897	1,944	1,958	1,997	2,033
旧舞鶴	8,856	9,811	14,827	15,399	11,191	9,229	9,632	10,114	10,523	10,877
高野	1,533	1,520	1,512	1,567	1,514	1,582	1,586	1,591	1,641	1,650
中筋	2,421	2,403	2,420	2,503	2,339	2,459	2,532	2,499	2,583	2,639
池内	2,388	2,397	2,349	2,436	2,306	2,414	2,494	2,487	2,590	2,595
余内	3,098	4,268	4,756	2,890	2,874	2,805	2,050	2,123	2,282	2,392
中舞鶴	−	2,857	9,018	11,836	12,999	−	1,110	2,147	2,949	3,906
新舞鶴	−	−	9,430	12,261	20,620	−	−	2,801	3,822	4,614
倉梯	3,270	6,182	3,287	3,541	3,772	3,262	3,712	2,386	2,605	2,776
与保呂	1,181	1,189	1,183	1,162	1,152	1,197	1,231	1,268	1,269	1,309
志楽	2,355	2,478	2,043	2,027	2,031	2,408	2,426	2,118	2,155	2,185
朝来	1,481	1,447	1,431	1,403	1,413	1,502	1,476	1,476	1,505	1,530
東大浦	2,033	2,023	1,994	2,123	2,018	2,059	2,087	2,075	2,184	2,142
西大浦	2,507	2,630	2,651	2,743	2,714	2,566	2,708	2,803	2,878	2,895
舞鶴地域	43,262	51,752	69,399	74,579	79,107	43,884	45,915	48,985	52,492	55,289

（出典）1898年：『明治三一年日本帝国人口統計』。その他の年次：『日本帝国人口静態統計』各年版。
（備考）「−」はその地区が未設置であることを示す。

態を分析した鈴木允氏によると、一九〇〇年前後は、都市部の人口増加率が高い中、県庁所在都市ではない階層の低い都市への人口流入が顕著になり始めた時期とされる[13]。これらを考慮すれば、一八九八年（明治三一）当時の舞鶴地域の現住人口データは実情とはそれほど乖離していないであろう。

次いで、一九〇三年（明治三六）以降について考えると、鈴木允氏の整理にあるように、現住人口に明らかな不連続が発生しているにもかかわらず本籍人口が連続的に推移している場合、寄留整理が実施されたものと判断できる[14]。この点を表5-2でみると、一九〇三～〇八年に現住人口の減少する地区が多いが、これは鎮守府設置に伴うものであり、寄留整理の実施によるものとは考えにくい。次に一九一三～一八年の現住人口をみると、人口が大量に流入した鎮守府の位置する中舞鶴地区とその周辺地区は増加したのに対し、旧舞鶴地区と舞鶴地域縁辺部の地区では大きく減少した。しかも現住人口が大幅に減少した地区の本籍人口に不連続的な変化は確認できない。加えて、一九一八年（大正七）の人口静態調査の際、内務次官が府県知事に対して寄留整理を実施して欲しい旨の依頼通牒を行っている。[15] これらの点から、一九一八年（大正七）の現住人口は寄留整理を実施した後のものであると考えられる。したがって、この年の現住人口は実情に近いと同時に、それ以前の現住人口は、一九一三〜一八年に大きい増加した地区では過小評価されており、逆に減少した地区では過大に評価されているであろう。ただし、このような誤差が存在するにしても、人口変化の趨勢を反映していることに間違いはないであろう。

(二)『帝国人口静態統計』にみる舞鶴地域の人口の動向

前項の内容を念頭に置いて舞鶴地域の人口を具体的に検討しよう。表5-2をみると、一八九八年（明治三一）の舞鶴地域の本籍人口は約四万四〇〇〇人である。また、各地区の本籍人口は、旧舞鶴地区だけが約九二〇〇人と突出して多いのに対して、他の地区は一〇〇〇人台から三〇〇〇人台前半にあり、ほぼ均等な人口規模を示す。その後の舞鶴地域では、各五年間に二〇〇〇人から三五〇〇人の増加が継続し、一九一八年（大正七）の本籍人口は約五万五〇〇〇人となった。また、地区別にみると、自村域の分割によるもの以外で本籍人口が減少することは少なく、どの地区もおおむね増加傾向にあった。その結果、一九一八年（大正七）の本籍人口は、旧舞鶴地区が一万人以上と突出して多く、新たに誕生した中舞鶴地区や新舞鶴地区がそれぞれ四〇〇〇人前後であるのに対し、他の地区は一〇〇〇人台から三〇〇〇人の間でほぼ均等である。

こうした本籍人口の動向を踏まえて、現住人口の動向を確認する。表5-2で一八九八年（明治三一）の現住人口をみると、舞鶴地域の現住人口は約四万三〇〇〇人である。次に、各地区の現住人口は、旧舞鶴地区だ

表5－3　本籍人口に対する現住人口の比率（1898年・1918年）

地区名	1898年			1918年		
	男	女	合計	男	女	合計
岡田上	0.979	0.995	0.987	0.910	0.880	0.895
岡田中	0.967	0.979	0.973	0.865	0.883	0.874
岡田下	0.952	0.973	0.963	0.874	0.897	0.885
八雲	0.967	0.995	0.981	0.849	0.892	0.870
神崎	0.985	1.001	0.993	0.871	0.909	0.890
四所	0.969	0.990	0.980	0.866	0.909	0.887
旧舞鶴	0.949	0.970	0.960	1.010	1.047	1.029
高野	0.958	0.980	0.969	0.903	0.933	0.918
中筋	0.976	0.993	0.985	0.863	0.910	0.886
池内	0.990	0.988	0.989	0.886	0.891	0.889
余内	1.186	1.022	1.104	1.302	1.104	1.202
中舞鶴	－	－	－	3.809	2.812	3.328
新舞鶴	－	－	－	5.359	3.567	4.469
倉梯	0.984	1.021	1.002	1.487	1.225	1.359
与保呂	0.967	1.007	0.987	0.861	0.899	0.880
志楽	0.973	0.983	0.978	0.914	0.945	0.930
朝来	0.982	0.990	0.986	0.903	0.945	0.924
東大浦	0.976	0.999	0.987	0.907	0.978	0.942
西大浦	0.963	0.991	0.977	0.933	0.942	0.937
舞鶴地域	0.982	0.990	0.986	1.542	1.317	1.431

（出典）　1898年：『明治三一年日本帝国人口統計』。1918年：『日本帝国人口静態統計』。

（備考）「－」はその地区が未設置であることを示す。

けが約八八〇〇人と突出して多いのに対して、他の地区の人口規模は一〇〇〇人台から三〇〇〇人台前半にあって、ほぼ均等である。ここで、現住人口は本籍人口に出寄留、入寄留の人口移動数を加除して得られることから、本籍人口に対する現住人口の比率は人口の流出入状況の一端を示す。この点を検討すべく本籍人口に対する現住人口の比率を整理した表5-3をみると、一八九八年（明治三一）の舞鶴地域及び各地区の値は一に近い。これは、人口移動がまだ活性化していないことを示唆しており、この点からも一八九八年（明治三一）の現住人口は実情に近い値を示すとみなされよう。ただし、ほとんどの地区で入寄留人口より出寄留人口の方が多いことを示す一以下の値であるのに対し、余内地区は一以上の値を記録して寄留者の流入超過がみられる。

次に、寄留整理が行われて実情に近いとみなされる一九一八年（大正七）の現住人口をみると、舞鶴地域は約七万九〇〇〇人であり、この二〇年間に三万五〇〇〇人以上増加して人口が約一・八倍に膨れ上がった。地区別にみると、旧舞鶴地区、中舞鶴地区、新舞鶴地区の三地区の人口が一万人以上あるのに対し、他の地区の変化は小さく、一八九八年（明治三一）同様、比較的均等な人口規模を示す。この中で、一八九八年（明治三

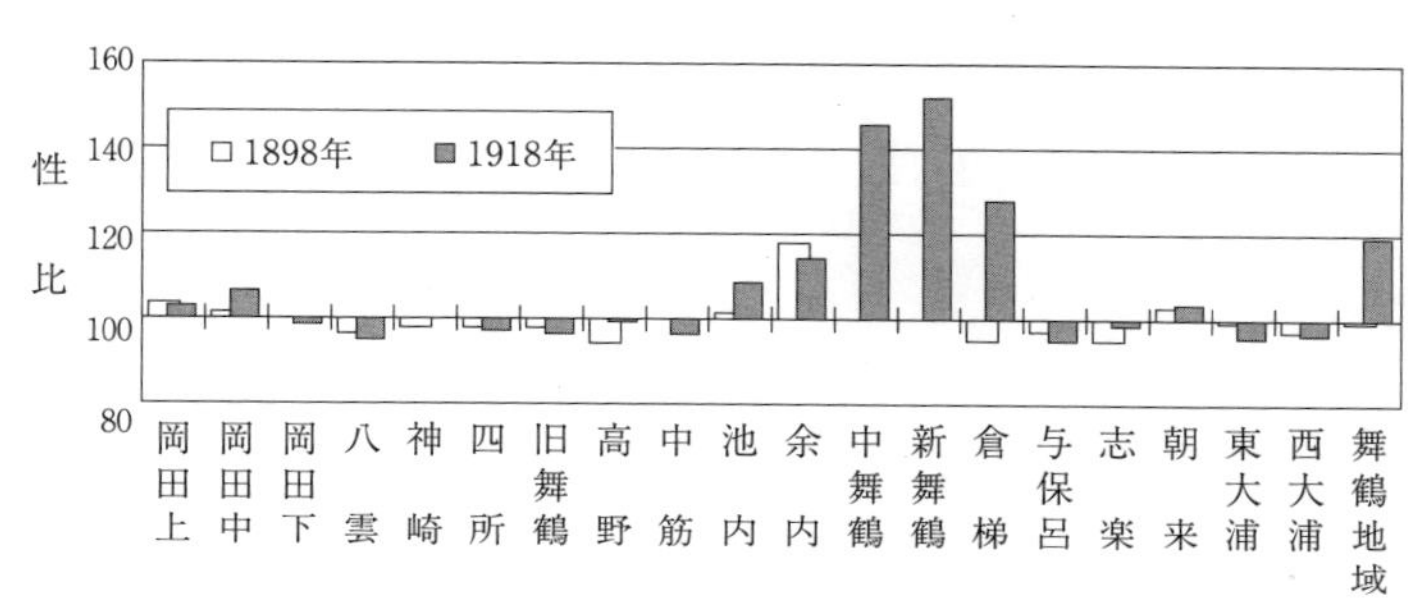

図5－2　現住人口における地区別の性比（1898年・1918年）

（出典）　1898年：『明治三一年日本帝国人口統計』。1918年：『日本帝国人口静態統計』。
（備考）　性比とは女性人口100人に対する男性人口である。ここでは、基準となる100人より多いか少ないかを図示した。また、棒グラフの左側は1898年の、右側は1918年の性比を示す。なお、1898年の中舞鶴地区と新舞鶴地区は未設置のためデータが得られない。

二）には独立した行政区域ではなかった中舞鶴地区と新舞鶴地区とを合わせた人口が三万三〇〇〇人を超えており、舞鶴地域の人口増加の大部分をこの二つの地区で占めている。また、現住人口の増加は本籍人口のそれを大きく上回るが、これは、舞鶴地域の人口増加の主要因が人口流入にあったことを示唆する。この点を本籍人口に対する現住人口の比率で確認すると（表5－3）、中舞鶴地区と新舞鶴地区は三以上を記録して流入人口の大きさを示している。また、この両地区に隣接する余内地区や倉梯地区の値も一を上回り、寄留者は流入超過にある。一方、旧舞鶴地区も一以上を記録したが、その値は小さく、現住人口の増加も小さい。そして他の地区はすべて現住人口の方が少なく、寄留者の流出超過が増大した。最後に、この比率の男女差をみると、一八九八年（明治三一）では男女ともに寄留者は流出超過であり、それも男性の方が多かったが、一九一八年（大正七）では男女ともに入寄留者が大幅に増加するとともにその増加幅は男性の方が大きい。このことは、一八九八年（明治三一）以降の入寄留者では男性が多かったことを示しており、女性よりも男性の方が人口移動を行う傾向が強かったことを意味する。この結果、各地区の現住人口の性比は（図5－2）、入寄留者の多い中舞鶴地区、新舞鶴地区、倉梯地区、余内地区の四地区で男性人口が女性人口を大幅に上回るという性別人口の不均衡が生じた。

次に、この両年次間の変化を表5-2で検討する。まず、いくつかの地区で現住人口が大きく変動する時期がある。この中には自村域の分割によるものと寄留整理によるものとが含まれるが、これらは人口変化の実勢を示したものではない。ここで寄留整理による減少を考えると、入寄留届はするが退去届の脱漏が多いことを踏まえれば、一九一三～一八年の五年間で現住人口が急激に減少したのではなく、一八九八年（明治三一）以降少しずつ蓄積されてきた退去届の脱漏分が寄留整理によって一気に減ぜられるとともに、これとは逆の状況が新舞鶴地区や中舞鶴地区の現住人口に現れたと考えられる。また、注目したいのが、旧舞鶴地区の現住人口の動向である。旧舞鶴地区では、一九〇三～〇八年の五〇〇〇人以上の増加と一九一三～一八年の四〇〇〇人以上の減少という大きな変動を示したのである。この増加については、入寄留の届出がある以上、それ以上の人口が流入したであろうし、減少については退去届のない流出であろう。どの時期に流出したかは不明だが、一九〇三年（明治三六）から一九一八年（大正七）までの人口は非常に流動的であったことをうかがわせる。また、一九一三～一八年に現住人口が大幅に増加した新舞鶴地区や中舞鶴地区では届出のない入寄留者が多数存在したことを想定すれば、一九〇三～〇八年に旧舞鶴地区に流入した寄留者のかなりの数が、一九一八年（大正七）までに中舞鶴地区や新舞鶴地区に転出したのではないだろうか。ここではこの二段階の人口移動の可能性を指摘するにとどめるが、この可能性を踏まえるなら、一九〇三年（明治三六）以降の現住人口には二重にカウントされた寄留者が存在することになり、一九〇三～〇八年における舞鶴地域の急激な人口増加は多少低く見積もるべきであろう。

以上のことを踏まえて現住人口の変化を検討する。まず、一八九八～〇三年に舞鶴地域では八〇〇〇人以上増加したが、その多くは旧舞鶴地区、余内地区、倉梯地区、中舞鶴地区での増加によるものである。次いで一九〇三～〇八年では、自村域の分割により倉梯地区と志楽地区とで人口が減少したが、新設された新舞鶴地区の人口が九五〇〇人近くを数え、これら三地区合わせた人口が六〇〇〇人以上増加した。また、旧舞鶴地区や中舞鶴地区、余内地区の増加も大きく、舞鶴地域で一万七〇〇〇人以上増加したが、これは前述したように過大な評価であろう。そして、一九〇八～一三年になると、余内地区で減少したものの、中舞鶴地区、新舞鶴地区の増加は依然として大きく、舞鶴地域の増加は五〇〇〇人を超えるが、これは前期間とは逆に、もう少し大幅な人口増加があったであろう。最後に、一九一三～一八年では、寄留整理の影響があって評価が難しいが、依然として新舞鶴地区や中舞鶴地区での増加数が大きく、舞鶴地域の人口を押し上げる一方で、旧舞鶴地区で人口が大きく減少するとともに、舞鶴地域縁辺部の各地区でも減少した。

(三) 人口の動向にみる明治後期から大正前期までの舞鶴地域

舞鶴地域の人口を考える上で、鎮守府設置の影響が極めて大きい。鎮守府設置が正式決定したのは一八八九年（明治二二）であるが、軍港建設が起工したのは一八九七年（明治三〇）三月である。そして、敷地造成工事が最も活況を呈していた一八九九年（明治三二）二月、約三〇〇〇人が工事に携わっていた[16]。鎮守府建設に関わるこの動きは、一八九八年（明治三一）の余内地区における寄留者の流入超過に現れている。当時の余内村の範域は、後に鎮守府が設置される中舞鶴地区を含んでいるからである。しかし、他の地区では寄留者がわずかに流出超過であったことから、一八九八年（明治三一）は鎮守府設置に伴う大きな人口変動を経験する直前期にあったとみてよいだろう。また、当時の舞鶴地域では、旧舞鶴地区だけが突出した人口規模を誇っていた。これは、旧田辺藩の城下町を起源とする旧舞鶴地区が舞鶴地域の中心としての役割を担っていたことを示す。そして、農村的な性格を有する他の地区で向都離村の動きが始まりつつあった状況が、寄留者のわずかな流出超過という面に現れたといえるであろう。

その後も軍港関連施設の工事が進展して一九〇一年（明治三四）に舞鶴鎮守府が開庁し、日本で四番目の軍港が発足した。一寒村にすぎなかった舞鶴東湾一帯の地域は、新しい港が誕生して日本海軍の一枢要地たる陣容が整えられていく中で、多くの海軍関係者が流入するとともに近代的な建築物群が出現して、「海軍さん」であふれる軍港都市に変容したのである。[17] この鎮守府開庁に伴う人口増加も相当なものであったが、新市街の形成が舞鶴地域の人口の飛躍的な成長をもたらした。この新市街の形成とそれに伴う人口の大量流入が新しい町制の実施を促し、余部町（後の中舞鶴町）と新舞鶴町が誕生した。このように、鎮守府開庁が人口急増の契機となったのは間違いないが、舞鶴地域において人口増加が激しかった時期は、鎮守府開庁直後というよりも新市街の建設とその発展の時期に重なる。また、このような人口増加は、新設の二つの町だけでなく旧舞鶴地区でもみられたが、新天地を求めて流入した人たちの中に商業の失敗や身を持ちくずして逃げ出すものがいたことなどにより、[18] 流入人口の流動性の高さが大きな人口変動に結びついた。

以上のような鎮守府設置と軍港関連施設の整備はロシアの日本侵入を防ぐことを一つの目的としていた。そのため、日露戦争の結果ロシア海軍が壊滅したことにより、舞鶴軍港は第一義的な存在意義を失ったのだが、その後も軍港関連施設の整備が行われるとともに、[19] 一九〇四年（明治三七）の鉄道の開通によって陸上・海上交通の重要な結節点となったことで、[20] 舞鶴地域の人口増加が継続した。この状況は、日本社会で工業化が急速に進展するとともに第一次世界大戦期の好景気にあった大正前期まで続いたとみることができよう。

最後に、舞鶴地域における人口成長は人口の大量流入によってもたらされていた。それは、本籍人口に対する現住人口の増加幅からみて明らかである。そして、このような人口流入がみられたのは中舞鶴地区、新舞鶴地区、及びそれらに隣接する地区であったことから、それは鎮守府の設置や新市街の誕生に伴うものであったといえる。また、この流入人口の主体は男性であり、上述の地区における女性に対する男性の多さという性別人口の不均衡をもたらした。一方、舞鶴地域縁辺部の農村的性格の強い地区の人口は流出傾向にあり、本籍人口よりも現住人口が少ない状況が生じた。日本全体で産業の近代化が進展する中で向都離村の動きが強まったが、これらの地区でも同様のことがいえる。また、その中でも男性の流出が多いが、その大部分は中舞鶴地区や新舞鶴地区に流出したものと想像される。舞鶴鎮守府設置が地域人口に与えた影響は、鎮守府が位置する中舞鶴地区や新市街が形成された新舞鶴地区及びその隣接地区だけでなく、人口の流動性が高まった旧舞鶴地区や人口の流出傾向がみられた舞鶴地域縁辺部の地区にも及んでいたといえよう。

第三節　一九二〇年から一九四六年までの人口の動向

(一)　戦間・戦中期の日本社会と舞鶴の人口

初めて国勢調査が実施された一九二〇年(大正九)、日本の総人口は約五五九六万人であったが、一九四〇年(昭和一五)では約七三一一万となり、二〇年間で約一・三倍に膨れ上がった。この期間の日本では、一九二〇年代初め、第一次世界大戦中の好景気に対応した流通部門の拡大が継続して商業都市が成長するが、好景気の反動による不況が長期化し始めると工業都市の成長が弱まった。[21]こうした中、東京、大阪、名古屋の三大都市の成長は鈍化するものの、これらに近接した工業都市や衛星都市の成長が著しく、大都市とその周辺市町村が強く結びついた大都市圏が形成され始める。[22]一九二〇年代後半以降になると、政府主導により重化学工業の発展が推し進められ、三大都市の工業が拡大するとともに、成長著しい北九州地域を加えた四大工業地帯が

表5－4　1920年から1946年までの舞鶴地域の人口の推移　　（単位：人）

地区名	1920	1925	1930	1935	1940	1944	1945	1946
岡田上	2,156	2,097	2,049	1,892	1,964	1,844	2,338	2,255
岡田中	2,067	2,011	2,002	1,855	1,803	1,624	2,123	1,971
岡田下	1,999	1,913	1,899	1,819	1,951	1,822	2,295	2,191
八雲	2,412	2,420	2,502	2,473	2,563	2,451	2,846	2,663
神崎	1,096	1,101	1,063	1,026	1,024	1,055	1,285	1,254
四所	1,703	1,800	1,746	1,790	（舞鶴市）29,903	（舞鶴市）103,698	80,407	85,286
旧舞鶴	10,385	11,134	12,285	12,708				
高野	1,417	1,446	1,467	1,409				
中筋	2,615	3,021	3,645	4,386				
池内	2,296	2,215	2,111	2,016				
余内	3,083	3,289	3,545	3,683				
中舞鶴	19,518	12,980	11,244	11,688	（東舞鶴市）49,810			
新舞鶴	15,504	14,553	15,477	18,298				
倉梯	3,659	3,404	3,510	4,103				
与保呂	1,117	1,064	1,096	1,074				
志楽	1,942	1,898	1,885	1,892				
朝来	1,355	1,308	1,321	1,281	1,938			
東大浦	2,021	1,878	1,866	1,801	1,884			
西大浦	2,580	2,494	2,467	2,438	2,522			
舞鶴地域	78,925	72,026	73,180	77,632	95,362	112,494	91,294	95,620
舞鶴市＊1	21,499	22,905	24,799	25,992	29,903			
東舞鶴市＊2	41,740	33,899	33,212	37,055	49,810			
舞鶴市＊3	69,195	62,484	63,665	68,567	86,057	103,698	80,407	85,286
加佐町＊4	9,730	9,542	9,515	9,065	9,305	8,796	10,887	10,334

（出典）1920年～1940年：『国勢調査報告』各年版。1944年～1946年：『人口調査集計結果摘要』各年版。
（備考）表中の記号はそれぞれ以下のことを示す。「＊1」：1940年の舞鶴市に含まれる地区の合計値。「＊2」：1940年の東舞鶴市に含まれる地区の合計値。「＊3」：1944年の舞鶴市に含まれる地区の合計値。「＊4」：1944年時点で舞鶴市外にあった地区（戦後の加佐町の範囲）。市町村統廃合の状況は表5-1を参照のこと。

形成される。また、製造業を中心とする多くの企業が三大都市に加えて地方の拠点都市に支所を配置して都市機能を増大させたことで、現在にまで至る都市体系の基礎が作られていく。(23)そして、第二次世界大戦を迎えると、四大工業都市に加えて軍港を含む軍事都市や新興の軍需工業都市などの人口成長が大きくなるが、(24)終戦前後の社会の混乱期には、総人口の減少、疎開による都市人口の落ち込み、軍人軍属の復員や在外邦人の引き揚げなど、人口の面でも大きな変動を経験した。こうした日本社会の変動は、舞鶴地域の社会にどう影響を及ぼし、それは人口の面でどのような変化をもたらしたのであろうか。

表5-4に一九二〇年（大正九）から一九四六年（昭和二一）までの舞鶴地域における人口の変化を整理した。この期間の舞鶴地域では市町村の統廃合が行われた結果、一九四〇年（昭和一五）以降の地区別のデータを得られないため、表の下部には市町村統廃合後の範域で集計した人口も掲げた。表をみると、一九二〇年（大正九）の舞鶴地域の人口は七万八九二五人である。地区別にみると、旧舞鶴地区、中舞鶴地区、新舞鶴地区の三地区の人口が一万人以上と突出しているのに対して、他の地区では、倉梯地区が若干多い以外は、一〇〇〇人から三〇〇〇人前後と比較的均等な人口規模を示す。ここで前項の『帝国人口静態統計』による一九一八年（大正七）の現住人口と比較すると、舞鶴地域の人口に大差はないが、中筋地区と余内地区の人口が若干多く、中舞鶴地区で六〇〇〇人以上増加したのに対して、他の地区のほとんどで人口が減少しており、とりわけ新舞鶴地区で五〇〇〇人以上減少した。この差を『帝国人口静態統計』の不備とみるか、この二年間に大きな人口変動があったとみるかの判断は難しいが、多くの地区での人口減少は、退去届のない流出によるものと推察される。

次に一九三〇年（昭和五）までをみると、舞鶴地域の人口が減少して七万人台前半で推移した。この減少に大きく影響したのが一九二〇～二五年の中舞鶴地区の減少である。また、舞鶴地域縁辺部の地区も減少傾向にある。一方、旧舞鶴地区とその近隣の中筋地区や余内地区で増加が継続するとともに、一九二〇年代後半に新舞鶴地区と倉梯地区が増加に転じた。次いで一九四〇年（昭和一五）までをみると、舞鶴地域が増加に転じ、特に後半における増加が著しい。また、旧舞鶴地区とその近隣地区、及び一九四〇年（昭和一五）の舞鶴市では増加が継続するものの増加数はそれほど大きくない。一方、一九二〇年代前半に大きく減少した中舞鶴地区が一九三〇年代前半に増加に転じるとともに新舞鶴地区の増加も拡大して、一九四〇年（昭和一五）の東舞鶴市域における一九三〇年代の人口増加は一万六〇〇〇人以上となった。以上の結果、一九四〇年（昭和一五）

の舞鶴地域の人口は九万五三六二人となり、この一〇年で二万人を超える増加を記録した。このような増加はその後も継続し、一九四四年（昭和一九）の舞鶴地域の人口は一一万人を超える。加えて、一九四四年（昭和一九）人口調査では報告漏れがあることが注意書きされており、報告漏れを補正した一九四四年（昭和一九）の舞鶴市の人口が約一二万一〇〇〇人と推測されていることから[25]、舞鶴地域の人口は約一三万人だったことになる。しかし、一九四五年（昭和二〇）の舞鶴地域の人口は二万人近く減少した。そこでは、当時の舞鶴市の市域での減少が二万人以上であるのに対して、のちの加佐町域の人口は若干増加している。そして一九四六年（昭和二一）になると、当時の舞鶴市の人口が若干回復したのに対してのちの加佐町域の人口は減少に転じた。

(二) 産業大分類別人口構成の変化

以上の人口総数の変化の中で、人口構成はどう変化したのだろうか。はじめに地域経済との関連から産業大分類別就業者の変化を確認する。その際、一九二〇年（大正九）の『国勢調査報告』では職業大分類しか表章されてないため厳密な比較には適さないが、大まかな傾向をとらえる点では問題ないであろう。また、一九四〇年（昭和一五）『国勢調査報告』ではデータが市郡単位で表章されているため、町村部の動向は把握できない。

はじめに、一九二〇年（大正九）の職業大分類別就業者割合をみると（図5-3）、舞鶴地域では、「公務自由業」が約二三％と全国値より二〇％近く高いとともに「工業」も約二四％と全国値より四％以上高いのに対し、「農業」が約三六％と全国値より二〇％ほど低いが、地区別の状況は大きく異なる。まず「公務自由業」は中舞鶴地区で約六〇％と際立って高く、また余内地区と新舞鶴地区も高い。一方、「工業」の割合が高いのは四〇％以上ある新舞鶴地区、および三〇％前後の旧舞鶴地区、中筋地区、余内地区、中舞鶴地区、倉梯地区

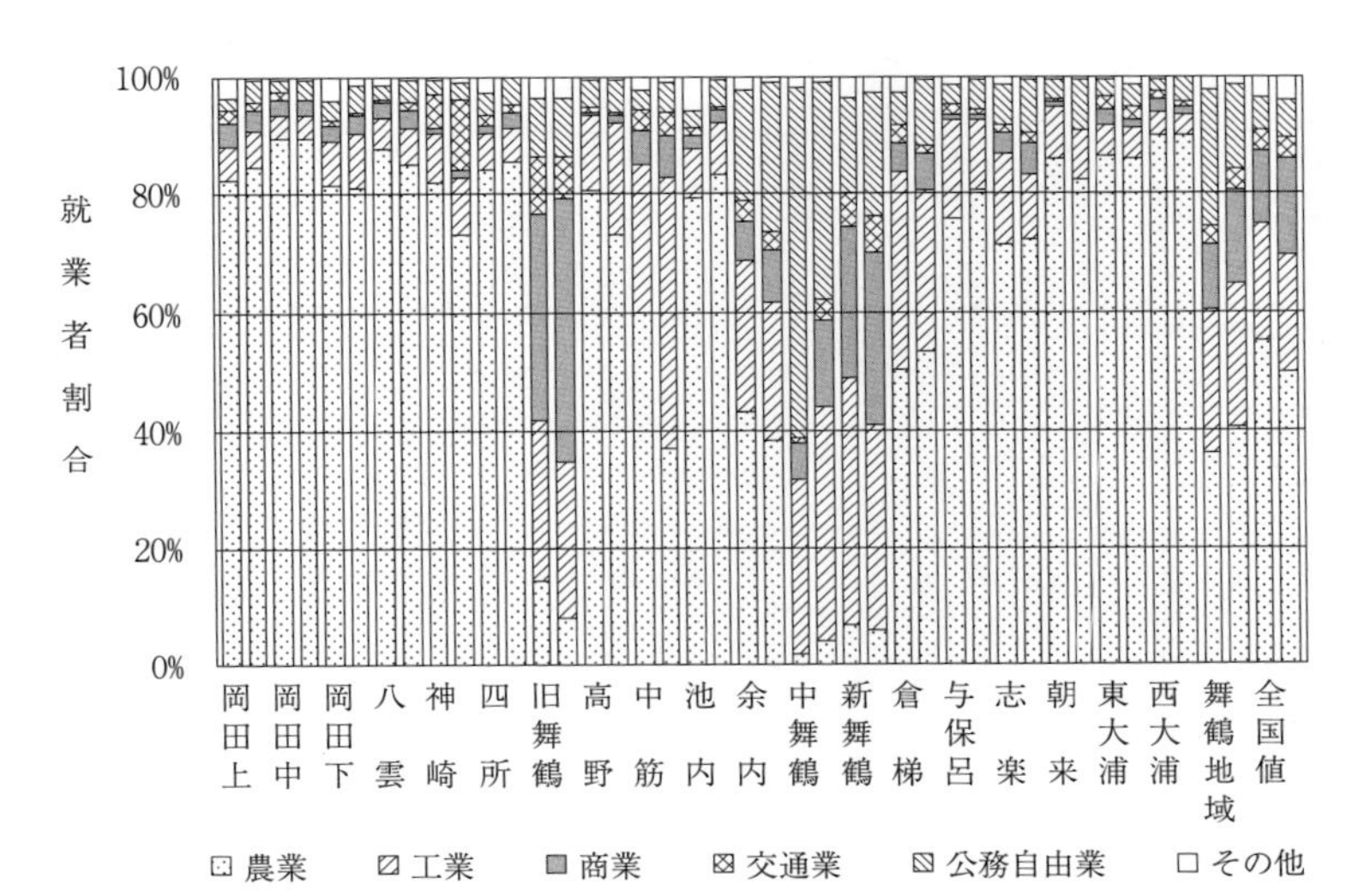

図5－3　舞鶴地域における職業・産業大分類別就業者割合（1920年・1930年）

（出典）『国勢調査報告』各年版。

（備考）各地区の左側は1920年の職業別の、右側は1930年の産業別の就業者割合を示す。グラフ化に際し、以下の処理を行った。まず、「有業者」は「本業者」のみを取り上げ「無職業」は除外した。また、職業・産業大分類の「農業」は「水産業」を含んだ値であり、「その他」は「鉱業」、「其の他の有業者」、「家事使用人」の合計値である。

である。それに対し、舞鶴地域縁辺部の地区では「農業」の割合が八〇％以上と高い。加えて、旧舞鶴地区と新舞鶴地区は「商業」の割合が他の地区より高い。

次に人口が停滞傾向にあった一九三〇年（昭和五）をみると、舞鶴地域の「公務自由業」の割合は全国値より高いが、一九二〇年（大正九）に比してその割合は低下して約一五％となり、これに対応して「農業」と「商業」の割合が上昇した。地区別にみると、中舞鶴地区の「公務自由業」の割合が約三七％と著しく低下し、それに対応して「工業」と「商業」の割合が高まった。一方、その他の地区ではそれほど大きな変化はみられないが、中筋地区や中舞鶴地区で「工業」の割合が上昇して四〇％以上となった。

最後に人口が増加に転じて九万人以上となった一九四〇年（昭和一五）について、

表５－５　舞鶴市と東舞鶴市における産業大分類別就業者割合(1940年)

	有業者(人)	農業	工業	商業	交通業	公務自由業	その他
舞鶴市	13,733	27.1%	39.3%	16.2%	6.9%	8.7%	1.8%
東舞鶴市	21,002	11.2%	58.8%	13.5%	3.3%	11.4%	1.8%
両市合計	34,735	17.5%	51.1%	14.6%	4.7%	10.3%	1.8%
全国値	32,230,745	44.0%	25.2%	15.1%	4.2%	6.8%	4.7%

（出典）『国勢調査報告』。

（備考）産業大分類の「農業」は「水産業」を含んだ値であり、「その他」は「鉱業」、「其の他の有業者」、「家事業」の合計値である。各市の範域は表５－１を参照のこと。

データの得られる当該年の舞鶴市と東舞鶴市の産業大分類別就業者割合を表5-5に示した。地区単位が異なるためこれまでの年次との比較は困難になりそうであるにもかかわらず極めて明瞭な変化がみてとれる。すなわち、「工業」が東舞鶴市で五八・八％、舞鶴市で三九・三％と急増したのである。一九三〇年（昭和五）に「工業」が五〇％を超えた地区はなく、この急増ぶりは目を見張るものがある。加えて、全国値と比較しても「工業」の割合の異常な高さが理解できよう。それに対して「公務自由業」は継続してその割合を減じているが、依然として全国値以上に高い。また、両市ともに「農業」の割合は非常に低いが、これは人口規模の大きい旧舞鶴地区、中舞鶴地区、新舞鶴地区では上述の諸産業の就業者割合が高いために農業就業者が相対的に少ないことが要因である。

(三)　年齢構成・性比・人口移動の変化

次いで、舞鶴地域における人口の年齢構成の変化を検討する。ただし、一九四〇年（昭和一五）『国勢調査報告』では市町村単位では年齢構成が表章されていないので検討できない。図5-4は舞鶴地域における特殊年齢別人口について、男女の年齢階級が同一となるよう集計したものである。人口の年齢構成では地区間の差は小さいが、いくつか特徴的な地区が存在する。まず一九二〇年（大正九）をみると、舞鶴地域は二〇～二四歳人口割合が約一三％であり、全国値より一・五倍ほど高い。この二〇～二四歳人口が高い地区をみると、中舞鶴地区が約二五％で突出し

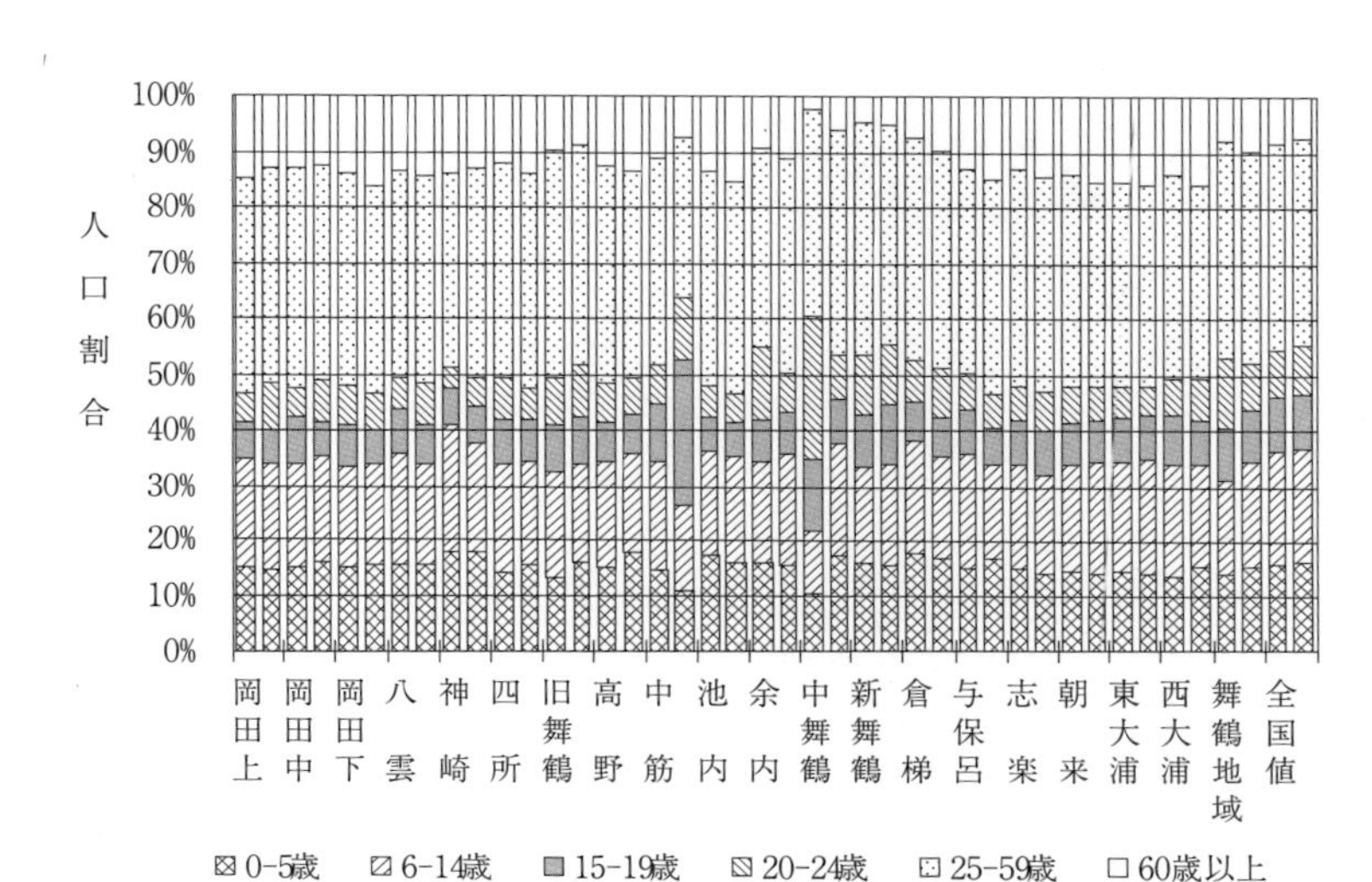

図５－４　舞鶴地域における年齢階級別人口割合（1920年・1930年）

（出典）『国勢調査報告』各年版。

（備考）各地区の左側は1920年の、右側は1930年の年齢階級別人口割合を示す。なお、年齢階級区分は『国勢調査報告』の特殊年齢別人口に基づくものである。

て高く、余内地区と新舞鶴地区も一〇%を超える。また、他の年齢階級で地区間の差が大きいのは六〇歳以上人口であり、全国値の約八%に対して、中舞鶴地区と新舞鶴地区は五%以下と低いのに対して、舞鶴地域縁辺部の地区は一三%以上と高くなっている。次に一九三〇年（昭和五）をみると、舞鶴地域と全国値との大きな差は見出せない。地区別にみると、中舞鶴地区の二〇~二四歳人口割合が大幅に低下して他地区との差が縮小した。同様のことが余内地区にもいえる。また、六〇歳以上人口で地区間の差がみられるが、その状況は一九二〇年（大正九）同様、中舞鶴地区と新舞鶴地区の六〇歳以上人口割合が低いというものである。こうした中、特異な変化をみせたのが中筋地区であり、一五~一九歳人口割合が二五%以上を記録するとともに二〇~二四歳人口も一〇%を超え、若年層の割合が急上昇した。

　このような年齢構成の変化の中で性比はどう変化したのであろうか。舞鶴地域における性比を整

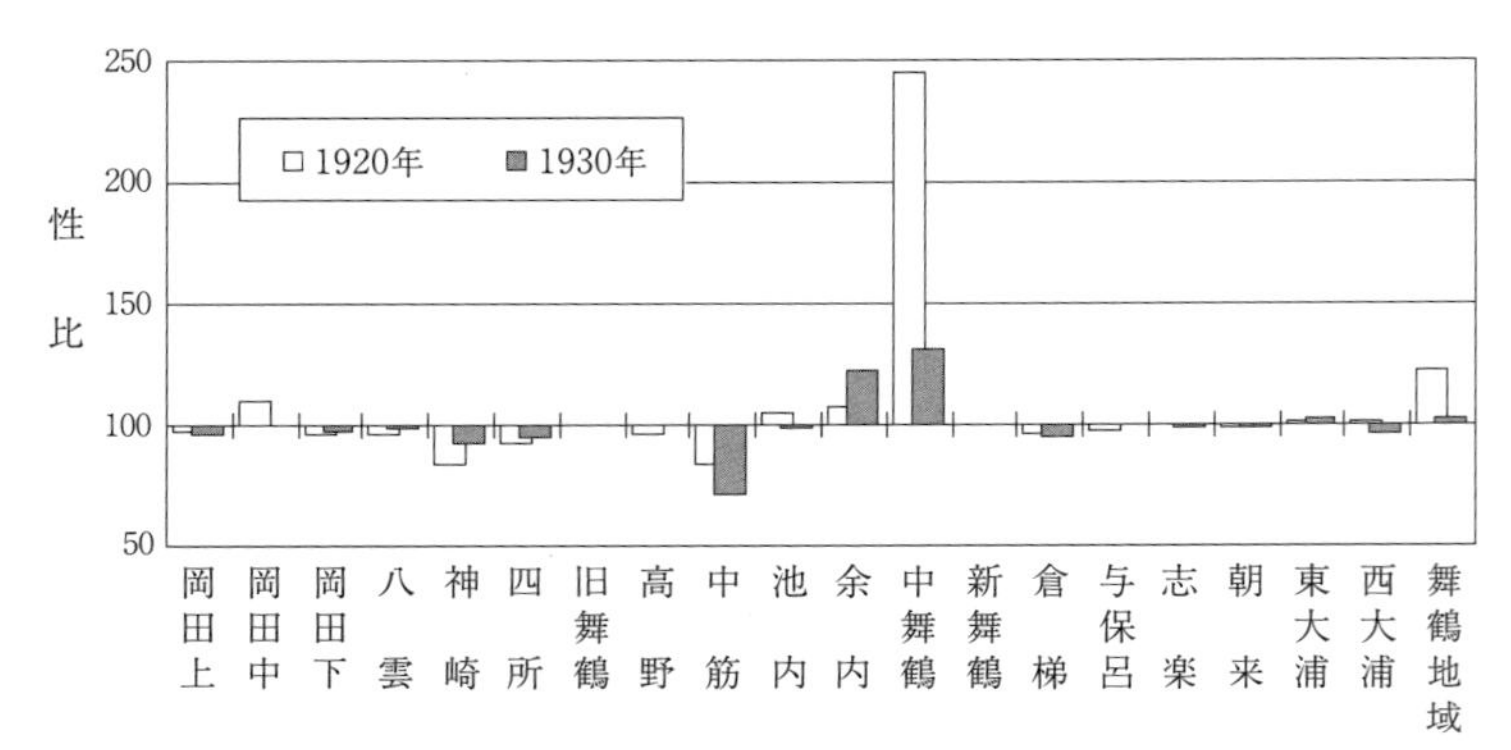

図5－5　舞鶴地域における地区別の性比（1920年・1930年）

（出典）『国勢調査報告』各年版。
（備考）性比とは女性人口100人に対する男性人口である。ここでは、基準となる100人より多いか少ないかを図示した。また、各地区の左側は1920年の、右側は1930年の性比を示す。

理した図5-5をみると、一九二〇年（大正九）の舞鶴地域の性比は約一二二と男性人口の方が多いが、それは中舞鶴地区の性比が約二四五と非常に高いことに由来する。次に注目されるのが中筋地区の性比が約八四と低い点であり、女性人口が男性人口を大きく上回る。その他の地区はおおむね一〇〇に近いことから、舞鶴地域における性別人口の不均衡は、中舞鶴地区の男性の多さと中筋地区の女性の多さに見出される。一方、一九三〇年（昭和五）の舞鶴地域の性比は約一〇三と大きく低下し、性別人口の不均衡がかなり解消された。これは、中舞鶴地区の性比が約一三〇と大幅に低下したことに由来するが、中舞鶴地区では依然として男性人口の方が多い。また、余内地区でも約一二二に上昇した。一方、一九二〇年（大正九）に性比が低かった中筋地区では性比がさらに低下して約七一となった。このように、一九三〇年（昭和五）の舞鶴地域では性別人口の不均衡は中舞鶴地区と余内地区の男性の多さと中筋地区の女性の多さに見出されるが、それは一九二〇年（大正九）に比して小さなものとなった。

この項の最後に、舞鶴地域における他市町村出生者の比率を検討する（表5-6）。この表において、値が大きいほど流入人

表5－6　舞鶴地域における他市町村出生者の比率（1920年・1930年）

地区名	1920年			1930年		
	男	女	合計	男	女	合計
岡田上	0.137	0.322	0.231	0.124	0.324	0.226
岡田中	0.127	0.305	0.211	0.113	0.279	0.196
岡田下	0.136	0.328	0.234	0.126	0.341	0.235
八雲	0.124	0.336	0.232	0.126	0.288	0.207
神崎	0.108	0.173	0.143	0.084	0.179	0.134
四所	0.131	0.269	0.203	0.135	0.274	0.207
旧舞鶴	0.447	0.428	0.438	0.484	0.459	0.471
高野	0.142	0.338	0.242	0.157	0.322	0.240
中筋	0.250	0.476	0.372	0.394	0.616	0.524
池内	0.168	0.277	0.221	0.129	0.253	0.191
余内	0.441	0.478	0.459	0.518	0.496	0.508
中舞鶴	0.876	0.714	0.829	0.698	0.615	0.662
新舞鶴	0.744	0.740	0.742	0.660	0.664	0.662
倉梯	0.389	0.498	0.445	0.339	0.447	0.394
与保呂	0.132	0.252	0.192	0.126	0.257	0.192
志楽	0.173	0.326	0.250	0.180	0.351	0.266
朝来	0.143	0.356	0.250	0.147	0.336	0.242
東大浦	0.199	0.228	0.214	0.157	0.223	0.190
西大浦	0.129	0.163	0.146	0.089	0.153	0.122
舞鶴地域	0.545	0.499	0.525	0.438	0.474	0.456
全国値	0.326	0.400	0.363	0.345	0.414	0.379

（出典）『国勢調査報告』各年版。

口が多いことを示す。まず一九二〇年（大正九）をみると、舞鶴地域では男女とも他市町村出生者比率が半分近くを占めて全国値に比して流入人口が多いことと男性の方が流入人口が多いことがわかる。地区別にみれば、中舞鶴地区と新舞鶴地区で〇・七以上の非常に高いを示すとともに、旧舞鶴地区、余内地区、倉梯地区でも〇・四以上と高い値を示し、これらの地区に人口が大量に流入してきたことがわかる。その中で中舞鶴地区では男性の流入者が多いのに対して、他の地区は女性の流入比率が高いという傾向がみられる点に注目される。一九三〇年（昭和五）になると、舞鶴地域の他市町村出生比率は男女とも低下して〇・四台半ばとなるが、依然として全国値よりも高い。しかし、流入比率は女性が男性を上回るようになった。地区別にみると、一九二〇年（大正九）に流入比率が高かった地区で継続して高い値を示すが、中筋地区の値が大きく上昇して〇・五を超えた。また、中舞鶴地区の男性流入比率が大きく低下したのに対し、中筋地区の女性流入比率が大幅に上昇している。加えて、多くの地区で男性よりも女性の流入比率が高いという傾向が継続している。

はじめに一九三〇年(昭和五)までの状況を検討する。一九二〇年(大正九)の舞鶴地域では、多くの兵員が居住したことで、公務自由業に特化した産業構成を示すとともに二〇〜二四歳人口が多かった。これらは主として中舞鶴地区の特異な人口構成に由来するが、第一次世界大戦期のシベリア出兵[26]、アメリカ海軍の軍備拡張計画に対抗した海軍拡張計画[27]、さらにはこの大戦を契機とした産業経済の発展などが影響していよう。しかし、一九二一年(大正一〇)の国際会議で締結されたワシントン軍縮条約は、舞鶴地域に大打撃を与えた。舞鶴鎮守府廃止と要港部への転換、そして海軍工廠の工作部格下げによる職工の人員整理など、諸施設の縮小が行われたのである[28]。この動きは中舞鶴地区に大きな影響を及ぼし、人口の動向に色濃く反映される。一九二〇年(大正九)からの一〇年間に大幅に人口を減らした中舞鶴地区では、公務自由業就業者数と工業就業者数がともに減少したのである。公務自由業と工業についての以上の状況は、程度の差はあれ、中舞鶴地区に隣接する地区でも確認できる。軍港関連施設の就業者は中舞鶴地区以外にも多く居住していたのである[29]。

一方、旧舞鶴地区や新舞鶴地区では人口増加が継続し、商業が盛況に向かう。当時の両地区の商業は地方の需要を満たすだけの小規模なものが多かった[30]。しかし、一九二〇年(大正九)までに流入した多くの男性人口が結婚を欲する状況になると、女性人口の流入も増えてくる[31]。この動きは新たな世帯の形成を伴うことから、地方の需要を満たすだけでも商業の成長を導くことになろう。実際、新舞鶴地区では、性比の急低下、舞鶴出生者の増加による他市町村出生者割合の低下、高齢人口の低さを確認できる。また、城下町の伝統を有する旧舞鶴地区では当初から人口の男女差は小さいが、居住者の四割以上が他市町村出生者である。こうした流入人口の多さや海軍依存度の小ささに加えて、一九一〇年代末からの日本全体における流通部門の拡大が商業の発展につながったのだろう。
そして、舞鶴地域縁辺部の地区は農業就業者が八割以上を占め、就業者の産業構成という点から農村的性格を確認できる。また、他市町村出生者割合では女性の方が高い値を示す傾向が強い。これは、農業を営む男性の家に女性が嫁ぐという人口移動の結果であろう。その際、通婚圏として村外婚は少ないとの指摘を踏まえれば[32]、少ないながらも近隣の村との村外婚が一定の割合で存在したのであろう。そして、これら農村的性格を有する地区では高齢人口が多いことも指摘できる。若年層の流出はこの時からすでにみられるのである。

ここまで検討してきた点以外で特異な動向を示す地区に中筋地区がある。中筋地区には多数の女工を抱えた郡是製糸舞鶴工場が立地しており、地元では不足する女工を遠方から募集しなければならなかったことが[33]、中筋地区における工業就業者の多さ、女性人口の多さ、一五〜一九歳人口の多さ、他市町村出生比率の高さに現れている。

次に一九三〇年(昭和五)以降の状況を検討する。舞鶴地域では、一九二〇年(大正九)代の人口の減少・停滞期を脱して、一九三〇年代から第二次世界大戦終戦まで、再び急激な人口増加を記録し、舞鶴地域の人口は一〇万人を超えるに至った。そして、その人口急増のほとんどが一九四〇年(昭和一五)当時の東舞鶴市の範域で生じている。その中で、公務自由業就業者の割合は依然として高いものの、その割合は以前より低いのに対して、工業就業者の伸びが著しい。舞鶴海軍施設では、海軍工廠から工作部への格下げの中で人員整理が進んだものの、大型駆逐艦や水雷艇の建造を通して明治期以来の技術と施設の維持に努めるとともに、新たに第三海軍火薬廠が開設されたのである[34]。次第に戦時色が強まる一九三六年(昭和一一)、海軍工廠が復活を遂げると、戦局の進展につれて造兵、造船などの各部が膨張し、太平洋戦争突入後にはその繁忙が極限に達するとともに工廠従業員は最盛期に四万人を越えた[35]。加えて、一九四一年(昭和一六)に前述の郡是製糸株式会社の舞鶴工場が軍需工場へ転換するなど、[36]戦中の舞鶴地域は軍需産業の町としての側面を強く有するようになってきた。そして、第二次世界大戦が勃発した一九三九年（昭和一四）に舞鶴要港部が鎮守府に昇格し、その後に太平洋戦争に突入すると、舞鶴の軍事拠点としての重要性が高まって、兵員や軍属なども急増したのである。しかし、終戦を迎えると急増した人口は激減するとともに、学童集団疎開などを受け入れた舞鶴地域縁辺部の農村地区では人口増加を示したが、終戦の混乱も落ち着いた一九四六年（昭和二一）には、農村地区の人口が若干減少するとともに、当時の舞鶴市域では人口が回復した。

第四節　一九四七年から二〇〇五年までの人口の動向

(一)　戦後の日本社会と舞鶴の人口

終戦間もない一九四七年（昭和二二）の日本の総人口は約七八一〇万人だったが、その後急激に増加して、一九七〇年（昭和四五）の国勢調査で一億人を突破した。この人口急増は、一九四七年（昭和二二）から一九四九年（昭和二四）までの間に年間二五〇万以上の出生を記録した第一次ベビーブーム（冒頭で述べた「団塊の世代」に対応する）によるところが大きい。[37]その後、出生率は徐々に低下するが、第一次ベビーブーム世代が出産適齢期となる一九七一年（昭和四六）から一九七四年（昭和四九）に第二次ベビーブームを迎える。しかし、その後再び出生率の低下が続いて人口増加の速度が落ちるにとどまらず、少子高齢化の進展が人口減少社会を導くに至った。こうした人口の変化の中、産業の中心が第二次産業から第三次産業へ転換するとともに、経済活動のグローバル化の進展や一九八五年（昭和六〇）のプラザ合意を契機とする円高の進展などにより、

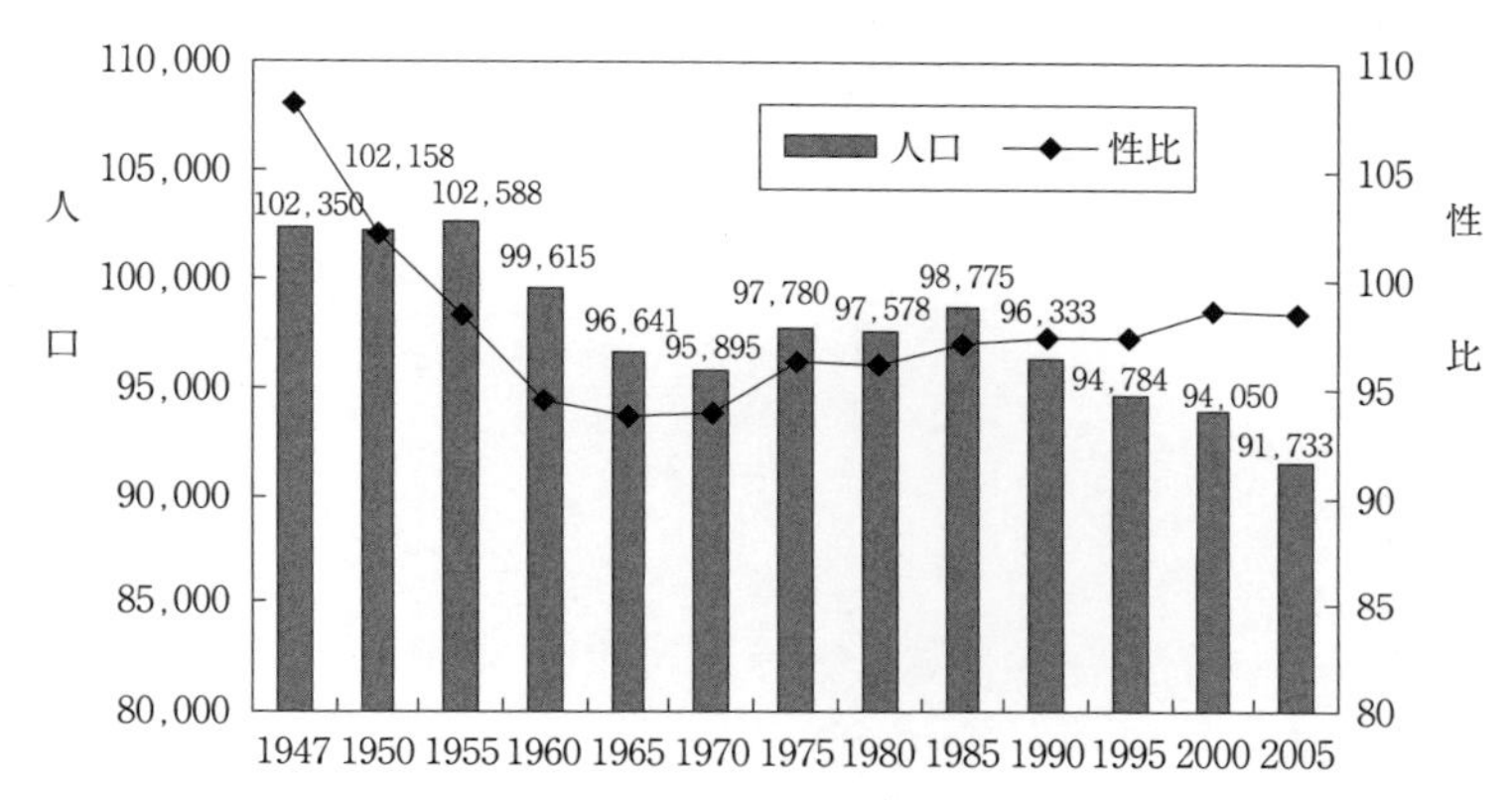

図5－6　戦後の舞鶴地域における人口総数と性比の変化

（出典）『国勢調査報告』各年版。

（備考）グラフ上の数値は当該年の人口を示す。また、性比とは女性人口100人に対する男性人口のことである。

製造業が海外に脱出する産業の空洞化が進展した。

こうした戦後の日本における人口分布の変動は以下の三期に大別できる。まず一九七〇年代前半までの高度経済成長に伴う大都市圏への大量の人口流入の時期であり、それは過疎過密の問題を発生させた。その後、一九七〇年代半ばから大都市圏への人口移動が急速に弱まって大都市圏―非大都市圏間の人口移動が均衡する状況が続いた。しかし、一九八〇年代半ば以降、東京一極集中と呼ばれる状況が発生し[38]、多少の変動はあるものの、この傾向は二一世紀に入っても継続している。こうした人口分布変動の中、企業の成長に伴い多くの支店の立地をみた地方中枢都市や県庁所在都市が成長した[39]。また、大都市圏では人口の郊外化が進展したが、近年では中心都市の人口が回復しつつある[40]。一方、過疎化が進展した地域では、若年層の流出と居住者の加齢に伴う人口の高齢化が極度に進展し、限界集落として注目を集めるものも現れた。こうした日本社会の動きの中で、舞鶴地域の人口はどう変化してきたのであろうか。

図5－6は、一九四七年（昭和二二）以降の舞鶴地域における人口の変化を示したものである。図をみると、舞鶴地域

の人口は、一九四七年（昭和二二）から一九五五年（昭和三〇）までの間は一〇万人台を維持していた。しかし、一九五五年（昭和三〇）から一九六〇年代にかけて大幅に人口が減少して、一九七〇年（昭和四五）の人口は九万五八九五人となった。その後、一九八五年（昭和六〇）の九万八七七五人まで緩やかに人口は回復したが、その後に再び減少し始め、二〇〇〇年代に入るとその減少が加速した。また、図5-6に示した性比をみると、一九五〇年（昭和二五）までは男性人口の方が多かったが、一九五五年（昭和三〇）以降は女性人口の方が多くなった。舞鶴地域において、戦前は男性人口の方が高かったのだが、戦後になって性比が逆転したのである。

(二) 産業大分類別人口構成の変化

この項では、舞鶴地域に常住する就業者について産業大分類別に検討することにより、地域経済の動向が人口にどのように影響してきたのかを考察する。そのさい、舞鶴地域に常住する就業者について、産業大分類別にその数を整理した表5-7と、その割合が全国水準に比して高いのか低いのかを示す特化係数を算出した表5-8とを用いる。この特化係数が一より大きいとき、その産業に従事する就業者の割合が全国水準よりも高いことを意味する。この二つの表をみながら、舞鶴地域における産業大分類別就業者の動向が示す特徴を整理すると、以下のようになろう。

第一に「公務」の特化係数が際立って高い点である。具体的には、一九六〇年（昭和三五）の特化係数はわずかに三を下回るもののその後は継続して三以上の値を示しており、全国水準の三倍以上の割合で公務就業者が居住していることがわかる。また、就業者数も五〇〇〇人前後で推移し、舞鶴地域における公務就業者の存在感の大きさが示されている。ただし、一九五〇〜六〇年に三〇〇〇人以上減少し、特化係数も約半分の値に

表5－7　舞鶴地域における産業大分類別就業者数

	1950	1960	1970	1980	1990	2000	2005
農林漁業	10,334	11,532	7,558	5,192	3,892	2,516	2,392
建設業	3,050	4,482	4,338	4,307	5,186	6,573	4,753
製造業	7,103	11,464	13,852	10,260	9,255	7,281	5,808
卸売・小売業	4,643	7,255	8,916	9,972	9,812	9,390	7,194
保険金融不動産業	310	685	917	1,204	1,476	1,355	1,142
運輸・通信業	2,712	2,873	3,604	3,324	2,711	2,613	2,223
サービス業	4,045	5,811	7,056	8,047	9,809	11,332	14,017
公務	7,365	4,224	5,486	5,753	4,766	4,965	5,197
その他	20	100	99	20	99	325	832
総数	39,582	48,426	51,826	48,079	47,006	46,350	43,558

（出典）『国勢調査報告』各年版。

表5－8　舞鶴地域における産業大分類別就業者割合の特化係数

	1950	1960	1970	1980	1990	2000	2005
農林漁業	0.538	0.729	0.756	0.988	1.163	1.078	1.139
建設業	1.799	1.513	1.111	0.929	1.165	1.420	1.245
製造業	1.133	1.089	1.025	0.899	0.829	0.809	0.770
卸売・小売業	1.059	0.945	0.893	0.909	0.933	0.891	0.922
保険金融不動産業	0.777	0.792	0.663	0.698	0.728	0.735	0.673
運輸・通信業	1.365	1.064	1.037	1.001	0.887	0.835	0.623
サービス業	1.105	1.001	0.930	0.907	0.927	0.892	0.953
公務	5.686	2.867	3.196	3.297	3.032	3.148	3.498
その他	0.029	0.166	0.392	0.137	0.338	0.550	1.002

（出典）『国勢調査報告』各年版。
（備考）特化係数＝（舞鶴地域の産業大分類別就業者割合）／（全国の産業大分類別就業者割合）

低下したことに注目されるが、この点については後述する。

第二に「農林漁業」の動向である。一九五〇年（昭和二五）の農林漁業就業者は一万人を越え、一九五〇～六〇年に増加したものの、その後は減少が続いている。これは、第一次産業から第二次・第三次産業へという産業構造の高度化に対応したものである。しかし、特化係数をみると、一九五〇年（昭和二五）では全国水準の半分ほどだったが、一九九〇年（平成二）以降に一以上を示すにまで上昇した。これは、舞鶴地域でも全国同様に離農が進んだものの、その速度は全国水準より遅く、結果的に全国水準以上に農林漁業就業者割合が高くなったことを示している。

第三に「製造業」・「運輸・通信業」

が類似した動向を示す点である。どちらの就業者数も一九七〇年（昭和四五）までは増加したが、それ以降は減少に転じた。また、特化係数という点でも、当初は一以上であったが次第にその値を減じて、二〇〇五年（平成一七）では全国水準を大きく下回るに至った。この「製造業」は、日立造船と日本板硝子とのウェイトが大きく、加えて、繊維や衣服、化学の各産業の就業者が多かったのだが、これらはいずれも一九七〇年（昭和四五）前後から構造的な不況が継続している。

第四に「建設業」の動向である。まず就業者数の点では、二〇〇〇年（平成一二）までおおむね増加傾向にあり、とりわけ一九八〇年（昭和五五）以降に大きく増加したが、二〇〇〇年代に入って減少した。次いで特化係数は、当初は約一・八と高い水準を示したが、一九八〇年（昭和五五）の一以下にまで低下が続いた。その後二〇〇〇年（平成一二）まで上昇するが、二〇〇〇年代に再び減少に転じた。これらの要因を考えると、まず、一九五〇年（昭和二五）に建設業の特化係数が高かったのは、終戦後の経済の混乱期に国や京都府に倣って舞鶴市も失業応急事業を実施した影響もあろうが[41]、それよりも、舞鶴地域における戦後の復興事業の推進による工場誘致の影響が大きいであろう。具体的には、一九五〇年（昭和二五）は軍転法（旧軍港市転換法）が成立した年であるが、その成立に向けた動きと並行して、舞鶴市では企業誘致を行っており、日之出化学工業舞鶴工場の建設や日本板硝子の工場予定地の土地整備事業など[42]の影響が舞鶴地域の特殊要因となっていたと考えられるのである。また、一九八〇年代以降の増加は公共事業の推進によるものと考えられ、小泉政権下での公共事業の絞込みにより、二〇〇五年（平成一七）には就業者が減少した。

最後に、第三次産業の大部分を占める「卸売・小売業」、「保険・金融・不動産業」、「サービス業」は、例外はあるものの、全国水準以下の割合しか示さない点である。「農林漁業」や「製造業」の就業者が減少する中でこれらの産業に従事する人の数もしくは割合は増大したものの、舞鶴地域の就業者数を全体として押し上げ

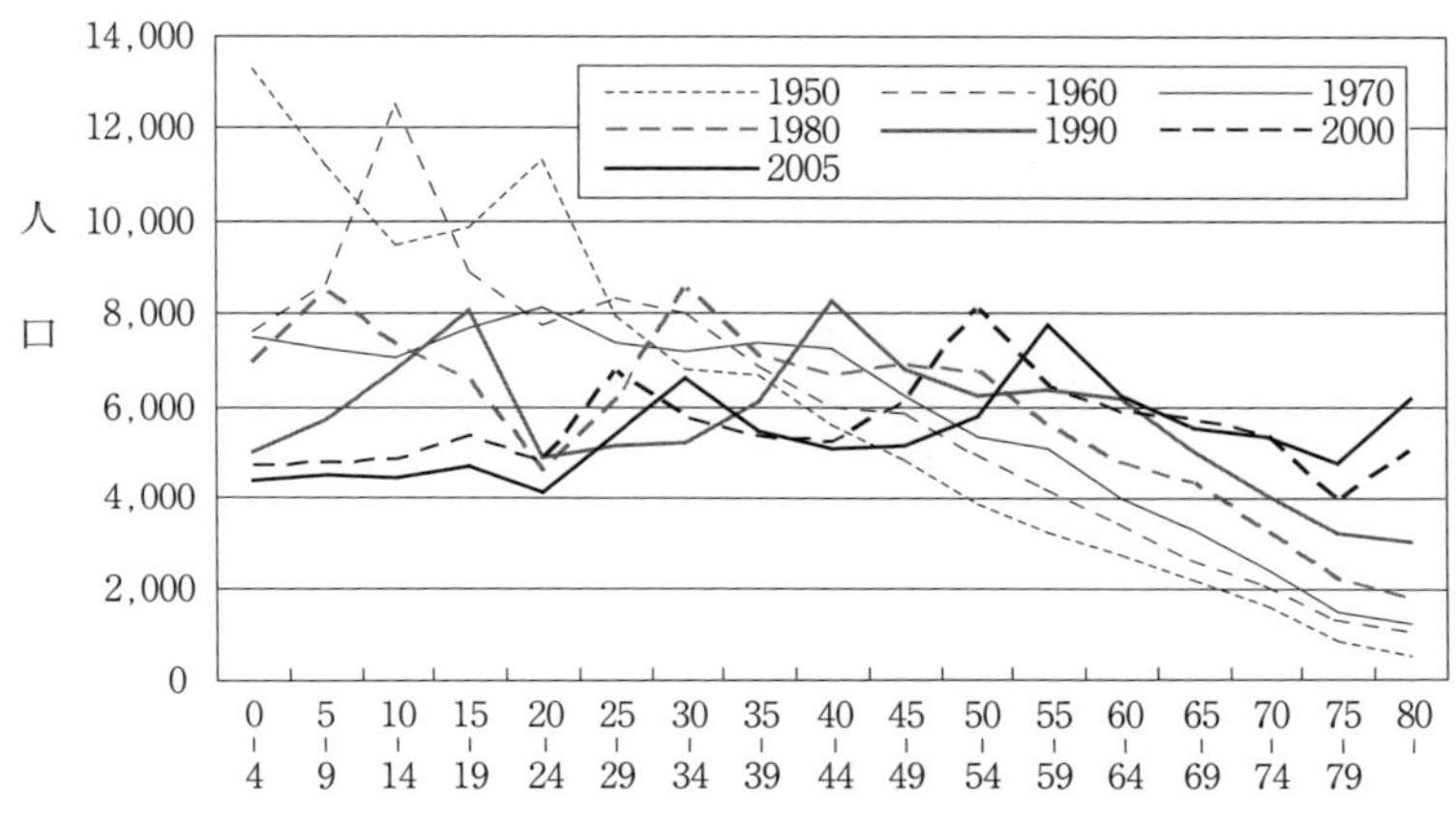

図5-7　戦後の舞鶴地域における人口の年齢構成の変化
（出典）『国勢調査報告』各年版。

るほどの増加ではなかった。

㈢　年齢階級別人口構成の変化

図5-7は、一九五〇年（昭和二五）から二〇〇五年（平成一七）までの間について、一〇年おきに舞鶴地域の年齢階級別人口を示したものである。年次順にグラフの形状を確認すると、まず、一九五〇年（昭和二五）は、〇～四歳が最も高い右肩下がりの折れ線を描く。ただし、その傾向から外れるものとして、二〇～二四歳人口が多い点を挙げることができる。次に一九六〇年（昭和三五）をみると、一〇～一四歳人口が突出して高いことと二〇歳台後半から三〇歳台前半にかけても若干高いのに対して、二〇～二四歳人口が少なく、また三〇歳台後半から右側では徐々に折れ線が下降していく。一九七〇年（昭和四五）になると、グラフが突出する部分がなくなり、〇歳から四四歳までは台地状の形状を示したのちにそれより右方で右肩下がりとなる。しかし、一九八〇年（昭和五五）では、二〇～二四歳が低い中、五～九歳と三〇～三四歳との二ヶ所にピークが現れるとともに、後者より右方では右肩下がりとなる。この二〇～二四歳人口が低い傾向

はその後も継続するが、人口のピークの位置は、一九九〇年（平成二）では一五～一九歳と四〇～四四歳、二〇〇〇年（平成一二）では二五～二九歳と五〇～五四歳、二〇〇五年（平成一七）では三〇～三四歳と五五～五九歳と、徐々に右方に移動していく。

これらのことから読み取れることは以下のように整理できる。一点目は、一九五〇年（昭和二五）と二〇〇五年（平成一七）とを比較すれば、二つのグラフの交点のある四〇歳台半ばより若い層では人口が減少したのに対してそれより高齢の層では人口が増加したことである。これは、日本全体で寿命が伸びたことと少子化が進展したことと軌を一にする動向である。換言すれば、全国的な少子高齢化の進展が舞鶴地域の人口の年齢構成にも現れているのである。

二点目は、その年齢階級の人口が多いことを意味するグラフのピークがベビーブーム世代にあたることである。まず一九五〇年（昭和二五）に人口が非常に多い〇～四歳は第一次ベビーブーム世代を含んでおり、全国的にその人口規模が突出している。この第一次ベビーブーム世代は、一九六〇年（昭和三五）には一〇歳年齢を重ねて一〇～一四歳となるし、三〇年経った一九八〇年（昭和五五）には三〇～三四歳となるが、それらがいずれもピークをなすことから、第一次ベビーブーム世代は常に人口規模の大きい集団であることがわかる。加えて、第一次ベビーブーム世代が三〇～三四歳であった一九八〇年（昭和五五）、その子ども世代に相当する五～九歳人口が他の年齢階級より多い。この第二次ベビーブーム世代は、その後も基本的にはグラフ上でピークをなす。このように、これら二つのベビーブーム世代は、基本的に他の年齢階級よりも人口規模が大きいグラフのピークとして存在し、加齢に伴ってそのピークが徐々に右方へ移動しているのである。ただし、そのピークの高さは年を経るごとに低下しているが、これには加齢に伴う死亡数の増加に加え、他地域への人口流出の影響も含まれている。

表５－９　出生期間別人口集団の各年齢階級時の人口

	10-14歳（A）	15-19歳	20-24歳（B）	25-29歳	30-34歳	35-39歳	B／A
1946-50年生	12,519	10,823	8,139	8,509	8,534	8,552	65.01％
1951-55年生	8,362	7,688	5,824	6,080	6,191	6,129	69.65％
1956-60年生	7,065	6,694	4,551	5,289	5,235	5,300	64.42％
1961-65年生	6,987	6,545	4,921	5,170	5,391	5,369	70.43％
1966-70年生	7,287	7,283	4,883	5,445	5,726	5,461	67.01％
1971-75年生	8,413	8,061	5,672	6,757	6,598		67.42％
1976-80年生	6,790	6,445	4,785	5,435			70.47％
1981-85年生	5,598	5,330	4,112				73.45％

（出典）『国勢調査報告』各年版。
（備考）例えば、1946-50年に出生した人口集団は1950年では０－４歳であり、以後、1960年に10-14歳、1970年に20-24歳、1980年に30-34歳となる。他の期間に出生した人口集団も同様の見方をすればよい。

三点目は、一九五〇年（昭和二五）と一九七〇年（昭和四五）を除けば、二〇～二四歳人口が少ない点である。この年代は就職や進学に伴う人口移動を行いやすいことから、この年齢階級の少なさは若年層の転出を意味する。この点を検討するために、出生期間を固定して、各期間に出生した人口集団（コーホート）の当該年齢階級時の人口を表5－9に整理した。表には、各コーホートの一〇～一四歳時の人口に対するそのコーホートの二〇～二四歳時の人口の比率（滞留率）も示してある。この比率が高いほど一〇歳台後半から二〇歳台前半の時期に舞鶴地域に留まった人の割合が高いことを示す。表をみると、どのコーホートも、一〇～一四歳時に比して二〇～二四歳時の人口が約三分の二に減少しており、三分の一前後の人が一〇歳台後半から二〇歳台前半に舞鶴地域から流出したことを示す。また、コーホート間で滞留率に大きな差はみられない。ただし、図5－7をみると、一九五〇年（昭和二五）と一九七〇年（昭和四五）は二〇～二四歳人口の落ち込みが小さい。この点についてはそれぞれ特殊な事情がある。一九五〇年（昭和二五）に関しては次項で詳述することとして、一九七〇年（昭和四五）については前述の第一次ベビーブーム世代と関係が深い。つまり、一九七〇年（昭和四五）の二〇～二四歳は第一次ベビーブーム世代に相当し、人口規模が大きいことから、滞留率は他の世代

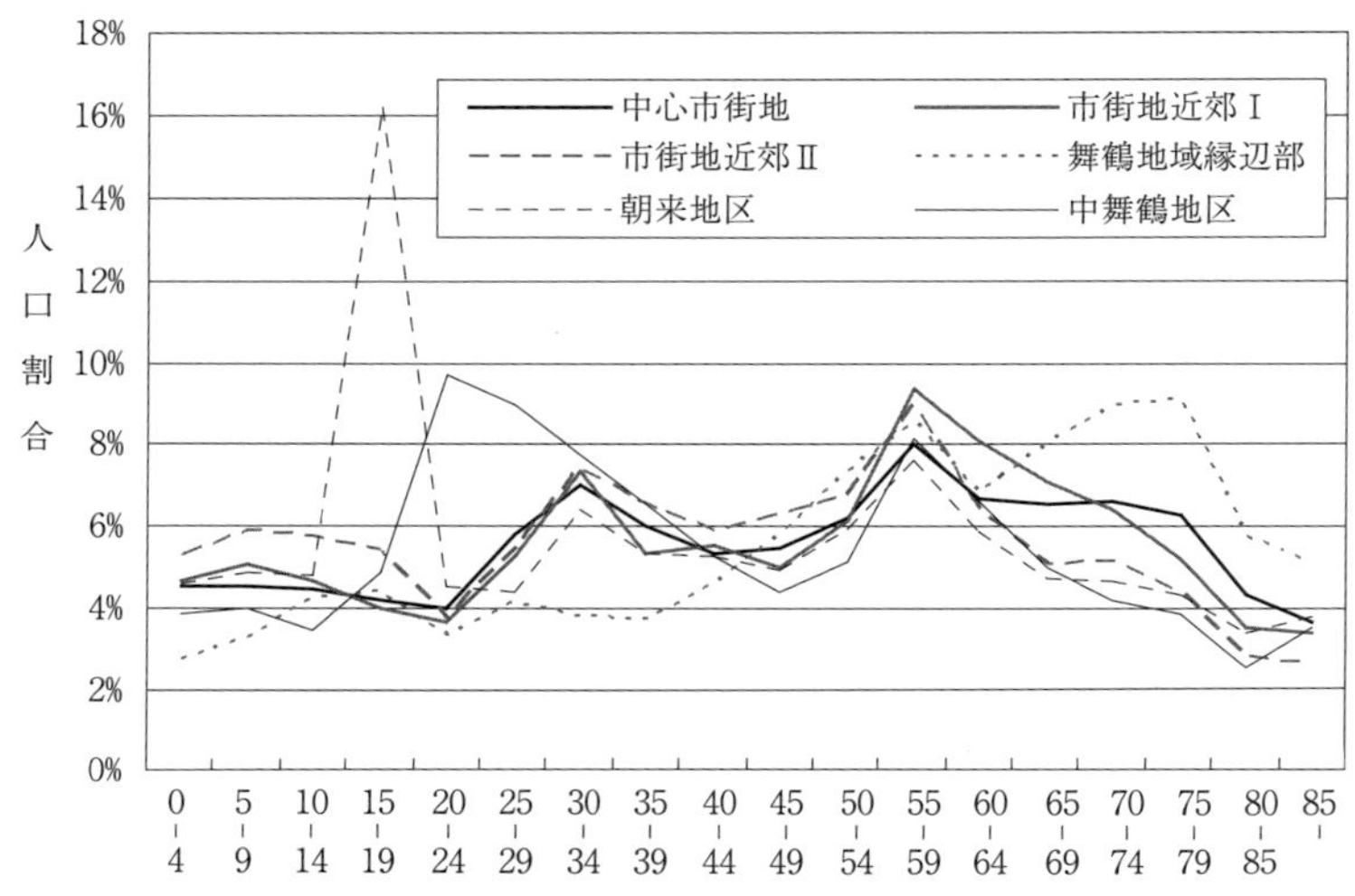

図5-8　2005年の地区グループ別にみた人口の年齢構成

（出典）　平成17年国勢調査町丁字別集計データ

（備考）　各地区の年齢構成をもとにしてグルーピングを行ったあと、年齢階級ごとにグループ内各地区の平均値を算出した。各グループに含まれる地区は以下の通りである。中心市街地：旧舞鶴・新舞鶴、市街地近郊Ⅰ：与保呂・倉梯・祖母谷・池内、市街地近郊Ⅱ：志楽・余内・四所・高野・中筋、舞鶴地域縁辺部：東大浦・西大浦・岡田上・岡田中・岡田下・八雲・神崎。

より若干低いにもかかわらず、舞鶴地域に留まった人数自体は多かったのである。

四点目として、二〇歳台後半から三〇歳台の人口が回復していることが挙げられる。二〇歳台後半の年齢で生まれる人はいないので、この増加は人口流入、とりわけUターン移動を示唆する。先の表5-9には、各コーホートの三五～三九歳までの各年齢階級時人口も示してある。表をみると、全コーホートで二〇～二四歳時人口が最小であり、二〇歳台後半から三〇歳台の人口が回復している。このように、どのコーホートでもUターン移動と想定される人口の回復を確認できるが、回復後の人口は流出以前、すなわち一〇～一四歳時人口には及ばず、全体としてみれば、若年層は流出超過の状況にある。加えて、一九六六～七〇年生と一九七一～七五年生の二つのコーホートでは、二〇歳台後半での人口回復が確認されるにもかかわらず、前者では三五～三九歳人口が、後者では三〇～三四歳人口が、それぞれその五年前に比べて二〇〇人前後減少している。この減少はこの二つのコーホートに特徴的なものであり、一旦流入した人口が再び流出したことを示す。

この項の最後として、舞鶴地域の各地区における人口の年齢構成について触れておきたい。紙幅の関係上、二〇〇五年（平成一七）だけを対象として、類似の年齢構成を示す地区をグループ化し、各地区の各年齢階級人口割合の平均を求めてグラフ化した（図5-8）。このグループごとの年齢階級をみても、第一次ベビーブーム世代の五五～五九歳人口と第二次ベビーブーム世代の三〇～三四歳人口が卓越している。以下、グループ別にその特徴を整理する。まず、旧舞鶴地区と新舞鶴地区で構成される中心市街地は、年齢構成の偏りは小さいが、若干高齢人口の割合が高い。次に、市街地近郊の地区は、第一次ベビーブーム世代の五五～五九歳を頂点としつつも、六〇歳台人口が多い与保呂・倉梯・祖母谷・池内の各地区（市街地近郊Ⅰ）と、三〇歳台から五〇歳台前半までと二〇歳未満人口が多い志楽・余内・四所・高野・中筋（市街地近郊Ⅱ）とに大別される。そして、舞鶴地域縁辺部に位置するグループでは、第一次ベビーブーム世代の五五～五九歳を除けば、ほぼ右肩上がりの折れ線となっており、生産年齢人口が少ないのに対して六五歳以上人口が多いという人口高齢化の進展が著しい。こうした中、極めて特異な人口構成を示すものとして、二〇歳台から三〇歳台前半の人口割合が高い中舞鶴地区と、一五～一九歳人口が突出して高い朝来地区とを挙げることができる。

㈣　人口の動向にみる戦後の舞鶴地域

戦後の舞鶴市における人口と人口特性の変化との関係を整理する。まず、一九五〇年代に特徴的であるのが、性比、「公務」、二〇～二四歳人口が同時に大幅に減少した点にある。これは、警察予備隊の駐屯と移転による影響を受けているであろう。一九五〇年（昭和二五）六月の朝鮮戦争勃発により同年八月に創設された警察予備隊は同月中に舞鶴に駐屯を始めたが、一九五三年（昭和二八）に福知山などに移転したことが[43]、青年、男子、「公務」の人口の急激な減少をもたらしたと考えられるのである。しかし、この動きと入れ替わるように警備隊舞鶴地方隊が一九五二年（昭和二七）に編成された。この警備隊は旧海軍の施設を転・活用したことから、中舞鶴地区は、敗戦による海軍解体からかつての軍港基地への復元を次第に深めていく[44]。この警備隊はのちに海上自衛隊舞鶴地方隊と改称して中舞鶴地区に存在し続けるが、このことが舞鶴地域の産業別人口構成における「公務」への高い特化係数と中舞鶴地区での二〇歳台から三〇歳台前半の人口割合の高さという特性をもたらすとともに、消費者、あるいは納税者として地域経済に大きく貢献している。

また、舞鶴地域の旧軍港都市としての特性は、一九七〇年（昭和四五）までの製造業と建設業の高さにも見出すことができる。それは、製造業の中心が海軍工廠の遺産を引き継ぐ造船業、軍需産業の指定を受けた工場を主力とする繊維工業、軍用地の転用により企業誘致に成功したガラス工業や化学工業にあったからであり、建設業の割合が高かったのは海軍解体に伴って大量に生じた遊休地の活用をめざした土地整備事業が活発だったからであろう。これらの産業は、高度経済成長期までは好調だったこともあり、若年層に一定の雇用を提供したと考えられるが、離農の進展と第一次ベビーブーム世代の労働市場への参入に対応できるほどの雇用吸収力はなく、若年層の流出とそれに伴う人口減少を招いた。さらに、上述の製造業は、一九七〇年代に構造的な不況に見舞われて以降不振が続いたし、地域経済の中心産業の不振は建設業界にも痛手となったであろう。ただし、建設業は公共事業の推進に伴って活性化してきたが、二〇〇〇年代に再び低迷し始めた。

一九七〇年代に始まるこれら製造業や建設業の不振に対して、卸売・小売業、保険・金融・不動産業、サービス業が就業者割合を高めて経済のサービス化が進展してきた。しかし、これらの産業の成長は全国に比して小さく、製造業や建設業の不振による結果としてのサービス経済化の進展と理解すべきであろう。とりわけ、二〇〇〇年代の卸売・小売業就業者数の減少は、地方中小都市における中心市街地の空洞化とも関連し、中心地としての舞鶴地域の地位が低下してきたことを示唆しており、京都府北部地域における過疎化の進展を一層促す危機的な状況として理解すべきものかもしれない。

　こうした舞鶴地域における経済の低迷は、二〇～二四歳人口が常に少ないという人口構成に見出されるように、進学や就職に伴う若年層の流出を招いた。また、この人口流出の中心は男性であることから、性比の低下をも招いている。加えて、この流出人口の一部はUターン移動として舞鶴地域に戻ってくるものの、その数は流出した人口には及ばず、全体としてみれば人口の流出超過が継続し、舞鶴地域の人口を減少させてきた。さらに、近年では、Uターン移動により一旦回復した人口が再び流出する傾向がみられることから、少子高齢化の進展による人口の自然減少とともに若年層と青壮年層の流出という人口の社会減少が、舞鶴地域の人口減少を加速させているのである[45]。こうした動向は、軍港都市としてというよりも地方中小都市としての性格を示すものである。このような中で、二〇歳台から三〇歳台前半の人口割合が高い中舞鶴地区と一五～一九歳人口が突出して高い朝来地区の存在はひときわ目を引くが、前者には海上自衛隊の官舎が、後者には第三海軍火薬廠跡地に誘致された舞鶴工業高等専門学校の寮がそれぞれ存在することがその要因となっている。軍港都市であったことと関連するこれらの施設の立地は、若年層が流出する舞鶴地域にあって、若年層を維持するものとして貴重なものであろう。

おわりに

この章では、軍港都市として発展を遂げてきた舞鶴地域を対象に、人口の動向を指標として地域社会が歩んできた道のりをたどってきた。その結果、舞鶴地域の人口及びその特性は、戦前については海軍の動向を直接的に受ける形で変化してきたが、戦後になると、軍港都市特有のものから一地方中小都市のものへと変貌を遂げてきたことが明らかになった。また、戦後の舞鶴では、直接的な影響はみえにくいが、多くの点で舞鶴に軍港があったことを垣間見させる人口特性を有していることも明らかになった。以上の点に示されるように、その時々の地域人口の特性について理解を深めるためには、当該期間の社会情勢だけではなく、その地域が歩んできた歴史的背景を踏まえなければならないのである。

ただし、この章で論じた舞鶴の人口変化の要因は、既存の研究成果を援用したものに過ぎない。地域社会の動向と人口との関わりについては今後具体的に検証する必要があろう。また、全国一律で利用可能な人口統計を利用したのは、将来的に軍港都市をはじめとした他都市との比較研究へ展開することを見据えてのことである。各地域社会の特殊性、一般性を見出す一視角として、都市間比較も必要であろう。さらには、この章でたどってきたような人口総数や人口構成の変化は住民の生活とどのように関係するのであろうか。また、舞鶴では新市街の形成というわかりやすい部分もあるが、人口の変化や人口分布の移り変わりが都市景観という可視的な部分でどのように立ち現れてくるのであろうか。人口を中心にして想像を働かせることでみえてくる論点は多い。地域の様子を映し出す鏡として地域人口を考えることの重要性や面白さはこうした点にも現れてくるのである。

(1) 舞鶴市史編さん委員会編『舞鶴市史』通史編(中)(舞鶴市役所、一九七八年)、四七九頁。

(2) この結果は、一八九八年分は内閣統計局『明治三十一年日本帝国人口統計』、一九〇三年から一九一八年までの分は同『日本帝国人口静態統計』で公表されている。これらは『国勢調査以前日本人口統計集成』(東洋書林、一九九二年・一九九三年)として復刻版が刊行されており、この章でも復刻版を利用した。

(3) 戸主を除く世帯員が九〇日以上住居を移した場合に寄留と扱われる。一方、戸主を含めた世帯員全員が移住した場合は転籍と位置づけられる。金子治平『近代統計形成過程の研究—日英の国勢調査と作物統計—』(法律文化社、一九九八年)、四三頁。

(4) 近代的人口調査の特色は、①国家権力により、②国全体にわたり、③第一義的に、④定時回帰的に、⑤近代統計組織をもって、⑥すべての統計単位について、⑦実査すること、にある。日本人口学会編『人口大事典』(培風館、二〇〇二年)、三五九頁。

(5) これらの人口調査は内閣統計局を主管部局として実施された。各年の調査の概要は以下の通りである。昭和一九年人口調査は、軍需生産、食糧生産及び交通輸送等に必要な人員の充実並びに食料その他国民生活用品の配給統制等の重要な計画を立案するために必要な資料を得ることを目的として、二月二二日に実施。昭和二〇年人口調査は戦後初の総選挙の議員定数を決定するための基礎資料を得ることを目的として一一月一に実施。最後に昭和二一年人口調査は連合国軍総指令部の指令に基づき、終戦後の人口の状況を明らかにする目的で四月二六日に実施。総理府統計局『人口調査集計結果摘要』各年版(日本統計協会、一九七七年)。

(6) 白石紀子「地域人口分析のための基礎資料」(濱英彦・山口喜一編『地域人口分析の基礎』古今書院、一九九七年)、二〇七頁。

(7) 金子治平前掲書、四五~五二頁。

(8) 国勢調査の実施に至る要因には、他にも他国からの要求、資本主義の発展に伴う社会問題の顕在化や資本家階級の要求、労働者階級の政治的成長などがある。国勢調査実施の背景は、金子治平前掲書、第二章や、上杉正一郎『経済学と統計　改訂新版』(青木書店、一九七四年)、第三章に詳しい。また、国勢調査実施に向けたさまざまな動きに関しては、佐藤正広『国勢調査と日本近代』(岩波書店、二〇〇二年)も参照されたい。

(9) 国勢調査実施以前の日本ではデータの精度に問題のある登録人口統計しか得られないため、これらの数値は岡崎氏による推計値である。岡崎陽一「明治大正期における日本人口とその動態」(『人口問題研究』第一七八号、一九八六年)、一～一七頁。

(10) 大友篤『日本都市人口分布論』(大明堂、一九七九年)、第一章。
(11) 大友篤前掲書、第二章。
(12) 金子治平前掲書、五一頁。
(13) 鈴木允「明治・大正期の東海三県における市郡別人口動態と都市化―戸口調査人口統計の分析から―」(『人文地理』第五六巻第五号、二〇〇四年)、四七〇～四九〇頁。
(14) 鈴木允前掲論文、四七五～四七九頁。
(15) 金子治平前掲書、五〇～五一頁。
(16) 前掲『舞鶴市史』通史編(中)、四八四頁。
(17) 前掲『舞鶴市史』通史編(中)、五〇八～五三七頁。
(18) 戸祭武「舞鶴における近代都市の形成　舞鶴近代史研究(一)」(『舞鶴工業高等専門学校紀要』第一四号、一九七九年)、一四五～一四六頁。
(19) 前掲『舞鶴市史』通史編(中)、五五七～五五八頁。
(20) 戸祭武前掲論文、一五四～一五五頁。
(21) 前掲『人口大事典』、一一〇～一一一頁。
(22) 大友篤前掲書、第二章。
(23) 阿部和俊『日本の都市体系研究』(地人書房、一九九五年)、第五章。
(24) 山口恵一郎「日本都市の人口推移」(『都市問題』第四四巻第一二号、一九五三年)、一九三五～一九五五頁。
(25) 総理府統計局『昭和一九年人口調査集計結果摘要』(日本統計協会、一九七七年)、七四頁。
(26) 舞鶴市史編さん委員会編『舞鶴市史』通史編(下)(舞鶴市役所、一九八二年)、三二頁。
(27) 前掲『舞鶴市史』通史編(下)、一～一二頁。
(28) 前掲『舞鶴市史』通史編(下)、一一～三四頁。
(29) 一九二四年(大正一三)に舞鶴要港部工作部で働く職工数の居住地区をみると、中舞鶴と新舞鶴は一〇〇〇人以上、倉梯・旧舞鶴・余内で一〇〇人以上、志楽で七五人、与保呂・中筋・朝来で三〇人以上となっている。前掲『舞鶴市史』通史編(下)、四二頁。

(30) 前掲『舞鶴市史』通史編（下）、二二七-二三〇頁。
(31) 前掲『人口大事典』、二一一頁。
(32) 舞鶴市史編さん委員会編『舞鶴市史』各説編（舞鶴市役所、一九七五年）、五三三頁。
(33) 前掲『舞鶴市史』通史編（下）、二一八～二一九頁。
(34) 前掲『舞鶴市史』通史編（下）、四六頁、五二～六〇頁。
(35) 前掲『舞鶴市史』通史編（下）、六七三頁～六七五頁。
(36) 前掲『舞鶴市史』通史編（下）、二一九頁。
(37) 前掲『人口大事典』、一一三頁。
(38) 石川義孝編著『人口移動転換の研究』（京都大学学術出版会、二〇〇一年）。
(39) 阿部和俊前掲書。
(40) 山神達也「日本の大都市圏における人口増加の時空間構造」（『地理学評論』第七六巻第四号、二〇〇三年）、一八七～二一〇頁。
(41) 舞鶴市史編さん委員会編『舞鶴市史』現代編（舞鶴市役所、一九八八年）、九五九頁。
(42) 前掲『舞鶴市史』現代編、三三〇～三三九頁。
(43) 前掲『舞鶴市史』現代編、五八四～五八九頁。
(44) 前掲『舞鶴市史』現代編、五八四頁。
(45) 山神達也「一九九五年以降の舞鶴市における人口の変化とその地区間格差—年齢構成の変化を中心として—」（『立命館地理学』第一九号、二〇〇七年）、六九～八一頁。

コラム

旧加佐郡における市町村合併

山神達也

明治政府は近代国家をめざす中で、地方行政組織の整備を急いでいた[1]。この過程では数回にわたって町村制度が変更されているが、一八八九年(明治二二)の市制・町村制の施行により、わが国の地方制度は一応の完成をみた。本コラムでは、この町村制施行以降の旧加佐郡における市町村の統廃合や町村名変更の流れを整理していきたい。

旧加佐郡では、一八八九年(明治二二)四月一日の町村制施行により、一七二ヵ町村が解体されて新たに一町二四ヵ村が設置された(表)。この時点で町制を実施したのは、旧田辺藩の城下町として地域的な中心であった舞鶴町だけである。また、翌年の一二月一〇日、河守下村が町制を施行して河守町となった。河守町は蠟燭生産の従事者が多く、その販路が他府県にも及んでいたとされ[2]、商家や旅宿もみられた[3]。このように、商工業が発達して市街地の景観を備えた地域では、早い段階から町制が施行されていた[4]。

その後、一九〇二年(明治三五)六月一日、余内村の村域を分割して余部町が新設され、一九〇

表　旧加佐郡における市町村統廃合の沿革

市町村域に変更があった年次														
1889	1890	1902	1906	1919	1928	1936	1938	1942	1943	1951	1955	1956	1957	2006
舞鶴町	〃	〃	〃	〃	〃	舞鶴町	舞鶴市	〃	舞鶴市	〃	〃	〃	舞鶴市	〃
四所村	〃	〃	〃	〃	〃									
高野村	〃	〃	〃	〃	〃									
中筋村	〃	〃	〃	〃	〃									
池内村	〃	〃	〃	〃	〃									
余内村	〃	*2	〃	〃	〃									
*1	*1	余部町	〃	中舞鶴町	〃	〃	東舞鶴市	東舞鶴市						
倉梯村	〃	〃	*3	〃	〃	〃								
志楽村	〃	〃	*3	〃	〃	〃								
*1	*1	*1	新舞鶴町	〃	〃	〃								
与保呂村	〃	〃	〃	〃	〃	〃								
東大浦村	〃	〃	〃	〃	〃	〃	〃							
西大浦村	〃	〃	〃	〃	〃	〃	〃							
朝来村	〃	〃	〃	〃	〃	〃	〃							
岡田上村	〃	〃	〃	〃	〃	〃	〃	〃	〃	〃	加佐町	〃		
岡田中村	〃	〃	〃	〃	〃	〃	〃	〃	〃	〃				
岡田下村	〃	〃	〃	〃	〃	〃	〃	〃	〃	〃				
神崎村	〃	〃	〃	〃	〃	〃	〃	〃	〃	〃				
丸八江村	〃	〃	〃	〃	八雲村	〃	〃	〃	〃	〃				
東雲村	〃	〃	〃	〃										
由良村	〃	〃	〃	〃	〃	〃	〃	〃	〃	〃	〃	宮津市編入	〃	〃
河守下村	河守町	〃	〃	〃	〃	〃	〃	〃	〃	大江町	〃	〃	〃	福知山市に編入
河守上村	〃	〃	〃	〃	〃	〃	〃	〃	〃					
河西村	〃	〃	〃	〃	〃	〃	〃	〃	〃					
河東村	〃	〃	〃	〃	〃	〃	〃	〃	〃					
有路上村	〃	〃	〃	〃	〃	〃	〃	〃	〃					
有路下村	〃	〃	〃	〃	〃	〃	〃	〃	〃					

（出典）　京都府立総合資料館『京都府市町村合併史』(1968年)。

（備考）　表中の記号はそれぞれ以下のことを示す。「〃」: 区画や名称に変更がないことを示す。「*1」: 当時まだ町が設置されていなかったことを示す。「*2」: 余部町設置の際に自村域を分割したことを示す。「*3」: 新舞鶴町設置の際に自村域を分割したことを示す。

六年（明治三九）七月一日には、倉梯村と志楽村とがそれぞれの村域を分割して新舞鶴町が新設された。これらは、舞鶴鎮守府設置以降における海軍関連施設や新市街の建設とそれに伴う人口急増によるものである。[5] なお、一九一九年（大正八）一一月一日、余部町は中舞鶴町と改称されたが、これは、余部町に立地する海軍関係の諸機関に「舞鶴」の名が冠せられていたため、余部町を新舞鶴町か舞鶴町の一部と誤解するものが多く、また兵庫県にも余部村があったため、多くの面で不便が生じたからである。[6]

このような新町誕生を促した人口急増は旧来の中心地である舞鶴町にも影響を及ぼし、その町勢の発展に伴い近郊村落との関係が深まった。また、舞鶴町は貿易推進とそれによる工場誘致に向けて周辺村との合併を要望し、周辺村でも農村不況打開策として工場誘致が話題となる。[7] かかる背景を受け、一九三六年（昭和一一）八月一日、周辺五ヵ村が舞鶴町へ編入された。この編入が実現した当初、舞鶴町の人口は市制施行の要件である三万人には届いていなかったが、[8] 舞鶴町への工場進出が進むとともに舞鶴港修築工事が完成したことを機に実施した推計人口調査で人口が三万人を超えたことが判明したことから、[9] 一九三八年（昭和一三）八月一日、市制を施行して舞鶴市が誕生した。

この舞鶴市誕生の同年同日、海軍との関係が深い新舞鶴町と中舞鶴町、及びその周辺三ヵ村の合併により、軍港都としての東舞鶴市も誕生した。この新市誕生は、海軍の要請によるものであり、また、町村の強化策として京都府からも強く推進されていた。[10] その際、新・中両舞鶴町は海軍との関係が深かったし、周辺村からの軍港への通勤者も多かったことから、加佐郡東部八ヵ町村の合併の必然性は認識されていたが、各町村間に利害対立があり、[11] 合併の進捗状況は芳しくなかった。しかし、満洲事変以降、国際情勢が緊迫の度を高める中、一九三六年（昭和一一）七月に舞鶴海軍工作部が海軍工廠に昇格し、次いで舞鶴鎮守府の復活の気運も高まるなど、軍港強化の必要性が増したことにより、[12]五ヵ町村合併による新舞鶴市誕生が実現したのである。さらに、一九三九年（昭和一四）一二月に舞鶴鎮守府が復活すると、この合併から外れた朝来、東大浦、西大浦の三ヵ村にも各種軍事施設が建設されるようになり、[13]一九四二年（昭和一七）八月一日、これらを東舞鶴市に編入することで、加佐郡東部の八ヵ村の一体化が実現した。

このように、舞鶴市と東舞鶴市が同時に誕生したが、国際情勢が日増しに緊迫して舞鶴海軍の重要性が高まるにつれ、海軍は両市の合併を強く要請するようになった。[14]当時、城下町に由来して古くからの住民が多い舞鶴市に対し、東舞鶴市は鎮守府開設後に急成長した海軍の町であり、新来の住民が多かったことから、人情、風俗など相容れない空気があったし、五老岳によって市街地が東西に分離していることから、両市の合併は困難であるとみられていた。[15]しかし、海軍の諸施設が舞鶴市に拡大するとともに舞鶴鎮守府からの合併要請も強まって、[16]一九四三年（昭和一八）五月二七日の海軍記念日に、両市の合併による「大舞鶴市」が成立した。[17]

この戦時体制下における両市の合併は、海軍からの要請を受けた半ば強制的なものであった。かかる合併の経緯とともに、終戦後、東と西（旧舞鶴市）との間における従前からの対立感情、合併以来の東地区偏重、山地による市街地の東西分断などを理由として、[18]西地区住民から分離問題が提起された。[19]東西分離を目指すこの運動は、その賛否をめぐる住民投票（一九五〇年三月二六日実施）へと展開し、そこで過半数の賛同を得て、市町村区域の変更に関する決定権を持つ府側に移されたが、[20]京都府会では両地域が分離することの不利が強調され、多数決で分離反対と決定した。[21]このような市域分離問題は、舞鶴市と同様に軍港都市として急成長を遂げた神奈川県横須賀市でも生じた。戦時中、海軍の要請に応じて横須賀市に吸収合併された逗子町は、終戦を機に、市街地の連続性の欠落とそれに伴う連絡の困難さなどを理由に分離独立を求め、実際に分離独立を果たす(23)。合併の経緯、山地による市街地の分断、そして住民投票で独立派が過半数を占めたという点は舞鶴市と同じであるが、海に開けた神奈川県にある横須賀市とは異なり、舞鶴市は京都府下における唯一の大きな港湾都市であるという地理的条件の違いが(24)、分離独立問題における両市の差をもたらしたのであろう。

さて、旧舞鶴市と東舞鶴市に関わる市町村合併の経緯は以上のようなものであったが、これらに含まれない旧加佐郡西部の由良川筋での市町村合併についても整理しよう。まず、由良川筋で最初に町村域に変化が生じたのは、一九二八年(昭和三)一〇月一日の丸八江村と東雲村の合併による八雲村の新設のときである。その後に町村域に変化が生じるのは、終戦後の一九五一年(昭和二六)四月一日、由良川筋南部五ヵ町村が合併して大江町が設置されたときである。これらの合併では財政規模の拡大という要因が強く働いていた(25)。また、由良川筋北部の村々では、東・西舞鶴市の合併や舞鶴市の東西分離問題の際に同市への編入合併が議論されることがあったものの、実現しなかった(26)。しかし、町村の財政難打開策として町村合併を促す京都府会の動き、さらには一九五三年(昭和二八)の町村合併促進法の制定による国策としての町村合併の推進などをうけ(27)、一九五五年(昭和三〇)四月二〇日に由良川筋北部の村々は合併して加佐町を設置した。しかし、この合併では、当初から舞鶴市への合併を希望していた由良村は参加せず、翌年の一九五六年(昭和三一)九月二〇日、宮津市に吸収される道を選んだ。そして、舞鶴市内部における東西対立の流れをみて舞鶴市との合併を見送っていた加佐町も、舞鶴市の分離問題が急速に下火となって東西融和の雰囲気が広がる中で編入問題が好転し[28]、一九五七（昭和三二）年五月二七日に加佐町の舞鶴市への編入が実現した。最後に、由良川筋南部の大江町は、平成の大合併の動きの中で、二〇〇六年（平成一八）一月一日に福知山市に編入された。

以上、『舞鶴市史』や『京都府市町村合併史』を頼りとして、旧加佐郡における市町村合併の概要を整理してきたが、この中で、旧加佐郡外の市町村と結びついた事例は、舞鶴市の東西分離問題の中で宮津市への編入を選んだ由良村と、平成の大合併において福知山市に編入された大江町（由良川筋南部六ヵ町村）だけであり、他の旧加佐郡内町村は現在の舞鶴市域に含まれている。古代の地方行政区画として設けられた郡は、長い時を経た現代にも息づいているといえよう。また、旧加佐郡における市町村統廃合の流れには、直接的にも間接的にも海軍の影響が現れていた。海軍の発展は日本の近代化の過程を示す事例の一つであり、旧加佐郡の市町村合併の動きの中には日本各地と共通するものもあるが、市域の分離問題における舞鶴市と横須賀市との差に代表されるように、地方独自の文脈も見出せる。このように、行政の区画やその名称の変更という形式的に思われる事象の中にも、それぞれの地域の歩んできたさまざまな歴史が刻み込まれているのである。

（1）舞鶴市史編さん委員会編『舞鶴市史』各説編（舞鶴市役所、一九七五年）、七一〇頁
（2）京都府立総合資料館編『京都府市町村合併史』（京都府、一九六八年）、一八八頁。
（3）前掲『京都府市町村合併史』、一〇七五頁。
（4）前掲『京都府市町村合併史』、一九〇頁。

(5) 前掲『舞鶴市史』通史編（中）（舞鶴市役所、一九七八年）、六四六頁。
(6) 前掲『舞鶴市史』通史編（下）（舞鶴市役所、一九八二年）、四三八頁。
(7) 前掲『舞鶴市史』通史編（下）、四六〇～四六一頁。
(8) 前掲『舞鶴市史』通史編（下）、四九四頁。
(9) 前掲『舞鶴市史』通史編（下）、四九五頁。
(10) 前掲『舞鶴市史』通史編（下）、五〇四頁。
(11) 前掲『舞鶴市史』通史編（下）、五一〇～五一一頁。
(12) 前掲『舞鶴市史』通史編（下）、五〇六頁。
(13) 前掲『舞鶴市史』通史編（下）、五三二～五三三頁。
(14) 前掲『舞鶴市史』通史編（下）、五五七～五五八頁。
(15) 前掲『舞鶴市史』通史編（下）、五五八頁。
(16) 前掲『舞鶴市史』通史編（下）、五五八頁。
(17) 前掲『舞鶴市史』各説編、七二八頁。
(18) 前掲『舞鶴市史』現代編（舞鶴市役所、一九八八年）、七四一頁。
(19) 前掲『舞鶴市史』現代編、七三九頁。
(20) 前掲『舞鶴市史』現代編、七五七頁。
(21) 前掲『舞鶴市史』現代編、七七二頁。
(22) 横須賀市史編纂委員会編『横須賀市史』（横須賀市役所、一九五七年）、一四頁。
(23) 前掲『横須賀市史』、四二六頁。
(24) この意義は当時の蜷川虎三京都府知事も述べている。前掲『舞鶴市史』各説編、七三五頁。
(25) 前掲『舞鶴市史』通史編（下）、四五四頁。前掲『京都府市町村合併史』、一〇七五頁。
(26) 前掲『舞鶴市史』現代編、七八一頁。
(27) 前掲『舞鶴市史』現代編、七八一～七八二頁。
(28) 前掲『舞鶴市史』現代編、七九四～七九五頁。

第六章

舞鶴の財政・地域経済と海上自衛隊

自衛隊桟橋とユニバーサル造船

提供：舞鶴観光協会

筒井一伸

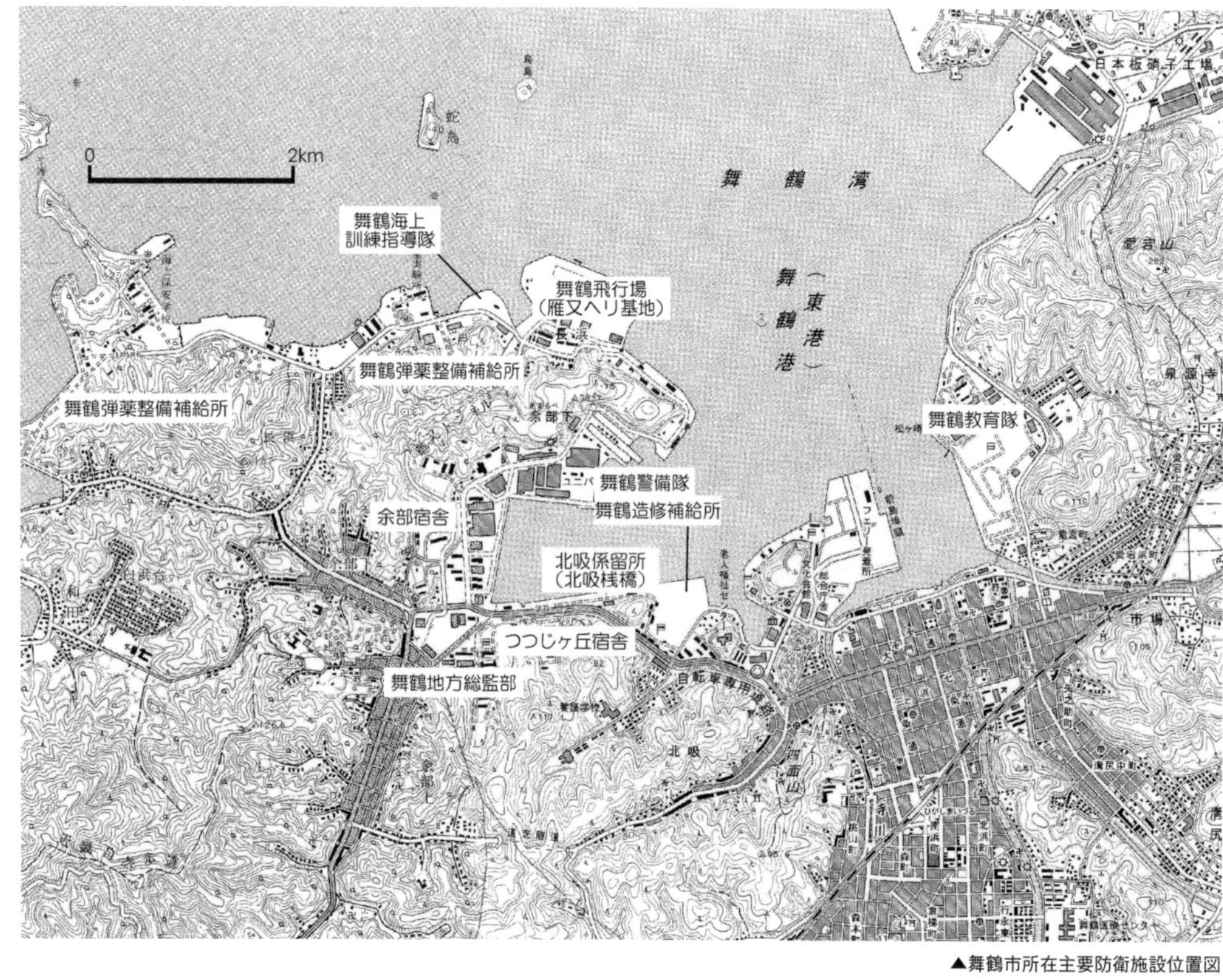

▲舞鶴市所在主要防衛施設位置図

基図：２万5000分の１地形図　東舞鶴・西舞鶴

はじめに

海軍と海上自衛隊。戦後の解体という断絶を経た、制度上も全く別の組織である。しかしながら旧海軍の主要拠点であった地域、例えば鎮守府などが所在した横須賀市、舞鶴市、呉市、佐世保市、むつ市に海上自衛隊地方隊がおかれるなど、特に地域との関係ではその継続性がうかがえる。すなわち、組織としての性格は変えつつも、地域への寄与主体、影響主体としての海上自衛隊の存在がそこにはある。海上自衛隊と地域との関係は、産業、地域づくりへの寄与や影響、さらには所属自衛隊員やその家族の日々の生活を通じた地域社会との関係など多方面に及ぶ。とりわけ経済面においては艦艇修理から地方隊などで消費される食糧の納入まで、地域経済の海上自衛隊との関係は大きい。

しかしながら、海上自衛隊の寄与や影響の状況には地域的な差異がある。たとえば神奈川県横須賀市や長崎県佐世保市では、海上自衛隊だけではなく在日アメリカ海軍の存在も大きく、地域経済へ海上自衛隊が及ぼす影響は相対的に小さい。一方、本研究で取り上げる京都府舞鶴市など在日アメリカ海軍が所在しない都市では、地域経済の海上自衛隊への依存は大きいと考えられる。

ところで海上自衛隊と地域との関係については経験的に論じられることが多く、実証的にまとめられたものは非常に少なく、管見の限り次の三つの報告のみである。一つ目は呉市における海上自衛隊の存在に焦点をあてた中国新聞社のルポルタージュ[1]であり、海上自衛隊と地域との多面的な関係をわかりやすく報告している。二つ目は地域経済との関係について学術面から論じた田村らの研究[2]が挙げられる。この研究は在日アメリカ軍や自衛隊を抱える北海道、呉、岩国、沖縄などを主な対象地域に、自治体財政や地域経済の実態を検討することで、「基地依存体質」の構造的要因の解明を試みたものである。主たる事例は在日アメリカ軍基地であり、一事例として海上自衛隊呉地方隊が取り上げられているものの、他の海上自衛隊地方隊所在都市との比較検討はなされていない。

三つ目は舞鶴の地域経済との関係について分析した高内の研究であり、「海上自衛隊の駐留は、もちろん戦前の影響力ほどの力をもっているわけではないが、かなりの経済的影響力を舞鶴市に与えている」[3]とする。そして、一九七九年度（昭和五四）決算を用いて給与の推定を行い、その結果から海上自衛隊員の給与は、舞鶴市の四大工場の現金給与額にほぼ匹敵することを明らかにしている。しかしながらより多面的な地域経済への影響の検討には至っておらず、また自治体財政への言及も不十分である。すなわち、自治体財政と地域経済の双方への海上自衛隊の影響について実証的に明らかにした研究は管見の限り皆無である。

本研究では、経済主体として海上自衛隊を位置づけ、舞鶴市財政や舞鶴の地域経済への影響を考察する。具体的には、舞鶴市の財政構造分析を行うとともに他都市との比較から、財政上での海上自衛隊というファクターの特徴を明らかにする。また舞鶴の地域経済への影響については、海上自衛隊の予算規模からの地域経済への寄与の分析や、海上自衛隊の契約実績の空間的広がりを分析することで、経済主体としての海上自衛隊への地域経済の依存実態を明らかにする。

第一節　戦後舞鶴の歩みと海上自衛隊

(一)　軍港都市から平和産業港湾都市へ

「軍港都市」舞鶴は、敗戦によって地域経済、行財政双方に大きな打撃を受けた。戦前の舞鶴市は軍需産業を中心に地域経済が発展してきたが、その産業基盤を失ったのである。終戦後の舞鶴市財政の特徴は、戦後改革に伴う財政支出の増大と基幹産業の消失の影響という二大要因によって説明される。

戦後改革によって「日本国憲法」および「地方自治法」が一九四七年（昭和二二）に施行され、地方自治制度が確立したが、権限移譲などによる地方自治の確立に向けた財政支出の拡大も発生した。すなわち六・三制義務教育、自治体警察、自治体消防などの影響により、全国の市町村と同様、舞鶴市は財政危機に見舞われた。さらに舞鶴ならではの特殊要因もこの財政危機に追い打ちを与えた。すなわち戦前の「軍港都市」舞鶴の地域経済を支えてきた海軍と軍需工場の消失であり、このことによって舞鶴市の財政基盤は大きく揺らいだのである(4)。舞鶴市における各年度財政赤字は表6-1のとおりであり、単年度赤字の大幅拡大が続き、一九五四年度（昭和二九）末には累積赤字一億八六七四万円にも達した。一九五四年（昭和二九）一二月に公表された舞鶴市の「財政白書」によると、地域経済の支柱を失った舞鶴市は市民所得の減少にともなう税収の減少、失業者の増大とそれに伴う失業対策事業費の増加、また要生活保護者の増大に伴う生活保護費の増加などによって財政赤

表6-1　舞鶴市における財政赤字（単年度）

年次	赤字額(円)
1950年度	9,414,186
1951年度	25,874,924
1952年度	32,922,505
1953年度	107,003,516

（出典）　舞鶴市史編さん委員会編『舞鶴市史』現代編（舞鶴市役所、1988年）、845-846頁より筆者作成。

字が拡大していった。(5)

全国の市町村が直面した財政危機に対応するため、地方自治確立に伴う財政支出に関しては、一九四九年（昭和二四）の「シャウプ勧告」を端緒に制度改革が進められた。自治体間の財政力のアンバランスを解消することを目指した一九五〇年（昭和二五）の地方財政平衡交付金（後の地方交付税）の創設、町村に一般的・標準的な行政規模と財政力を確保するために再編を促す一九五三年（昭和二八）の「町村合併促進法」の成立、貧弱な町村財政を圧迫してきた自治体警察を廃止する「警察法」改正（一九五四年）など、財政基盤の強化と市町村が担う公共サービスの整理が行われた。しかしながら朝鮮戦争終結による反動不況によって一九五四年度（昭和二九）には約八割の自治体が赤字に陥った。そのため自主再建が困難となった自治体の救済を目的とする「地方財政再建促進特別措置法」が一九五五年（昭和三〇）に制定され、赤字団体を財政再建団体に指定し、財源保障と国の監督の下で再建が試みられることとなった。

舞鶴市も、多額の累積赤字を解消するため一九五六年（昭和三一）二月に財政再建団体に指定された。(6)これにより地方再建債の発行による歳入不足の解消を行うと同時に、国の直轄事業や補助事業を活用することで、様々な事業実施による市財政への負担は軽減された。その結果、一九六一年度（昭和三六）に財政再建が完了した。

ところで、財政再建を進める舞鶴にとって、敗戦で失われた地域経済の基盤再建も重要な課題であった。制度的には、旧軍用地の転用などを柱とする「旧軍港市転換法」が一九五〇年（昭和二五）に制定され、舞鶴は新たな産業創出に向かった。具体的には、海軍工廠の施設を利用する造船業の継承と車両製作の開始および戦時中の軍需工場である繊維二大工場の復興から始まり、加えて化学肥料工場とガラス生産工場の誘致が行われた。(7)さらに一九五一年（昭和二六）には木材を主原料とする製材および木製品並びに家具建具製造業を振興育成し、京阪神というマーケットを活かすことが提起された。[8] しかしながら木材関連の産業基盤が整うのは、ソ連材を主とする外材輸入[9]が拡大した昭和四〇年代に入ってからである。港湾利用の産業として昭和四〇年代前半に四社の木工関連企業が進出、さらに一九七四年（昭和四九）には舞鶴港木材団地が竣工した。

このように戦後の舞鶴市は、窯業・土石（ガラス）、輸送用機械（造船）、木材、繊維の四業種を主要産業とする港湾工業都市としての脱皮を図ってきた。しかしながらそれぞれの業種においては、基幹企業に大きく依存する「企業城下町的な産業構造」[10]がうまれ、それに由来する問題にも直面することとなった。高度経済成長が終焉を迎えた昭和五〇年代以降、地域経済をけん引してきた産業のうち、造船、窯業、繊維などが構造的不況に陥った。その結果、一九七八年（昭和五三）には「特定不況地域中小企業臨時措置法」による特定不況地域、一九八三年（昭和五八）には「特定業種関連地域中小企業対策臨時措置法」による特定地域、一九八六年（昭和六一）には「特定地域中小企業対策臨時措置法」による特定地域、と舞鶴市は多重的な地域指定を受け、「企業城下町的な産業構造」の下での構造的不況に対応していくこととなった。

(二) 海上自衛隊舞鶴地方隊の創設

一方、港湾都市ならではの公的セクターの設置が見られたのも、舞鶴の特徴である。それは一九四八年（昭和二三）五月、海上保安庁舞鶴海上保安本部（現在の第八管区海上保安本部）が設置されたのに始まる。続いて一九五〇年（昭和二五）八月、警察予備隊が創設されると、舞鶴にも駐屯がはじまり、さらに一九五二年（昭和二七）には警備隊舞鶴地方隊が編成され、舞鶴地方総監部、舞鶴航路啓開隊などが発足した。開設当時の主な任務は日本海における機雷除去とその処分であり、舞鶴航路啓開隊には第九掃海隊が置かれた。その後、施設、装備ともに整備が進み、特に約一五万八〇〇〇坪の敷地はいずれも旧海軍の施設を転用したもので、かつての「海軍基地」への復元を一段と深めていった。[11] 一九五四年(昭和二九)七月の「自衛隊法」施行により、自衛隊が発足、警備隊舞鶴地方隊は海上自衛隊舞鶴地方隊と改称された。

海上自衛隊の増強という「軍事力の再建[12]」に応じて、賛否様々な反応が生まれてきた。特に昭和四〇年代の革新市政時には様々な運動が繰り広げられた。これらの経緯は『舞鶴市史』に詳述されているので[13]、ここでは今日の舞鶴市の自衛隊政策に大きな影響を与えた雁又(カリマタ)地区へリコプター基地設置問題について、市議会決議[14]の変化からその経緯を見ておく。

ヘリコプター基地は昭和四〇年代にも建設計画があったが、当時の舞鶴市議会では、「旧軍港市転換法」の精神を再認識し、平和産業以外の施設の進出に反対する旨の「雁又地区にヘリコプター基地の設置反対に関する決議(一九六六年一二月二日)」を行っている。しかしながら平成に入り再度計画が持ち上がると、市議会はいくつかの条件を出しつつも市民の合意を早期に図ることを要望する「雁又地区のヘリコプター基地に関する決議(一九八九年一一月二二日)」を行う。この背景としては、一九七九年(昭和五四)一二月二七日に出された「雁又地区の開発促進に関する要望決議」も関係していると考えられる。すなわち「市内雁又地区は、舞鶴港港湾計画において石油類備蓄基地とすることに定められているにもかかわらず、広大な敷地が今なお遊休の状態にあることは、甚だ遺憾である」とあるとおり雁又地区の有効的な土地利用が課題であった。そのためヘリコプター基地の再計画に対して市議会は、一九六六年(昭和四一)の反対決議の精神を踏まえると記しつつも、明確な反対決議を行わなかったのである。そして一九九二年(平成四)三月二四日には「雁又地区への海上自衛隊ヘリコプター支援基地設置促進に関する要望決議」がなされ、四半世紀を経てヘリコプター基地の設置が実現することとなった。このヘリコプター基地「舞鶴飛行場」は一九九八年(平成一〇)に一部が開港、その後二〇〇一年(平成一三)に全面的に開港され、舞鶴航空分遣隊[15]が置かれた。

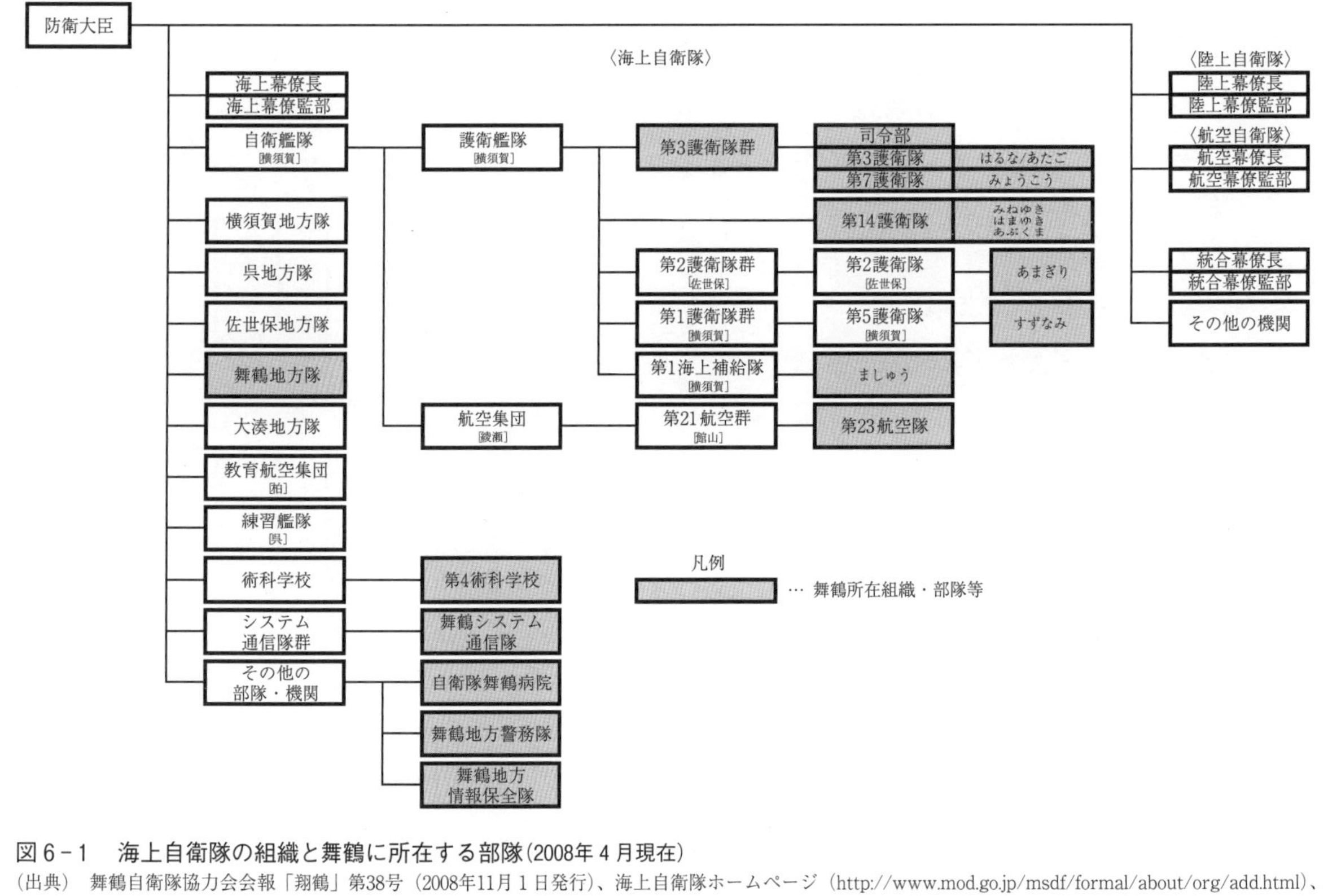

図6－1　海上自衛隊の組織と舞鶴に所在する部隊(2008年4月現在)

(出典)　舞鶴自衛隊協力会会報「翔鶴」第38号（2008年11月1日発行)、海上自衛隊ホームページ（http://www.mod.go.jp/msdf/formal/about/org/add.html)、舞鶴地方隊ホームページ（http://www.mod.go.jp/msdf/maizuru/）より筆者作成。

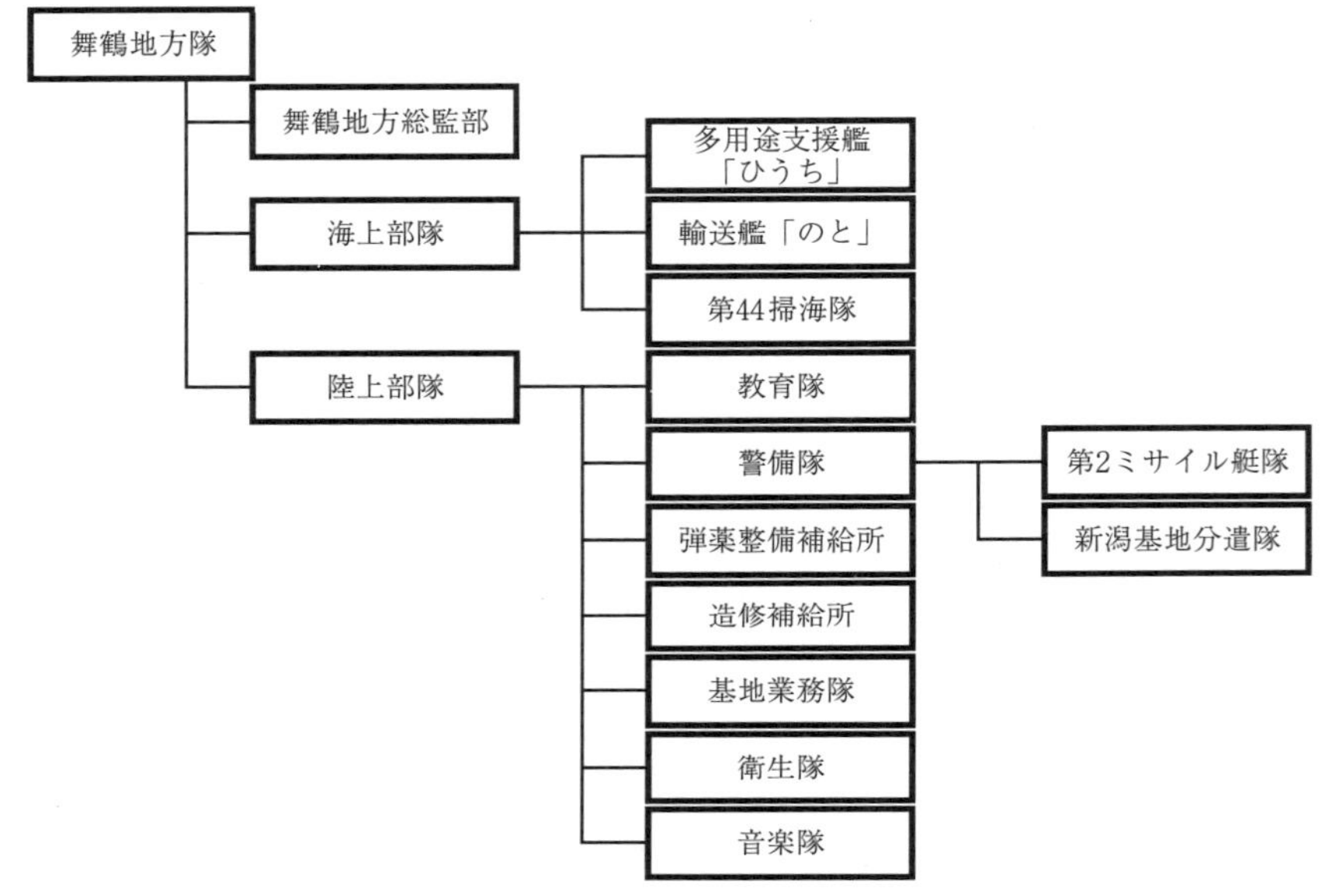

図６－２　舞鶴地方隊の組織（2008年４月現在）

（出典）　舞鶴自衛隊協力会会報「翔鶴」第38号（2008年11月１日発行），舞鶴地方隊ホームページ（http://www.mod.go.jp/msdf/maizuru/）より筆者作成。

現在の舞鶴市における海上自衛隊関連施設の面積は約二五二万平方メートルで舞鶴市域の〇・七四％、隊員数は舞鶴地方隊と舞鶴在籍部隊を合わせて約三七〇〇名と舞鶴市人口の四・一％を占めている。舞鶴市に所在する海上自衛隊の部隊は、大きく舞鶴地方隊と舞鶴在籍部隊とに分けられる。海上自衛隊は海上幕僚長・海上幕僚監部、自衛艦隊、各地方隊などで組織されており（図６-１）、舞鶴在籍部隊とは舞鶴市以外に司令部を持つ部隊の総称である。具体的には自衛艦隊のうち神奈川県横須賀市に司令部を置く護衛艦隊に所属する第三護衛隊群（第三護衛隊、第七護衛隊）および第一四護衛隊、神奈川県綾瀬市に司令部を置く航空集団の中の第二一航空群（千葉県館山市）に属する第二三航空隊、さらに第四術科学校や舞鶴システム通信隊、自衛隊舞鶴病院などが舞鶴在籍部隊にあたる。一方、舞鶴地方隊は秋田県から島根県の沖に至る日本海を警備区とする部隊で、舞鶴地方総監部と、多用途支援艦「ひうち」、輸送艦「のと」および第四四掃海隊からなる「海上部隊」、教育隊や警備隊、基地業務隊などからなる「陸上部隊」で組織されている（図6-2）。

（三）　産業構造からみる舞鶴地域経済の変化

次に戦後舞鶴の地域経済の特徴を定量的に把握するため、『事業所・企業統計調査』の時系列分析を行う。まず事業所数からみると全体では一九八一年（昭和五六）の五九四四事業所をピークに減少に転じている。この一九八一年（昭和五六）を一〇〇とした指数で各産業についてあらわしたものが図6-3である。全産業の動きと近似した動きをするのが製造業で、一九七八年（昭和五三）および一九八一年（昭和五六）をピークとして激しい減少に転じている。高度経済成長が終焉を迎えた昭和五〇年代以降は全国的に製造業の落ち込みが見られたが、とりわけ舞鶴では戦後の地域経済の基幹産業である、造船、窯業、紡績などの製造業が構造的不況に陥った。この影響が顕著にあらわれるのは従業員数である。従業員数も全産業ではピークは一九八一年（昭和五六）の四万五三八七人であるが、製造業では石油危機前の一九七二年（昭和四七）をピークにその後減少が続いており（図6-4）、人員削減の動きが始まったことをあらわしている。二〇〇六年（平成一八）の従業員数では、ピーク時の三分の一にまで減少しており高度経済成長期の舞鶴地域経済を支えてきた製造業の衰退が顕著である。

一方、近年まで事業所数を順調に伸ばしてきたのが建設業である。従業員数では高度経済成長の後半から減少に転じ、その後は舞鶴発電所[16]の建設工事などの影響で多少の増減はあるがほぼ一定してきた。この点から、製造業が衰退した後の舞鶴地域経済をけん引してきた産業の一つが建設業であり、農山村や他の地方都市と同

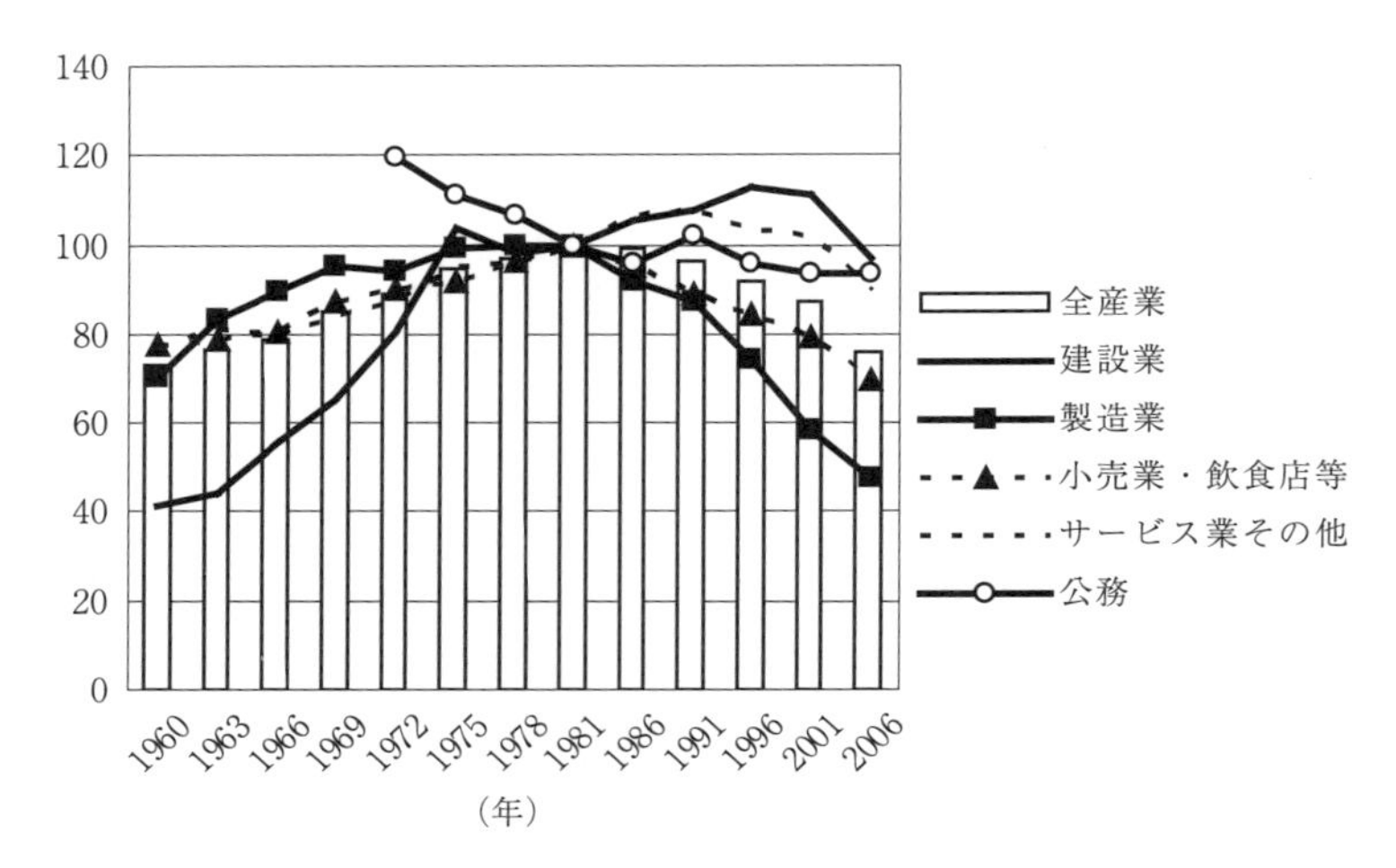

図６－３　舞鶴市における産業別事業所数の推移（1981年を100とした指数）
（出典）『事業所・企業統計調査』各年版より筆者作成。

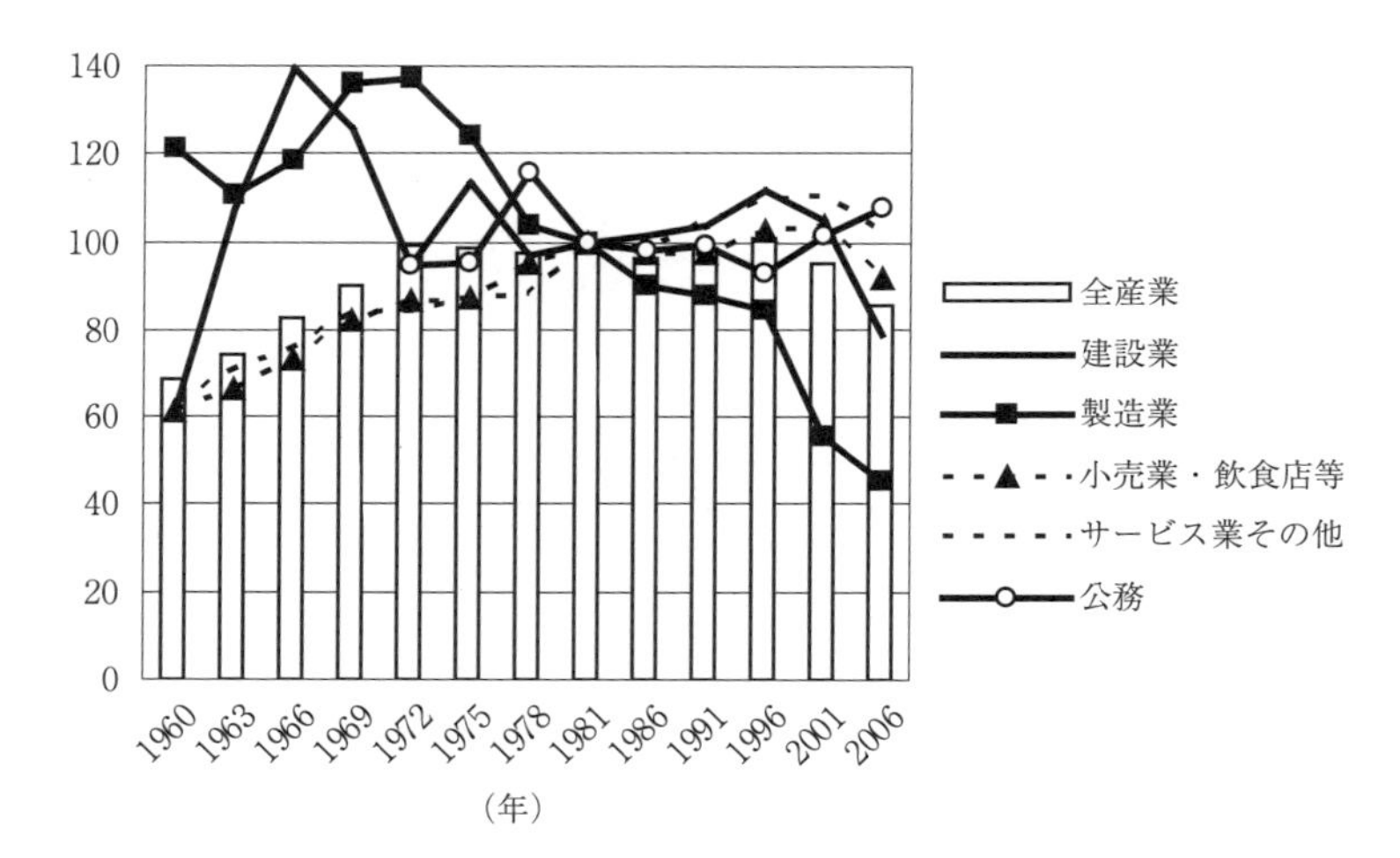

図６－４　舞鶴市における産業別従業員数の推移（1981年を100とした指数）
（出典）『事業所・企業統計調査』各年版より筆者作成。

表6－2　産業別従業員数「公務」の割合（2006年）

		公務	内）国家公務	内）地方公務
京都府舞鶴市	従業者数（人）	5,067	4,089	978
	全産業合計に占める割合	*13.02%*	*10.50%*	*2.51%*
	「公務」合計に占める割合	*100.00%*	*80.70%*	*19.30%*
青森県むつ市	従業者数（人）	3,964	3,049	915
	全産業合計に占める割合	*14.90%*	*11.46%*	*3.44%*
	「公務」合計に占める割合	*100.00%*	*76.92%*	*23.08%*
神奈川県横須賀市	従業者数（人）	13,121	10,016	3,105
	全産業合計に占める割合	*8.95%*	*6.83%*	*2.12%*
	「公務」合計に占める割合	*100.00%*	*76.34%*	*23.66%*
広島県呉市	従業者数（人）	9,142	6,947	2,195
	全産業合計に占める割合	*8.49%*	*6.45%*	*2.04%*
	「公務」合計に占める割合	*100.00%*	*75.99%*	*24.01%*
長崎県佐世保市	従業者数（人）	9,607	7,303	2,304
	全産業合計に占める割合	*8.89%*	*6.76%*	*2.13%*
	「公務」合計に占める割合	*100.00%*	*76.02%*	*23.98%*
京都府京都市	従業者数（人）	20,636	4,814	15,822
	全産業合計に占める割合	*2.81%*	*0.66%*	*2.15%*
	「公務」合計に占める割合	*100.00%*	*23.33%*	*76.67%*
京都府	従業者数（人）	40,527	12,873	27,654
	全産業合計に占める割合	*3.46%*	*1.10%*	*2.36%*
	「公務」合計に占める割合	*100.00%*	*31.76%*	*68.24%*

（出典）『平成18年事業所・企業統計調査』より筆者作成。

様に「基幹産業」としての建設業の存在がうかがえる。しかしながら二〇〇六年（平成一八）になると事業所数の減少がみられ、特に従業員数の減少は目を見張るものがある。これは二〇〇一年（平成一三）に登場した小泉純一郎内閣の構造改革路線の下、補助金の縮減、税源の移譲、交付税制度の見直しを一体として改革する「三位一体の改革」が試みられ、その結果、公共投資が減少することで、「基幹産業」であった建設業は衰退し、雇用機会は大幅に削減されてきたのである。

小売業、飲食店等は他の産業の盛衰に影響を受けやすいことから全産業の動向と同様の動きがみられる。サービス業については、昭和五〇年代以降、漸増傾向がみられてきた。いわゆる経済のサービス化の現象であり、徐々に消費構造が「モノ」から「サービス」へとシフトしてきたことに由来する。[17]

さて「公務」であるが、事業所数は再編等の影響から減少傾向が見られたが、従業員数については、経済動向にはあまり左右されないことから大きな変動は見られない。しかしながら地域経済をけん引してきた製造業、建設業が衰退してきたことによって、相対的な地位はより高まってきた。

舞鶴市の「公務」への依存について、二〇〇六年（平成一八）の従業員数のデータを用いて、他の海上自衛隊地方隊所在都市（以下、地方隊所在都市）、および京都市、京都府の値との比較を試みたのが表6-2である。舞鶴市は公務の比率が一三・〇二％で、京都市と比較しても分かるとおり、その比率は高い。また他の地方隊所在都市との比較でみると、大湊地方隊をかかえるむつ市の比率が一四・九〇％と舞鶴市より高いものの、他の横須賀市、呉市、佐世保市はいずれも八％代と舞鶴市より低い。また公務を国家公務と地方公務に分けると、舞鶴市では八〇・七〇％対一九・三〇％であるのに対して、京都市では地方公務の割合が高く、二三・三三％対七六・六七％となる。地方隊所在都市では、公務の割合が舞鶴市よりも高かったむつ市では七六・九二％と舞鶴市の国家公務の割合よりも低いことが分かる。この比率は他の横須賀市や呉市、佐世保市でも近似した数値であり、このことから舞鶴市は他の地方隊所在都市と比べても国家公務の割合が高く、『事業所・企業統計調査』の分析から海上自衛隊への依存度が高いことが推察される。

第二節　海上自衛隊と舞鶴市財政

(一)　自衛隊関連の財政制度

自衛隊が使用している施設や区域などのいわゆる「基地」が所在する自治体では、基地が広大な面積を占有

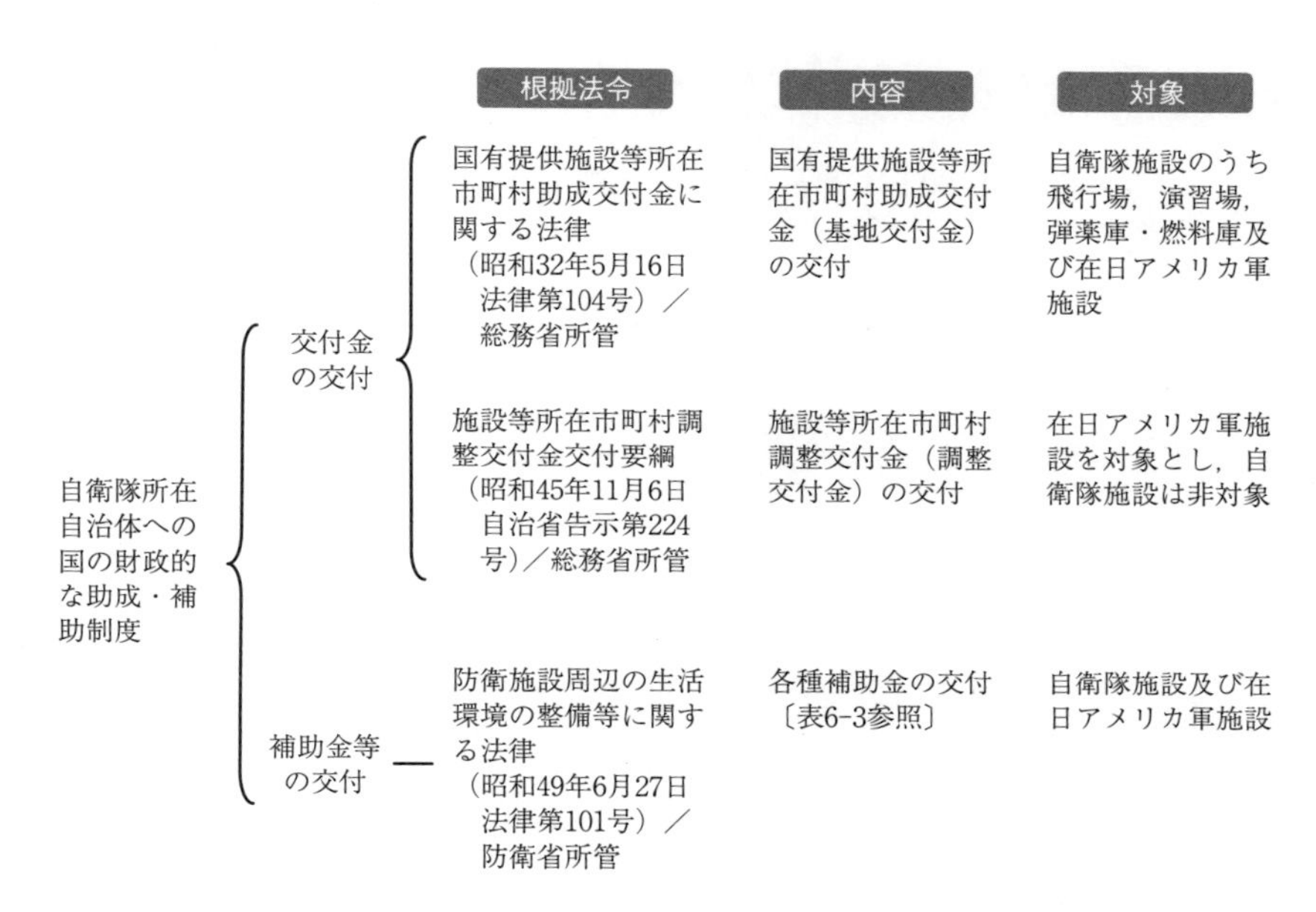

図6－5　自衛隊所在自治体に対する国の財政的な助成・補助制度の概要

（出典）筆者作成。

することで公共サービスの供給や地域づくりにおいて制約が発生する。また、基地の運用に起因する諸障害への対応も求められ、他の市町村には見られない財政支出が生じる。さらに、重要な基幹税目である固定資産税収入が基地については得られないなど、基地の存在は市町村の行財政運営に影響を及ぼしている。本項では自衛隊基地が所在する自治体に対する国の財政的な助成・補助制度を概観した上で、次項において舞鶴市財政における基地対策の状況を他の自治体との比較分析から捉える。

現在、国による財政的な助成・補助制度は「国有提供施設等所在市町村助成交付金（以下、基地交付金）」と、「防衛施設周辺の生活環境の整備等に関する法律（以下、周辺整備法）」に基づく各種事業補助が二つの大きな柱となっている（図6-5）。

基地交付金は一九五七年（昭和三二）に公布された「国有提供施設等所在市町村助成交付金

に関する法律」を根拠法として、一九五九年度（昭和三四）分から交付されている。その内容は同法一条において規定されているとおり、国が所有する固定資産のうち、在日アメリカ軍が使用する固定資産および自衛隊が使用する飛行場及び演習場並びに弾薬庫、燃料庫及び通信施設などに関する固定資産が所在する市町村に対し、毎年度、当該固定資産の価格、当該市町村の財政の状況等を考慮して交付するものである。[18]すなわち、在日アメリカ軍や自衛隊の防衛施設が市町村の区域内に広大な面積を占めると、本来歳入があると想定される固定資産税が入らないなど市町村の財政に影響を及ぼしていると考え、固定資産税の代替的な性格として財政補給金的なものとして交付されるものであり、所管は総務省となっている。[19]

一方、後者の周辺整備法は自衛隊及び在日アメリカ軍の行為や防衛施設の設置、運用による障害の防止等のため、周辺地域の生活環境等の整備について必要な措置と自衛隊等の特定の行為による損失補償を行うことを目的としている。元来、防衛施設が置かれた地域には、それに由来する損失、障害が生じ、その対応、対策のための施策がとられてきた。制度上は一九五三年（昭和二八）に制定された「日本国に駐留するアメリカ合衆国軍隊等の行為による特別損失の補償に関する法律」にはじまるが、この法律の対象は在日アメリカ軍の行為に起因する農林漁業などの経営上の損失が対象であり、自衛隊施設の設置や運用に起因する諸障害の防止や軽減・緩和は目的とされず、これらへの対応は予算措置でなされてきた。自衛隊施設に起因する諸問題を対象とした助成措置が制度化されたのは一九六六年（昭和四一）の「防衛施設周辺の整備等に関する法律（旧整備法）」の公布、施行によってである。この法律によって、自衛隊及び在日アメリカ軍の特定の行為に起因する諸障害の防止、軽減、緩和措置と民生安定事業などに対する助成が制度的に行われるようになった。その後一九七四年（昭和四九）に、防衛施設周辺の住民等の生活環境の向上に資するための補助金など、制度拡充をおこなった現行の周辺整備法が公布、施行された。

表6－3　防衛施設周辺の生活環境の整備等に関する法律における基地対策

障害等の原因	障害等の態様		施設の内容	条項	具体的事業内容
自衛隊・米軍の行為	障害の防止・軽減	演習場の荒廃等	障害防止工事の助成	第3条第1項	河川、用排水路、道路、揚水ダム、砂防ダム、洪水調整池、給水施設、排水施設等の整備
		騒音	障害防止(防音)の助成	第3条第2項	小・中学校、幼稚園、保育所、病院、診察所及び特別養護老人ホーム等
			住宅の防音工事の助成	第4条	
			建物等の移転の補償、土地の買い入れ、移転先地の公共施設の整備	第5条	
			緑地帯の整備等	第6条	
	損失の補償		農林漁業等の経営上の損失の補償	第13条-第18条	
防衛施設の設置・運用	障害の緩和		民生安定施設の助成	第8条	放送施設、道路、養護施設、消防施設、公園、水道、し尿・ごみ処理施設、学習等供用施設等環境施設及び農林漁業用施設等の事業経営の安定に寄与する施設の整備
	生活環境又は開発に及ぼす影響		特定防衛施設周辺整備調整交付金(特定防衛施設交付金)	第9条	公共用の施設の整備

(出典)　全国基地協議会・防衛施設周辺整備全国協議会『基地対策ハンドブック』(全国基地協議会・防衛施設周辺整備全国協議会、2003年)、43頁を参考に筆者作成。

周辺整備法の主な内容は、自衛隊などの機甲車両等ひん繁な使用、射撃、爆撃などにより生ずる障害に対応する「障害防止工事の助成（第三条）」、「飛行場周辺の生活環境の整備等（第四条から第七条）」、生活環境施設や事業経営の安定に寄与する施設の整備のための「民生安定施設の助成（第八条）」、飛行場や演習場、港湾などの「特定防衛施設」に指定される施設がある市町村に対して公共用の施設の整備を行うための費用として交付する「特定防衛施設周辺整備調整交付金（第九条、以下、特定防衛施設交付金[20]）」、および航空機の離着陸等などで農林漁業等が経営上損失を受けた場合、国がその損失を補償する「損失の補償（第一三条）」などである（表6-3）。周辺整備法に基づく施策は主として予算補助であり、予算の範囲内でかつ補助の割合に応じて、市町村への助成がなされる。周辺整備

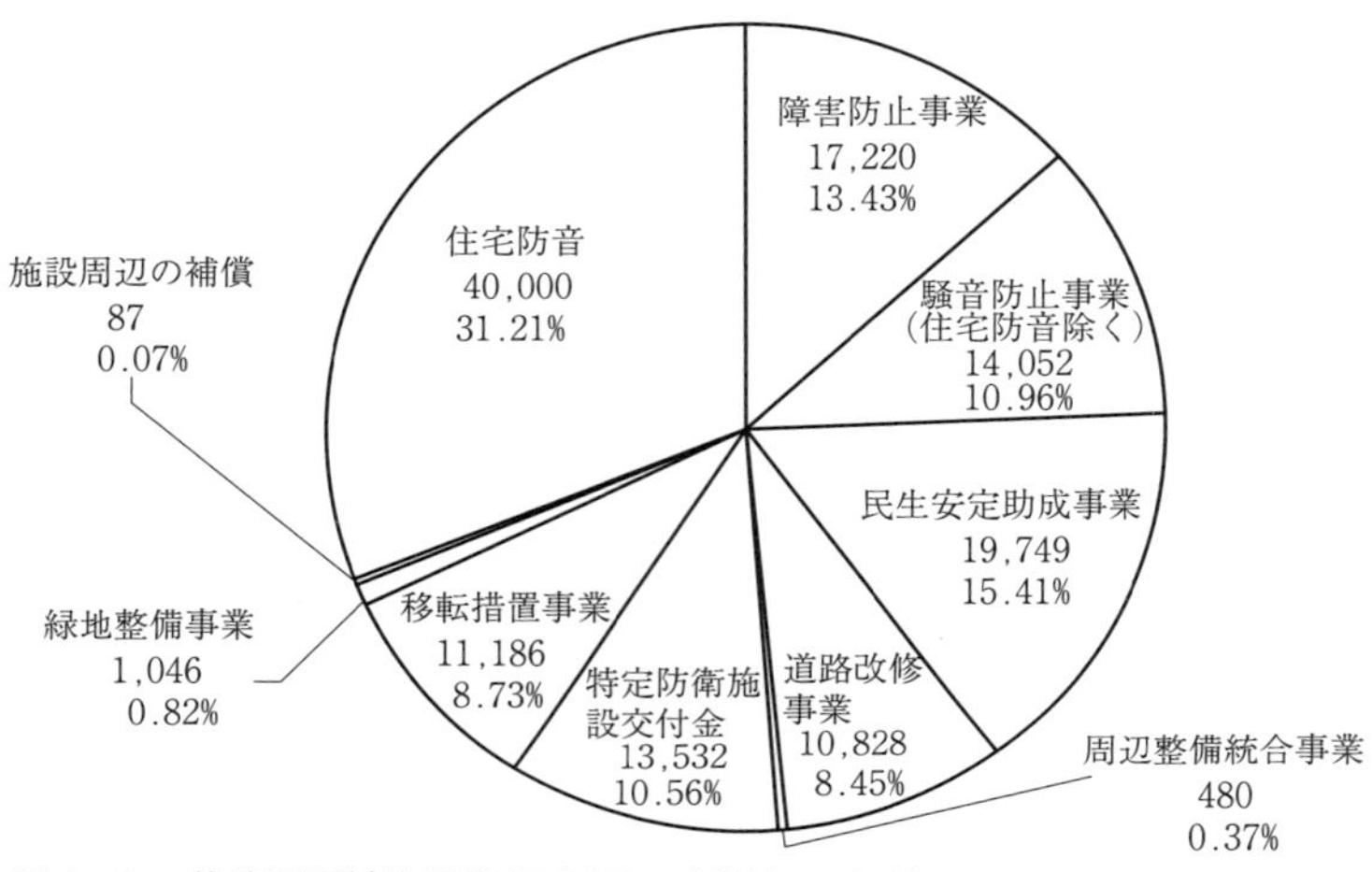

図6－6　基地周辺対策経費(予算額)の内訳(2006年度)

(出典)　『防衛年鑑 (2006年版)』より筆者作成。
(備考)　中段の数値は予算額 (単位：百万円)

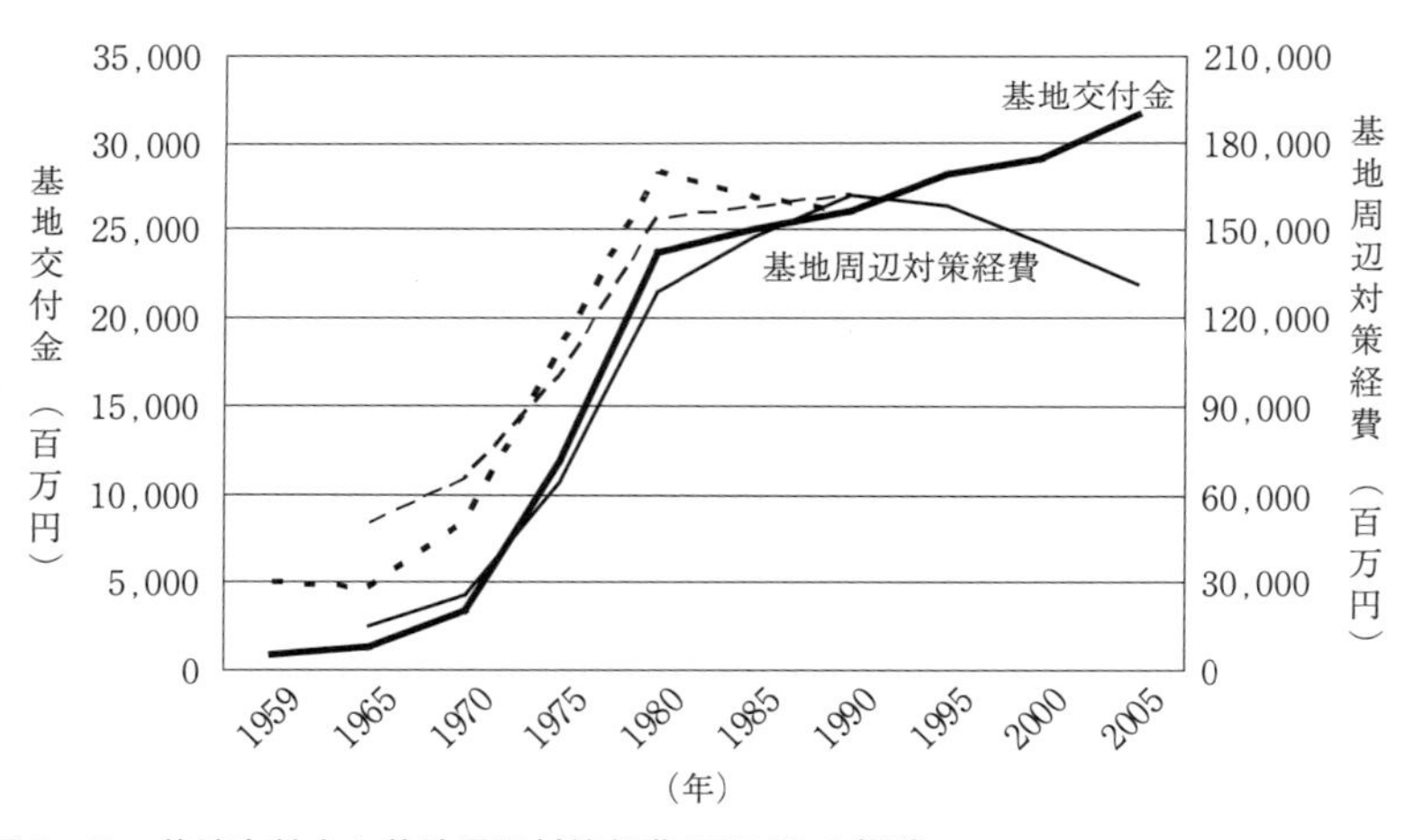

図6－7　基地交付金と基地周辺対策経費(予算額)の推移

(出典)　『地方財政統計年報』および『防衛年鑑』各年度版より筆者作成。
(備考)
1)　1965年及び1970年の「基地周辺対策経費」は防衛施設周辺の整備等に関する法律に基づく「基地対策経費 (一般会計)」である。
2)　「基地周辺対策経費」の1965年および1975年の値は，資料の関係上1966年および1976年の値を用いた。
3)　破線は1959年から1990年までの基地交付金と基地周辺対策経費 (予算額) の数値を平成2年国内総生産デフレーターで換算した値である。

法における国の補助率は一般行政の補助率に比べて高くなっている。[21]
二〇〇六年度(平成一八)予算におけるこれらの経費は、防衛省所管では周辺整備法等に基づく諸施策に充てられる「基地周辺対策経費」として一二八一億八〇〇〇万円が計上されている。内訳で最も高い割合を占めるのは住宅防音工事の助成に対してであり四〇〇億円(三一・二一%)、ついで生活環境施設等の整備の助成等に充てられる民生安定助成事業が一九七億四九〇〇万円(一五・四一%)、河川改修等の障害防止工事の助成等に充てられる障害防止事業が一七二億二〇〇〇万円(一三・四三%)、学校等の防音工事の助成等に充てられる騒音防止事業が一四〇億五二〇〇万円(一〇・九六%)と続く(図6-6)。特定防衛施設交付金は全体の一〇・五六%を占め、一三五億三二〇〇万円が交付されている。一方、総務省管轄の基地交付金は二五一億四〇〇〇万円であり、規模としては防衛省所管の基地周辺対策経費全体の五分の一程度の金額が全国の関係市町村へ公布されている。
基地交付金と基地周辺対策経費の時系列的な推移を見ておこう(図6-7)。基地交付金は創設以来一九八〇年(昭和五五)まで急激な増加がみられ、一九八〇年(昭和五五)には創設時のおおよそ二五倍にあたる金額が交付されており、その後は漸増に転じていることが分かる。図6-7では価格変動による影響を取り除くため、変動の大きい一九九〇年(平成二)までの数値をデフレーターで換算した値を合わせて示している。[22]このデフレーター換算値でみても一九八〇年(昭和五五)には創設時の約五倍になっており、実質的に一九八〇年(昭和五五)までは急激な増加傾向にあったことが分かる。一方、基地周辺対策経費については、一九九〇年(平成二)までは増加傾向で創設時のおおよそ一一倍(デフレーター換算値でおおよそ三倍)にもおよんだが、その後は減少傾向に転じていることが分かる。

(二) 舞鶴市における基地対策

次に都市ごとに、自衛隊関連の助成制度が自治体財政へどの程度影響をしているかを明らかにするため、基地交付金と、基地周辺対策経費の補助金の中でも自治体の裁量度の高い特定防衛施設交付金の歳入割合を検討する。市制施行自治体および東京特別区の全国合計でみると特定防衛施設交付金は一一一億一〇〇三万円、対歳入総額割合で〇・〇三％、基地交付金が二五四億五三八四万円、〇・〇六％となっている。このように全都市でみた場合、対歳入総額割合で両者とも〇・一％に満たないが、では個別の市町村単位ではどうであろうか。二〇〇六年度（平成一八）現在の八〇五都市（市制施行自治体および東京特別区）のうち特定防衛施設交付金の交付自治体は六一都市である。対歳入総額割合が最も高いのは、在日アメリカ空軍と航空自衛隊との共同利用の三沢基地を有する青森県三沢市であり四・四三％、次いで航空自衛隊松島基地を有する宮城県東松島市（三・〇二％）、在日アメリカ海兵隊のキャンプ・シュワブおよび辺野古弾薬庫を抱える沖縄県名護市（二・三四％）と続く。一方、基地交付金の交付自治体は一九三都市である。最も割合が高いのは特定防衛施設交付金と同様に青森県三沢市（八・九三％）であり、在日アメリカ空軍横田基地を有する東京都福生市（六・二八％）、在日アメリカ空軍と海上自衛隊航空集団の共同利用の厚木基地を有する神奈川県綾瀬市（四・〇六％）となっている（表6-4）。

では海上自衛隊地方隊所在都市ではどうであろうか。表6-5のとおり、特定防衛施設交付金の最も割合が高いのは舞鶴市で〇・四五％、基地交付金は横須賀市で一・五六％である。決算額でみた場合、基地交付金は横須賀市が他の四市に比して非常に高い値であることが読み取れ、また佐世保市も相応に他と比して高い値であることがわかる。また特定防衛施設交付金においても決算額では横須賀市、佐世保市は高い値が見てとれ

表６－４　特定防衛施設交付金および基地交付金の対歳入総額割合が高い都市（2006年度）

自治体名	歳入総額	特定防衛施設交付金		基地交付金	
	（千円）	決算額（千円）	割合（％）	決算額（千円）	割合（％）
青森県三沢市	21,642,422	959,494	4.43	1,932,567	8.93
宮城県東松島市	16,061,728	484,534	3.02	241,606	1.50
沖縄県名護市	27,200,722	636,774	2.34	277,459	1.02
東京都福生市	21,956,875	275,733	1.26	1,379,636	6.28
神奈川県綾瀬市	25,194,622	441,168	1.75	1,023,554	4.06
全国計	42,541,324,748	11,110,034	0.03	25,453,835	0.06

（出典）『市町村別決算状況調（平成18年度版）』より筆者作成。

表６－５　地方隊所在都市における特定防衛施設交付金および基地交付金の決算額と対歳入総額割合（2006年度）

自治体名	歳入総額	特定防衛施設交付金		基地交付金	
	（千円）	決算額（千円）	割合（％）	決算額（千円）	割合（％）
青森県むつ市	30,308,809	50,062	0.17	99,942	0.33
神奈川県横須賀市	130,599,944	405,923	0.31	2,036,894	1.56
京都府舞鶴市	34,490,446	156,657	0.45	166,475	0.48
広島県呉市	104,701,850	63,749	0.06	175,662	0.17
長崎県佐世保市	103,102,549	218,385	0.21	707,386	0.69
全国計	42,541,324,748	11,110,034	0.03	25,453,835	0.06

（出典）『市町村別決算状況調（平成18年度版）』より筆者作成。

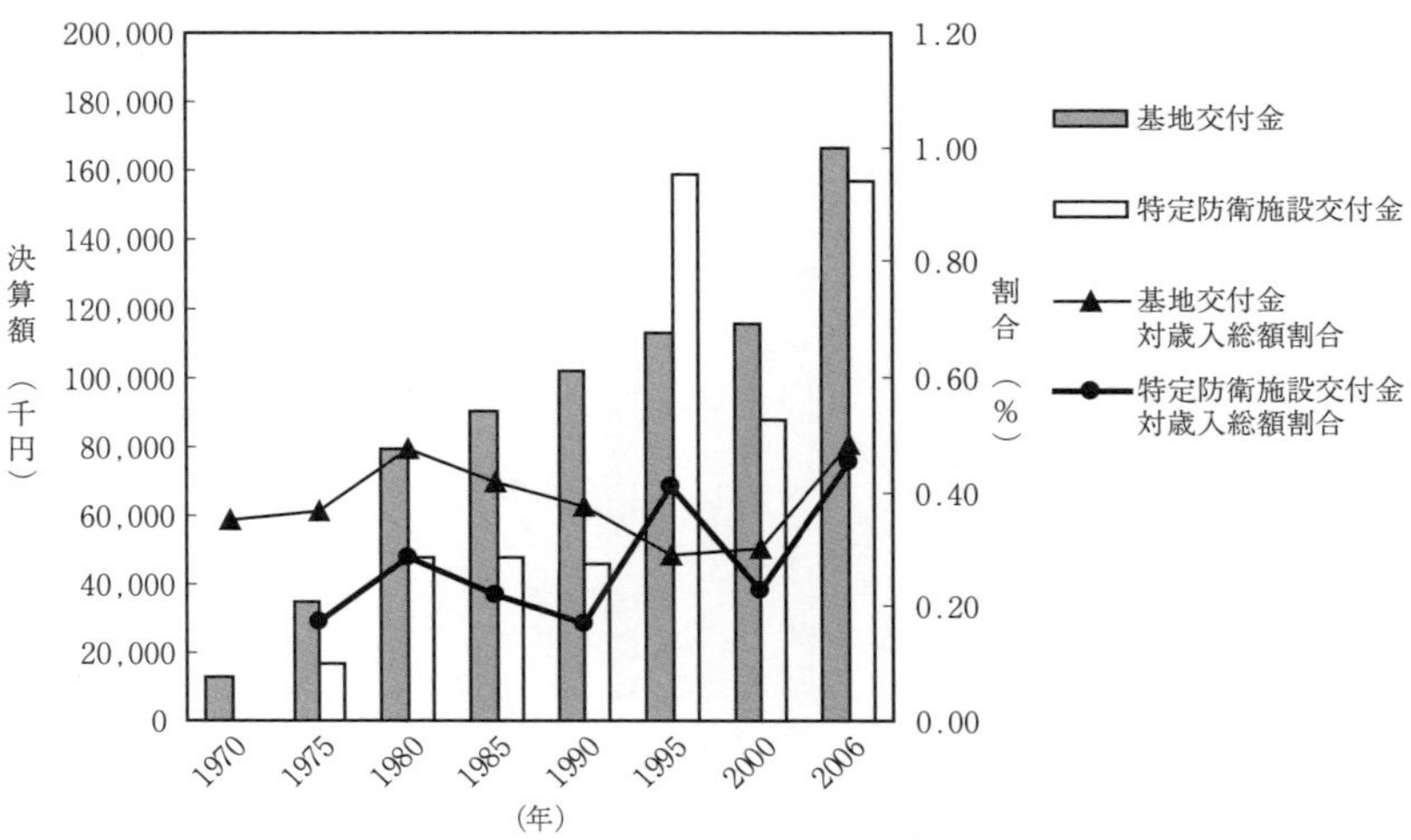

図６－８　舞鶴市における特定防衛施設交付金および基地交付金の決算額と対歳入総額割合の推移

（出典）『市町村別決算状況調』および『市町村別財政状況調』各年度版より筆者作成。

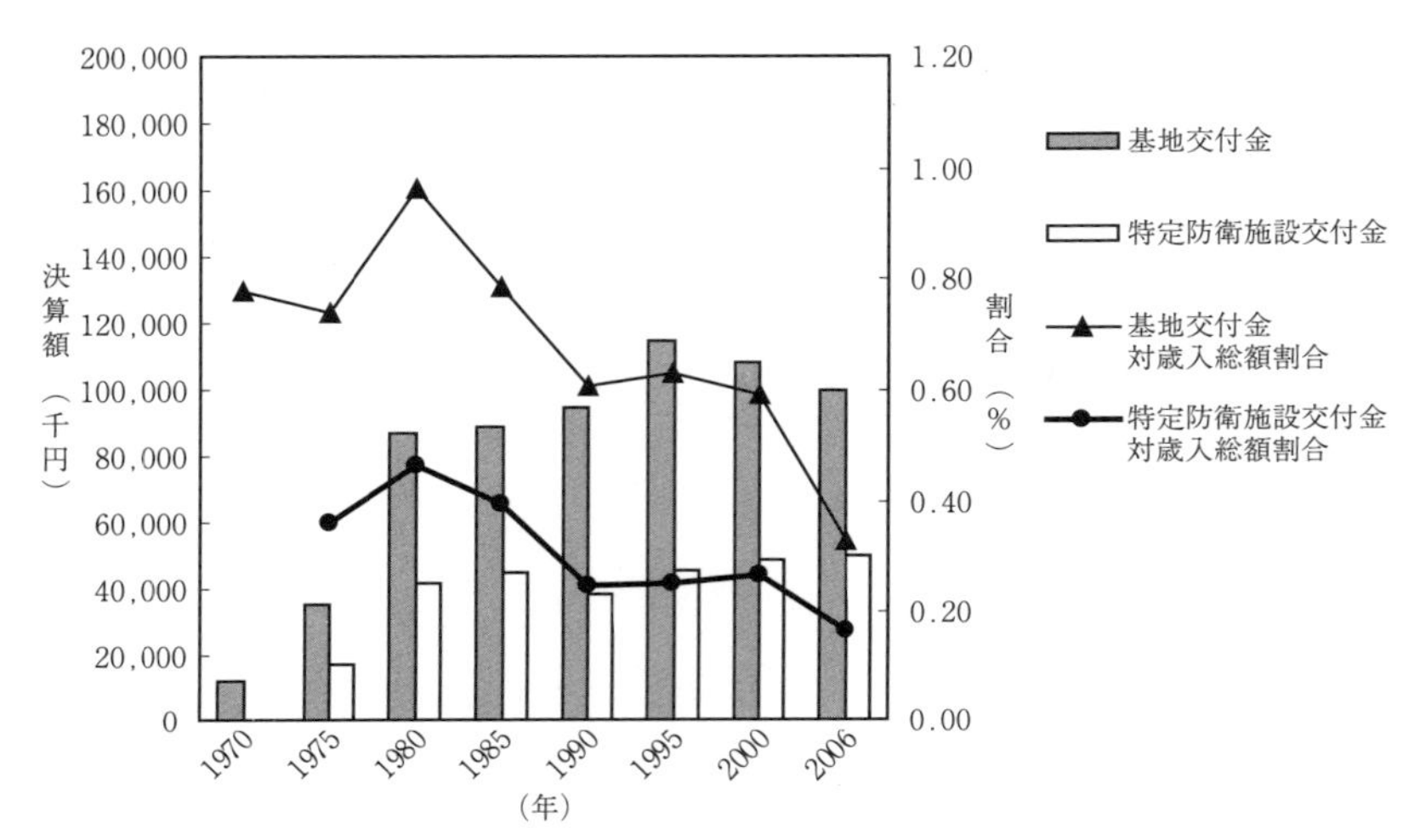

図6－9　むつ市における特定防衛施設交付金および基地交付金の決算額と対歳入総額割合の推移

（出典）『市町村別決算状況調』および『市町村別財政状況調』各年度版より筆者作成。

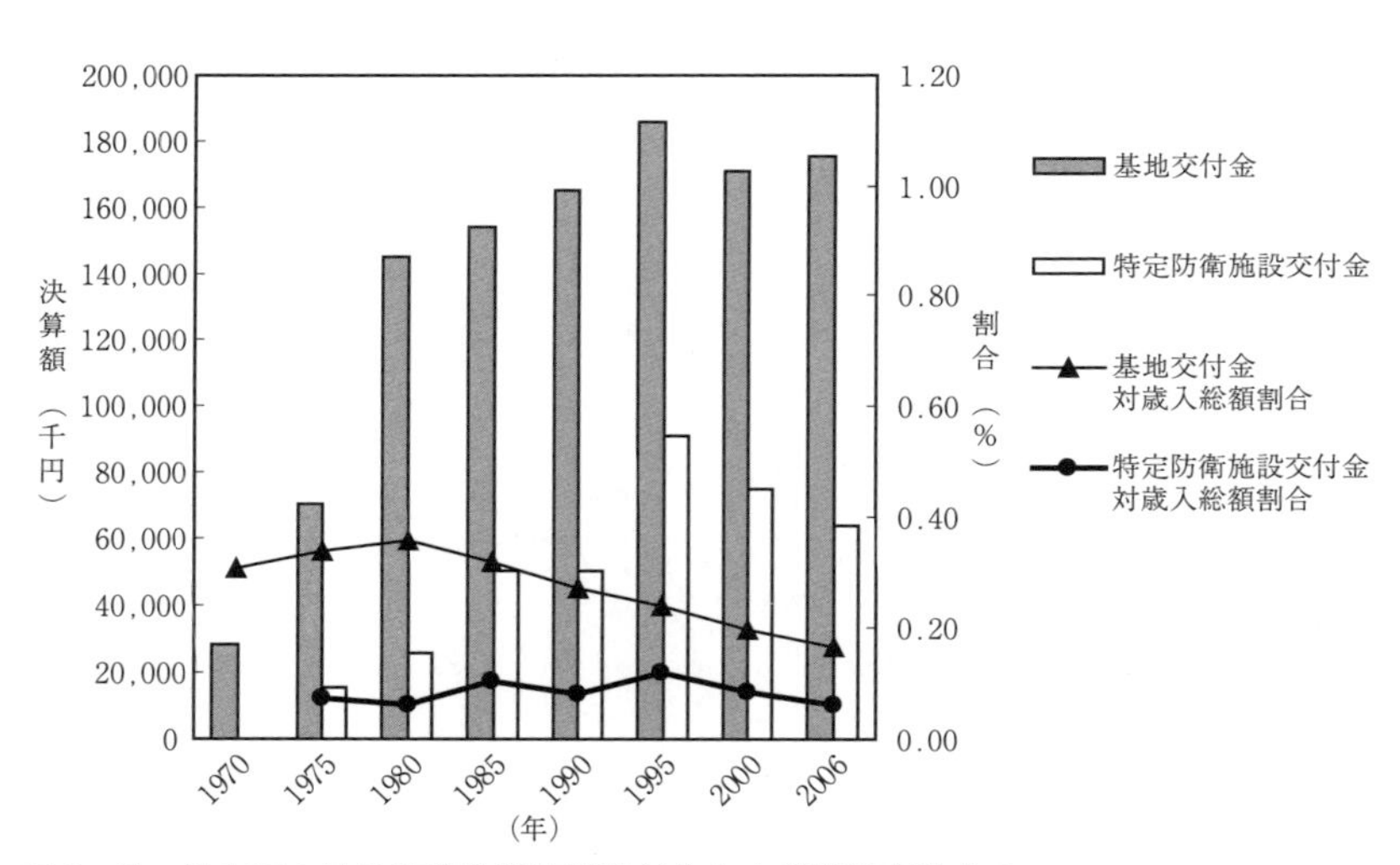

図6－10　呉市における特定防衛施設交付金および基地交付金の決算額と対歳入総額割合の推移

（出典）『市町村別決算状況調』および『市町村別財政状況調』各年度版より筆者作成。

る。これは自衛隊に加えて在日アメリカ海軍を抱えていることが大きく影響をしている。海上自衛隊の影響を分析する本研究においては、アメリカ海軍が要因として大きいと考えられる横須賀市と佐世保市は舞鶴市との比較対象としては除外し、それ以外のむつ市および呉市を取り上げ、基地交付金および特定防衛施設交付金の推移を検討する（図6-8・図6-9・図6-10）。むつ市と呉市においては一九八〇年（昭和五五）以降ではそれほど大きな変動は見られず、また決算額では特定防衛施設交付金は基地交付金のおおよそ三分の一から半分程度で推移しているのに対して、舞鶴市は特異な推移を見せる。舞鶴市の実額をみると基地交付金は漸増、特定防衛施設交付金は一九九五年（平成七）以降急増をしている。割合としては、前者は〇・四％前後、後者は〇・二％前後で推移をしており、特定防衛施設交付金は基地交付金の対比率でみると、一九九五年（平成七）にいたっては一・四倍、その後も〇・七から〇・九倍と、基地交付金と等しいか、それ以上の特定防衛施設交付金が交付されている状況が読み取れる。[23]

この要因として挙げられるのが、先に述べた雁又地区のヘリコプター基地である。ヘリコプター基地「舞鶴飛行場」の設置は基地交付金及び施設等所在市町村調整交付金（総務省所管）の増加をもたらすばかりでなく、特定防衛施設交付金をはじめとする基地関係の補助金の増加ももたらした。

舞鶴市における直近一〇年間の基地周辺対策事業における補助金額やその事業内容は表6-6の通りである。特に増加が目立つのは民生安定助成事業であり、これまでの市道整備や消防関係の充実といった事業に加え、近年三年間では上水道施設整備や廃棄物最終処分場整備など大きなプロジェクトが採択されたことにより、補助金額が急増している。また防衛施設周辺施設統合事業[24]にも二〇〇七年度（平成一九）および二〇〇八年度（平成二〇）と採択され赤レンガパーク整備事業がおこなわれている。

表6－6　舞鶴市における基地対策の事業内容

（単位：千円）

年度	民生安定事業（8条）		特定防衛施設交付金（9条）		統合事業		防衛省計	基地交付金
	決算額	事業内容	決算額	事業内容	決算額	事業内容		
1998	123,961	市道整備 消防ポンプ自動車導入 集会所整備	117,889	市道整備 簡易水道整備			241,850	115,973
1999	33,571	市道整備	140,283	市道整備			173,854	114,958
2000	190,465	市道整備 救助工作車導入	133,366	市道整備			323,831	115,366
2001	117,380	市道整備 消防ポンプ自動車導入	140,277	市道整備			257,657	160,303
2002	41,394	市道整備 高規格救急自動車導入	139,179	市道整備			180,573	160,643
2003	207,840	市道整備 消防緊急通信指令施設整備	134,219	市道整備			342,059	160,735
2004	90,358	市道整備 高規格救急自動車導入	134,234	市道整備			224,592	170,201
2005	98,579	市道整備 赤煉瓦倉庫群周辺整備調査 上水道施設整備 製氷冷蔵施設整備 消防ポンプ自動車	140,377	市道整備 救助船導入 消防無線整備			238,956	170,909
2006	272,309	市道整備 消防ポンプ自動車 体育館改修 上水道施設整備 製氷冷蔵施設整備 廃棄物最終処分場施設整備 コミュニティセンター改修	139,921	市道整備 消防無線整備 防災行政無線整備			412,230	166,475
2007	466,313	体育館改修 上水道施設整備 廃棄物最終処分場施設整備 コミュニティセンター改修	152,208	市道整備	182,495	赤れんがパーク整備	801,016	173,883
2008	758,345	市道整備 高規格救急自動車導入 体育館改修 上水道施設整備 廃棄物最終処分場施設整備 コミュニティセンター改修	151,411	市道整備整備 赤れんが博物館駐車場	24,772	赤れんがパーク整備	934,528	176,423

（出典）　舞鶴市役所資料より筆者作成。
（備考）　2008年度は一部予算額。

第三節　海上自衛隊と舞鶴の地域経済

(一)　舞鶴市財政・海上自衛隊予算と地域経済

ここでは近年の舞鶴市財政の推移を確認するとともに、舞鶴市財政と海上自衛隊予算がどの程度、地域経済に寄与をしているかについて分析を行う。[25]

まず舞鶴市の財政力を京都府全体の数値および、舞鶴市と同じく地方隊所在都市である呉市、むつ市との比較から検討しよう。図6-11は財政力指数の一九七〇年度（昭和四五）から二〇〇五年度（平成一七）までの推移[26]を示したのである。財政力指数とは地方公共団体の財政力の強弱を示す指数で、標準的な行政活動に必要な財源をどれくらい自力で調達できるかをあらわしている。算定式は以下の通りである。

財政力指数＝基準財政収入額÷基準財政需要額

基準財政収入額が基準財政需要額を下回る場合、すなわち財政力指数が一を下回る場合はそれを補うために普通交付税が交付さる。一方、財政力指数が一を超える場合には、基準財政需要額を超えた分だけ通常水準を超えた行政活動が可能であるといえるため、財政力は高いとされる。また通常は財政力指数が一を超える自治体が少ないため、一を下回っていても一に近いほど財政力は高いと判断される。[27]

舞鶴市の財政力指数は概ね〇・五〇から〇・六〇の間で推移をしており、京都府内都市の平均値と比べて全般的に低い値で推移している。平均値との差はおおよそマイナス〇・〇八で推移してきた。むつ市は〇・三〇から〇・五〇で概ね推移しており、この数値そのものも低いが青森県内都市の平均値と比しても低い値である

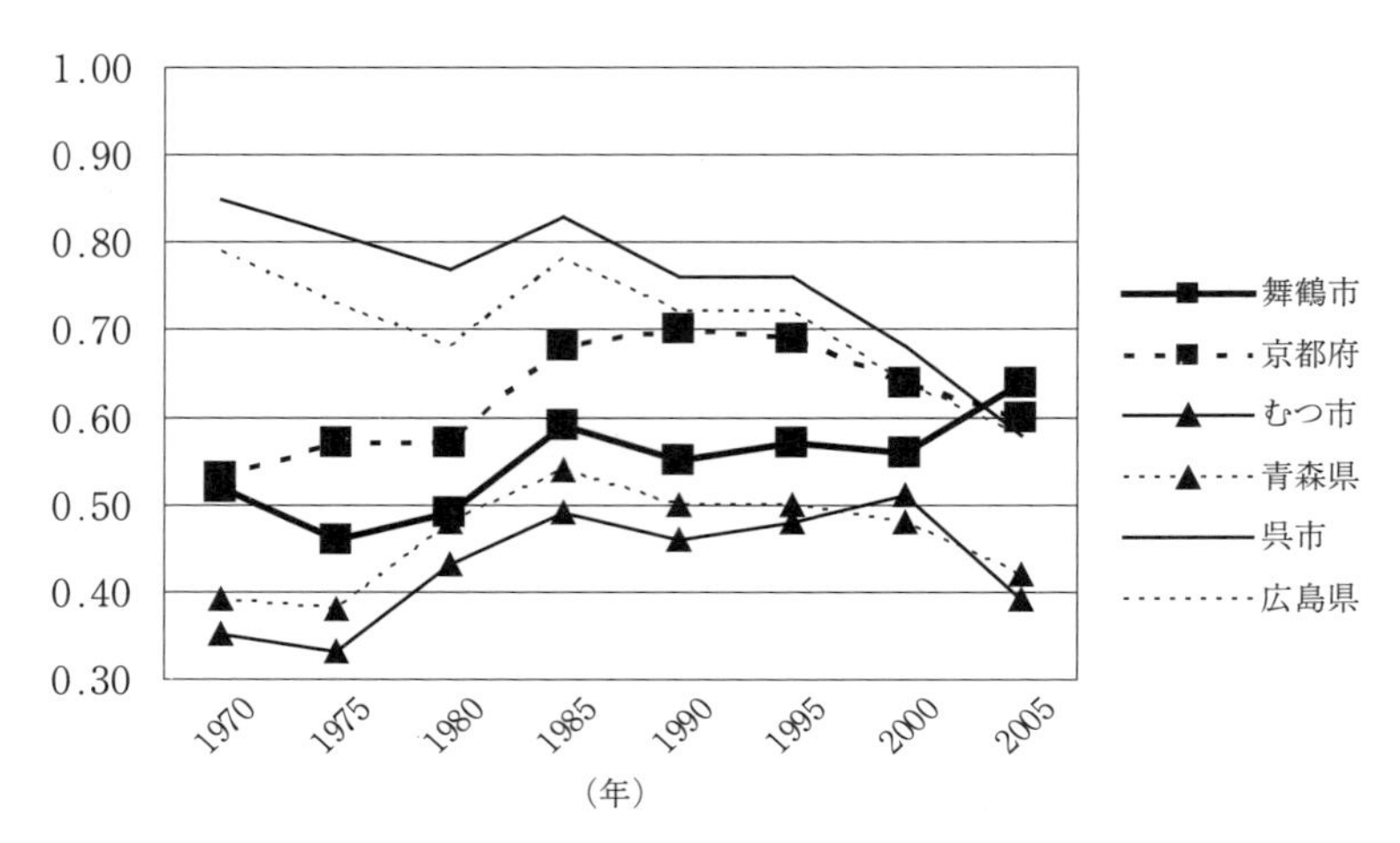

図6-11　地方隊所在都市の財政力指数の推移

（出典）『市町村別決算状況調』各年度版より筆者作成。

（備考）府県の財政力指数は市制施行団体の合計数値を団体数で除したものであり，都市のみで町村は含まない値である。

ことがわかる。平均値との差はおおむねマイナス〇・〇三程度である。一方、呉市は低下傾向にあるものの高い値で推移してきた。広島県内都市の平均値と比しても高い値であったことがわかる。平均値との差はプラス〇・〇五程度である。このことから、舞鶴市の財政力は、他の地方隊所在都市と比べて同一府県内都市平均値より大きく下回ることが分かる。

ところで、舞鶴市財政が舞鶴の地域経済にどの程度影響を及ぼしているのであろうか。その計測方法は非常に難しいが、ここでは岡田の分析方法[28]を参考に、財政寄与度[29]を以下のように算出して検討する。

財政寄与度＝市財政普通会計歳出決算額÷市内総生産

この財政寄与度を、京都府内都市との比較で示したのが表6-7である。南丹市をはじめ丹波・丹後地域の市が比較的高い数値で推移しているのに対して、宇治市や長岡京市など京都府南部の市では低い値が見てとれる。京都府南部では市財政以外の地域経済へ寄与する主体、たとえば規模の大きな民間企業などの存在があり、この数値の地域差を裏付けている。舞鶴市においてもやはり財政の寄与度はさほど大きくなく、別の寄与主体が想定される。これはもちろん海上自衛隊の存在である。

海上自衛隊舞鶴地方総監部における歳出決算額[30]と舞鶴市財政の歳出決算額を比較したのが図6-12である。これを見るとやや下回るもののほぼ同程度の決算額をもっており、地域経済への寄与が考えられる。一方、大湊地方総監部とむつ市との比較(図6-13)および呉地方総監部と呉市との比較(図6-14)で検討をすると、

表6-7　京都府内都市の財政寄与度の推移

自治体名/年	1996	1999	2002	2005
京都市	11.54	12.53	11.37	11.19
福知山市	11.79	12.93	11.80	11.74
舞鶴市	**8.58**	**10.95**	**8.95**	**7.25**
綾部市	14.14	16.16	12.58	11.72
宇治市	7.88	8.32	8.89	8.05
宮津市	14.40	18.63	16.61	17.18
亀岡市	13.93	12.77	11.77	12.49
城陽市	11.81	12.95	11.85	12.33
向日市	12.60	12.17	12.89	11.07
長岡京市	7.97	9.72	9.27	8.94
八幡市	13.62	14.33	12.05	10.23
京田辺市	9.68	10.09	8.50	8.91
京丹後市	17.06	19.09	17.37	16.31
南丹市	23.57	21.96	18.14	20.92

(出典)　筆者作成。
(備考)
1)　市町村合併が行われた以下の自治体については、合併後の単位を基本とし、合併前の数値は合併したそれぞれの自治体の数値を合算した上で算出した。
京丹後市：峰山町、大宮町、網野町、丹後町、弥栄町、久美浜町が2004年4月1日に合併、市制施行。
京都市：2005年4月1日京北町が京都市右京区に編入。
福知山市：福知山市、大江町、三和町、夜久野町が2006年1月1日合併。
南丹市：園部町、八木町、日吉町、美山町が2006年1月1日に合併、市制施行。
2)　京田辺市は1997年4月1日市制が施行された。そのため1996年の数値は旧田辺町の数値で算出した。

表6-8　地方総監部歳出決算額の寄与度(2005年)

舞鶴市	7.14
むつ市	25.43
呉　市	11.04

(出典)　筆者作成。

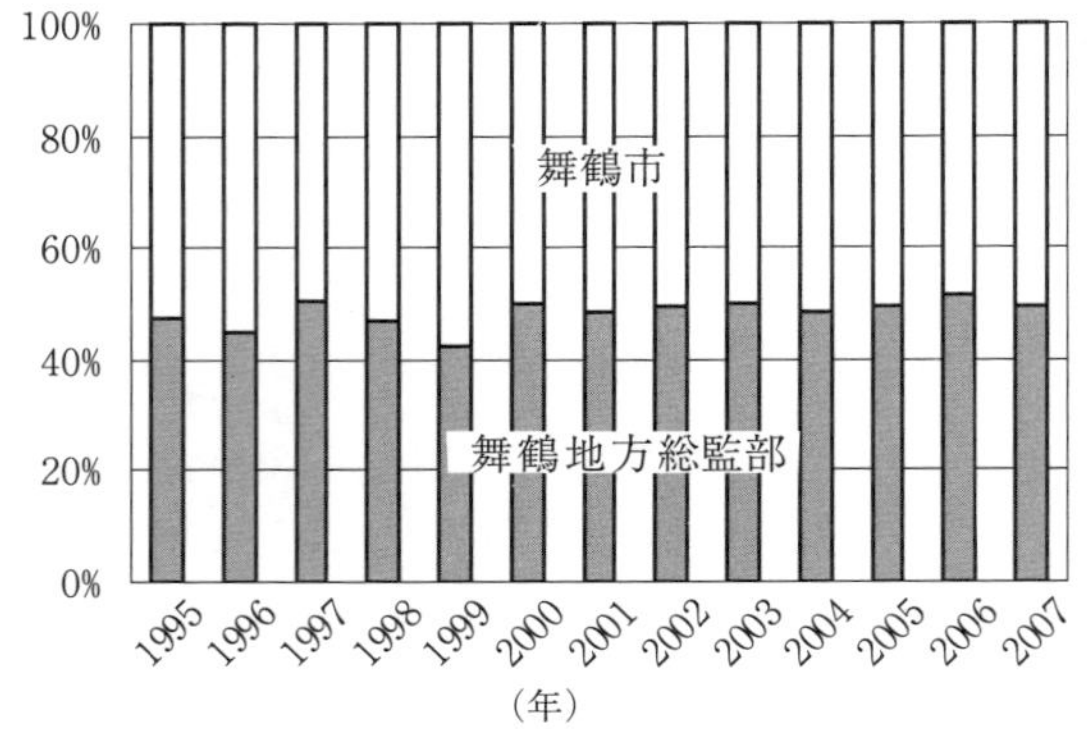

むつ市においては海上自衛隊決算額が一・五から三倍もの金額であり、呉地方総監部においても一・五倍程度と、海上自衛隊地方隊は市財政よりも大きな予算規模であることがわかる。ここで三つの地方隊の地域経済への寄与を検討するため、二〇〇七年度（平成一七）の値で以下のように地方隊寄与度の算出を行った。

地方隊寄与度＝地方総監部歳出決算額÷市内総生産

これによって得られた寄与度[31]が表6-8である。舞鶴地方総監部の寄与度が七・一四であるのに対して、呉

図6-12　舞鶴地方総監部と舞鶴市財政の歳出決算額の比較

（出典）『市町村別決算状況調』各年度版および舞鶴地方総監部資料より筆者作成。

（備考）舞鶴市歳出決算額は普通会計決算額である。

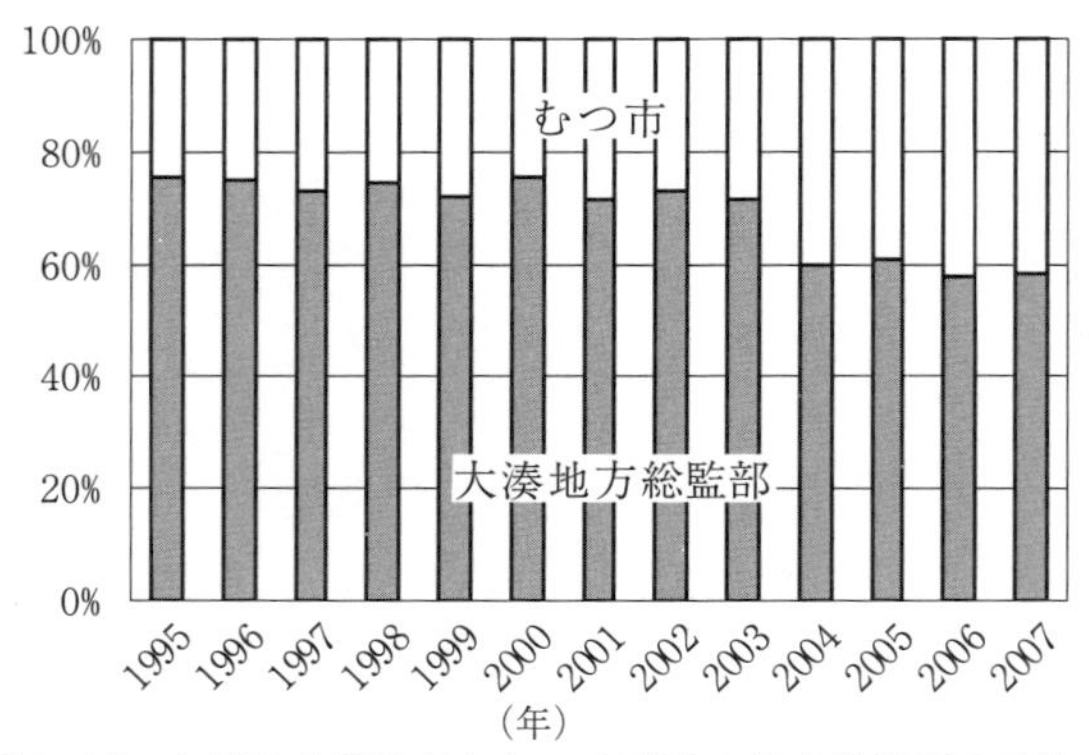

図6-13　大湊地方総監部とむつ市財政の歳出決算額の比較

（出典）『市町村別決算状況調』各年度版および舞鶴地方総監部資料より筆者作成。

（備考）むつ市歳出決算額は普通会計決算額である。

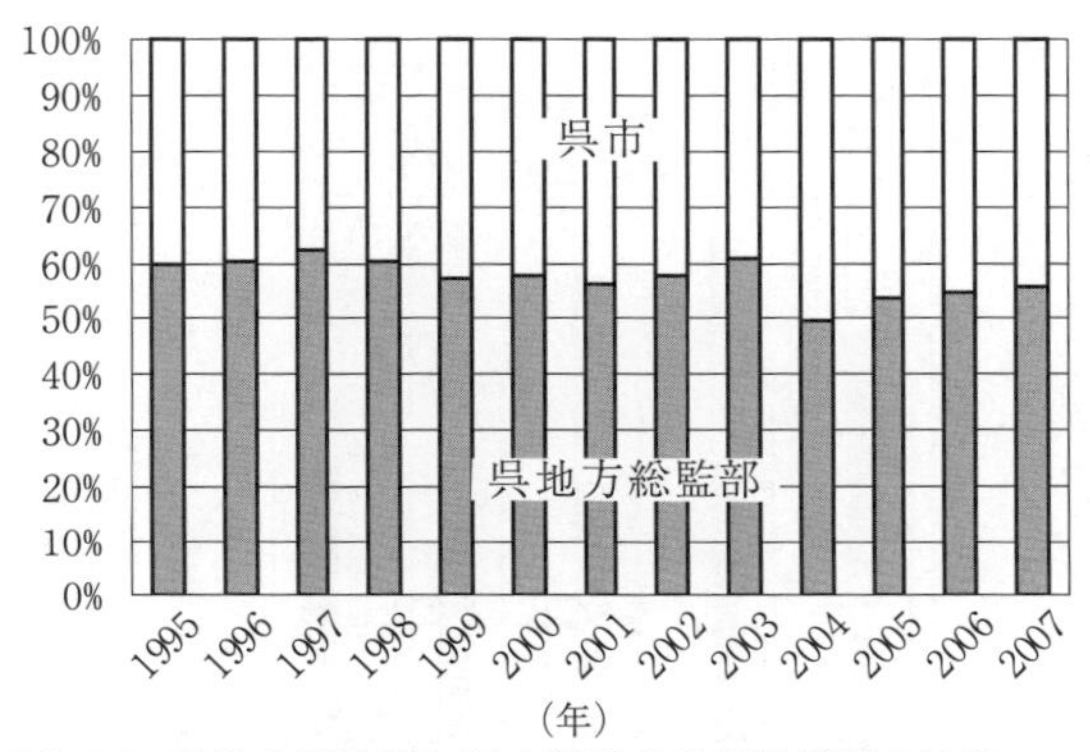

図6‐14　呉地方総監部と呉市財政の歳出決算額の比較

（出典）『市町村別決算状況調』各年度版および呉地方総監部資料より筆者作成。

（備考）呉市歳出決算額は普通会計決算額である。

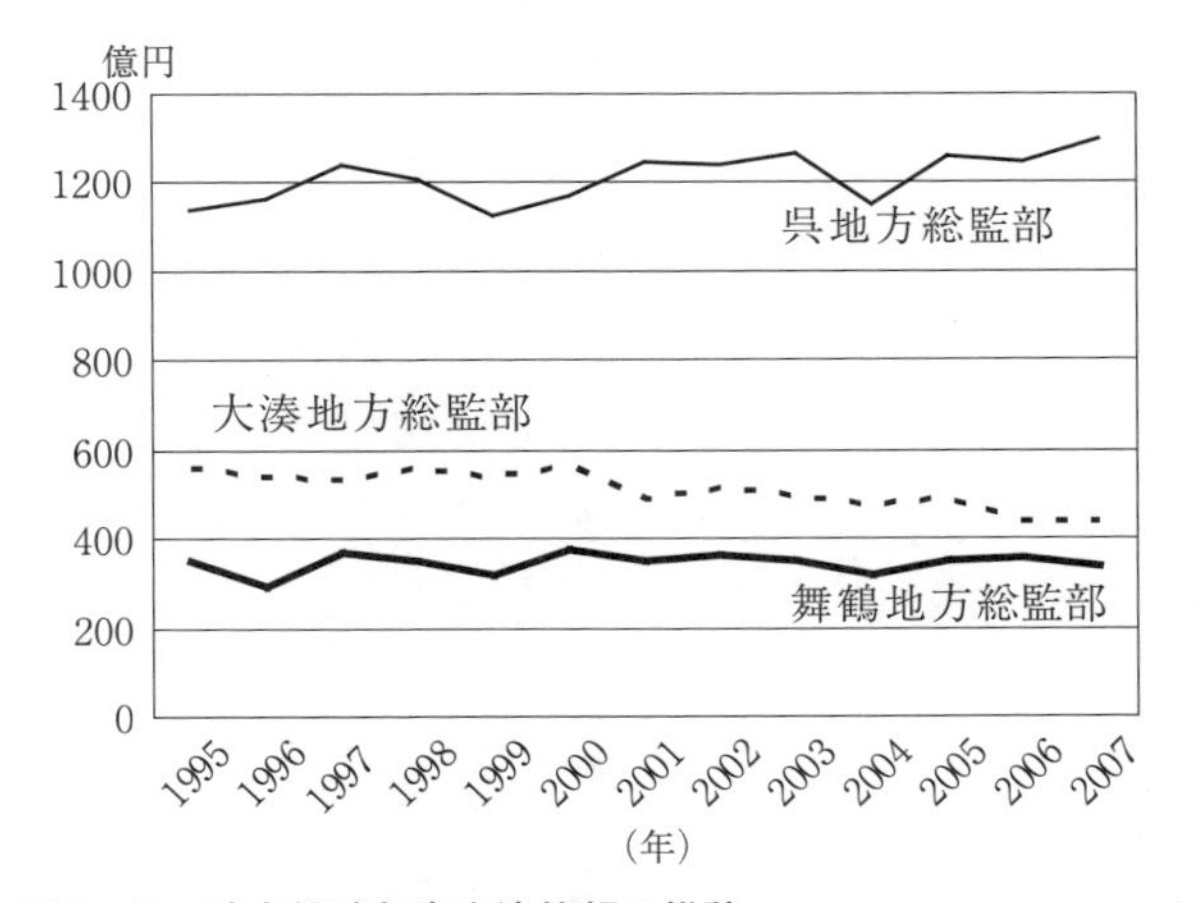

図6‐15　地方総監部歳出決算額の推移

（出典）注(30)のデータより筆者作成。

地方総監部では一一・〇四、大湊地方総監部においては二五・四三と四分の一を占めるに至っており、呉市およびむつ市においては地方総監部が自治体よりも大きな寄与主体となっていることがわかる。図6‐15ではそれぞれの総監部決算額の推移を示しており、舞鶴地方総監部の歳出決算額は呉の三分の一程度、大湊と比しても四分の三程度と金額そのものも他の地方隊と比べて小さいことが分かる。舞鶴の自衛隊は、この点からは必ずしも大きな存在であるとは言えない。

　これらのことから、舞鶴市においては、舞鶴市財政と同程度に舞鶴地方隊の地域経済に対する寄与があるこ

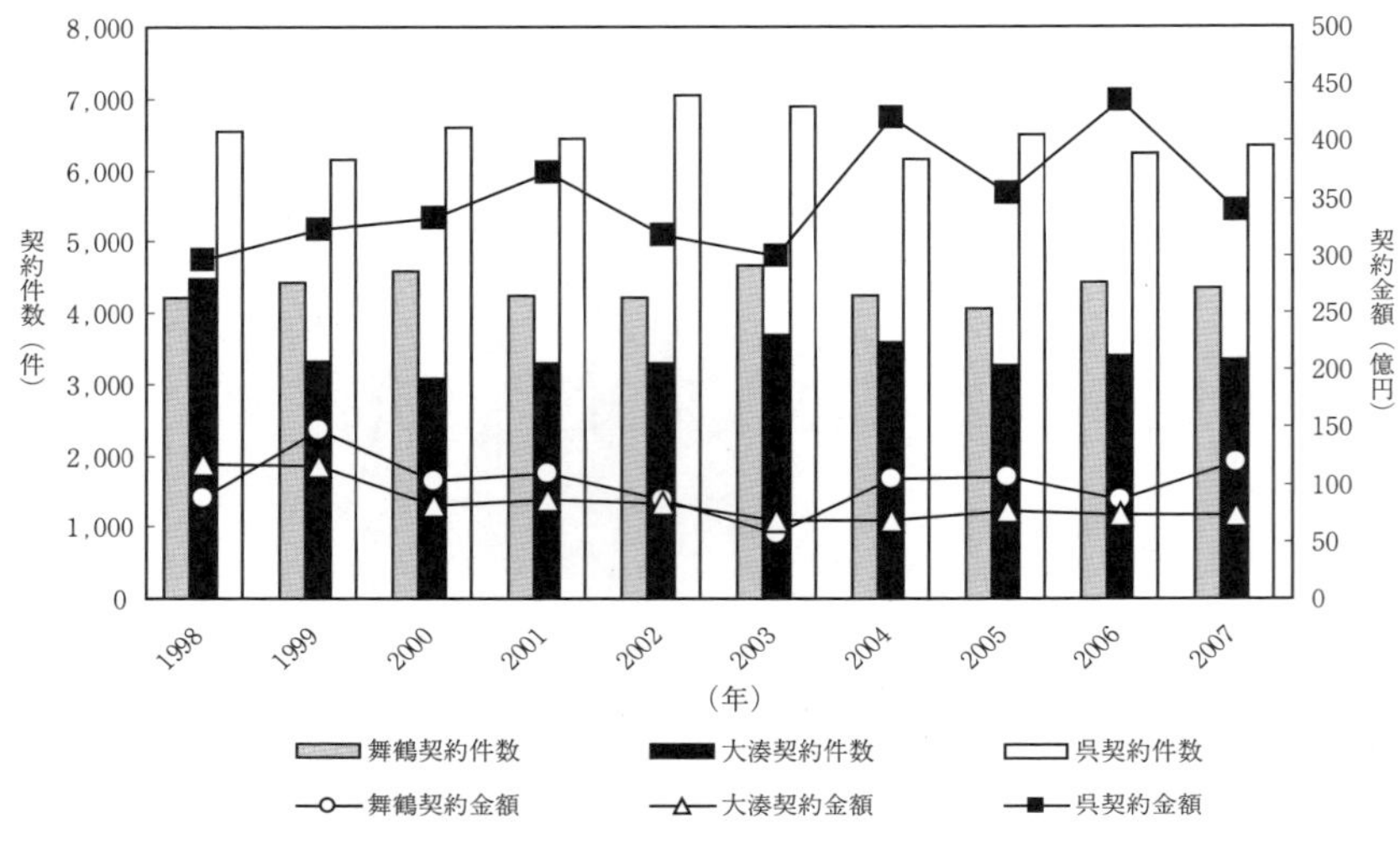

図6-16　地方総監部の契約金額・契約件数の推移
（出典）　注(30)のデータより筆者作成。

とがうかがえるが、予算規模が大きくないこともあり、比較対象として挙げた呉地方隊や大湊地方隊ほどの寄与ではないと言える。

(二)　自衛隊の契約行為と地域経済

前項における分析からも明らかなとおり、海上自衛隊が所在する地域経済は他の都市に比べて、一般的に海上自衛隊に依存する傾向がある。具体的には艦艇修理を担う造船業などはもちろんのこと、日々消費される食糧の納入などの契約行為を通じて地域経済と結びついている。しかしながら近年では道路網の整備などに伴い、近隣大都市の企業の参入も目立つ[32]と言われており、海上自衛隊の存在による経済的波及効果が当該地域の地域経済にとどまらなくなっている。そこで本項では、舞鶴地方総監部と比較対象として大湊地方総監部および呉地方総監部の実際の契約資料を分析することで、海上自衛隊による経済的波及効果の空間性を検討する。

一九九八年度（平成一〇）から二〇〇七年度（平成

一九）の一〇年間における舞鶴地方総監部の契約金額、契約件数の推移[33]を示したのが図6-16である。契約件数は四〇〇〇件から四五〇〇件前後、契約金額は五〇億円から一五〇億円前後での推移であることが見てとれる。図6-16には比較対象として、大湊地方総監部と呉地方総監部の契約金額と契約件数を示した。大湊では

表6-9　地方総監部における契約方式別契約件数・契約金額

			舞鶴	大湊	呉
一般競争入札	契約件数	件	154 27.16%	105 19.30%	403 30.72%
	契約金額	千円	968,285 11.54%	934,095 16.15%	2,844,312 9.27%
指名競争入札	契約件数	件	104 18.34%	203 37.32%	167 12.73%
	契約金額	千円	370,006 4.41%	451,086 7.80%	1,525,614 4.97%
随意契約	契約件数	件	309 54.50%	236 43.38%	742 56.55%
	契約金額	千円	7,049,948 84.05%	4,398,077 76.05%	26,324,487 85.76%
合計	契約件数	件	567	544	1,312
	契約金額	千円	8,388,239	5,783,258	30,694,413

（出典）　海上自衛隊資料より筆者作成。

表6-10　地方総監部における契約内容別契約件数・契約金額

			舞鶴	大湊	呉
物品（食料品）	契約件数	件	107 18.87%	68 12.50%	142 10.82%
	契約金額	千円	385,754 4.60%	195,704 3.38%	1,007,606 3.28%
物品（その他）	契約件数	件	149 26.28%	226 41.54%	422 32.16%
	契約金額	千円	872,910 10.41%	1,172,021 20.27%	3,533,056 11.51%
役務・その他	契約件数	件	300 52.91%	226 41.54%	721 54.95%
	契約金額	千円	7,060,253 84.17%	4,148,118 71.73%	25,953,811 84.56%
公共工事	契約件数	件	11 1.94%	24 4.41%	27 2.06%
	契約金額	千円	69,321 0.83%	267,414 4.62%	199,940 0.65%
合計	契約件数	件	567	544	1,312
	契約金額	千円	8,388,239	5,783,258	30,694,413

（出典）　海上自衛隊資料より筆者作成。

凡例
★ 海上自衛隊主要施設（基地）
▲ 舞鶴地方総監部契約先
○ 呉地方総監部契約先
□ 大湊地方総監部契約先

（備考）
1） 図中のパーセントのうち「件数」は契約件数の割合、「金額」が契約金額の割合である。
2） 京都府内の数値には舞鶴市を、青森県内の数値にはむつ市を、広島県内の数値には呉市を、それぞれ含む。

北海道
大湊より 31件
（件数：6.25%／金額：8.69%）

むつ市内 300件
（件数：60.48%／金額：60.71%）
青森県内 364件
（件数：73.39%／金額：69.54%）

京浜地域（東京都・神奈川県）
舞鶴より 69件
（件数：14.71%／金額：11.17%）
大湊より 82件
（件数：16.53%／金額：18.40%）
呉より 139件
（件数：11.49%／金額：21.87%）

舞鶴市内 305件
（件数：65.03%／金額：70.99%）
京都市内 348件
（件数：74.20%／金額：78.43%）

呉市内 736件
（件数：60.83%／金額：49.93%）
広島県内 1,014件
（件数：83.80%／金額：65.68%）

阪神地域（大阪府・兵庫県）
舞鶴より 38件
（件数：8.10%／金額：8.27%）
大湊より 4件
（件数：0.81%／金額：0.77%）
呉より 21件
（件数：1.74%／金額：11.14%）

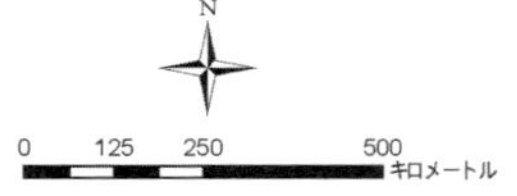

図6-17　地方総監部における契約先の空間分布
（出典）　海上自衛隊資料より筆者作成。

契約件数は舞鶴より五〇〇件から一〇〇〇件ほど少ない値で推移しており、契約金額は八〇億円前後で推移している。呉では契約件数は六〇〇〇件から七〇〇〇件ほど、契約金額は三〇〇億円から四〇〇億円ほどであり、先に見た地方総監部の予算規模と比例する形で、舞鶴や大湊とは契約規模に格段の差があることが分かる。

　次に海上自衛隊が公表している二〇〇七年度（平成一九）の契約情報(34)をもとに、舞鶴、大湊、呉それぞれの地方総監部の契約の特徴について検討をする。ここで用いる契約情報は財務大臣通知である「公共調達の適正化について（財計第二〇一七号／平成一八年八月二五日）」に則って公表された、公共工事や物品、役務の名称や数量、契約の相手方の商号又は名称及び住所、契約金額などである。この公表では、一定金額を下回る契約に関しては公表がされておらず、したがって本分析では少額の契約は分析対象外となる。[35]

公表されている契約件数は舞鶴が五六七件、大湊が五四四件、呉が一三一二件であり、契約方式で最も多いのはいずれの地方総監部でも随意契約で、契約件数でおおよそ半分程度、契約金額で八〇%前後を占める（表6-9）。契約内容をみると[36]、契約件数、契約金額ともに「役務・その他」が高く、次いで「物品（その他）」、「物品（食料品）」の順番となる（表6-10）。大湊地方総監部では「役務・その他」と「物品（その他）」が同数で二二六件（四一・五四%）であるが、契約金額では、やはり「役務・その他」が七一・七三%と「物品（その他）」の二〇・二七%よりも大きい。

次に、それぞれの契約先を地域別に分析することで、その空間的な広がりを検討する（図6-17）。ここでの分析対象は「契約の相手方の商号又は名称及び住所」が秘匿となっているもの[37]も除いた、舞鶴四六九件、大湊四九六件、呉一二一〇件である。

舞鶴地方総監部の契約先を地域別に見てみると、舞鶴市内を契約先とする契約件数は三〇五件（六五・〇三%）で契約金額では七〇・九九%にあたる。京都市や福知山市、宮津市を合わせた京都府全体で三四八件（七四・二〇%）、契約金額で七八・四三%、都道府県単位では東京都五一件（一〇・八七%）、契約金額で九・二八%、大阪府二九件（六・一八%）、金額で七・六七%と続く。京浜地域が件数で一四・七一%、金額で一一・一七%であるのに対して、阪神地域では件数で八・一%、金額で八・二七%と東京都、神奈川県への契約の方が多くなっている。内容としては舞鶴市で「役務・その他」が四〇・六六%、「物品（食料品）」が二九・八四%を占める。東京都は「役務・その他」の契約が三七件と七二・五五%を占め、大阪府では「物品（その他）」が四八・二八%と割合が高い。すなわち「物品（食料品）」はその契約先の多くが舞鶴市内で、そのほか隣接する宮津市や近隣府県の大阪府、兵庫県などが契約先として挙がる一方で、「役務・その他」の契約先は東京都などへも広がりをみせ、広範な契約先が見受けられる。

大湊地方総監部では、むつ市内を契約先とする契約件数は三〇〇件（六〇・四八％）、契約金額では六〇・七一％にあたる。そのほか青森市や八戸市、東通村などを含めた青森県全体では三六四件（七三・三八％）で契約金額では六九・五四％となる。都道府県単位では東京都の四九件（九・八八％）、契約金額で一三・五二％、神奈川県三三件（六・六五％）同四・八七％となり、京浜地域で件数一六・五三％、金額一八・四〇％を占める。その他特徴的なものとして、北海道が挙げられ三一件（六・二五％）、金額で八・六九％を占める。むつ市では「物品（その他）」が四五・三三％、「役務・その他」が二七・六七％、東京都は「役務・その他」の契約が三二件と六五・三一％を占め、神奈川県でも「役務・その他」が二二件、六六・六七％と割合が高い。「物品（食料品）」はむつ市、青森市、八戸市ですべてを占める一方、「役務・その他」は東京都、神奈川県や北海道へも広がりをみせ、舞鶴の場合と同様に広範な契約先が見受けられる。

呉地方総監部の契約先としては、呉市が契約件数は七三六件（六〇・八三％）、契約金額では四九・九三％にあたる。このほか広島市や江田島市、尾道市などを含めた広島県全体では一〇一四件（八三・八〇％）、契約金額では六五・六八％に上る。都道府県単位では東京都が一一六件（九・五九％）、金額で一九・九一％、神奈川県が二三件（一・九〇％）同一・九六％、京浜地域全体では件数で一一・四九％、金額で二一・八七％を占める。また兵庫県が一三件（一・〇七％）と件数は少ないものの、航空機整備委託を請け負った企業があることから、契約金額では一〇・四〇％と大きな値を示し、阪神地域全体では二一件（一・七四％）、金額で一一・一四％となる。呉市では「役務・その他」が五三・八〇％、「物品（その他）」が三三・八三％、東京都は「役務・その他」の契約が八一件と六九・八三％を占め、神奈川県や京都府など県外では「役務・その他」の割合が高い。「物品（食料品）」は呉市と広島市で割合が高く、広島県内で九九・三〇％を占める。

以上、地方総監部ごとに契約先を地域別に分析することで、その空間的な広がりを検討してきた。市内契約に着目すると、地方総監部ごとに契約件数ではいずれの地方総監部でも六〇％強で、舞鶴が多少高い程度であるが、契約金額では大きな差が見てとれる。呉においては五〇％を下回るのに対して、舞鶴においては七〇％を上回る高い割合となっていることが分かる。すなわちこの分析から、舞鶴における自衛隊契約行為の地域経済への波及効果は他の都市に比べて大きいものと考えられる。[38]

海上自衛隊との受動的関係と戦略的活用—まとめにかえて—

本研究では舞鶴市財政や舞鶴の地域経済における海上自衛隊の寄与・影響について考察を行った。戦後、旧海軍の解体を受けて舞鶴市は平和産業港湾都市への転換を図ってきたが、造船をはじめとする基幹産業の構造的不況の下で、海上自衛隊の直接、間接の寄与・影響が大きくなってきたといえる。その寄与・影響についてまとめたものが表6-11である。産業構造からみても事業所従業員「公務」における国家公務の割合が高く、また財政面でも自衛隊が所在することに由来する財源への依存が、他の地方隊所在都市と比べて大きいことが明らかとなった。また地域経済の側面では、地方隊予算そのものは他の地方隊と比べて小さいものも、その契約行為を精査すると地元の業者との契約金額の割合が他の地方隊都市と比べて高く、地域経済への波及が大きいことが分かる。

このように寄与・影響を拡大し続けてきた海上自衛隊と、舞鶴という地域はどのようにかかわってきたのであろうか。ここでは二つの組織の存在から見てみよう。一つは舞鶴自衛隊協力会[39]であり、自衛隊が発足して間

表6-11　舞鶴市財政および地域経済における海上自衛隊の寄与と影響

地域経済の産業構造	大	舞鶴市の産業別従業員割合でみると、産業全体に占める国家公務が10.50%、公務の内訳では国家公務が80.70%。
舞鶴市財政への影響	大	市財政の歳入割合でみると、特定防衛施設交付金は地方隊所在都市の中で舞鶴市が最も高く、基地交付金も在日アメリカ海軍が所在しない都市の中では舞鶴市が最も高い。
海上自衛隊の経済規模	小	市財政と地方総監部予算の比較でみると、舞鶴地方総監部予算は舞鶴市財政とほぼ同程度で大きな規模といえるが、むつ市や呉市では海上自衛隊の予算規模がより大きい。
海上自衛隊の地域経済への波及	大	地方総監部の契約相手の空間分布でみると、契約金額では舞鶴市内業者との契約が多い。

（出典）　分析結果より筆者作成。

もない一九五五年（昭和三〇）に設立された。事務局を舞鶴商工会議所内に置き、広報活動として年一回の会報「翔鶴」の発行や各種イベントへの参加、新たに入隊した自衛隊員への記念品贈呈などを行ってきた。経済的な面で関わり合いが深い組織としては、一九七二年（昭和四七）に発足した舞鶴防衛経済同友会(40)がある。これは納入業者でつくる任意団体(41)であり、主な事業として自衛隊各種行事への参加のほか、仕様書の取次や入札資格の情報などの取次を行っており、特に自衛隊からの緊急調達等の円滑化に寄与している(42)。このような組織は舞鶴特有のものではなく、他の地方隊所在都市にも存在している。つまり舞鶴は一般的な「協力体制」の構築と「共存」という道を歩んできたといえよう。

しかしながら見方を変えると、これまでの関係は産業構造、財政、地域経済のどの側面においても、自衛隊の存在に伴う受動的関係であったということができる。財政面では自衛隊の存在という所与の条件の下で展開される施策の活用であり、また地域経済の面では契約行為に基づく関係が中心である。その関係において舞鶴という地域の主体性は見てとれない。

「地域の自立」が言われて久しい。補助金や交付税などの「最後の護送船団」に守られてきた経済基盤の弱い地域は、急速に、そしてドラスティックに、「自立的発展」というスローガンのもとで地域間競争にさらされてきた[43]。それは舞鶴という都市においてもあてはまる。海上自衛隊をはじめとする公的セクターへの依存が大きいということは、当該地域における民間経済の成長力が弱いということに他ならない。基幹産業の構造的不況という状況から抜け出せない舞鶴であるが、一方で依存を強めてきた自衛隊も国の財政再建の下では「聖域」ではない。基地周辺対策経費は直近の五年間（二〇〇三年から二〇〇七年）で約一七％減少した。当然のことながらこのことは財政運営だけではなく、公共投資に依存した舞鶴の地域経済への影響は大きい[44]。

このようななか、舞鶴では受動的関係であった「海上自衛隊」を戦略的に活用しようとする動きが始まっている。それは「舞鶴」という地域ブランド戦略において海上自衛隊を地域資源の一つとして位置づけようとする動きである[45]。この地域ブランド戦略は舞鶴市総合計画のスローガン「交流ネットワーク都市」の実現の中で謳われている、ビジターズインダストリーの創出のための施策のひとつとして位置づけられるものである。

自衛隊が発足してから半世紀がすぎ、経済主体としての自衛隊の存在は確固たるものとなったが、その一方で地域が主体的に自衛隊という存在を活用しようという視点は弱かった。地域資源として自衛隊をとらえることは、単に地域ブランド戦略の中での活用にとどまるものではなく、経済主体という固定化された自衛隊の位置づけを変えることができる。舞鶴という地域の自立は、自衛隊との関係を再構築する中で成し遂げられるのかもしれない。

（1）中国新聞社呉支社「呉と海上自衛隊」取材班『呉と海上自衛隊』（中国新聞社、一九九八年）。
（2）田村和之編『在日米軍基地・自衛隊関連交付金等の地域財政・経済への影響に関する法・経済学的研究』（科学研究費補助金基盤研究（C）（二）研究成果報告書平成一三―一五年度、二〇〇四年）。

(3) 高内俊一「舞鶴市経済の現状と展望」(『立命館大学人文科学研究所紀要』第三四号、一九八一年)、一〇頁。
(4) 舞鶴をはじめとする戦前・戦中期の軍港都市の財政的特徴については序章第二節を参照。
(5) 詳細については舞鶴市史編さん委員会編『舞鶴市史』現代編(舞鶴市役所、一九八八年)、八五一頁を参照。
(6) 「地方財政再建促進特別措置法」第一二条においては、一九五四年度(昭和二九)において不足した歳入のうち、一九五〇年度(昭和三〇)の歳入を繰り上げて充用した額に充当する財政再建債(歳入欠陥債)のほか、退職職員に支給すべき退職手当の財源に充てるため必要な金額も財政再建債(退職手当債)を充てることが認められている。
(7) 前掲『舞鶴市史』現代編、四三八頁。
(8) 京都府立産業能率研究所編『舞鶴市木材及び木製品製造業者・家具及び建具製造業者・木造船製造業者業界調査報告書』(京都府立産業能率研究所、一九五一年)。
(9) 前掲『舞鶴市木材及び木製品製造業者・家具及び建具製造業者・木造船製造業者業界調査報告書』では「当地が資源的に蓄積豊富なる裏日本の海岸線と丹後の山林を背部にもち遠くは至便なる海上輸送に依り北海道材の移入にも恵まれ(八五頁)」とあるとおり、主たる活用資源は国内材が想定されていた。
(10) 関西産業活性化センター『舞鶴市産業活性化計画策定調査報告書』(関西産業活性化センター、一九九二年)、一一頁。
(11) 前掲『舞鶴市史』現代編、五八四頁。
(12) 前掲『舞鶴市史』現代編、五八七頁。
(13) 前掲『舞鶴市史』現代編、五九二―五九五頁。
(14) 決議文の内容は、舞鶴平和委員会・原水爆禁止舞鶴協議会編『舞鶴における平和資料―五〇年の歩み―』(舞鶴平和委員会・原水爆禁止舞鶴協議会、二〇〇一年)、八二―八六頁を参照した。
(15) その後、二〇〇八年(平成二〇)三月に舞鶴整備供給分遣隊および舞鶴航空基地隊を統合し、第二三航空隊に昇格。
(16) 関西電力の火力発電所であり一九九七年(平成九)に着工し、二〇〇四年(平成一六)に完成、一号機が運転を開始した。
(17) 『事業所・企業統計調査』において非現業部門公務が調査対象となったのは一九七二年(昭和四七)調査以降である。
(18) 基地交付金の総額の一〇分の七相当額が対象資産価格で按分され、残りの一〇分の三が対象資産の種類や用途、市町村の財政状況などを考慮して決定され、その合算額が交付される。

(19) 自衛隊や在日アメリカ軍の施設すべてが「基地交付金」の対象とはなっておらず、対象除外となっている資産の主なものとして自衛隊の駐屯地などがある。このうち在日アメリカ軍の所有する資産については、基地交付金の対象となっていないことや在日アメリカ軍及びアメリカ軍人等に係る固定資産税、住民税等の市町村税の非課税措置などの影響から、「基地交付金」に加えて「調整交付金」が財政給付金的なものとして交付されている。

(20) 一般的に補助金は、特定の施設の整備等のために交付されるものであるが、この特定防衛施設交付金は、いわゆるメニュー方式と称され、市町村が、政令で定める公共用施設の中から任意に整備すべき施設を選択することができるものである。また選択した特定の施設整備のため、この特定防衛施設交付金を何割充てるかも市町村の選択に任されているのが特徴である。

(21) 全国基地協議会・防衛施設周辺整備全国協議会『基地対策ハンドブック』(全国基地協議会・防衛施設周辺整備全国協議会、二〇〇三年)、四五頁。そのため、ある事業においていくつか補助金が選択できる場合、一般的に市町村は周辺整備法に基づく補助金を選択する傾向がある。

(22) デフレーターとは、ある経済量を時系列的にその数量だけの変動として比較できるように、その間の価格変動による影響を取り除いた数値に直すために用いられる指数のことである。ここでは平成二年国内総生産デフレーター(GDPデフレーター)を用いて換算を行った。GDPでデフレーターは次の算出式で求められる。

GDPデフレーター=名目GDP÷実質GDP

(23) 呉市には在日アメリカ軍施設として広弾薬庫などがあるが、一〇〇名程度の小規模な施設であり、横須賀市や佐世保市ほど大きな要因ではないと考えられる。

(24) 防衛施設の設置・運用による障害が特に著しい特定地域において、地方公共団体が行う計画的な生活環境などの整備事業に対し、複数の事業を一括して採択し、地方公共団体が裁量的に施行できる事業。

(25) ここでは資料の関係上、舞鶴市財政として普通会計を海上自衛隊予算として地方総監部予算を分析対象とする。なお舞鶴市財政には普通会計のほか、国民健康保険事業や貯木事業などの特別会計、公営企業会計などの公営企業会計がある。また舞鶴の海上自衛隊に関係する予算としては地方総監部予算のほかに、防衛省装備施設本部(二〇〇一年までは調達実施本部、二〇〇六年までは契約本部、二〇〇七年までは装備本部)で行う中央調達に係る予算がある。

(26) 財政力指数は通常三年度間の平均を用いる。ここで用いた指標も当該年度を含めた前三年度間の平均値であり、例えば一九七〇年度(昭和四五)の値であれば一九六八年度(昭和四三)、一九六九年度(昭和四四)および一九七〇年度

（昭和四五）の平均値である。

(27) 例えば二〇〇六年度（平成一八）の普通交付税不交付団体は一八二一市町村中一七〇市町村にすぎない。

(28) 岡田知弘『地域づくりの経済学入門―地域内再投資力論―』（自治体研究社、二〇〇五年）。

(29) 前掲『地域づくりの経済学入門―地域内再投資力論―』によると、この数値は単純な比率であり、市の財政支出のすべてが当該自治体内の地域経済に還流しているわけではないので数値が大きくなる傾向がある（一四五頁）が、財政の寄与度を簡便にとらえることができる方法である。なお同書では「財政依存度」の呼称を用いている。

(30) ここで用いたデータは、舞鶴地方隊五十年史編さん委員会編『舞鶴地方隊五十年史』（海上自衛隊舞鶴地方総監部、二〇〇三年）、舞鶴地方隊四十年史編纂委員会編『舞鶴地方隊四十年史』（海上自衛隊舞鶴地方総監部、一九九三年）、大湊地方隊五〇年史編纂委員会編『大湊地方隊五〇年史』（海上自衛隊大湊地方総監部、二〇〇四年）、海上自衛隊呉地方総監部編『呉地方隊五〇年史』（海上自衛隊呉地方総監部、二〇〇四年）に掲載があるもの、および防衛省大臣官房文書課情報公開・個人情報保護室を通じて行政文書の開示請求により得たものである。

(31) この寄与度においても、地方総監部予算がすべて地域経済に還流されているわけではないため、あくまでも一つの指標として提示する。

(32) 前掲『呉と海上自衛隊』によると、たとえば広島県呉市の食品業者の集まりである「呉糧友会」の加盟業者三六社中呉市以外の業者が一〇社含まれるという（一二六頁）。

(33) ここで用いたデータの出所は注(30)と同じである。

(34) 海上自衛隊ホームページにある「契約情報（http://www.mod.go.jp/msdf/bukei/keiyakukeka_idx.html）」であり、本研究では二〇〇八年七月三〇日現在で公開されていた契約情報から二〇〇七年度（平成一九）の契約情報を抜粋した。

(35) 非公表の対象は、予定価格が「予決令（予算決算及び会計令／昭和二二年四月三〇日勅令第一六五号）」第九九条第二号、第三号、第四号又は第七号のそれぞれの金額を超えないものとされており、具体的には、「二五〇万円を超えない工事又は製造」、「一六〇万円を超えない財産の購入」、「年額又は総額が八〇万円を超えない物件の借入」、「工事又は製造の請負、財産の売買及び物件の貸借以外の契約でその予定価格が一〇〇万円を超えないもの」と規定されている。

(36) ここでの契約内容は、公表されている「物品役務等の名称及び数量」を参考に、筆者が分類したものである。

(37) 防衛省経理装備局装備政策課開発・調達企画室によると、秘匿とする明確な基準はないが、防衛省の内部文書である

「公共調達の適正化を図るための措置について（平成一八年一二月七日）」において、契約履行に際して、もしくは防衛上支障がある場合には公表しなくてもよい旨の規定があり、それに則っているとのことである。

(38) ただし、「契約の相手方の商号又は名称及び住所」が秘匿となっているものの中には契約金額が十億円規模と大きいものも含まれており、この点は別途検討を要する。

(39) 舞鶴自衛隊協力会会員は商工会議所会員だけではなく一般住民も含まれ、会員数は二〇〇八年（平成二〇）三月現在で四二五名である。なお発足当時の名称は「舞鶴自衛協力会」である。

(40) 舞鶴市中舞鶴地区に事務所を構え、専従職員を置いている。発足当時の名称は「舞鶴自衛隊納入協力会」である。

(41) 二〇〇八年（平成二〇）三月現在の会員数は二一九社であり、内二二社は舞鶴市外に所在する企業である。

(42) 前掲『舞鶴地方隊四十年史』一三五頁。

(43) 筒井一伸「国土空間の生産と日本型政治システム」（水内俊雄編『空間の政治地理』朝倉書店、二〇〇五年、六六頁）。

(44) 例えば舞鶴防衛経済同友会では、一九九一年（平成三）に二九三社あった会員が、倒産などを理由に退会が続き、前記のとおり二一九社まで減少している。また二〇〇七年度（平成一九）に舞鶴地方総監部からの発注を受注できなかった企業が、特に土木建設業者を中心に一〇四社あるなど、影響が出ている。

(45) 本書の筒井一伸「コラム　『海軍』・『海上自衛隊』と舞鶴の地域ブランド戦略」を参照。

コラム

「海軍」・「海上自衛隊」と舞鶴の地域ブランド戦略

筒井一伸

海軍グルメが注目を浴びている。「進め！大湊海軍コロッケ（二〇〇八年七月一六日／産経新聞）」、「海軍グルメ、なぜ人気？（二〇〇八年九月二五日／読売新聞）」、「旧海軍レシピHPで公開（二〇〇八年一〇月二三日／朝日新聞）」など、新聞見出しに「海軍」の文字が躍る。海軍グルメとは、一九九五年（平成七）に誕生した「舞鶴肉じゃが」にはじまるとされ、その後「くれ肉じゃが」、「よこすか海軍カレー」、佐世保の「海軍さんのビーフシチュー」や「海軍さんの入港ぜんざい」、「大湊海軍コロッケ」など、近年一〇年間ほどで広がりを見せたものである（表）。これら共通のブランドは「海軍」に加えて、旧軍港都市の「地域名」であり、一種の「地域ブランド」ということができる。

地域ブランドとは、そもそも農産物や伝統工芸品などに地域名、産地名を冠したブランドであり、他の地域の産品と差別化をし、「優位性」を持たせることが目的である。したがってこれまで取り組まれてきた「地域ブランド」の多くは、モノのブランド化のために地域性という網をかけてイメージを統合し、アピール効果を強めたり、相乗効果を高めたりするものが多く、地域経済再生のための産業政策として取り組まれてきた。その一方で、単なるモノの価値を高めるための「地域ブランド」という発想ではなく、地域資源を見つめなおし、それをいかに「地域ブランド」として位置づけるかいう、いわば地域づくりの一環としての考えもではじめている。(1)

舞鶴においては、「海軍」と「海上自衛隊」を観光ブランド戦略へ活かそうとしている。そもそも舞鶴は、天橋立を抱える宮津市など丹後半島地域に比べて観光資源に乏しく、一九八〇年代半ばまでは観光客の八〇％近くを海水浴客に頼る、観光地としては未成熟な都市であった。(2) その後、舞鶴引揚記念館、（一九八八年）、赤れんが博物館（一九九三年）、市政記念館（一九九四年）、五老スカイタワー（一九九五年）、舞鶴港とれとれセンター（一九九七年）などが次々とオープンし、多様な観光地となっていった。(3)

しかしながら観光資源が多様化したことによる弊害も生まれた。観光資源に統一性がなく「舞鶴」のイメージが曖昧となったのである。そのため、多様化した観光資源を統

表　「海軍グルメ」ブランド化の年と特徴

海軍グルメ	ブランド化年	特徴
まいづる肉じゃが （京都府舞鶴市）	1995年	牛肉と男爵いもを使う。
くれ肉じゃが （広島県呉市）	1998年	牛肉とメークインを使う。
よこすか海軍カレー （神奈川県横須賀市）	1999年	果物を甘く煮たチャツネを添える。
海軍さんのビーフシチュー 海軍さんの入港ぜんざい （長崎県佐世保市）	2003年	シチューはバラ肉やすね肉，ぜんざいはモチ，白玉，タイ焼入りなど具材は様々。
大湊海軍コロッケ （青森県むつ市）	2008年	ヘット（牛脂）を揚げ油に使う。

（出典）　2008年９月25日付読売新聞Web版
（http://www.yomiuri.co.jp/gourmet/news/20080925gr03.htm　2009年３月12日参照）より筆者作成。

一する地域ブランドの構築に向けた動きがはじまる。これが「まいづる観光ブランド戦略」の策定である。ここでは地域を代表する産品だけではなく、観光資源やまちづくりも含めた地域全体のイメージを対象とした戦略であり、モノを対象とした「地域資源のブランド化」ではなく「地域全体のブランド化」を目指したものである。

策定は二〇〇六年度（平成一八）より三カ年度をかけて行われ、マーケティング調査や観光資源調査、ワークショップなどを行い二〇〇八年度（平成二〇）に公表された。具体的には、「〝赤れんが倉庫群〟と〝港町〟の歴史ロマン」をブランディングコンセプトとして、見ただけ、聞いただけで舞鶴とわかる「イメージ軸」の抽出が行われた。その結果得られたイメージ軸は「赤れんが」を中心とする「旧海軍イメージ軸」と「海・港イメージ軸」であり、これに「田辺城」を中心とする「城下町イメージ軸」を加えて「舞鶴観光ブランド戦略イメージ連関プログラム」が作成された（図）。ここで本書との関係で挙げられるのが「旧海軍イメージ軸」である。前出の「海軍グルメ」はここに含まれ、加えて東郷平八郎関連や、赤れんが倉庫群などを含む近代化遺産、海軍名通りや砲台跡などの地域資源を包括するイメージ軸である。ここで着目したいのが「自衛隊桟橋」や「海軍記念館」を含む海上自衛隊の位置づけである。海軍記念館は舞鶴地方総監部の敷地にあり、管理も地方総監部であるものの、内容は東郷平八郎に関する資料および旧日本海軍の資料であり、必ずしも海上自衛隊との関係とは言えないが、自衛隊桟橋はまさに海上自衛隊そのものである。ここでいう自衛隊桟橋は、桟橋そのものというよりもむしろ桟橋に停泊する護衛艦などが地域資源として挙げられているのである。つまり舞鶴は「海上自衛隊」というブランドをも地域ブランドに含めて、イメージ戦略を図ろうとしているのである。

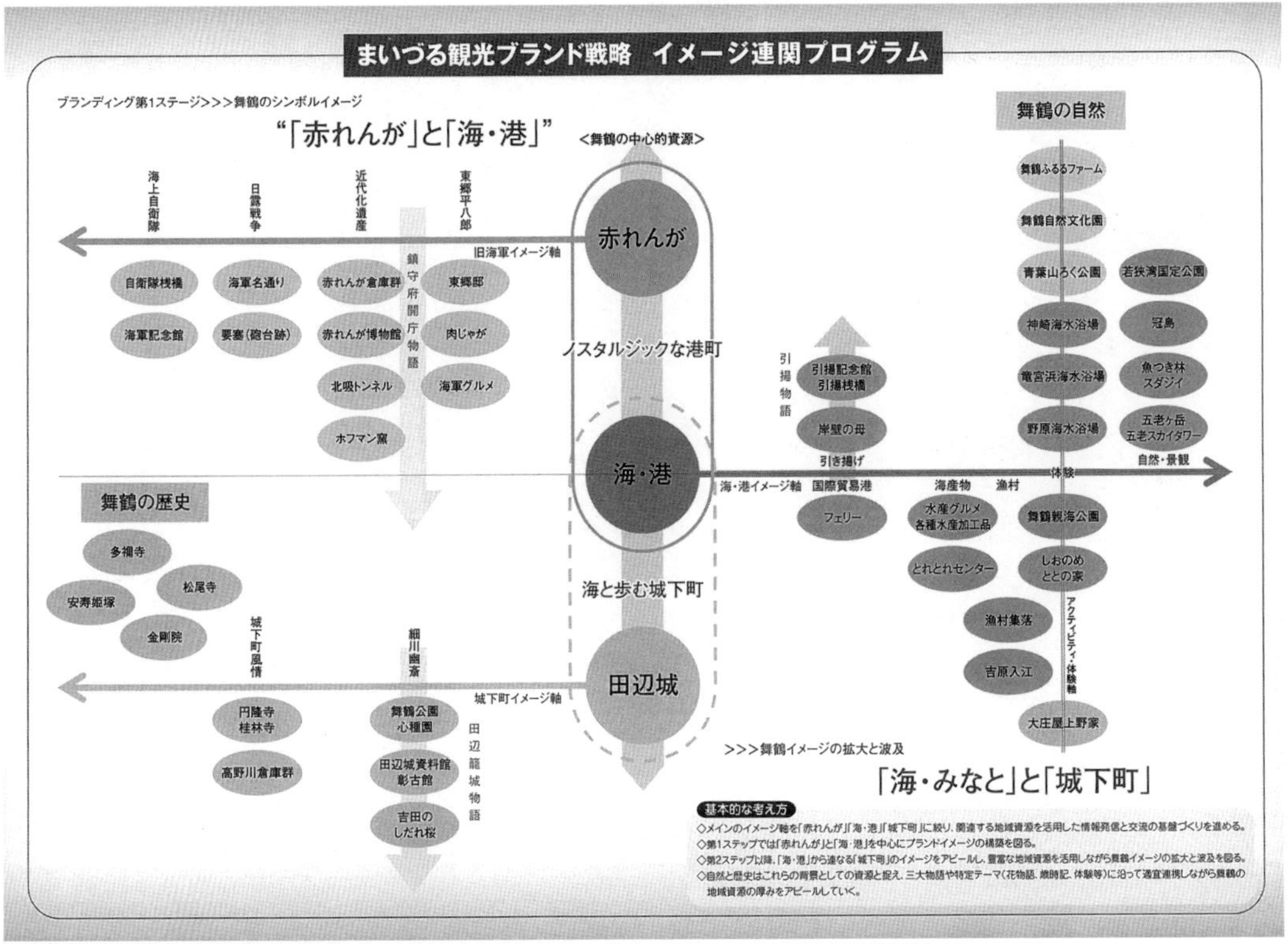

図　まいづる観光ブランド戦略イメージ関連プログラム

(出典)「まいづる観光ブランド戦略」パンフレットより転載。

赤れんが博物館からはじまった旧海軍のイメージを超えて、海上自衛隊を「地域資源」という観点でとらえることは、これまでの固定化された「自衛隊」の位置づけを変えることにつながる。澤端[4]が指摘する通り、地域ブランドに期待されるもう一つの役割は、ブランド構築のプロセスに地域内外の様々な人や組織を巻き込み、彼らの自発的意思や自主的行動を喚起する点にある。言いかえれば自衛隊との新たな関係の構築を模索するプロセスでもあり、舞鶴の新たな地域づくりへの端緒ともいえよう。

（1）筒井一伸「農山村の地域づくり」（藤井正・光多長温・小野達也・家中茂編著『地域政策入門―未来に向けた地域づくり―』ミネルヴァ書房、二〇〇八年）、二〇二―二〇三頁。
（2）舞鶴市『拠点観光地の整備計画等に係る調査報告（舞鶴）』（舞鶴市、一九八四年）。
（3）舞鶴市経済部商工観光課編『舞鶴市観光基本計画』（舞鶴市、二〇〇二年）。
（4）澤端智良「地域ブランドによる地域活性化策を考える」（『スペース』第三七三号、二〇〇八年）、七頁。

補論　大舞鶴市の誕生

坂根嘉弘

はじめに

一九四三年（昭和一八）五月二七日、舞鶴市と東舞鶴市が合併し、「大舞鶴市」が誕生した。舞鶴市と東舞鶴市は一九三八年（昭和一三）八月一日に同時に市制を施行し、「二つの市が相隣して同時に出来ることは全国的に珍し」いと注目されたが、[1]今度はその相隣する両市が合併したのである。相隣する二つの市が合併することも珍しいことであった。これにより「大舞鶴市」（新生舞鶴市）は、京都市に次ぐ府下第二の都市、かつ「日本海岸第二の大都市」（後述）に躍り出ることになる。

両舞鶴市の合併は、海軍にとって長年の懸案であった。しかし、合併への道のりは遠かった。舞鶴市は農林水産業、商業、港湾を主要産業とした伝統ある城下町で、東舞鶴市は海軍に基礎を置く新興市街であった。そのため、両市は水と油のごとく容易に折り合わず、合併はなかなか難しかったのである。この容易に進みそうにもない両舞鶴市の合併が一気に進むのは、戦局の緊迫化とともに強まった海軍の合併要請によってである。この間の事情を両舞鶴市の市長は、「軍部ノ強イ要望ニヨリ国防ノ完璧ヲ期スル為国策ニ順応シテ合併セントスルモノ」（舞鶴市長）、「此ノ時局ノ要請ニ鑑ミ大軍港都ヲ建設スルノ国策ニ副フ」（東舞鶴市長）と市会で説明している。[2] ともに、強い軍の要請があったことを示唆している。

舞鶴と同様に、横須賀、呉、佐世保の軍港都市も、軍港設置以降、人口急増にともない隣接町村を吸収合併することにより行政区域を拡大してきた。太平洋戦争期にも、佐世保市と横須賀市は、近隣町村との合併に踏み切っている。佐世保市は一九四二年（昭和一七）五月二七日に二町二村（早岐町、大野町、中里村、皆瀬村）と合併、横須賀市は一九四三年（昭和一八）四月一日に四町二村（浦賀町、逗子町、北下浦村、長井町、武山村、大楠町）と合併、ともに大軍港市となった。合併について、両市の当事者は、舞鶴市と同様に、避けることが出来ない海軍の要望としている。[3] 海軍がこのように合併の要望を強めたのは、海軍関係施設が複数の行政区域にまたがっていると、一刻を争う軍政面で支障が生じるということにあった。[4] 要するに、戦時下における海軍側の指示・連絡のコストやリスクを引き下げるということである。

しかしながら、この合併をめぐる具体相は明らかではない。たとえば、最新の『新横須賀市史』は「海軍は積極的に三浦半島全市町村の合併と一元的軍港都市の建設を希望するようになった」と記すのみであり、[5]『佐世保市史』でも、合併に際し、大野町に反対派住民が存在し、鎮守府の参謀や副官が説得にあたったとの記述はあるが、それ以上の具体的な説明はない。[6] また、のちに述べるように、関連する行政文書が残っている場合でも、合併に関する海軍の具体的関与を直接に記述することは少なく、また、それを裏付ける海軍側の行政文書は僅少で、軍港都市合併に際して海軍がいかなる関与を行ったかは、具体的に把握しにくかったのである。

ところが、舞鶴の場合は状況が違っていた。両舞鶴市が合併した当時の舞鶴鎮守府参謀長が高木惣吉だったからである。[7] 高木の残した高木日記が存在するので、合併をめぐる動きが日ごとに分かり、合併に際して海軍（特に、高木）の果たした役割が明確に把握できるのである。[8] 高木日記の記述は、他の新聞記事や両舞鶴市合併に関する京都府行政文書と照らしても、信頼できる資料である。本稿では、高木日記、京都府行政文書、京都新聞の三者を基礎資料に、両舞鶴市の合併＝「大舞鶴市」（新生舞鶴市）の誕生に際して、海軍がいかなる関与を行ったかを具体的に検討していきたい。

第一節　困難とみられていた両市の合併

舞鶴市と東舞鶴市の合併は、困難とみられていた。この状況を『舞鶴市史』は次のように解説している。根本的問題は、舞鶴市と東舞鶴市の出自の違いである。舞鶴市は江戸期以来の城下町として歴史と伝統に誇りを持っている土地柄であり、「土着の人」が多かった。また加佐郡役所の所在地として地方行政の中心という矜持が強かった。これに対し、東舞鶴市は、軍港をめざした全国各地からの来住者が多い新開地であった。そのため、この両市には人情、風俗など互いに相容れないという空気が強かった。加えるに、地形的にも、両者は五老岳（ごろうがたけ）の山塊で東西に区別されており、かろうじて榎トンネルや白鳥峠でつながっているという地形であり、地理面でもその懸隔をより大きいものにしていた[9]。

高木惣吉の両舞鶴市の対立についての認識は、極めて正当である。少し長くなるが引用しておきたい。「両市はわずか七キロ離れているだけで、その中間には中舞鶴という鎮守府庁舎の所在地があった。ところが、工廠や、航空廠の拡張、工員宿舎の新設など、なに一つとして両市の対立とならないものはなく、利益のあるのはわが方へ、不利益なのは向こう側へという争いがつづいた。これが鎮守府にとっては悩みのタネであったので、合併をのぞまざるをえない根拠である。／歴史的には西舞鶴市（ママ）（旧称田辺）がご城下町で、細川幽斎の居城があり、石田三成の軍勢にかこまれて激戦中に、後陽成天皇の勅命で開城した由緒あるところ。東舞鶴は軍港設置いらいの新興都市で、よそ者の寄り集まり。海軍施設の多くは東にあるが、旧家や地元有力者は西にかたまっており、市政は地元の有力者がおさえ、商港という特典もあった。東は軍港としての補助で運用され、市長も元港務部長の輸入市長という対照的な組み合わせだった。陸軍の石原莞爾中将が一時司令官となった要塞司令部も西にあり、警備担任も陸軍の方に属した。市の財政には大きな影響はなかったが、感情的には対抗意識にもえていたらしい[10]」。

舞鶴鎮守府による東西両地域の合併への動きは、これまでもあった。第一回目は、昭和の初頭、大谷幸四郎中将（一八七二〜一九三七、海兵二三期）が舞鶴要港部司令官だった時（一九二六年一二月〜一九二八年五月）である。当時の芹沢正人経理部長（一八八〇〜一九六三、最終階級は海軍主計少将）を第一線に立てて、新舞鶴と中舞鶴の合併を手始めに、「大舞鶴」への合併を策したことがあった。しかし、中舞鶴側の反対が激しく、頓挫している[11]。第二回目は、一九三一年（昭和六）、末次信正中将（一八八〇〜一九四四。海兵二七期）が舞鶴要港部司令官だった時（一九三〇年一二月〜一九三一年一二月）である。高木は「昭和五、六年、末次中将が、ここの司令官のころ、合併をこころみてみごとに失敗してしまった。その後はウッカリ手出しすると、火傷の危険があり、府知事の権限でもあり、かけ声だけに終わっていた」と述べている[12]。いずれにしても、東西両地域の合併が難事であったことがうかがえる。

制度上、鎮守府参謀長は、司令長官を佐けるため幅広い実務を任務としていた[13]。この時期の市町村合併問題は、参謀長が担当することが多かった[14]。高木惣吉は、舞鶴鎮守府への赴任に際して、次のように記している。「地元に関係した長年の懸案で、鎮守府が側面から援助せねばならぬ二つの問題があった。一つは由良川の改修であり、他の一つは東西舞鶴市の合併促進であった[15]」。高木にとっては、この困難多き合併問題の推進は、参謀長としての腕の見せ所でもあった。

第二節　合併交渉の開始

高木惣吉が参謀長として舞鶴に着任したのは、一九四二年（昭和一七）六月一六日である。[16] 多様な用務のなかでまず対応したのが、由良川改修問題であった。着任直後の七月以降、福知山前市長・岸本熊太郎、新市長・田中庄太郎、[17] 内務省国土局大阪土木出張所長・高橋嘉一郎技師、京都府土木部長・上井(うわい)兼吉地方技師、内務省国土局河川課・橋本規明技師らの由良川改修に関する陳情を受けている。そのなかで、由良川改修事業は、堤防や川幅改修ではなく、由良川上流部の大野ダム建設による洪水調節と発電計画をセットにした新計画に練り直されていった。[18] そうしないと大蔵省や企画院を動かすことが難しかったからである。事業推進への大きな転機となったのが、一九四二年（昭和一七）九月二〇日、北陸視察途上にあった柴田彌一郎企画院第六部長（一八八九～一九八一、海兵四〇期）[19] を舞鶴鎮守府に招き、この新計画を具体的に説明したことである。説明にあたったのは、京都府の上井兼吉土木部長で、後の合併問題では高木の京都府庁側の黒子となる人物である。これが功を奏し、由良川改修の新計画は一九四三年度（昭和一八年度）予算を通過し、一九四三年（昭和一八）六月四日に起工式をあげることになった。[20]

由良川改修問題は、一九四二年（昭和一七）一二月、由良川改修予算が大蔵省議を通過し、一段落ついたが、その後すぐに高木惣吉が取り組んだのが両舞鶴市合併問題である。すでに、一九四二年（昭和一七）九月ごろから両市合併問題について舞鶴市（西地区）・東舞鶴市（東地区）の関係者と接触を始めていたが、[21] 本格化するのは一九四三年（昭和一八）一月八日の水島彦一郎舞鶴市長との懇談以降である。ここから合併に向けて急展開していくことになる。

一九四三年（昭和一八）一月八日の高木日記には「一四三〇、水島市長来訪、両市合併問題ニ付懇談、海軍ノ考ヲ強ク説明。十一日再会ヲ約束、合同尚早ノ理由ヲ道路交通問題ニ置クハ最早理解シ難シ」とあり、一月一一日には「一七三〇、舞鶴、霞月ニテ水島市長、村尾〔義太郎〕議長ノ晩餐招待ヲ受ケ会食。今夕ハ村尾ヨリ縷々合併忌避或ハ繰延べニ関スル陳弁ヲ聞ク」と記している。すでに、一月六日、水島市長は西村髪太郎東舞鶴市会議長と懇談している。その懇談内容は、翌一月七日に西村から高木に伝えられていた。総じていうと、東舞鶴市側は合併に前向き、舞鶴市側は合併反対の姿勢であった。この時点で、高木の目標は、如何に舞鶴市（西地区）側の反対を抑えて、如何に早期に合併に持ち込むか、に絞られていた。

さて、当時の西地区の舞鶴市長は水島彦一郎で、舞鶴市会議長は村尾義太郎であった。対する東地区の東舞鶴市側は、市長は立花一、東舞鶴市会議長は西村髪太郎である。水島彦一郎は、一八八二年（明治一五）一一月、加佐郡中筋村伊佐津の旧家に生まれた。早稲田大学卒業後、東京日日新聞社など民間企業に勤務したが、父の没後郷里に戻り、村会議員、郡会議員、府会議員、府会議長、衆議院議員、舞鶴町長をつとめた。その後、一九四二年（昭和一七）九月より舞鶴市長となった。その間、府町村長会長、全国町村長会長、郡農会長、郡蚕糸同業組合長、郡畜産組合長などを歴任、立憲政友会に属し、同党京都支部長の要職にもついた大物政治家である。[22] 一方、西村髪太郎は、一八八三年（明治一六）一〇月、加佐郡倉梯村浜の旧家に生まれた。早稲田大学卒業後、紙・油類販売業を開業し、新舞鶴実業協会会長、新舞鶴信用組合理事、新舞鶴桟橋倉庫会社監査役、新舞鶴回漕会社社長、舞鶴製油会社取締役会長などを歴任、東地区において実業家として活躍した。一九三八年（昭和一三）に東舞鶴市会議員、一九三九年（昭和一四）に府会議員となり、一九四二年（昭和一七）八月より東舞鶴市会議長をつとめていた。憲政会・民政党系の政治家である。[23] 両者は、一歳違いの同世代、ともに地元の旧家出身で、早稲田大学を卒業していた。合併から戦後にかけて、この両者が、東西両地域の利害を背負い、舞鶴政界の対立軸となっていく。

また、合併交渉時の舞鶴市会議長は、村尾義太郎である。村尾は、一八八一年（明治一四）三月生まれ、加佐郡会議員、加佐郡池内村長、舞鶴市議会議長（戦後、一九四六年）を歴任、農業を生業としていた[24]。舞鶴市（西地区）側の利害代表者として、水島とともに合併に強く反対していた。東舞鶴市長の立花一は、海軍の推薦で、一九三八年（昭和一三）八月、東舞鶴市長に招かれた「輸入市長」である[25]。立花は海軍の意を受け、両市合併を促進する立場をとっていた[26]。立花は、合併への積極姿勢をみせていた西村議長の強力な後ろ盾であった。

両市合併に対する西地区側の懸念は、合併後の市政が東地区に主導されるのではないかという点にあった。当時、東地区の人口が圧倒的に多く（後述）、合併後の市会議員選挙で東地区が多数をとると見込まれたためである。逆に、東地区は、それゆえに合併に積極的であった。高木惣吉は「東西両舞鶴が合併すると、人口の多い東が優勢となり市会議員も減るし、新しい舞鶴の頭株もみな東にとられると危惧して、西側の反対が熾烈であった」と述べている[27]。西地区（水島、村尾）としては、色々と理由（高木からすれば「難癖」）をつけて、合併に抵抗を示しているという状況であった。高木が「合同尚早ノ理由ヲ道路交通問題ニ置クハ最早理解シ難シ」とか、「今夕ハ村尾ヨリ縷々合併忌避或ハ繰延ベニ関スル陳弁ヲ聞ク」と記しているのは、その「難癖」のことをさしている。

第三節　合併への準備工作

京都府庁文書には、両舞鶴市合併に関する『両舞鶴市合併一件』、『東舞鶴市舞鶴市合併一件』が残されている[28]。ところが、この両者とも、一九四三年（昭和一八）二月一九日（水島市長と高木参謀長の府知事訪問。後述）以降の動きしか記録にとどめていない。それまでの海軍（高木）による準備工作は、まったく記録されていないのである。両舞鶴市合併のハイライトは、それまでの一か月半（一九四三年一月から二月中旬）の準備工作にあった。この間の動きは、高木日記で追うしかない。

舞鶴市の水島市長、村尾議長が合併を受け入れたのは、一九四三年（昭和一八）二月一四日（村尾議長）、一五日（水島市長）である（後述）。高木は、両者の翻意に向け、二つの方策を用いた。一つは、説得という正攻法である。この間、水島市長、村尾議長と何度も懇談し、海軍の意向を「強ク」「明確ニ」説明している[29]。いま一つは、マスコミ（新聞）による「啓蒙運動」「世論ノ指導」である[30]。高木は、日記に「一月二十七日……一五四五ヨリ朝日（首藤）、毎日（光本）支局長ニ集ッテ貰ヒ、東西舞鶴市合併啓蒙運動開始ノ相談ヲ済マス」「一月二十八日……一六〇〇ヨリ京都新聞支局長田村氏ヲ呼ビ、両舞鶴合併問題ニ付懇談、朝日、毎日ト歩調ヲ合セルコトトス」と記している[31]。高木が卓越していたのは、このマスコミを利用した世論工作を行ったことにある。高木は、「私は与論のもりあがりが大事と思い、大朝、大毎、京都各新聞支局長の助力をもとめたが、大朝は微温的態度、いちばん力こぶを入れてくれたのは大毎の光本支局長だった」と回想している[32]。

『朝日新聞』、『毎日新聞』の地方版をみることが出来ないので、ここでは『京都新聞』両丹版で、この合併キャンペーンを確認しておきたい。まず、一九四三年（昭和一八）一月三一日の『京都新聞』は、「戦力増強の素因は両舞鶴合併の断　軍港都の機能発揮へ進め」との記事を掲載、「よろしく指導精神を明朗化して断乎合併大舞鶴を現出、軍港都としての機能を遺憾なく発揮すべき時期が到来したのである」と、高木と打ち合わせ通りの記事を載せている。以後の『京都新聞』における二月一九日までの舞鶴関係記事は表補-1のごとくである。

特徴的なのは、一九四三年（昭和一八）二月三日から「両舞鶴市合併促進の烽火」として合併キャンペーン記事を八回にわたり連載している点である。この記事は、合併へのかけ声的な内容で、新聞報道としては内容が薄いものであった。高木からの依頼に応じ、合併気運の盛り上げを意図していたことは明らかである。二月三日の同じ紙面には、高木参謀長の次の談話が掲載されている。「軍港としての機能を十分に発揮するためには二つの行政区画に分かれてゐることは軍事上種々の点で不便が頗る大きい、一日も早く一つの行政区域となる様希望してゐる次第である」。

また、この間の新聞記事がどこまで実相をあらわしているか不分明であるが、次のように矢継ぎ早に民間における合併促進の動きを報じている。①東舞鶴商工会が両舞鶴市合併促進のために七名の委員を設置した（一九四三年二月七日）、②舞鶴市で大舞鶴市建設促進運動がおこり、これに呼応して東舞鶴市でも促進の烽火を上げる（二月八日）、③舞鶴市出身の東舞鶴市在住者による両舞鶴市合併決議書を立花・水島両市長に提出（二月一四日、一六日）、④舞鶴翼賛壮年団が急速合併を水島市長と村尾議長に要請し市民に対しても合

表補-1　『京都新聞』における両舞鶴市合併促進記事（1943年1月31日～2月19日）

1.31	戦力増強の素因は両舞鶴合併の断　軍港都の機能発揮へ進め
2.03	両舞鶴市合併促進の烽火【1】　断の一字を待つ　愛国心の発露は結合のみ
2.03	海軍当局の意向鮮明　高木舞鎮参謀談話発表
2.04	両舞鶴市合併促進の烽火【2】　勝つ為の合併だ　「する」「される」の観念を除け
2.05	両舞鶴市合併促進の烽火【3】　先人の遺志継ぎ　速やかに鉄の結合へ
2.06	両舞鶴市合併促進の烽火【4】　大戦果に応えて　鉄壁不動の大軍港都を築け
2.07	両舞鶴市合併促進の烽火【5】　国運興隆の好機　今からでも遅くない
2.07	水島市長に一任　舞鶴佐谷・高井両市議も動く
2.07	両舞鶴合併へ　東舞鶴商工会起つ　準備委員七氏を選ぶ
2.08	両同志鉄の結合　大舞鶴市建設へ邁進
2.08	両舞鶴市合併促進の烽火【6】　国防大都市大舞鶴　即時実現への猛運動起せ
2.10	両舞鶴市合併促進の烽火【7】　大乗的見地から　今一度両市首脳の断を俟つ
2.11	両舞鶴市合併促進の烽火【8】　八の日を想起し　結んで開け大舞鶴市
2.14	大舞鶴市急速実現へ　東舞鶴在住有志蹶起
2.14	舞鶴翼壮も起つ
2.16	無限の戦力増強へ　舞鶴市出身東舞在住有力者　両市長へ決議文手交
2.19	両舞鶴市合併へ　舞鶴市民即時断行を熱望す

（出典）『京都新聞』

併促進運動を展開（二月一四日）、である。そして、ついに、水島市長、村尾議長とも一九四三年（昭和一八）二月一四日、一五日に相次いで「合併止ムヲ得ズト観念セルコト」（村尾議長）、「合併ノ決意」（水島市長）を高木に伝えることになるのである。[33] 高木は、早速、翌二月一六日、西地区余内にあった舞鶴要塞司令部に司令官を訪ね、両舞鶴市合併などの了解を取り付けている。[34] 水島市長の公式表明は、二月一八日午後四時からの市会協議会の場であった。水島市長は「大乗的見地に立つてこの際速かに且つ円満に両市の合併を実現したい」と明言したのである。[35] これで、両舞鶴市合併は決着することとなった。この後、合併への動きは加速していく。

第四節　合併への道程

舞鶴市（西地区）側が合併を容認したことで、合併への大きなヤマは越えた。ここからあとは合併の権限を持つ京都府との協議に入るが、一九四三年（昭和一八）五月二七日の合併までは、『高木惣吉　日記と情報』下のほかにも、『京都新聞』、『昭和一八年両舞鶴市合併一件』（京都府庁文書）など資料も比較的豊富で、この間の動きは、これまでも、『京都府市町村合併史』、『舞鶴市史　通史編（下）』などで紹介されている。そのため、ここでは概要を示すにとどめたい。

合併までの概要は、以下である。一九四三年（昭和一八）二月一九日、舞鶴市長と参謀長は京都府庁を訪ね、安藤知事に合併斡旋依頼の申し出を行い、続いて二月二二日には両舞鶴市長、同市会議長、同副議長、同選出府会議員が府庁を訪ね、知事に合併の意思表示を行った。以後、両市合併委員会による地元協議に入る。その間、両市合併委員会、府庁、参謀長との間で合併をめぐる諸問題の調整がはかられ、四月六日に合併に必要な事項の裁定を府知事に一任することに決した。四月一〇日に両市会でその決議が行われ、四月一五日両市より市廃止方上申書が内務大臣に提出された。それを踏まえ、四月一九日府庁から内務大臣に副申進達し、二六日内務大臣から両市及び府参事会に合併の諮問が発せられた。五月七日に両市会が、五月一二日に府参事会がそれを可決答申した。内務省は、五月一九日に市制を告示し、五月二七日の海軍記念日に両舞鶴市合併となったのである。[36] 合併後の市名は、西地区（旧舞鶴市）側の要請を受け[37]、舞鶴市となった。

この間、舞鶴市側がこだわったのは、加佐郡由良川筋北部六か村（加佐六か村＝岡田上、岡田中、岡田下、八雲、神崎、由良の各村）の同時合併であった。加佐六か村は歴史的・社会経済的に舞鶴市（西地区）との関係が強く、大正末から合併への動きが生じていた。西地区としては、合併後、東地区との人口が不均衡になるので、加佐六か村との同時合併を強く望んでいた。一九四三年（昭和一八）三月一五日の最後の第三回両市合併委員会でも、合併条件協議の決議に、舞鶴市の要求を入れて、加佐六か村との合併を含めていた。[38] これに対し当初から、加佐六か村との同時合併を拒否していたのが高木惣吉であった。[39] 高木は、加佐六か村との同時合併をすすめていると時間を労費し、早期合併に持ち込めなくなるのを危惧していた。かつ、海軍としては、加佐六か村との同時合併にメリットはなかった。高木の意を察してであろうか、府は加佐六か村との合併を両市合併の条件としないこととし[40]、両市合併を急いだ。

『昭和十八年両舞鶴市合併一件』など公式の京都府庁文書では目立たないが、府庁で両市合併に積極的に動いたのは京都府土木部長の上井兼吉技師である。[41] 高木惣吉は、上井部長を府庁側との連絡・調整役としていた。高木日記には、上井部長との打ち合わせが頻りに登場する。府庁では、安藤狂四郎知事[42]や野間正秋内政部長[43]は、合併に消極的であった。高木は「私は府知事に、府の方であまり日和見主義だと、横須賀市の合併で神奈川県庁が面目をおとした二の舞をふむ恐れがある、という主旨の親展書まで書いたくらいであった」とし

写真補-1　第38回海軍記念日（「大舞鶴市」誕生の日）舞鶴鎮守府幕僚の記念撮影（新見司令長官と高木参謀長）

（出典）『昭和17.12.1～18.5.31舞鶴鎮守府戦時日誌』（④艦船・陸上部隊—戦闘詳報戦時日誌—442）アジア歴史資料センターレファレンスコードC08030356100。

（注）前列左から、寺山機関長、中村主計長、高木参謀長、新見司令長官、竹雅軍医長、岩淵人事長、楠田法務長。後列左から、佐藤参謀、池田副官、前島参謀、清水谷参謀、金澤参謀、永田参謀。

ている[44]。

一九四三年（昭和一八）五月二七日、日本海海戦の第三八回海軍記念日に両舞鶴市は合併した。この日は、午前一〇時から中舞鶴国民学校南舎大講堂で舞鶴市奉告祭と開設式が挙行された。市当局、舞鶴海軍当局、官公衙学校、団体長、地方名士ら五〇〇名が参加。まず舞鶴市誕生奉告祭の神事が行われ、開設式に移った[45]。もちろん、高木も参列している。この海軍記念日の午前八時一五分、舞鶴鎮守府の幕僚は記念撮影を行っている（写真補-1）[46]。

さて、合併時の戸数、人口をみておくと、合併前の戸数は、舞鶴市七五二〇戸、東舞鶴市一万九九六八戸で、人口は、舞鶴市四万五四二〇人、東舞鶴市一〇万九五三三人であった（一九四三年四月一日現在推計）[47]。合併前、東舞鶴市は舞鶴市の、戸数で二・六倍、人口で二・四倍であった。戸数、人口とも、東舞鶴市が圧倒していた[48]。合併後の「大舞鶴市」は、戸数二万七四八八戸、人口一五万四九五三人となり、「日本海岸第二の大都市[49]」となった。

第五節　初めての舞鶴市会議員選挙

高木惣吉は、合併が決まった後も、次の三つの部面で、地元の政治工作を引き続き行っている。新聞による合併に向けた世論工作、新市長をはじめ新市の執行部人事や市政運営への介入、一九四三年（昭和一八）七月五日の市会議員選挙に向けた翼賛選挙運動、である。

新聞による合併に向けた世論工作は、西地区（舞鶴市）側の合併反対を抑えるのに効果を発揮したが、その手法による世論操作は合併決定後も続けられた。一九四三年（昭和一八）七月七日の日記に「朝日、毎日、京都三支局長ヲ招致、今後ノ新聞輿論指導」とあるのが典型例である。日記には支局長などの来訪の記述がしばしばみられる。もっとも頻繁に登場するのは、大阪毎日新聞社の光本支局長である。たとえば、新市役所の位置をめぐっては、「光本支局長招致、市役所ヲ中舞鶴ニ置クコトニ付東舞鶴側ノ輿論工作ヲ依嘱」（五月一七日）とある[50]。また、合併を直前に控えた五月一九日から二六日の『京都新聞』両丹版には、「大軍港都「舞鶴市」の新生」という記事が七回にわたり連載された（表補-2）。高木の意を受けた連載であったと考えられる。

新市執行部の人事や市政運営へも深く関与している。日記によると、まず市長については、早くも一九四三

表補-2　『京都新聞』における合併促進記事（1943年5月）

5.19	大軍港都「舞鶴市」の新生1	意義一入深き合併成就　複雑な「舞鶴」の悲喜劇是正
5.20	大軍港都「舞鶴市」の新生2	合併の観念から超越　完勝基礎確立へ発展的解消
5.21	大軍港都「舞鶴市」の新生3	防空都市速急実現へ　国防国家完成へ強力推進
5.22	大軍港都「舞鶴市」の新生4	バスの受持つ使命重大　乗降と交通道徳訓練を要望
5.23	大軍港都「舞鶴市」の新生5	交通機関の緊急整備　都計は国土計画の機構下に　新市の課題
5.25	大軍港都「舞鶴市」の新生6	各組合即時統合断行へ　高工とは別個の工校も必要
5.26	大軍港都「舞鶴市」の新生7	佳き日、愈よ明後日に　新市長の下に強力発展期待

（出典）『京都新聞』

年（昭和一八）三月二〇日、海軍省軍務局に行き合併後の新舞鶴市長について打ち合わせを行い、五月二五日、二六日には両舞鶴市長と新生舞鶴市の理事者・市会議長について打ち合わせを行っている。その他、両舞鶴市長、助役をはじめ地元の市会議員など有力者と懇談を重ねている。[51]そのなかで、新生舞鶴市の陣容（立花一市長、岩田廣作助役、水島彦一郎議長、西村髪太郎副議長、理事者など）が固められていった。

新生舞鶴市にとって当面の重要事は、一九四三年（昭和一八）七月五日の舞鶴市会議員選挙であった。当時の各種選挙は、翼賛選挙の如く推薦形式をとっていた。地方議会も例外ではない。推薦選挙の嚆矢となったのは、一九三八年（昭和一三）一〇月の福岡市議選挙で、この時、福岡市愛市推薦同盟という推薦母体が結成され、初めて組織的な推薦選挙が実施された。推薦形式には、下部組織（部落会、町内会）より積み上げる組織化（ピラミッド型）、有志の協議による組織化（有識者型）の二つがあるが、多くはこの両者が複合する場合（折衷型）が多かった。推薦選挙には、大政翼賛会、翼賛壮年団関係者が運動員として参加するのが一般的であった。[52]

一九四三年（昭和一八）七月五日投票の舞鶴市会議員選挙は、六月一五日に告示された。告示に際し、軍港大舞鶴市建設同盟会（以下、同盟会とする）から推薦候補三六名が発表された。[53]同盟会は、旧両舞鶴市の地域有力者に町内会長を加えた三十余名で組織した推薦母体で、代表委員は元舞鶴要港部病院長・軍医長の矢野環海軍軍医少将がつとめていた[54]。同盟会は、定員三六名に対し三六名（のち、一名減[55]）の候補者を推薦したのである。非推薦の自由立候補者は二〇名であった。したがって、定員三六名に対し、総計五五名が立候補したのである。地域別には、西地区二〇名（うち推薦一四名）、東地区三五名（うち推薦二一名）である。同盟会では、両地区の有権者数に比例させる形で、西地区二対東地区三の割合で推薦候補を割り振っていた。新人は、推薦、非推薦とも各一〇名が立候補していた（表補-3）。選挙戦では、大政翼賛会や翼賛壮年団が「啓蒙運動」を展開した[56]。

表補-3　舞鶴市会議員選挙結果（1943年7月5日）

		西地区（旧舞鶴市）		東地区（旧東舞鶴市）		計	
		候補者	当選者	候補者	当選者	候補者	当選者
推薦	前	9	8	16	11	25	19
	新	5	3	5	3	10	6
	計	14	11	21	14	35	25
非推薦	前	3	3	7	4	10	7
	新	3	2	7	2	10	4
	計	6	5	14	6	20	11
合計	前	12	11	23	15	35	26
	新	8	5	12	5	20	10
	計	20	16	35	20	55	36

（出典）『舞鶴市長同助役職務管掌復命書』京都府庁文書・昭和18—37。

この選挙についても、舞鶴鎮守府参謀長・高木惣吉は深くかかわっていた。選挙に関する記述は、一九四三年（昭和一八）五月九日の日記から登場する。五月九日には「一三一五、西村市会議長、一四〇〇、松尾松兵衛氏訪問、同様市会議員選挙等ニツキ懇談」とある。以下、選挙に関する記述を羅列すると、「一二〇〇、水交社ニ両舞鶴合併関係者十名招待……更ニ今後ノ選挙等ニツキ善処ヲ申合ス」（五月二九日）、「一八四五、舞鶴霞月ノ水島前市長招待ニ列ス。……会者、矢野、田中、佐谷、高井、佐々木、高木、水島」（五月三一日）、「一四一五、上井土木部長来訪。……合併後ノ市政問題、市議選挙問題等ニ付懇談」（六月三日）、「一六〇〇頃、宮田警察部長来訪、選挙其他ニツキ種々懇談」（六月八日）、「一一〇〇、光本来訪、告示発表前ニ輿論工作ノ件打合セ」（六月一二日）、「京都ヨリ光本同乗、舞鶴ノ選挙ノ話等聞ク」（六月二九日）などである[57]。このように、舞鶴市会議員選挙につき、両舞鶴市の市長、議長、市会議員など地域有力者並びに大毎の光本支局長や警察関係者と盛んに懇談や打合せを重ねている。

高木は、推薦母体・同盟会についても、その組織化の根幹に関与している。日記には「〇九五〇……矢野少将訪問、遂ニ同少将ニ世話役ヲ引受ケシム」（五月九日）とある。[58] これは、同盟会の世話役（代表委員）の依頼である。高木にとって矢野少将は、両舞鶴市合併工作以来の同志であった。また、推薦選挙で「啓蒙運動」を行った翼賛壮年団についての記述もある。「一四〇〇舞鶴翼壮、園部、佐々木両副委長来訪、今夜一八三〇、白糸ニ翼壮首脳（総務以上）ノ顔合セニ出席希望サレ一八三五出席ス」（六月一二日）[59]。同盟会の組織状況についても、「一九三〇頃、光本支局長来訪、推薦母体ノ出来工合ヲ報告シテ十時頃辞去」（六月六日）とあり、[60] 同盟会組織化の黒幕であることをうかがわせる。そのことは、『新居前知事、三好知事事務引継演説書』が、推薦母体・同盟会の結成について、「当市海軍当局ノ側面的後援」（高木の「後援」）の存在を記していることからもうかがうことができる。

舞鶴市会議員選挙は、一九四三年（昭和一八）七月五日に実施され、翌六日に開票された。選挙結果は、推薦当選者二五名、非推薦一一名であった。推薦が六九％、非推薦が三一％である。新旧別には、新人が一〇名で、議員定数の二八％であった。地区別には、西地区が一六名、東地区が二〇名で、同盟会が想定していた西二対東三からすると、西四対東五となっており、西地区候補が予想以上に健闘したことを示している。これは、推薦候補において、西地区候補が健闘したことと、非推薦候補においても、東地区の六名に対し、西地区で五名が当選していることが影響している。

この舞鶴の結果を、全国の選挙結果と比較してみたい。表補-4は、一九四〇年（昭和一五）一二月から一九四三年（昭和一八）一月までに全国各地で実施された市会議員選挙の結果を、都市規模別、推薦・非推薦別

表補-4　市会議員選挙結果（1940年12月～1943年1月）

	議員定数	推薦候補者		非推薦候補者		当選者		棄権率
		候補	当選	候補	当選	新	旧	
舞鶴市[1943.7.5]	36	35	25	20	11	10	26	12.8%
6大都市(6)	552	530	425	623	127	262	290	21.3%
20万以上(9)	404	386	291	371	113	234	170	19.9%
10万以上(22)	845	819	649	575	196	486	359	16.2%
5万以上(28)	1,008	965	817	533	191	609	399	12.4%
5万未満(45)	1,362	1,310	1,146	493	215	778	584	10.4%
計(110)	4,171	4,010	3,328	2,595	842	2,369	1,802	19.2%
(割合)								
舞鶴市[1943.7.5]	100%	97%	69%	56%	31%	28%	72%	
6大都市(6)	100%	96%	77%	113%	23%	47%	53%	
20万以上(9)	100%	96%	72%	92%	28%	58%	42%	
10万以上(22)	100%	97%	77%	68%	23%	58%	42%	
5万以上(28)	100%	96%	81%	53%	19%	60%	40%	
5万未満(45)	100%	96%	84%	36%	16%	57%	43%	
計(110)	100%	96%	80%	62%	20%	57%	43%	

(出典)『日本都市年鑑12　昭和18年用』東京市政調査会、1943年、101～103頁。
(注)(　)内は都市数。棄権率は無投票などを除いた都市の平均である。

に示したものである。まず、推薦・非推薦別の全国状況をみると、議員定数に対する非推薦の立候補者割合は都市規模が大きくなるほど大きくなっており、かつ当選した非推薦候補も都市規模が大きくなるほど大きくなる傾向を示している。全国の平均は、推薦当選者は八〇%、非推薦当選者は二〇%である。舞鶴の推薦当選者は六九%であり、全国平均の八〇%と比べるとかなり低くなっている。つまり、非推薦当選者の割合は三一%であり、どの規模の都市平均よりも高いのである。舞鶴の特徴は、非推薦議員の割合が高いところにあった。また、新旧別にみると、舞鶴は新人が二八%で、全国平均の五七%と比べると格段に低くなっている。新人一〇名のなかには、ダントツのトップ当選であった前舞鶴市長の水島彦一郎も含まれている[61]。以上からすると、合併後の新生市会の構成は、合併前の両市会の構成と大幅に変わっていないことを示唆している。この点も、舞鶴の特徴であろう。最後に、投票の棄権率についてである。舞鶴の棄権率は一二・八%であった[62]。棄権率は都市規模が大きくなるほど上昇している（五万未満一〇・四%↓六大都市二一・三%）。舞鶴の棄権率は、全都市平均一九・二%や一〇万以上都市一六・二%より低くなっており、まずまずの棄権率であったと言える。

第六節　新生舞鶴市会の誕生

一九四三年（昭和一八）七月五日の舞鶴市会議員選挙をうけ、七月二〇日の臨時市会（中舞鶴公会堂）で、議長・副議長が満場一致で選出された。議長には水島彦一郎（西地区、前舞鶴市長）、副議長には西村髮太郎（東地区、前東舞鶴市会議長）が選出された。同時に、初代市長候補として立花一（海軍少将、前東舞鶴市長）を選任した。[63]これらはすべて、事前の高木惣吉との打ち合わせ通りであった。ちなみに、当時の市長は、市会が推薦し、内務大臣が選任することになる。七月二七日、内務省から認可指令の電報が京都府に届き、立花一初代市長が誕生することになった。[64]

一九四三年（昭和一八）九月二五日、高木惣吉参謀長は更迭され、軍令部出仕に補せられた。高木は九月二三日に軍令部出仕の内報を受け、以後慌ただしく関係者への挨拶まわりを行っている。九月二六日に舞鶴関係者との送別会に臨み、九月二八日には、関係者に見送られて舞鶴を後にした。[65]『京都新聞』は、「前参謀長高木惣吉少将は……多忙な軍務のかたはら両舞鶴市の合併に多大の尽力を傾注、過般人口十五万を有する大軍港都舞鶴市の誕生を見たのは一に高木少将の偉大な陰の努力によるもの多く、今回の栄転は各方面から惜しまれてゐる」との記事を載せ、両舞鶴市合併に対する高木の「偉大な陰の努力」を報じている。[66]

高木離任後の新生舞鶴市会は、たびたび紛糾した。この間の事情を詳しく追えるわけではないが、三つの紛糾事例を紹介しておきたい。[67]一つは、岩田助役問題である。助役の岩田廣作は静岡県出身で、一九一五年（大正四）京都府巡査となって以来、京都府警察畑で昇進し、一九三一年（昭和六）福知山警察署長を最後に退官した人物である。退官後、新舞鶴町長となり、東舞鶴市では立花一市長のもと助役をつとめていた。[68]岩田は、一九三六年（昭和一一）の新舞鶴町長時代に、公民権停止問題（岩田の町長再就任に異を唱えた町会議員六人の公民権を停止させた問題）など幾つかの紛議を起こしたことがあった。これをめぐって町長派と反町長派で対立が激化、新舞鶴町会は紛糾を重ねた(69)。そのような経緯から、一部の議員には岩田助役への不信感が存在し、当初から何かと市当局と協調を欠く状況が生まれていた。これが表面化したのが、一九四四年（昭和一九）七月の臨時市会においてである。岩田助役や市当局への不満を持つ議員は、戦時下の各種問題を捉え、理事者側の施政が当を得ずと当局糾弾の烽火をあげ、特別委員一二名を設け、強硬なる態度を示したのである。これについては、穏健派議員の厳正なる態度と舞鶴鎮守府の善処により、解決したとされている。ただ焦点となった各種問題の具体的な内容は分からない。

二つは、水島議長派（西地区）と西村副議長派（東地区）に市会が分裂し、紛糾した事態である。具体的な争点は不明であるが、舞鶴鎮守府参謀長・鳥越新一の居中（きょちゅう）斡旋により、ようやく沈静化した。結局、一九四五年（昭和二〇）二月、水島が議長を辞し、西村が議長に就任することで落着した(70)。ただ、この間の詳しい経緯は分からない。

最後は、敗戦直後、舞鶴東支所長が海軍よりの諸物資払下げをめぐって不正事件を起こし、従来から反市長の立場をとってきた水島前議長派が立花市長の責任を追及した事件である。水島派は、敗戦という事態のなかで、海軍からの輸入市長である立花市長を排斥し、地元の水島を舞鶴市長にする運動を進めていた。その結果、一九四五年（昭和二〇）一二月、立花市長は辞任を願い出ることになる。それを受け舞鶴市会は水島の実弟・川北正太郎を市長候補者に選任し、一九四六年（昭和二一）一月、川北が官選最後の舞鶴市長となった(71)。

おわりに

合併後の舞鶴市会は、西地区（水島議長派）と東地区（西村副議長派）との対立が根底に存在し、その時々に起こる問題を契機にそれが噴き出るという状況だった。この東西の相容れない対立は、市会議員レベルにとどまらず、一般市民の間でも濃淡はあれ市民感情として存在していた。それが一気に表面化したのが、一九五〇年（昭和二五）の舞鶴市の東西分離問題であった。

一九四九年（昭和二四）一一月、西地区住民代表三名から舞鶴市の区域変更請求書が提出された。一九四三年（昭和一八）の合併は舞鶴海軍の強要によるものであるから、合併前に戻すこと（東西分離）を求めた内容であった。一か月後には区域変更請求の署名簿も提出され、一九五〇年（昭和二五）三月に分離の賛否を問う住民投票が実施されることになった。住民投票では、分離賛成七〇四六票、反対六〇七〇票で、分離賛成が過半数をしめたのである。この間、舞鶴市では、分離の賛否をめぐる激しい運動が展開されたのは言うまでもない。このように住民投票で過半数の賛成を得た場合は、知事が府議会の議決を経て区域変更の処分を行うことになっていた。府議会では、舞鶴市分離問題調査特別委員会を設置、賛否の論点を整理し議論を続けた。しかし、意見の一致をみることはなく、最後の手段として投票を行うことになった。その結果、分離反対票が多数をしめ、本会議の無記名投票でも分離反対が多数をしめたのである。東西分離問題は、この府議会の否決で終止符が打たれることになった[72]。しかし、地元舞鶴では、この問題は世論を二分する大問題に発展していた。誠に、後味の悪い結果を残すことになったのである。

一九四三年（昭和一八）の両舞鶴市合併は、舞鶴鎮守府参謀長・高木惣吉が「偉大な陰の努力」を払い実現したものである。高木は、地元有力者を手駒に使うことはもちろんのこと、新聞を使った世論工作などかなり手の込んだ政治手法を駆使している。高木は、推薦選挙における推薦母体の組織化の黒幕であり、合併後の新生舞鶴市の執行部人事も事実上自らが決めている。高木のこのような具体的な動きは、あくまでも「陰の」部分であり、表に出ることはないものであった。つまり、京都府庁文書や新聞記事など通常の資料からは、うかがい知ることが出来ない「陰の」部分であった。舞鶴市の場合は、例外的に参謀長・高木の日記が存在したため、それが明らかになったのである。もっとも、高木が進めた両舞鶴市合併は、あくまでも海軍の都合による性急な合併であり、機が熟して実行されたものではなかった。そのため、敗戦後、その揺れ戻しが、東西分離問題として噴出することになったのである。高木は、戦後、両舞鶴市合併について次のように述べている。「東西舞鶴市が終戦前にいろいろの困難をのりこえて合併を断行していたことは、市民のため、時勢に一歩先んじ、戦後の処理に寄与するところが大きかったと信じている」[73]。

(1)「舞鶴と東舞鶴が同時に市制施行(京都)」『都市公論』21-8、一九三八年。なお、舞鶴市・東舞鶴市の成立や両市合併も含めた加佐郡における市町村合併の概要については、本書「コラム 旧加佐郡における市町村合併」(山神達也)を参照いただきたい。

(2) 舞鶴市史編さん委員会『舞鶴市史 通史編下』舞鶴市役所、一九八二年、五六三頁。

(3) たとえば、横須賀について、浦賀町会協議録は「素ヨリ軍ノ要望ニ基ク限リ之ニ反対ヲ為スヘキ余地モナク」としている(『新横須賀市史 資料編 近現代Ⅲ』横須賀市、二〇一一年、一四一頁)。

(4)『佐世保市史 政治行政篇』佐世保市役所、一九五七年、二四六頁など。

(5)『新横須賀市史 通史編 近現代』横須賀市、二〇一四年、五二八頁。

(6) 前掲『佐世保市史 政治行政篇』二五三頁。なお、佐世保については、二町二村はいずれも経済的に裕福な町村であり、財政的に貧困な佐世保市との合併に消極的・反対であったが、軍が強引に押し切っていた(佐世保市史編さん委員

会編『佐世保市史　通史編　下巻』佐世保市、二〇〇三年、二五〇～二五一頁など)。

(7) 高木惣吉(一八九三～一九七九。海兵四三期)は、熊本県球磨(くま)郡(現・人吉市)生まれ、高等小学校卒業後(中学校を経ずに)、海軍兵学校合格、少尉任官。最終階級は海軍少将。東條暗殺計画、終戦工作の密命に従事。舞鶴には、一九二〇年(大正九)に舞鶴海兵団分隊長心得兼教官として赴任したことがある。高木自身はこれを「都落」、「ドサ廻りのドン底」と自嘲している(「高木惣吉略歴」伊藤隆編『高木惣吉　日記と情報』下、みすず書房、二〇〇〇年。引用は九八五頁)。

(8) 該当部分は、前掲『高木惣吉　日記と情報』下、六一三～六八八頁。なお、前掲『舞鶴市史　通史編下』は両舞鶴市合併について比較的詳しく記述しているが、その執筆が『高木惣吉　日記と情報』刊行の二〇年ほど前であったため、参謀長期の高木日記を参照しえていない。この高木日記(前掲『高木惣吉　日記と情報』下)を使用した先行研究として、三川譲二「高木惣吉と舞鶴：東西舞鶴市の合併問題を中心に」(『舞鶴地方史研究』四一、二〇一〇年)がある。本稿と内容が一部重なっている。併せて参照いただきたい。

(9) 前掲『舞鶴市史　通史編下』五五八頁。もっとも、この「土着」と「外来」の対立は、どの軍港都市でもみられた。舞鶴の特徴は、それが地理的に隔てられた形で東西に分かれていた点にあった。

(10) 高木惣吉『自伝的日本海軍始末記』光人社、一九七一年、二一五頁。

(11) 「両舞鶴市合併促進の烽火3」『京都新聞』一九四三年二月五日。大谷、芹沢の経歴などは福川秀樹編著『日本海軍将官辞典』芙蓉書房出版、二〇〇〇年、八二頁、二一六頁。飯塚一幸「軍拡・軍縮と舞鶴鎮守府―三舞鶴町の盛衰」(原田敬一編『地域のなかの軍隊4　近畿　古都・商都の軍隊』吉川弘文館、二〇一五年、一二二頁)によると、一九二八年(昭和三)五月から八月にかけて大谷司令官の後の飯田延太郎中将が司令官の折も、同様の動きがあった。

(12) 前掲『自伝的日本海軍始末記』二一五頁。末次は、海軍軍令部次長、連合艦隊司令長官、横須賀鎮守府司令長官、内務大臣などを歴任した、いわゆる艦隊派の中心人物。最終階級は海軍大将(前掲『日本海軍将官辞典』二〇三頁)。

(13) 「鎮守府令」、「鎮守府庶務規程」海軍省編『海軍制度沿革』巻三(1)、一九七一年(原本一九三九年)、原書房。

(14) たとえば、一九四三年(昭和一八)の横須賀市合併に関し、『横須賀市史　上巻』(横須賀市、一九八八年、四九六頁)には、横須賀鎮守府参謀長から神奈川県知事宛の「横須賀市及三浦郡各市町村ノ合併ニ関スル件照会」(一九四二年八月二五日)が掲載されている。

(15) 前掲『自伝的日本海軍始末記』二一二頁。

(16) 舞鶴鎮守府参謀長の辞令（任免）は、一九四二年（昭和一七）六月一〇日～一九四三年（昭和一八）九月二五日（前掲『高木惣吉　日記と情報』下、九九一～九九二頁）。

(17) 岸本熊太郎は一九四二年（昭和一七）六月二二日まで、田中庄太郎は一九四二年（昭和一七）七月一四日より福知山市長で、ちょうど高木が着任した時期に市長が交替していた。岸本は京都帝国大学法科卒業後、鉄道局運輸課長、鉄道監察官、大阪市電気局運輸部長などを歴任。田中は岡山医専卒業後、京都帝国大学医学部勤務を経て開業医。京都府会議員、福知山市会議員をつとめた。以上、『日本の歴代市長』第二巻、歴代知事編纂会、一九八四年、七二二頁、七二三頁。

(18) この練り直しを主導したのは、おそらく京都府の上井土木部長であろう。

(19) 川合三代男『柴田彌一郎海軍中将覚書』二〇〇〇年。前掲『自伝的日本海軍始末記』（二一五頁）が「第五部長」としているのは誤りである。企画院第六部は、交通・電力の動員計画を担当していた（前掲『柴田彌一郎海軍中将覚書』五一頁）。

(20) 前掲『自伝的日本海軍始末記』二一二頁。前掲『高木惣吉　日記と情報』下、六一六～六二四頁。由良川改修史編集部『由良川改修史』建設省近畿地方建設局福知山工事事務所、一九八〇年、二五四～二五六頁。由良川改修五〇年史編集委員会『由良川』建設省近畿地方建設局福知山工事事務所、一九九八年、一三二頁、一七一頁。『京都新聞』（一九四三年一月二九日）は、総工費八四四万円で、北桑田郡大野村に五か年計画で大野ダムを建設し、近畿電力源に一威力を加えると報じている。ただし、この事業は戦争による資材不足で、一九四四年（昭和一九）に工事中断となった（前掲『由良川改修史』二五四頁）。

(21) 「東舞鶴及舞鶴両市合併ニ関スル経過概要ノ件通牒」及び九月九日、一〇月八日、一一月七日、一一月二八日、一二月三〇日、一二月六日、一二月二一日の高木日記の記述（前掲『高木惣吉　日記と情報』下）。「東舞鶴及舞鶴両市合併ニ関スル経過概要ノ件通牒」は、一九四三年（昭和一八）五月一三日に参謀長・高木が海軍省軍務局長・軍令部第一部長に宛てた両市合併の経過報告である（『舞鶴鎮守府戦時日誌』：④艦船・陸上部隊―戦闘詳報戦時日誌―四四二）。内容は、すべて日記と合致する。

(22) 藤本薫編輯『現代加佐郡人物史』太平楽新聞社、一九一七年、三三三頁。京都府議会事務局編『京都府議会歴代議員録』京都府議会、一九六一年、九八九～九九一頁。中筋文化協会郷土誌編纂委員会編『郷土誌　中筋村のむかしと今下』中筋文化協会、二〇〇三年、一四四～一五一頁。

(23) 前掲『京都府議会歴代議員録』一〇〇〇〜一〇〇一頁。

(24) 前掲『現代加佐郡人物史』一一八〜一一九頁。「舞鶴市会情勢」『新居前知事、三好知事事務引継演説書』京都府庁文書・昭和二〇―一五。舞鶴市史編さん委員会『舞鶴市史・年表編』舞鶴市役所、一九九四年、六一一頁。

(25) 前掲『自伝的日本海軍始末記』二一五頁。前掲『舞鶴市史　通史編下』五三二頁。立花一（一八八二〜一九六六。海兵三三期）は、鹿児島出身、石廊特務艦長、舞鶴要港部港務部長兼軍需部長、呉鎮守府港務部長を歴任した海軍少将。一九三二年（昭和七）に予備役編入。一九三四年（昭和九）四月〜一九三八年（昭和一三）一〇月海軍燃料廠嘱託（『両舞鶴市合併一件』京都府庁文書・昭和一八―一七四。外山操編『陸海軍将官人事総覧　海軍篇』芙蓉書房、一九八一年、一二一頁）。前掲『舞鶴市史　通史編下』（五三二頁）は、立花一を「前徳山海軍燃料廠長」としているが、誤りである（脇英夫他著『徳山海軍燃料廠史』徳山大学総合経済研究所、一九八九年など）。

(26) 「両舞鶴市合併促進の烽火2」『京都新聞』一九四三年二月四日。

(27) 前掲『自伝的日本海軍始末記』二一五頁。

(28) 前掲『両舞鶴市合併一件』。『東舞鶴市舞鶴市合併一件』京都府庁文書・昭一八―一六〇。後者の『東舞鶴市舞鶴市合併一件』は、地方課の戸祭乗泰主事が私的に保存していた文書である。

(29) 「強ク」「明確ニ」という表現は、高木日記（一九四三年一月八日、二月一日）の表現である（前掲『高木惣吉　日記と情報』下、六三八頁、六四一頁）。高木は「私自身も西の水島市長、村尾市会議長と何十回懇談したか数えきれない」と記している（前掲『自伝的日本海軍始末記』二一六頁）。ただ、説得のやり方や内容までは分からない。

(30) 「啓蒙運動」「世論ノ指導」という表現は、前掲『高木惣吉　日記と情報』下、六四一頁、六五九頁。

(31) 前掲『高木惣吉　日記と情報』下、六四一頁。

(32) 前掲『自伝的日本海軍始末記』二一五〜二一六頁。

(33) 前掲「東舞鶴及舞鶴両市合併ニ関スル経過概要ノ件通牒」、前掲『高木惣吉　日記と情報』下、六五八頁。なお、高木は、「またふるいボス政治を革新しようと、矢野環（元軍医、少将）、佐谷靖（現舞鶴市長）ら舞鶴医師会の指導者が、大いに有力な応援をあたえてくれた」（前掲『自伝的日本海軍始末記』二一六頁）と、合併促進への援軍として、矢野環、佐谷靖らの舞鶴医師会が援助してくれたことを特筆している。特に矢野は、たびたび高木参謀長を訪ね、合併に向け懇談をしている（前掲『高木惣吉　日記と情報』下）。矢野環（一八八〇〜一九六四、海軍軍医少将）は、岡山医専卒の軍医で、一九〇七年（明治四〇）一二月任官、一九二九年（昭和四）から三年間、舞鶴要港部病院長・軍医長として舞鶴に赴任した。予備役編入（一九三二年一二月）後も舞鶴にとどまっていた（前掲『日本海軍将官辞典』三八五頁）。佐谷靖（一九〇三〜一九七八）は、京都府立医大卒の開業医で（一九四五年四月見習士官軍医として召集）、舞鶴市会議員、京都府会議員をつとめた後、舞鶴市長を一九五四年（昭和二九）から一九七八年（昭和五三）まで長期間つとめた（前掲「舞鶴市会情勢」、前掲『京都府議会歴代議員録』一〇〇二〜一〇〇三頁、前掲『舞鶴市史・年表編』六一〇頁、六二六頁、前掲『日本の歴代市長』第二巻、七二九頁）。

(34) 前掲「東舞鶴及舞鶴両市合併ニ関スル経過概要ノ件通牒」

(35) 「速に合併したい　水島舞鶴市長市会協議会で言明す」『京都新聞』一九四三年二月二〇日。

(36) 以上、前掲「東舞鶴及舞鶴両市合併ニ関スル経過概要ノ件通牒」、前掲『高木惣吉　日記と情報』下、前掲『京都新聞』、『両舞鶴市合併一件』、前掲『京都府市町村合併史』、前掲『舞鶴市史　通史編（下）』による。

(37) 前掲『高木惣吉　日記と情報』下、六六六頁。

(38) 合併に至る過程をみると、全体に東舞鶴市側が譲歩している印象が強い。たとえば、この最後の第三回両市合併委員会では、加佐六か村との同時合併のほかにも、合併後の市役所を西地区に置くこと、旧舞鶴市所有財産を売却した場合は新市に引き継がず旧舞鶴市に引き継ぐこと、舞鶴港について海軍が不要となりたる後は旧舞鶴市が使用すること、を決議している（前掲『舞鶴市史　通史編（下）』五六一頁など）。合併を急ぐ高木の意を受け、東舞鶴市側が大幅に譲歩し、両市の合併交渉を加速させていた可能性が高い。もっとも、実際の合併は、知事一任となったので、上記の決議内容は実行されていない。

(39) 高木は、①六か村の関係者が合併陳情に来た際に「両舞鶴合併ヲ遅滞セシメヌ様要望セン」（三月一一日）と記し、②第一回両市合併委員会（二月二七日、於水交社）に際しては「本日ノ初顔合セニ六ヶ村問題ヲ蒸返サザル様工作シ」と記している（前掲『高木惣吉　日記と情報』下、六六〇頁、六六一頁）。

(40) 前掲『舞鶴市史　通史編（下）』五六二頁。

(41) 上井兼吉は、鹿児島県士族・上井助熊の長男として、一八九五年（明治二八）四月に生まれた。一九二〇年（大正九）東京帝国大学土木科卒業、一九二一年（大正一〇）一二月一九日に内務技師、高等官七等に任官、その後、兵庫県、三重県の地方技師を歴任。その間、一九三三年（昭和八）三月三一日には地方技師、高等官三等にまで昇っている。一九三九年（昭和一四）四月、三重県土木部長に補せられる（『第13版人事興信録　上』一九四一年、人事興信所。『叙位裁可書・大正十一年・叙位巻二』アジア歴史資料センターレファレンスコードA11112992200。『叙位裁可書・昭和八年・叙位巻十四』アジア歴史資料センターレファレンスコードＡ１１１１４１７８０００）。一九四一年（昭和一六）七月一日現在の『三重県職員録』では、「地方技師　三等三級　土木部長」である。この後、京都府に転出した。一九四四年（昭和一九）七月一〇日現在の『京都府職員録』では、「勅任待遇」である。著作として、上井兼吉（三重県土木課長）「伊勢大橋」（『土木建築工事画報』10-6、一九三四年）がある。

(42) 安藤狂四郎は、一八九三年（明治二六）三月生、東京帝国大学独法科卒業、新潟県属を手始めに、鹿児島、栃木、東京、岩手、本省、静岡などをまわり、一九三五年（昭和一〇）以降、茨城県知事、三重県知事、内務省土木局長、同警保局長を経て、一九三九年（昭和一四）九月退官。一九四一年（昭和一六）一月より京都府知事（前掲『第13版人事興信録　上』。秦郁彦『戦前期日本官僚制の制度・組織・人事』東京大学出版会、一九八一年）。

(43) 野間正秋は、一八九九年（明治三二）一二月生、東京帝国大学法科卒業、一九二四年（大正一三）八月一六日高等官七等に任官し、熊本県警視に補せられる。以後、愛媛、兵庫、長野、大分各県、厚生省をまわり、一九四〇年（昭和一五）一一月より京都府書記官となる（前掲『第13版人事興信録　下』。『叙位裁可書・大正十三年・叙位巻二十五』アジア歴史資料センターレファレンスコードＡ１１１１３３５５１００）。厚生省衛生局医務課長の折の著作に、野間正秋『医療制度改善論』（ダイヤモンド社、一九四〇年）がある。

(44) 前掲『自伝的日本海軍始末記』二一六頁。ちなみに、野間内政部長に対しては、「一四四〇頃、野間内政部長来訪。舞鶴ノ合併ヲ府庁ニテ為セルガ如キ口吻洩ラス。済度シ難キ男ナリ」（八月一〇日）と憤慨している（前掲『高木惣吉日記と情報』下、六八一頁）。なお、当時の舞鶴鎮守府司令長官は新見政一（まさいち）（一八八七～一九九三、海兵三六期、海軍中将）であった（在任期間は一九四二年七月一四日～一九四三年一二月一日）。高木は、新見の合併へのかかわりについて、「新見鎮守府長官は英国型紳士で、地方自治などにあまり関心もなく、容喙する考えなど、むろんみじんもなかったから、私が限界を越えて深入りしすぎることを心配されるといけないと思い、経過の表裏、中央との打ちあわせなど、細目にわたって毎朝報告することにした」としている（前掲『自伝的日本海軍始末記』二一八～二一九頁）。新見はサイパン島で戦死した南雲忠一海軍中将（死後、海軍大将）と海兵の同期であるが、一〇六歳の長生きで平成まで存命した。提督新見政一刊行会『提督新見政一　自伝と追想』（原書房、一九九五年）が刊行されているが、両舞鶴市合併には触れていない。

(45) 「晴の誕生を祝福　舞鶴市奉告祭と開設式」『京都新聞』一九四三年五月二八日。

(46) 前掲『高木惣吉　日記と情報』下、六七二頁。

(47) 前掲『東舞鶴市舞鶴市合併一件』、前掲『京都府市町村合併史』六九五頁。
(48) もっとも、有権者数でみると、舞鶴市五九五四人、東舞鶴市八二四四人となり（「昭和十七年施行の市会議員総選挙」『都市問題』34-5、一九四二年五月、九八頁）、その差は縮小する。
(49) 「誕生に際して　舞鶴鎮守府司令長官海軍中将新見政一」『京都新聞』一九四三年五月二七日。
(50) 前掲『高木惣吉　日記と情報』下、六七一頁。合併後の新市役所は、東舞鶴市役所中舞鶴支所があてられた（「舞鶴の本庁舎」『京都新聞』一九四三年五月一九日）。舞鶴鎮守府のお膝元である。
(51) 前掲『高木惣吉　日記と情報』下、六六三頁、六七二頁、六八一頁など。
(52) 立水生「明年の選挙」『地方改良』一一六、一九四一年一〇月、九頁。「新しき動向示唆　地方選挙の結果集計」『翼賛壮年運動』五、一九四二年七月四日。
(53) 「推薦候補三十六名発表」『京都新聞』一九四三年六月一六日。なお、『舞鶴市史』には、この選挙についての記述がない。
(54) 「新人の活躍期待　矢野同盟会代表委員談」『京都新聞』一九四三年六月一六日。『新居前知事、三好知事事務引継演説書』京都府庁文書・昭和二〇―一五。矢野環については、注33参照。
(55) 推薦候補は後に一名減となり、実際には三五名となった。以下の記述では、推薦候補を三五名とする。
(56) 一般に一九四二年（昭和一七）四月三〇日の第二一回衆議院議員総選挙を翼賛選挙と呼ぶ。大政翼賛会京都府支部では、翼賛選挙貫徹運動として、総選挙後の市町村会議員選挙でも翼賛選挙の趣旨徹底をはかっていた（翼賛運動史刊行会編『翼賛国民運動史』翼賛運動史刊行会、一九五四年、七五三頁）。
(57) 以上、前掲『高木惣吉　日記と情報』下、六七〇頁、六七三頁、六七四頁、六七五頁、六七七頁。
(58) 前掲『高木惣吉　日記と情報』下、六七〇頁。
(59) 前掲『高木惣吉　日記と情報』下、六七五頁。
(60) 前掲『両舞鶴市合併一件』。前掲『高木惣吉　日記と情報』下、六七四頁。
(61) 水島の得票数は六八七票、第二位は三八一票（佐谷靖）で、最下位当選は二一二票（三ツ谷春吉）。以上、前掲『舞鶴市長同助役職務管掌復命書』。
(62) 「舞鶴市会議員選挙投票終る」『京都新聞』一九四三年七月六日。
(63) 「舞鶴市長に立花氏　初市会で推薦」『京都新聞』一九四三年七月二一日。

(64)「舞鶴初代市長」『京都新聞』一九四三年七月二八日。
(65) 前掲『高木惣吉　日記と情報』下、六八七〜六八八頁。高木惣吉『高木惣吉日記　日独伊三国同盟と東条内閣打倒』毎日新聞社、一九八五年、一二三〜一二四頁。
(66)「舞鎮参謀長更迭　後任に曾爾(そうじ)章(あきら)大佐　高木少将は軍令部出仕」『京都新聞』一九四三年九月二六日。
(67) 今のところ、市会の紛糾をうかがえる資料は、前掲『新居前知事、三好知事事務引継演説書』と『三好前知事、木村知事事務引継演説書』(京都府庁文書・昭和二〇―一六)に所収の「舞鶴市会情報」の簡略な記述のみである。以下の記述は、基本的に「舞鶴市会情報」による。
(68) 前掲『京都府議会歴代議員録』九九六〜九九七頁。ちなみに新生舞鶴市のもう一人の助役は、旧舞鶴市の助役であった荒木舜太郎(加佐郡岡田下村大川)である(前掲『両舞鶴市合併一件』)。
(69)『新舞鶴町治紛糾役場事務視察一件』京都府庁文書・昭和一一―四一。『舞鶴市史　各説編』舞鶴市役所、一九七五年、八二二〜八二三頁。
(70)「舞鶴市会新議長に西村髮太郎氏当選」『京都新聞』一九四五年二月一六日。鳥越新一(一八九四〜一九七二、海兵四三期、海軍少将)は鹿児島県出身、第一南遣艦隊参謀長などを経て、一九四四年(昭和一九)九月から敗戦まで舞鶴鎮守府参謀長(前掲『日本海軍将官辞典』二六六頁)。
(71)「舞鶴市長に川北氏」『京都新聞』一九四五年一二月一八日。前掲『日本の歴代市長』第二巻、七二七頁。川北正太郎(一八八四〜一九五三)は、加佐郡伊佐津村の水島作蔵家の次男に生まれたが、長じて同村の旧家・川北家の養子となった。中筋村助役・村長、加佐郡町村長会長、中筋村産業組合長、府会議員(立憲政友会)、舞鶴町長、舞鶴市長(旧)などを歴任。前述した由良川改修工事(一九四三年六月起工)の期成委員会の委員長を務めていた(ただ、川北は高木日記には登場しない)。実兄・水島彦一郎とは二つ違いで、社交家肌の実兄とは性格を異にしたと言われている(前掲『京都府議会歴代議員録』九九二〜九九四頁。前掲『郷土誌　中筋村のむかしと今　下』一五二一〜一五五五頁)。
(72) 前掲『京都府市町村合併史』六九六〜七〇七頁。『舞鶴市史　現代編』舞鶴市役所、一九八八年、七三九〜七八一頁。
(73) 前掲『自伝的日本海軍始末記』二一九頁。

あとがき

本書の母体となったのは、舞鶴近現代史研究会である。ここでは、この研究会と本書成立の経緯を述べておきたい。舞鶴近現代史研究会は、二〇〇五年（平成一七）一月、舞鶴出身の坂根嘉弘（広島大学）が舞鶴で勤務する三川譲二氏（舞鶴工業高等専門学校）に「舞鶴軍港と地域社会」についての研究会を行いたい旨の連絡をしたことから始まった。坂根は軍事史を専門にしていたわけではなかったが、郷里が舞鶴であったこともあり、軍港研究にはそれなりに関心を抱いていた。そのなかで、陸軍に比べ海軍と地域社会についての研究が進んでいないのではないかということを漠然と感じていた。研究会立ち上げについて三川氏の快諾を得て、三月下旬、二人で舞鶴市郷土資料館に吉岡博之氏（舞鶴市教育委員会）を訪ね、舞鶴地域についての資料所在状況を確認するとともに、研究会への協力をお願いした。それをふまえ、研究会メンバーの人選と参加依頼を行い、二〇〇五年（平成一七）八月に最初の集まりを持った。研究会に参加したのは、飯塚一幸（佐賀大学）、上杉和央（京都大学総合博物館）、筒井一伸（鳥取大学）、長澤一恵（京都造形芸術大学非常勤講師）、松下孝昭（神戸女子大学）、山神達也（日本学術振興会特別研究員）、吉永進一（舞鶴工業高等専門学校）と三川、坂根の九名である（所属・肩書きは研究会参加時）。日本史に地理学（上杉、筒井、山神）、宗教学（吉永）という学際的なメンバーで構成されることになった。このうち、三川、吉永、飯塚の三氏は舞鶴高専の現・元教員であり、上杉・山神両氏と坂根は舞鶴高専非常勤講師の経験があった。舞鶴にそれなりの土地勘のあるものが多かった。言うまでもなく、舞鶴高専は第三火薬廠の跡地に立地しており、その意味では日本海軍とは浅からぬ関係にあった。なお、研究会の初年度には、平成一七年度舞鶴工業高等専門学校重点研究（「舞鶴近現代史研究―軍港都市の変遷と地域社会―」）による支援を受けた。関係各位にお礼を申し上げたい。

研究会の経過は以下のとおりである。

☆二〇〇五年一二月一一日　於：京都大学総合博物館
山神達也「舞鶴市の人口特性とその変化―軍港都市の変遷過程の一段面―」
三川譲二「旧軍港市転換法と舞鶴―芦田均の活動を中心に―」
☆二〇〇六年三月一九日　於：舞鶴市西公民館
上杉和央「「引揚の町」としての舞鶴―「明暗と哀歓」の記憶―」
飯塚一幸「日露戦争後における宮津と舞鶴」
坂根嘉弘「近代舞鶴の経済発展の特徴―金融面よりの接近―」
☆二〇〇六年七月一日　於：キャンパスプラザ京都
吉永進一「大正期大本教における海軍関係者」
松下孝昭「舞鶴への鉄道敷設と京阪神」
☆二〇〇七年八月三一日　於：京都大学総合博物館
三川譲二「旧軍港市転換法の成立と舞鶴」
山神達也「一九九五年以降の舞鶴市における人口の変化とその地区間格差」
☆二〇〇八年三月二二日　於：京都大学総合博物館
長澤一恵「軍縮期の舞鶴港―対岸航路誘致および第二種重要港湾指定をめぐって―」

飯塚一幸「日露戦後の舞鶴鎮守府と舞鶴西港」
筒井一伸「舞鶴の財政と地域経済」
☆二〇〇八年一〇月一一日　於：京都府立大学
吉永進一「大正期大本教と海軍軍人」
上杉和央「検証／顕彰「引き揚げのまち、舞鶴」」
三川譲二「高木惣吉と舞鶴」
☆二〇〇九年三月二〇日・二一日　於：京都府立大学
坂根嘉弘「軍港都市と地域社会―社会経済史研究の視点から」
坂根嘉弘「軍港建設にともなう舞鶴地域経済の変容」
松下孝昭「軍都・軍港と鉄道ネットワーク」
筒井一伸「舞鶴の財政・地域経済と海上自衛隊」
三川譲二「旧軍港市転換法の成立と舞鶴」
長澤一恵「一九三〇年代の日本海貿易と舞鶴―舞鶴港・新舞鶴港の対岸貿易を中心に―」
河西英通「呉軍港都市研究の課題―『呉市史』の検討から」
坂根嘉弘「舞鶴要塞と舞鶴要塞司令官」
坂根嘉弘「海軍御用達飯野寅吉の挑戦」
坂根嘉弘「軍港都市には軍人市長が多いか」
筒井一伸「「海軍」・「海上自衛隊」と舞鶴の地域ブランド戦略」
上杉和央「「引揚のまち」の現在」
山神達也「地形図にみる舞鶴軍港」
長澤一恵「舞鶴港」
飯塚一幸「舞鶴と東郷平八郎」

出版については、中山富広氏（広島大学大学院文学研究科）のご紹介で、清文堂出版（大阪市）にお願いすることができた。清文堂出版の前田博雄社長には、遠路広島大学の坂根研究室までおいでいただき、本書（舞鶴編）の出版についてご相談するとともに、軍港都市史研究としてシリーズ化してもらえないかという、過分の申し出を受けた。それをうけ、急遽、他の軍港都市を含めたいわば全国版の軍港都市史研究会の組織化をすすめることになり、ことの成り行き上、坂根がその任を担った。それにともない舞鶴近現代史研究会は、途中から軍港都市史研究会の舞鶴グループとして研究活動を続けることになった。

軍港都市史研究会は、軍港別グループ（横須賀グループ、呉グループなど）と課題別グループ（景観グループなど）の二本立てで研究組織を組み立てており、日常的な研究活動は各グループで行い、年に一回程度の全体研究会を行っている。軍港都市史研究会第一回研究会は、本書の刊行に合わせ二〇〇九年（平成二一）三月二〇日・二一日の両日に行った。今後の刊行計画も固まってきており、次回は地理学の若手研究者による『軍港都市史研究Ⅱ　景観編』を上杉和央氏の編集で刊行する予定である。なお、この景観グループは、財団法人福武学術文化振興財団から研究助成（平成二〇年度・地理学助成）を得て活動しており、本書（第四章から第六章）はその成果の一部である。

本書は、当初、序章を除き研究会メンバー九名がそれぞれ一章ずつ執筆する予定であった。しかし、諸般の事情により三名の方が執筆を辞退されることになった。編者としては痛恨事であり、誠に残念である。

本書の研究活動については、資料収集をはじめいろいろな面で舞鶴市郷土資料館にお世話になった。特に、吉岡博之氏（社会教育課長）と小室智子氏（社会教育指導員）には、舞鶴市とわれわれとの接点にたっていただき種々ご尽力をいただいた。加藤晃氏（舞鶴市文化財保護委員）には、資料所在や舞鶴地域研究の現状について種々ご教示をいただいた。原文書閲覧については、舞鶴市教育委員会、舞鶴市郷土資料館（布川家文書、舞鶴市行政文書）、京都府加佐郡大江町教育委員会（平野家文書）、京都府立総合資料館（京都府庁文書）、国立公文書館、防衛省防衛研究所、京都府立丹後郷土資料館にお世話になった。また、写真掲載については、舞鶴市教育委員会、舞鶴観光協会・舞鶴市産業振興部観光商業課にご高配を賜った。写真撮影については、桐野利和子氏のご助力を得た。以上、お礼を申し上げる次第である。

最後になったが、本書の刊行をお引き受けいただいた清文堂出版、前田博雄社長ならびに本書の編集を担当いただいた松田良弘氏に感謝を申し上げたい。

坂根　嘉弘

あとがき（増補版）

軍港都市史研究会の前身である舞鶴近現代史研究会が立ち上がったのは、二〇〇五年であった。当初は、舞鶴軍港を対象にした九名のこぢんまりとした研究会であった。この研究会では、舞鶴軍港を、「軍隊と地域」の視点から、できる限り総合的に研究することを目的としていた。その後、舞鶴だけではなく他の軍港、要港を研究対象とすることになり、全国版の軍港都市史研究会へと大きく組織が拡大した。組織が大きくなったこともあり、上山和雄氏に研究会の代表をつとめていただき、ことの成り行き上、坂根嘉弘が事務局の役割を担った。研究会では、軍港別グループと課題別グループの二本立てで研究組織を組み立てた。大まかに、横須賀（上山和雄、大豆生田稔）、呉（河西英通）、佐世保（北澤満）、舞鶴（坂根嘉弘）、景観（上杉和央）、政治・経済・海外（大豆生田稔）、要港部（坂根嘉弘）の七つのグループに分け、それぞれに幹事（カッコ内。敬称略）をおき、幹事に各グループを統括していただいた。日常的には各グループで活動し、年に一回のペースで全国版の軍港都市史研究会を開催した。各グループの活動経緯については、各巻の「あとがき」に記している。これとは別途、希望者を募り、軍港・要港の巡検（横須賀、呉、鎮海、旅順）を実施した。二〇一一年八月には、軍港都市研究の国際シンポジウム（大韓民国・昌原市）に招待され、報告・研究交流を行った。

軍港都市史研究会では、その研究成果を軍港都市史研究シリーズとして刊行してきた。その成果は以下である（カッコ内は執筆者。敬称略）。

＊二〇一〇年一月　坂根嘉弘編『軍港都市史研究Ⅰ　舞鶴編』四一九頁（坂根嘉弘、飯塚一幸、松下孝昭、上杉和央、山神達也、筒井一伸）

＊二〇一二年三月　上杉和央編『軍港都市史研究Ⅱ　景観編』四五一頁（上杉和央、花岡和聖、村中亮夫、山本理佳、山神達也、柴田陽一、筒井一伸、加藤政洋、埴淵知哉）

＊二〇一四年四月　河西英通編『軍港都市史研究Ⅲ　呉編』三五九頁（河西英通、中山冨広、坂根嘉弘、平下義記、布川弘、砂本文彦、斎藤義朗、落合功、林美和）

＊二〇一六年六月　坂根嘉弘編『軍港都市史研究Ⅵ　要港部編』三三五頁（坂根嘉弘、河西英通、風間秀人、橋谷弘、井上敏孝、山元貴継）

＊二〇一七年一月　上山和雄編『軍港都市史研究Ⅳ　横須賀編』三八九頁（上山和雄、高村聰史、大豆生田稔、大西比呂志、斎藤義朗、吉良芳恵、鈴木淳、栗田尚弥）

＊二〇一七年五月　大豆生田稔編『軍港都市史研究Ⅶ　国内・海外軍港編』三四五頁（大豆生田稔、伊藤久志、吉田律人、中村崇高、ジェラール・ル・ブエデク、君塚弘恭、高村聰史、谷澤毅、松村岳志）

＊二〇一八年二月　北澤満編『軍港都市史研究Ⅴ　佐世保編』三五七頁（北澤満、木庭俊彦、西尾典子、長志珠絵、筒井一伸、宮地英敏）

以上のように、軍港都市史シリーズは、二〇一〇年刊の『舞鶴編』から始まり、二〇一八年刊の『佐世保編』で完結した。全七巻の執筆者は四三名に及んでいる。研究会に参加しながら、執筆しなかった方もおられるので、研究会参加者は五〇名を超えているであろう。日本史や日本経済史の研究者が多いが、地理学や海外の軍港都市研究者にも参加していただいた。

本シリーズの刊行をお引き受けいただいたのは、大阪の清文堂出版である。前田博雄社長をはじめ清文堂出版にはこのシリーズの意義を理解していただき、継続的（断続的）に刊行をしていただいた。とりわけ、本シリーズを担当された松田良弘氏には、編集作業はもちろんのこと、軍事を中心に専門知識を生かした的確な指摘をいただき、著作権処理や索引作成など煩雑な作業もこなしていただいた。

舞鶴近現代史研究会を立ち上げた二〇〇五年から、すでに一三年の歳月が流れた。一三年間は短かったようにも感じるが、それ相応に長い時間が流れたとも感じる。若い皆さんはそれぞれに然るべきポストにつき職位もあがったが、逆にベテランは停年を迎えるか迎えようとしている。事務局を担ってきた身としては、予定の七巻を刊行でき、とりあえずホッとしている。研究会代表の上山氏や幹事の諸氏をはじめ、研究会に参加し研究を支えてくださった皆さんに感謝している。加えて、本研究会では、「軍隊と地域」の視点から軍港都市をできる限り総合的に研究することを目的としていたが、我々の軍港都市史研究を基礎に、都市史や軍事史のさらなる研究の進展がみられることを祈念している。

さて、今回、『軍港都市史研究Ⅰ　舞鶴編』の増補版を刊行することとなった。『舞鶴編』が久しく品切れになっており、かつ本シリーズが完結したこともあり、清文堂出版のご厚意で増補版を刊行することになった。主な増補は、以下の三点である。①補論として「大舞鶴市の誕生」（坂根嘉弘）を付加したことである。海軍が戦時中に、海軍が関係する行政区の合併を進めたことは従来から知られていた。しかし、その具体的な過程は不明であった。舞鶴でそれを担当したのが舞鶴鎮守府参謀長・高木惣吉であり、高木の日記が残されていたので、奇跡的にその過程を詳しくたどることが出来た。坂根は、二〇一四年二月に、舞鶴市から、舞鶴市議会七〇周年記念の講演を依頼されたが、その折に合併に関する資料を収集していた。今回、それをもとに原稿化した。②これまでの各巻の刊行に際して、推薦文をいただいたが、それをまとめて巻末におさめた。それぞれ力の入った推薦文を寄せていただいており、このまま埋もれさせてしまうのは惜しいと思われたからである。③また、各執筆者に既刊の『舞鶴編』で誤った記述や誤植の類がないかをチェックしていただき、問題がある個所を修正した。以上である。

この『軍港都市史研究Ⅰ　舞鶴編』の増補版についても、清文堂出版にはご高配を賜った。これまでの各巻と同様、本巻も松田良弘氏にお世話になった。本シリーズにおける松田氏との仕事は、これが最後となるであろう。これまでの分も含めて、心よりお礼を申し上げたい。

坂根　嘉弘

「軍港都市」という新たな都市類型の提示

國學院大學名誉教授　上山和雄

興味深い、近代都市の新しい類型が付け加えられつつある。都市史と軍事史研究の深まりの中で、両者が融合しつつ陸軍が拠点を置く都市史研究が進展していたが、それに加え、「軍港都市」という近代都市のもう一つの、新しい類型が明らかにされようとしている。

「軍港」とは、鎮守府あるいは要港部が設置されていた港湾都市、すなわち横須賀・呉・佐世保・舞鶴・大湊（要港）を指す。鎮守府がおかれていた四市が「軍港都市連絡協議会」を組織していたこと、さらに現在も海上自衛隊地方隊がおかれている四市が、「旧軍港市振興協議会」を組織していることを知っている人は多くないであろう。

筆者は、数年前から横須賀市史編さんに従事することになり、横須賀の歴史を勉強しはじめた。軍港というのは、共通する多くの側面を有している。ありふれた小さな漁村に海軍施設が建設されることにより、その漁村だけでなく、周辺を巻き込んだ大きな変化が進んでゆく。鎮守府と隷下部隊のみでなく、大規模な官営工場である海軍工廠、陸軍の要塞なども設置されて人口増加がはじまり、軍施設とそれを支える地域の維持のために、鉄道や道路、水道などのインフラ整備が急速に進む。ところが官営工場であるため、税収が少なく、他都市以上に財政難に悩まされ、軍港都市は連携して政府からの援助を引き出すために努力したのである。

本書は、四軍港市の中では、もっとも新しく、また規模も小さい舞鶴を対象としているが、原稿を拝見すると、人口増加と財政難、軍の影響の大きさなど、抱える基本的な問題は横須賀と同種である。しかし舞鶴の特殊性も盛り込まれている。舞鶴港開港問題や「引揚のまち」の記憶などは舞鶴ならではである。さらに戦後の舞鶴と海上自衛隊の関係、自衛隊も含めた海軍を戦略的に活用しようとしている舞鶴市の動向を記している第六章も大変興味深い。

各章末に付されているコラム（地形図・東郷平八郎・地域ブランド戦略など）は読みごたえもあり、内容も興味深い。このシリーズが完結することを祈りたい。

（二〇一一年一月刊行）

「Ⅱ　景観編」推薦文

若手研究者の開拓した斬新な成果

防衛大学校名誉教授　田中宏巳

軍事史の研究を志した昭和四十年頃は、学生運動が過激化する直前で、すでに研究テーマやレポートに戦争や軍事の字面を載せることも憚られる雰囲気があった。研究会や学会での発表では、政治史や外交史に似せて発表したり、論文発表は特定の雑誌以外にはできなかった。あれから約五十年、社会情勢が大きく変わり、周囲に気兼ねなく発表できるようになった。本書の刊行は、世の中がかくも大きく変わったことを実感させる一事である。

海軍にとって、歴史の変化に伴う追風を受けたのは幕末からで、明治時代になると国力を投じてその育成に努力した。一夜の仮住まい的性格をもつ陸軍の駐屯地に対して、海軍艦艇の根拠地である「母港」は、危険な任務から帰還した艦艇の乗員が安眠安心できるまさしく母親の胸である。駐屯地のインフラ整備に努力をしなかった陸軍に対し、母港のインフラ整備に非常な努力を惜しまなかった海軍との違いは、こうしたそれぞれの基地の性格に端を発している。海軍の母港に投じた物的人的資本の投下によって、母港すなわち軍港を中心に都市が形成され、周辺地域の経済・社会の発展に大きく貢献した。それだけに軍港は、軍事はいうに及ばず、政治経済、社会文化等の研究対象になりうる十分なキャパシティーを持っている。

本書は、政治地理学、経済地理学等多様な分野を専門とする地理学者のみによって執筆されている。つまり軍事は専門外である地理学者によって行われた研究成果であり、従来にない新鮮な内容になっている。副題として「景観編」が付され、目標から距離を置かないと景色が見えないように、軍港という対象から距離をとって観察する手法で各テーマにアプローチしているのが本書の特徴である。距離をとるため、軍港内で活動する個々人を人間集団というマスでとらえ、都市を構成する一軒ごとの建物も空中写真で捉える景観というマスにされる。

軍事史では、一人の判断で組織を動かせる軍幹部や指揮官の動向に焦点を当て、その意図を考察することが多いが、本書ではマスが見せる現象の分析に徹している。現象という結果を捉える手法のために、現象につながる政策や法令、これらを立てた組織の方針や指導者らの認識、組織内の議論は、どうしても看過されてしまいやすい。たとえ意図と異なる結果になっても、そこに方針や計画を立てて奔走する人間の努力が描かれないのは少々寂しい。しかし、その不満は、他分野の研究の参照によって解消されるべきものなのであろう。

人間や建物をデータの一つにして数値化して現象を捉える方法は、おそらくコンピューターがもたらした新しい研究法かもしれない。軍事史の分野では、これまでこうした研究法が使われることが少なかっただけに衝撃的ですらある。地域に在住する人や町並みを形成する建物を管理する行政にとっては、本書の成果は極めて高い価値があり、この中に個々人の営みが組み込まれるようになれば、さらにすぐれた研究へと昇華するに違いない。

（二〇一二年三月刊行）

「Ⅲ　呉編」推薦文

多様な切り口と時系列的奥行きをクロスさせた新しい軍都・軍港史研究

国立歴史民俗博物館名誉教授
静岡大学名誉教授　荒川章二

本書で三冊目となる軍港都市史研究シリーズは、従来、陸軍を中心としてきた「軍隊と地域社会」研究を、「海軍軍港と地域社会」研究にまで広げる新たな研究的地平を切り開いてきた。シリーズ第一巻『舞鶴編』の総論で、編者の坂根嘉弘氏が端的に指摘しているように、陸軍軍都・軍郷と海軍軍港とのもっとも大きな相違点は、陸軍の師団司令部に相当する海軍鎮守府だけでなく、巨大な海軍工廠が一体的に併設され、軍港地域に、陸軍軍都をはるかに上回る巨大な地域経済の変動（人と物の流入）が集中的に生じたことである。

しかも、鎮守府が最初に開庁した横須賀はようやく幕末に造船業が勃興した新興産業都市であり、呉や佐世保に至っては、どこにでもある農漁村であった。それゆえに、近世的軍事拠点（そして行政都市）である城下町、あるいは宿場町から、近代的軍事都市に転換した多くの陸軍軍都と異なり、地域社会には与えた影響ははるかに大きく、かつ深刻であり、それだけに軍港都市研究は、できうる非常に魅力的なフィールドとなっている。
陸軍軍事都市と地域社会の関係のありようとは質の異なる、軍事都市と地域関係史の諸問題を考察

本シリーズは、前記『舞鶴編』、そして、軍事史研究としては極めてユニークな地理学グループの集団業績としての、軍港都市の過去~現在に至る景観や意識、特異な空間形成に視座を置いた『景観編』を世に問うているが、ここに第三冊目の『呉編』が刊行の運びとなった。

呉軍港史、呉の近代地域史に関しては、既に、自治体史である『呉市史』記述編が刊行されており、通常の自治体史であれば一~二巻の近代通史編としてまとめられるところが、呉の場合、近代記述編だけでも第四~八巻と五冊にわたる重厚な企画となっており、近代地域社会・生活を取り巻く極めて多様な領域・分野に広く目配りしつつ、手堅く、かつ詳細な通史を展開している。

この先行業績に対し、河西英通氏を編者とする『呉編』がどう切り込むのか、非常に楽しみだが、呉編の視点は、あえて「海軍」以外のキーワードに置き、軍港都市における「直接的な海軍史」ではない切り口から、軍港都市の歴史的性格を浮き彫りする野心的な構成となっている。具体的には、近世的社会構造からの軍港都市への転換、企業や企業家の成長・在来技術と経営が海軍需要にどう対応したのか、近世以来の地域医療衛生対策に海軍軍港化がどのような影響を与えたか、水道敷設が旧来の灌漑用水システムを壊し、農村的景観から住宅地へ転換していく経緯、水兵の出動で注目された米騒動、漁業廃滅補償や海面利用などが取り上げられているのだが、いずれの論考も、軍港以前の近世以来の呉の社会、システムが、軍港の形成によって、どう変わったのかを押さえた上で展開されているようだ。現在まで、軍事化に深く組込まれ続けている呉のような地域社会が、脱軍事化に向けて離脱できる可能性を模索しようという知的試みとしても、本書の刊行を期待

したい。

（二〇一四年四月刊行）

「Ⅳ　横須賀編」推薦文

軍港社会史と自治体史編さんの到達点の融合

国立歴史民俗博物館名誉教授
静岡大学名誉教授　荒川章二

本書は、「海軍軍港と地域社会」の関係性に関する歴史研究の水準を画期的に引き上げた『軍港都市史研究』シリーズの第五冊目の成果である。本シリーズではこれまで、『舞鶴編』、地理学的アプローチとしての『景観編』、『呉編』、『要港部編』と刺激に満ちた成果を世に問うて来たが、この『横須賀編』では、日本海軍で最初に設置された鎮守府を有し、呉と並ぶ最有力の軍港都市であった同市、すなわち軍港都市研究の〝本丸〟に対し、各執筆者が横須賀の軍港都市としての共通性とその固有の性格を明らかにするという問題意識を共有しつつ、しかし、多様な角度から切り込んだ意欲的な集団研究である。

海軍の軍港都市としての横須賀市は、アジア・太平洋戦争開戦時の一九四一年一二月末、海軍人口が約二七万人、市内人口の七七パーセントにも達し、面積では、終戦時の総面積に対し軍用地が約五分の一にも及んだ巨大な軍事都市であった。しかし、それ故に敗戦と海軍解体の影響は甚大で、敗戦時の人口は二〇万人にまで激減し、他方で、旧軍用地の三分の一が占領軍に接収されかつ再軍備にも影響される、という条件のなかで戦後の再生を図らねばならなかった。

では、この戦前戦後にわたる、海軍軍都＝軍港都市の形成過程から戦後の平和産業都市への志向とそれへの軍事的制約という長期的な問題群に本書はどのようにアプローチをしたのか。手短に内容を紹介すると、第一章と第三章では、財政動向と基地交付金の前身ともいえる海軍助成金という角度から、財政に関しては、一九〇七年から三六年までの財政構造の変化と各時期の特色を、助成金については、第一次大戦後の助成制度成立期から敗戦までを長期的に追究し、横須賀という軍港都市の財政的特質、そしてそこに止まらない経済的、あるいは特殊な政治性を持たざるを得ない特色を浮かび上がらせている。それは、第二章で分析される、横須賀市長選定を通じた海軍の深い影、その根深さ、時には直接的関与が行われるという政治的特性として立体化されて見えてくる。また、第五章の横須賀海軍航空への注目は、海軍内部の戦略展開、すなわち航空主兵論の登場が、横須賀の「海軍都市史」としてどのように顕現するのかという、〝空の軍都〟としての変容と地域に対する海軍の新たな影響のありようについて目を開かせてくれる。さらに戦前史の分析では、横須賀海軍の人的構成を長期的かつ綿密に追跡した第四章は、軍港都市と一括される都市の性格の時期的変化を、客観的数値として展開して見せている。

戦後への目配りでは、海軍工廠の解体と占領軍への労務の提供、旧工廠技術者の行方という視点を接合させて軍港社会史の一面を示しつつ、安保条約の街への社会経済史的形成過程をえぐっている。

そして以上の執筆者各人が長期的なスパンで取り組んだ各論に対し、編者の上山和雄氏は、幕末から明治前期までの主要な歴史的過程とその特色を的確に押さえた概説的序章と第七章（終章）での戦時から戦後への展開過程について叙述し、本書が取り上げる軍港都市横須賀という対象を通史的な流れとしても理解しやすくする構成をつくり上げている。

本書の執筆陣は、そのほとんどが『新横須賀市史』の編集、執筆に長く関わって来た研究者である。質の高い史料集および通史の達成という自治体史の編さん事業の到達点をふまえ、その成果と蓄積を新たな視点と長期的視野をもってとらえ返し、研究書として熟成させた成果として本書を推薦したい。

（二〇一七年一月刊行）

「V 佐世保編」推薦文

日本近代都市史研究の新しい波

佛教大学歴史学部教授　原田敬一

舞鶴から始まり、景観、呉、要港部、横須賀、国内・海外軍港と巻を重ねてきた「軍港都市史研究」シリーズも佐世保に到着した。海軍の鎮守府が置かれた「軍港都市」に注目するというのは、優れた視点で、陸軍の師団等が置かれた「軍都」とは異なった分析が必要であり、また可能となる。「軍港都市」には海軍工廠等が付属し、そこには海軍軍人以外の職工が多数働いているという状況がある。「軍都」では軍人と一般社会の関係分析にとどまらざるを得ないが、「軍港都市」では軍人・軍属・一般労働者という複雑な構成が当たり前で、それらがどのような都市や都市社会を形成するのかは大いに気になるところである。それが坂根嘉弘氏と舞鶴の結びつきから偶然始まり、全七巻のシリーズにまで発展できたのは、学界にとっての一つの事件でもある。私たちが『地域のなかの軍隊』全九巻を全国の研究者八〇余名で執筆・刊行できたのも珍しい事と言われたが、それには軍港都市史研究が先行して存在し、その成果が私たちのシリーズにも反映している。

佐世保をとりあげた本巻は、産業構造・商港・水兵教育・石炭・戦後復興・軍用地転換と戦前から戦後までをカバーし、軍事史的分析を含みつつ、「近代都市」としての展開が丹念に分析されている。甘味を供給する菓子店が佐世保七三軒、横須賀一〇軒、呉四〇軒の差についてのコラムも、よく調べられている。近代都市としての佐世保は、他の軍港都市と異なり、北松浦郡・東西彼杵（そのぎ）郡などの長崎県北部や離島に対する中心都市としての位置づけがあり、物資供給の要となる問屋機能も含めて発展したという特徴がある。

「海軍の城下町」という側面を強調して町おこし、観光振興に役立てようというのは二一世紀の現代の話であり、「軍港都市」も軍港だけに頼らない「産業立市」「産業立町」をめざしていたというのは現代を考えるうえでも重要な発見だった。本巻では「商港佐世保」の分析としてまとめられている。それによれば、佐世保の商港を発達させることに対し、海軍では反対せず、市営事業としての浚渫や市営桟橋の完成により佐世保の集散地としての発展が著しくなっていった。菓子店のコラムと通底する経済の動きが明確に示されている。この経済の動きにより、一九二六年釜山—佐世保、一九三三年大連—佐世保の航路が開かれ、植民地や半植民地との物流がさらに高まっていった。

敗戦後の佐世保は、中国からの復員船が到着する港でもあり（私の父は中国から米軍のLSTに乗り、佐世保に上陸した）、その復興が大きな課題となった。四鎮守府の置かれた軍港都市の平和社会へのソフトランディングは、朝鮮戦争直前の一九五〇年四月初旬に成立した「旧軍港市転換法」による。本巻の「せめぎあう「戦後復興」言説」は、平和港湾産業都市構想が、朝鮮戦争や海上特別警備隊の設置などの社会情勢に押されて、しだいに軍港論に変化していく様子を行政史料から描いている。

こうした戦後史への目配りは、「一九六八年：エンタープライズ事件の再定置」を本巻に含めたことでも言える。この事件を佐世保市民がどう迎えたのかが論点の一つだが、それには古いエネルギー源とされた炭鉱が閉鎖され、そこに現れた原子力空母という位置関係が重要だとする。また戦勝国が敗戦国に襲い掛かるという「象徴的要因」も無視するべきではない、と指摘する。戦後政治史の中で、経済的要因や国際情勢と共に対米従属が抜けきれないという「病」が指摘されているが、それらを解明するにも「軍港都市」の戦後分析は重要であることを思った。

そうした丁寧な分析を辿ってみると、このシリーズは近代都市・現代都市を分析していくうえで新しい波をつくったと高く評価してよいと思われる。

（二〇一八年二月刊行）

「Ⅵ　要港部編」推薦文

軍事情勢に翻弄される小軍港都市の歩みを植民地もふくめて分析

東京大学大学院人文社会系研究科教授
鈴木　淳

軍港都市史研究シリーズはすでに『舞鶴編』『呉編』『景観編』が刊行され、都市史の新たな分野を確立した感がある。あらたにそれに加わる本書『要港部編』は、ある意味で、最も「軍港都市史」らしい本である。「軍港都市史」という言葉からすぐに連想される、軍事施設である軍港の消長が所在都市の運命を大きく左右するという意味での軍港の都市史を、いくつもの軍港について提示するからである。

「要港部」は呉や横須賀、佐世保といった「軍港」に置かれる「鎮守府」より小規模な機関で、徴募した水兵を訓練し、待機させる海兵団を持たない。そして、同時代の公式の定義では「要港部」が置かれる港は原則的に「要港」であって、「軍港」ではない。しかし、要港部は小規模ではあるが海軍工廠の小型版である工作部を持ち、本シリーズで強調される陸軍が駐屯した軍都とは異なる、軍人がいるだけではなく工廠も所在する都市、という軍港都市の性格をしっかりと備えている。一方で、海兵団や学校が所在するわけではないので、その海域で軍艦が行動する必要性が薄れれば、要港部の存在意義は低下し、規模の縮小や廃止に至る。仮想敵の変化や軍縮を含む軍事情勢、地域から見れば海軍の都合に左右されやすいという点で、要港は軍港以上であり、本書でていねいに示された豊かな事例からは軍と地域の関係の本質が窺える。

本書では、「要港部編」の名にふさわしく、まず要港や要港部の制度的変遷と全事例を網羅的に説明する、ついで各章で大湊、竹敷、旅順、鎮海、馬公、が扱われる。扱う章が立てられていないのは、要港が置かれた期間が短い青島、徳山と朝鮮の永興だけなので、ほぼ網羅的な検討がなされているといえよう。そして、いずれの要港に関しても、海軍が駐屯した全期間を通じた所在地域の動向が見通される。このうち対馬の竹敷は日露戦争時には重要な役割を果たすものの、その後は軍港機能が縮小され、ついには海軍が退去する。軍港都市と呼べる規模ではないかも知れないが、本書では陸軍の要塞砲兵部隊が駐屯した鶏知との対比も含め、対馬全体の情況が展望されている。

本書のもう一つの特色は、関東州、朝鮮、台湾という外地に所在した要港が、軍港と植民地都市の二重性ゆえ持った特色がしっかりと描かれていることである。朝鮮半島における「ロータリー」を扱った章も、この延長上にある。そして、要港が網羅的にあつかわれ、しかも著者が執筆過程で成果を交流して一部の論点を共有しているが故に、読者は、大湊と鎮海の要港部司令官を歴任して現地で軍港都市発展の大風呂敷をひろげた上泉徳弥が、内地と植民地という異なる舞台でそれぞれどのような影響を地域社会に与えたのか対比する楽しみを味わえる。上泉に関しては、さらに財部彪との関係を扱ったコラムまで用意されている。編者をはじめ軍港都市研究の事例を重ねた著者と、植民地研究で実績を重ねて来た著者との共同作業が成功して豊かな歴史像を提起している著作である。

（二〇一六年六月刊行）

「Ⅶ　国内・海外軍港編」推薦文

グローバルな海軍と新しい軍港都市史に向けて

防衛大学校名誉教授　田中宏巳

本書は軍港都市史研究の最終巻で、各軍港都市の諸問題を取扱う「補遺」に位置づけられ、「国内・海外軍港編」と題されている。国内軍港編は、「海軍工廠の工場長の地位」、「海軍の災害対応」、「海軍志願兵制度」、「軍港都市財政」をテーマにした四編の論文であり、海外軍港編は仏・独・露三国の代表的軍港であるブレスト軍港・キール軍港・セヴァストポリ軍港の専門的通史である。国内編は日本史研究、海外編は西洋史研究の一環といえるもので、記述の仕方もそれぞれの専門分野の慣行を踏襲し、一冊で日本史と西洋史の論考を読むことができるユニークな構成である。

内向きの傾向がある陸軍に対して、海軍はいつも海の向うの各国海軍を見て発展してきた。他国が軍艦を建造すればそれに負けない軍艦を造り、制度を改変すればそれに対応する修整を行い、部隊を新設すれば対抗する組織を編成するといったように、海軍はいつも諸国と張り合ってきた。そのため、それぞれの国の特殊な事情を反映した違いを除けば、どこの海軍も似た組織制度、階級、艦艇、施設を持つようになる。第一次大戦後国際間の海軍軍縮が実現したのも、各国が保有する艦種がほぼ同じため、艦種ごとの軍縮協議が可能であったからである。

海軍にはこのような国際的共通基盤があるため、国際的な協同研究もしやすいという側面を持っている。だが寡聞するところ、これまでに海軍に関する国際的な協同研究が行われたという話を聞いたことがなく、軍港都市史の活動がはじめて国際協同研究に道を開いたといえるのではなかろうか。この意味で仏独露の軍港史論考は新しい時代の扉を開き、端緒についたばかりの国際協同研究を軌道に乗せる歴史的役割を果たすことになるかもしれない。もし仏独露の研究と同じタッチで日本の軍港史を描いたならば、本書の刊行にもっと大きな歴史的意義を添えていたはずである。日本史研究は地方史研究に偏りがちだが、国の政策や外国の動向に基づいて活動する海軍になじまない性質を持っている。地方史に対する「国家史」・各国史といった概念を抜きにして海軍を語るのは、本質を無視する危険が大きい。

軍と社会の間に塀があると仮定して、国の定めた規則や方針が絶対の塀の中と、その地の事情が尊重される塀の外とは区別する必要があり、軍港史研究の際にもこの区別を怠ってはならない。本書の「海軍工廠の工場長の地位」は塀の中の問題であり、「海軍志願兵制度」、「軍港都市財政」は塀の外の問題だが、「海軍の災害対応」は塀の中と外の両面があり、本論では横須賀市内の火災への海軍の出動という塀の外の問題を取り上げているが、海軍にとって海難救助・行方不明者捜索という塀の中の問題がより重要であった。なぜなら当時は海上保安庁に相当する機関がなく、海難事故が起ったとき、海軍が出動して救助活動や行方不明者の捜索を行うことになっており、海軍しかできない役割であったからだ。塀の存在を忘れるとこうした課題が生じるが、いずれのテーマもこれまで取り上げることの少ないものばかりで、軍港史研究の掘り下げに寄与するところ大である。

できれば日本史研究固有の記述方法を乗り越え、諸外国の記述と同じ体裁にして軍港発展の全体像が見える内容にしてもらいたいものである。

（二〇一七年五月刊行）

ま行

な行

は行

た行

さ行

か行

事項索引

わ行

や行

ら行

ま行

な行

は行

た行

さ行

人名索引

あ行

〈編　者〉
坂根 嘉弘
1956年京都府舞鶴市生まれ　広島修道大学商学部教授　近代日本経済史
主要編・著書に『戦間期農地政策史研究』（九州大学出版会、1990年）、『分割相続と農村社会』（九州大学出版会、1996年）、『日本伝統社会と経済発展』（農山漁村文化協会、2011年）、『日本戦時農地政策の研究』（清文堂出版、2012年）、『地域のなかの軍隊５　中国・四国』（吉川弘文館、2014年）、『軍港都市史研究Ⅵ　要港部編』（清文堂出版、2016年）など

〈執筆者〉
飯塚 一幸　1958年生まれ　大阪大学大学院文学研究科教授　日本近代史
松下 孝昭　1958年生まれ　神戸女子大学文学部教授　日本近代史
上杉 和央　1975年生まれ　京都府立大学文学部准教授　歴史地理学
山神 達也　1974年生まれ　和歌山大学教育学部准教授　人口地理学
筒井 一伸　1974年生まれ　鳥取大学地域学部教授　農村地理学・地域経済論

（各章掲載順）

軍港都市史研究Ⅰ　**舞鶴編　増補版**

2010年１月20日　初版発行
2018年８月15日　増補版発行

編　者　坂根 嘉弘
発行者　前田 博雄
発行所　清文堂出版株式会社

〒542-0082　大阪市中央区島之内2―8―5
電話06-6211-6265　FAX06-6211-6492
http://www.seibundo-pb.co.jp
メール：seibundo@triton.ocn.ne.jp

印刷　西濃印刷株式会社
製本　免手製本
ISBN978-4-7924-1093-3　C3321